全国高等农林院校"十一五"规划教材

园艺植物种子学

巩振辉 主编

U0349852

中国农业出版社

内　容　简　介

　　本教材是全国高等农林院校"十一五"规划教材。全书包括绪论、园艺植物种子生物学与生理生化、园艺植物种子生产基地的建设与管理、园艺植物种子生产原理与技术、园艺植物种子的检验与种子标准化、园艺植物种子的加工与包装、园艺植物种子的贮藏、种子法规与管理、主要蔬菜种子生产技术、主要观赏植物种子（种苗）生产技术和主要果树种苗生产技术等内容。其编写体系保持了学科的知识性、系统性、实用性与前瞻性。内容新，起点高，能充分体现本学科的新技术与新方法。每章有本章要点、复习思考题与推荐读物，书后附有参考文献，便于自学。

　　本教材适用于高等院校园艺专业及相关专业本科生，也可供其他科研院所科研人员和相关行业从业者参考。

主　编　巩振辉

副主编　刘童光　张彦萍

编　者　（按姓氏拼音排序）

陈儒钢（西北农林科技大学）

巩振辉（西北农林科技大学）

贺忠群（四川农业大学）

刘童光（安徽农业大学）

孙守如（河南农业大学）

汪国平（华南农业大学）

王　萍（内蒙古农业大学）

于喜艳（山东农业大学）

曾黎辉（福建农林大学）

张俊红（华中农业大学）

张彦萍（河北工程大学）

审　稿　崔鸿文（西北农林科技大学）

序

在《园艺植物种子学》付梓之际，我很高兴受主编巩振辉教授之邀为本书作序。我和巩振辉教授很早就认识，并有过多方面的合作。巩振辉教授从事园艺植物种子学、园艺植物育种学及园艺植物生物技术教学及生产实践三十余年，开展了大量且卓有成效的工作，具有扎实的理论基础和丰富的实践经验。与其他类似的教材或专著相比较，由他挂帅编撰的这本《园艺植物种子学》教材更能体现园艺植物种子研究的特点和要求。园艺植物种子学涉及许多学科领域，而且发展迅速，它是园艺学、生物科学与经营管理学交叉融合的一门科学，如何在如此广阔复杂的知识体系中找到适合大园艺专业的内容，能利于学生在有限的学时内学习领会其精髓，此书做到了"窥一斑而知全豹"的编写思路。作者对园艺植物种子学的基础理论与实际应用有许多自己独特的思想与见解，深入浅出地反映了园艺植物种子学的最新发展水平。

这部教材突出了交叉学科的特点，在强化种子学基本理论知识的同时，十分注重这些知识在园艺植物研究中的实际应用。其内容覆盖了园艺植物种子学的各个层面，包括种子的生物学和生理生化特性、生产基地的建设与管理、生产原理与技术、检验和标准化、加工与包装、贮藏、政策法规与管理以及主要蔬菜、果树和观赏植物种子生产技术等，结构体系保持了学科的知识性、系统性、实用性、完整性和前瞻性。更可贵的是，教材在每章都安排了本章要点、复习思考题和推荐读物，为学生复习和进一步学习提供了拓展空间。

种子是最基本的农业生产资料，是增产及优质的内因，也是其他各项农业技术的载体，它在农业生产中的作用和地位越来越受到人们的重视。只有优良的种子配合适宜的栽培技术，才能发挥良种的优势，获得高产、稳产和优质的农产品。种子学是21世纪最具活力的学科领域之一，种子产业的发展将是农业科技革命的先导，并将逐步成为世界经济体系的支柱产业之一。在此基础上，及时总结园艺种子学科理论知识与应用成果并传授给青年学生与科研工作者，对学科的传承与发展具有重大意义。很荣幸能有机会拜读此书，并为之作序。我相信，这本《园艺植物种子学》的出版一定能对园艺植物种子学科的发展和人才的培养发挥重要的推动作用。

华中农业大学教授、博士生导师　叶志彪

2010 年 2 月

前　言

国际科技界与种子企业家普遍认为，21 世纪农业科技革命的先导是种子革命，农产品市场竞争的核心是良种竞争。种子是现代农业科技的载体，是园艺产业的基本生产资料，是种子企业品牌的物化形式，是国际种子企业巨头之间拓展市场、竞争的焦点。对国家来说，种子的质量代表了国家农业科技的整体水平；对企业家来说，谁掌握了优良的种子，尤其是著名品牌的种子，谁就拥有占据世界种子市场的主动权；对农民来说，良种是增产增收的保障。因此，种子受到了各国政府、企业家和农民的高度重视。毫无疑问，种子革命必将带动农业科技革命，必将对社会经济与人类文明发展产生重大而深远的影响。

种子科学及其产业的迅猛发展加剧了人才的竞争，从而极大地促进了园艺植物种子学的教学与研究。自 20 世纪 80 年代以来，国内外出版了不少有关种子学的读本、专著与教材，这些出版物无疑对于推动园艺植物种子学的教学、科研与产业发挥了重要作用。但是，这些出版物或是以大田作物为主，或是以某一类园艺植物（蔬菜、果树或花卉）为主，或是面对种子学专业而编撰出版的，尚未见到一本适应于园艺专业教学的园艺植物种子学教材。此外，近十年农业产业实践表明，园艺产业在我国产业结构调整，增加农民收入，解决"三农"问题，实现可持续发展，加快经济社会发展，以及全面建设小康社会的发展战略中具有不可替代的重要作用。园艺产业的发展带动和促进了园艺种子科学的应用理论不断完善与创新，园艺产业技术不断发展，各校园艺专业都先后开设了与园艺植物种子学有关的课程，虽然各校有关种子学课程的名称不尽相同，但其课程性质与教学目的大致相同。为了规范园艺植物种子学教学，适应园艺种子产业及园艺产业发展的要求，借全国高等农林院校"十一五"规划教材编写之机，在中国农业出版社的统一规划和指导下，我们在西北农林科技大学、安徽农业大学、河北工程大学、华中农业大学、福建农林大学、华南农业大学、四川农业大学、河南农业大学、内蒙古农业大学、山东农业大学等院校组织了长期从事园艺植物种子学教学与科研的 11 位学者、教授，在深入分析国内外同类优秀种子学教材的基础上，编写了本教材，作为适应新时期教育教学改革的一次尝试。

2008 年 6 月，我们在接受《园艺植物种子学》教材编写任务后，广泛征求了校内外一些长期从事园艺植物种子学的老一辈专家的意见和建议，对编写大纲进行了补充与修改。2008 年 9 月组织了编写队伍。在充分征求各位编委对"大纲"修改意见的基础上，2008 年 10 月 12 日，我们在主编单位组织包括部分编者、审稿人及相关专家对"大纲"进行了进一步的修改完善，确定了编写指导思想与编写体系。园艺植物种子学是园艺学、生物科学与经营管理学交叉融合的一门科学。基于此，本教材的指导思想是突出交叉学科的特点，强化理论，注重应用，提高能力。编写体系是以园艺植物种子产业流程为主线，重点介绍园艺植物种子基地建设、种子生产、检验、加工、包装、贮藏的理论、方法与技术，强化种子学的基础理论（如种子生物学、生理学与生物化学）及其社会科学属性（如种子基地管理、种子法规与管理等），突出不同类型园艺植物（草本与木本，有性繁殖与无性繁殖）种子生产的特点与个性，以蔬菜、观赏植物、果树作为各论讨论不同类型园艺植物种子生产的技术与方法，符合常规分类习惯，便于讲授、学习与检索。需说明的是，食用菌是重要的蔬菜，其种子生产与其他蔬菜不同，有其独特的技术与方法。根据目前各校教学实践及多数编委意见，本教材初版暂不涉及其种子生产技术。

利用"三圃制"进行提纯复壮法及原种生产是 20 世纪 50 年代提出并一直沿用的种子生产体系，其程序是：单株选择→株行鉴定→株系比较→混系繁殖（原种）。与此相对应的是"三级种子"繁殖途径，即育种家种子→原种→良种，这一体系在计划经济时期发挥过良好作用。但在中国加入 WTO 后，随着种子产业的发展，在市场经济不断完善、法制化不断加强、经济不断融入世界经济体系的情况下，"三圃制"与"三级"种子生产技术已不能适应新的形势，其主要弊端是：①育种知识产权不能得到有效保护，人人都能生产原种；②重复繁殖限制不严，容易造成种性退化；③种子生产周期长，从选单株到生产出所需要的原种、良种数量需要 6~8 年；④种源起点低，从原种圃、良种圃甚至大田选单株开始，难以保证品种的优良种性；⑤品种易走样变形，不同人选择标准不同，以及基因与环境互作等因素的干扰，容易把性状选偏；⑥投工多、耗资大、繁殖系数低；⑦不利种子产业化和标准化。基于以上问题，2003 年河南科技大学张万松教授首先提出"农作物四级种子生产程序"，即育种家种子→原原种→原种→良种。经过广大农业科技工作者多年的研究和实践，得到了育种家、种子生产者、种子经营者与种子管理者的普遍认可。它的主要优越性是：①能有效地保护育种者的知识产权，以育种家种子为种源，育种者有生产、经营种子的赋予权，保护了育种者利益；②确保优良品种的种性和纯度，以育种家种子为源头进行重复繁殖，避免了种出多门，并且限代繁殖，能充分保持优良品种的种性和纯度；③操作简便，经济省工；④缩短了种子生产年限，种子生产效率高；⑤能促进"育、繁、推"一体化而实现体制创新；⑥有利于各级种子连续性作业，实现种子生产专业化；⑦有利于实现种子标准化；⑧有利于实现种子管理法制化，按不同类别种子标准进行种源管理和世代监督，有利于实现种子管理法制化；⑨有利于同国际接轨，适合中国国情，并与发达国家同类技术接轨。因此，在本教材编写时，为了突出其科学性与前瞻性，加速推进我国园艺种业产业化的发展，提高我国种业在国际市场上的竞争力，采用了四级种子生产程序。种子质量分级由于涉及国家法规仍按原种、一级良种、二级良种的规定而编写。

为了提高编写质量，每章由至少2位编委负责编写，一人撰稿一人修改。本教材共10章，各章的撰稿和修改人员为：绪论巩振辉，第一章刘童光、曾黎辉，第二章于喜艳、张彦萍、巩振辉，第三章张彦萍、于喜艳、巩振辉，第四章王萍、张俊红，第五章张俊红、刘童光、巩振辉，第六章汪国平、王萍、巩振辉，第七章贺忠群、孙守如，第八章孙守如、贺忠群、陈儒钢，第九章陈儒钢、巩振辉，第十章曾黎辉、陈儒钢。初稿完成后，刘童光、张彦萍两位副主编分别对初稿进行了修改，由巩振辉主编对教材内容、编排和图表进行了统一定稿与绘制。西北农林科技大学赵妮对第九章进行了审阅修改。教材大多数图表由西北农林科技大学吕元红绘制。在编写和审改过程中，得到了华中农业大学叶志彪教授、西北农林科技大学崔鸿文教授的关心与帮助，崔鸿文教授对本教材初稿进行了细致的审阅，并提出了宝贵的修改意见，叶志彪教授赐序。在本教材付梓之际，谨此为本教材面世作出贡献的所有人员表示衷心谢意！

本教材是全国高等农林院校"十一五"规划教材，又是第一本面向园艺专业的种子学教材，其内容要求新、起点高、涵盖面宽、涉及多学科。作为主编，深感要求高，责任重大。虽然在编审人员的共同努力下完成了这一艰巨任务，但限于我们的理论与业务水平，加之时间仓促，教材中疏漏和不当之处在所难免，我们诚挚地希望广大读者提出宝贵意见，以供再版修改时采用。

巩振辉

2010 年 2 月于杨凌

目　录

绪　　论

【要点】应重点掌握种子与种子学的概念，种子与品种的关系；理解种子学的内容与理论基础；了解种子产业发展历程与园艺植物种业发展趋势。教学难点是种子的含义与园艺种业发展现状分析。

园艺植物种子学（seed science in horticultural plant）是以园艺植物作为研究对象，其研究范围涉及植物种子学的各个领域，主要包括种子生物学与生理生化、种子生产基地建设与管理、种子生产原理与技术、种子检验与种子标准化、种子加工与包装、种子贮藏、种子法规与管理等内容。园艺植物种子是园艺生产之母，园艺产业的基础。本教材将全面系统地介绍园艺植物种子学的基础理论、基本原理，以及方法与技术。

一、种子的含义

（一）种子的概念

在植物学上，种子（seed）是由种子植物的受精胚珠发育而成的繁殖体，通常称为真种子（real seed）。园艺植物种子的范围更广，2000 年颁布的《中华人民共和国种子法》规定"种子是指农作物和林木的种植材料或者繁殖体，包括子粒、果实和根、茎、苗、芽、叶等"。园艺植物种子是指可直接利用作为播种材料的个体和植物器官，可概括为真种子、果实（fruit）、营养器官（vegetative organ）、菌丝组织与孢子（hypha tissue and spore）及人工种子（artificial seed）。

1. 真种子　是种子植物（被子植物与裸子植物）经过受精后，形成的具有发育成完整植株能力的个体，如茄科（茄子、番茄、辣椒等）、苋科（苋菜等）、十字花科（白菜、甘蓝、萝卜、芥菜、芜菁等）、葫芦科（南瓜、西瓜、冬瓜、甜瓜、丝瓜、苦瓜等）、蔷薇科（苹果、梨、蔷薇等）、豆科（菜豆、豇豆、蚕豆等）等园艺植物的种子。

2. 果实　这类播种材料有植物学上称为果实的部分结构，内含 1 粒或多粒种子，外部由子房壁或花器的其他部分发育而来，它们又可分为以下几类。

（1）包括果实的全部分　如棕榈科（椰子等）的核果、蔷薇科（草莓等）、菊科（菊芋、蒲公英等）和荨麻科（冷水花等）的瘦果、豆科（金花苜蓿等）的荚果、山毛榉科（栗、板栗等）和睡莲科（莲等）的坚果、伞形科（胡萝卜、芹菜、茴香、芫荽等）的分果以及禾本科（甜玉米等）的颖果等，其果实的内部均含有 1 颗或多颗种子，在外形上与真种子很类似，可直接用作播种材料。

（2）包括果实及其外部的附属物　如藜科（菠菜、甜菜等）的坚果，外部附着花被及苞叶等附属物等；蓼科（食用大黄等）的瘦果，花萼不脱落，成翅状或肉质，附着在果实基部，成为缩萼。

（3）包括种子及内果皮　如蔷薇科的桃、李、梅、杏、樱桃等，杨梅科的杨梅等，胡桃科的胡桃、山核桃等，桑科的桑等，五加科的常春藤等，以及鼠李科的枣等园艺植物种子。

（4）包括种子全部　绝大多数园艺植物种子属于这一类，如石蒜科（洋葱等）、樟科（鳄梨等）、山茶科（油茶树等）、椴树科（椴树等）、锦葵科（黄秋葵等）、葫芦科（甜瓜等）、番木瓜科（番木瓜等）、十字花科（萝卜等）、苋科（苋菜等）、蔷薇科（苹果等）、豆科（豆薯等）、芸香科（柠檬等）、无患子科（荔枝等）、漆树科（芒果等）、大戟科（木薯等）、葡萄科（葡萄等）、柿科（柿树等）、旋花科（甘薯等）、茄科（辣椒等）、胡麻科（芝麻等）、茜草科（栀子等）与松科（雪松等）等园艺植物种子。

（5）包括已脱去种皮外层的种子　如银杏科的银杏和苏铁科的苏铁等。

3. 营养器官　许多无性繁殖植物具有天然无性繁殖器官，如蒜、葱头、百合的鳞茎，马铃薯、生姜、草石蚕和菊芋的块茎，芋、荸荠和慈姑的球茎，莲藕的变态茎，金针菜的侧芽，山药的块根，苹果、梨、葡萄等木本或藤本植物的枝条，旱伞草、虎耳草、三色虎耳草、紫蓝大岩桐、豆瓣绿类（豆瓣绿、三色豆瓣绿、亮叶豆瓣绿等）、观叶海棠类（铁十字秋海棠、蟆叶秋海棠等）、非洲紫罗兰、芦荟、金边虎尾兰等观叶植物扦插繁殖用的叶片等。这些园艺植物在适宜的环境条件下也能开花结实，并且可作为播种材料，但在园艺植物生产上一般均利用其营养器官作为繁殖材料，以发挥其特殊（独特性状与一致性等）的优越性。通常只在进行有性杂交育种等情况下，才直接用种子作为繁殖材料。

4. 菌丝组织与孢子　食用菌常用的繁殖材料是低等植物菌类蔬菜的菌丝组织与孢子，这类植物如蘑菇、草菇、平菇、香菇、木耳、灵芝等，它们的营养体与生殖器官较为简单，依靠菌丝或孢子繁殖，在生产上常用菌丝作为繁殖材料。

5. 人工种子　人工种子，又称合成种子（synthetic seed）。狭义的人工种子是指植物离体培养中产生的胚状体（包括体细胞胚和性细胞胚），包裹在含有养分和具有保护功能的物质中，并在适宜条件下能够发芽出苗的颗粒体。广义的人工种子是在胚状体或一块组织（顶芽、腋芽）、一个器官（小鳞茎等）之外加上必要的营养成分（人工胚乳）后，用具有一定通透性而无毒的材料将其包裹起来，形成的与天然种子相似的颗粒体。

人工种子的结构包括体细胞胚、人工胚乳和人工种皮3部分。人工胚乳一般由含有供应胚状体养分的胶囊组成，养分包括矿质元素、维生素、碳源以及激素等。胶囊之外的包膜称为人工种皮，有防止机械损伤及保护水分免于丧失等作用。包裹成功的人工种子既能通气、保持水分和营养，又能防止外部一定的机械冲击力。

人工种子在本质上属于无性繁殖体。研制人工种子具有以下意义：①利用人工种子技术不受季节限制，可免遭大自然灾害性气候的危害，大量、快速繁殖性状优良、遗传性稳定的园艺植物种和品种，既能保持原有品种的种性，又可以使之具有实生苗的复壮效应；②大量繁殖无病毒材料，以提高植物抗性、产量和商品品质，在制作人工种子时，还可加入菌肥、微生物、农药，以抵抗外来病毒和微生物的侵染，提高植物抗逆性；③对生长周期长的多年生植物（如果树、观赏树木）和育性不良又难于有性繁殖的植物（如球根和宿根花卉、芋类），可通过人工种子技术在短期内扩大繁殖，以满足生产需求；对遗传性不稳定的杂交 F_1

代，无需等待其稳定，可用人工种子繁殖性状优良者直接应用于生产，保持杂种材料的遗传稳定性；④人工种子体积小（通常仅几毫米），具有坚硬的种皮，贮藏和运输方便，均匀度高，适于机械化播种；⑤用于制作人工种子的体细胞胚，可利用生物反应器大规模培养，大大提高了效率，以一个体积为 12 L 的发酵罐计算，生产 1 000 万个胡萝卜体细胞胚只需 20d 左右的时间；⑥对于一些自然条件下不能正常产生种子的特殊植物材料如三倍体、非整倍体、工程植物或种子昂贵的珍稀植物，均可利用人工种子技术加速生产；⑦与田间制种相比，可以节省制种用地，且不受季节限制，可以实现工厂化生产，同时还避免了种子携带病原菌的危险。

（二）种子与品种

园艺植物种子有 3 方面属性：一是生物属性，即具有生命力，可以繁殖出特定的植物个体；二是物理属性，即具有一定的色泽、大小、形状（如真种子、果实、营养器官等的不同形状）；三是园艺属性，即携带人们所需求的遗传基因，具有优良的生产力，能满足人们进行园艺生产的需求。狭义的种子一般是指优良品种的种子。

1. 品种　品种（cultivar）是在一定的经济、自然条件下，人工培育的，性状基本一致，遗传性状相对稳定，对一定地区的自然栽培条件和一定时期内人类的经济要求具有一定的适应性，能作为生产资料的栽培植物群体。它是园艺植物生产中栽培植物的特有类别。在野生植物中，只有类型之分，没有品种之别。人类为了满足自己的需要，经过长期的选择和培育，使野生植物的遗传性向着人类需要的方向发展成为各种园艺植物品种。

植物品种具有 6 个基本属性，即特异性（distinctness）、一致性（uniformity）、稳定性（stability）、区域性或地区性（locality）、时间性（timeliness）和局限性（limit），其中将前 3 个属性通常简称为品种的 DUS。

（1）**特异性**　指本品种具有 1 个或 1 个以上明显不同于其他品种的形态、生理等特征。品种在选育或生产栽培过程中，如发生个别性状的变异，而其他主要性状基本与原品种相同，这种只是个别性状与原品种不同的群体，称为该品种的品系（strain）。

（2）**一致性**　指品种内的个体间在植株株形、物候期、生长习性及产品的主要经济性状等方面相对整齐一致的属性。

品种作为商品，对其主要特征特性的一致性要求很严。新品种审定（登记）和品种种子的繁殖都需要进行一致性评价。它是判定测试新品种或品种经过繁殖后，除可预见的变异外，其相关的特征特性是否一致，以测试品种的变异株和异型株不超过一定的误差范围为判定依据。异型株是植株的表现或植株部分的性状表达与该品种的绝大多数植株有明显区别的植株。由于植物的繁殖方式及育种方法的不同，不同植物的误差范围也不一样，但可接受的概率都在 95% 以上（准确地认可一个品种的一致性的概率称作可接受概率），一般来说自花授粉植物和无性繁殖植物误差范围小，异花授粉植物误差范围大。

一致性的要求对不同植物、不同性状和不同育种目标要区别对待。如用于罐藏加工的果蔬品种对成熟期及产品品质一致性的要求高于鲜食品种；某些观赏植物常在保持主要特性稳定遗传的基础上要求花色多样化，以增进其观赏价值。

（3）**稳定性**　指植物新品种经过反复繁殖后或者在特定繁殖周期结束时，其相关的特征或者特性保持不变，即在采用适于该类品种的繁殖方式时（无性或种子繁殖），前后代能够保持遗传的稳定性。如营养系品种虽然遗传上是杂合的，但在利用扦插、压条、嫁接等方法无性繁殖时能保持前后代遗传的稳定连续。某些蔬菜、花卉植物在生产中利用杂交品种，世代间的稳定连续限于每年重复生产一代杂种种子。

（4）地区性　指品种的生物学特性适应于一定地区生态环境和农业技术的要求。在不同地区，由于生态、经济、耕作栽培条件的不同，对品种的要求也不同，即使在同一地区，其生态、经济、耕作栽培条件也会不断发展、变化，因而对品种的要求，也会随之而改变。因此，在选育和利用品种时，要因地制宜。不同品种的适应性有广有窄，但绝对没有一个能对所有地区和一切栽培方法都表现适应的品种，即没有对任何生态环境都适应的品种。

（5）时间性　指一定时期内，品种在产量、品质和适应性等主要经济性状上符合生产和消费市场的需要。随着耕作条件及其他生态条件的改变，经济的发展，生活水平的提高，对品种的要求也会提高，所以必须不断地选育新品种以更替原有的品种，即没有永恒的品种。

（6）局限性　指任何品种都不可能在所有方面符合生产、加工或消费要求，即每一品种都会存在某方面的缺陷，如一个抗旱品种可能不会适应突发的多湿条件；由于没有抗原，某园艺植物现有品种对当地流行的某病害都表现感病；食味特别好的品种可能比其他品种需要更优越条件才能获得高产等，即不存在全能的品种。所以，当品种存在一些本身不能克服的问题时，需用适合的栽培、耕作或植保等方面的技术加以解决，才能发挥品种的生产潜力和经济效益。

2. 良种　园艺植物生产上的良种有两个属性，一是优良品种，一是优良种子。优良品种是指一定地区和耕作条件下符合生产发展要求，并具有较高经济价值的品种。植物优良品种作为一种重要的农业生产资料，能够比较充分地利用自然、栽培环境中的有利因素，减少和避免不利因素的影响，表现为适应性强，生育期适宜、高产、稳产、优质、高效益，并能有效地解决农业生产上的一些特殊问题。优良种子则指各种植物的种子本身具有良好的播种品质而言，也就是说，应该具备以下几个基本条件。

（1）纯净一致　种子纯度高，净度好，不含有异作物、异品种和杂草的种子，以及虫卵、虫瘿、菌瘿、泥土、沙粒等有生命杂质与无生命杂质。

（2）饱满完整　种子充分发育成熟，充实饱满，形状大小整齐，组织致密，不含小粒、秕粒，无破损粒，无受损胚粒，千粒重高。

（3）健全无病虫　种子外部及内部没有染病害，没有被害虫蛀蚀，也没有害虫潜伏其中。

（4）生活力强　种子具有旺盛的生命力，在适宜条件下发芽势强，发芽率高，能长成正常的幼苗，生长整齐一致。

优良种子是优良品种种性的载体，优良品种的优良特性是通过优良种子来实现的。野生植物的"种子"，未经政府行政主管部门审定、登记的"种子"，或未携带优良品种的理想基因，或未经政府行政主管部门认定而难以承载优良品种赋予的属性，不属于园艺植物生产上的种子。

二、种子在园艺植物生产中的作用

优良品种的种子是育种家的劳动结晶。育种学的基本任务是研究育种规律，总结育种经验，创造优良品种，生产又多又好的种子，实现品种良种化、种子标准化，充分发挥优良品种在生产上的作用，以满足市场需求。育种方法大致可分为常规育种与现代育种。常规育种要经过亲本选择、选配，有性杂交方式（如单交、正交、反交、回交、添加杂交和合成杂交等）的确定，新品种的选育以及新品种的示范推广等育种程序。大多数园艺植物育种周期长，组合群体多，五花八门，良莠不齐，必须从小到老，观形察性，由此及彼，比左攀右，联系对照，做出选择；还要知天命，晓地力，查祖宗，考后代，以及迎合产业需要，预测市场前景等，没有连续数年（代），乃至十几年（代）松紧有序的选择压力环境，运用法眼（规律）、慧眼（悟性）相结合的细腻技术，则无法逐步理清头绪，从千万材料中塑造出出类拔萃的佼佼者。可见，新品种的种子凝结着育种家的科研成果。现代育种技术更是凝结着现代生物科学的新成果，它是综合运用植物分子遗传学与细胞生物学理论，采用生物物理与化学方法，细胞与基因工程技术，对植物品种种性进行改造，并育成新品种或物种的各项技术，主要包括核辐射诱变育种、激光诱变育种、航天诱变育种、离子束诱变育种、大（小）孢子培养、花粉（药）培养、体细胞杂交、胚培养育种、无融合生殖育种、无性系变异育种、分子标记辅助育种及转基因育种等新技术。因而，新品种的种子是农业科技进步的载体，园艺产业重要的生产资料。从某种意义上来讲，种子革命就是产业升级，产业革命。

园艺产业升级是多种因素协同作用的结果，种子是园艺生产技术中最基本、最可靠、最经济有效的科技措施，园艺产业发展种子要先行，优良种子在园艺生产中具有多方面的作用。

1. 提高单位面积产量　优良品种一般都有较大的增产潜力和适应环境胁迫的能力。在同样的生态、生产条件下，选用产量潜力大的良种，一般可增产 15％～30％，有的可达 50％以上，甚至成倍增长。20 世纪 70 年代到 80 年代初期，我国蔬菜品种种子由常规品种种子更新换代为一代杂种，使番茄、茄子、辣椒、黄瓜、西瓜、甜瓜、白菜、甘蓝、萝卜等蔬菜植物的产量大幅度提高，平均增产幅度在 20％～40％以上。事实上，一个地区由于新品种种子的大面积推广，常常带来产量的显著提高。例如云南昭通市，2007 年引进马铃薯新品种——'昭绿 23 号'和'会-2 号'，使马铃薯产量由每 667m² 800kg 分别增加到 2 000 kg 和 2 500kg，增产幅度高达 2.5～3.125 倍，这样的实例不胜枚举。此外，高产品种在大面积推广过程中保持连续均衡增产的潜力，就是说在推广范围内对不同年份、不同地块的土壤和气候等因素的变化造成的环境胁迫具有较强的适应能力。对多年生果树和花木类植物来说，更重要的是品种本身有较高的自我调节能力。

2. 改进产品品质　植物品种种子间，不仅产量有高低，其产品品质也有优劣。优良种子的产品品质显著优于一般种子。对于园艺植物来说，优良种子改进品质的重要性常远远超过产量，果品、蔬菜、观赏植物由于外观品质、食用品质、加工品质和贮运品质方面的差异，市场价格相差几倍到几十倍的情况是常见的。可见，园艺植物优良种子在改进品质、提高经济效益、促进生产等方面也发挥着重要的作用。

3. 提高抗逆性和适应性　在园艺植物生产过程中，各种不良的生物和非生物逆境是生产的重要障碍。抗逆性强、适应性广的品种有以下 3 方面的作用。

（1）提高和稳定园艺植物的产量和品质　抗逆性强的品种，在病虫害严重或其他非生物灾害发生年份，不增加或少增加抗灾投入，仍可获得优质高产，如黄瓜抗霜霉病、枯萎病性，番茄抗 TMV 性，白菜抗霜霉病、病毒病与软腐病性，以及不同果树抗旱、耐盐碱性等，使品种的抗逆性明显提高，增强了适应性和稳产性，大大减轻或避免了由于不良生产条件造成的产量损失与品质变劣。

（2）少用或不用农药，减少环境污染，维护生态环境，降低生产成本　抗病品种的大面积推广，既可抑制菌源数量，降低病菌危害，提高防治效果，又可减少因化学药剂的滥用而造成的环境污染和人、畜中毒，保持生态平衡，对于园艺产业的可持续发展和园艺产品安全有极其重要的意义。同时，抗病品种的利用投资少、收效大。据估计，抗病育种的投入产出比通常在 50～500 之间。

（3）扩大种植区域，降低设施园艺生产能耗　园艺品种抗逆性、适应性的提高，使得适宜种植的范围进一步扩大。蔬菜、果树、观赏植物一般品种在冬春季设施生产中常因温度不足而难以正常开花结果，需消耗较多的能源以满足品种对温度的要求，将耐低温品种种子应用于设施生产，则可显著降低设施生产的能耗。例如，象牙红一般品种开花要求白天 28℃、夜间 25℃的条件，而耐低温品种在白天 14℃、夜间 12℃下就能正常开花。

4. 提高复种指数，调节供应期　选用不同生育期、不同特性、不同株形并兼具其他优良性状的园艺植物品种种子，有利于提高复种指数，及时上市，极大地满足消费需求。同时，能缓解植物之间争季节、争劳力、争水肥、争阳光的矛盾，大大地促进耕作制度的改革。

5. 有利于农业机械化、集约化管理及劳动生产率的提高　机械化水平提高是社会发展的必然，实现机械化需要有适合于机械化作业的品种相配合。同时，新品种种子的选用也促进了农业机械化的发展，提高了劳动生产率。园艺生产劳力高度集约，例如在菊花、蔷薇、石竹等插花生产中因为栽植密度大，疏蕾和摘芽需要大量劳力。自美国伊利诺斯大学（University of Illinois）育成了'分枝菊'品种系列后，很快传入荷兰、英国、日本等国，除了节减疏蕾、摘芽用工外，随着生育期的缩短，可提高设施利用率，节减管理和包装用工，从而大幅度提高劳动生产率。短枝型果树品种（如苹果）和矮生直立型蔬菜品种（如番茄）的育成也能大幅度地节约整形、修剪、采收等作业的用工量。

6. 提高园艺产业的竞争能力　21 世纪是知识经济时代，国家之间、企业之间的竞争焦点是知识的竞争、科技的竞争。园艺植物种子是园艺产业发展的源头，是特定的不可替代的最基本的农业生产资料。因此，园艺产业的竞争、园艺产品市场的竞争主要表现为种子的竞争。从这个意义上来说，学习掌握园艺植物种子学是占据市场竞争有利地位、发展园艺产业的必由之路。

三、种子学的内容与理论基础

（一）种子学的研究内容

园艺植物种子学是研究园艺植物种子生命活动规律及其与环境关系的科学。从广义角度讲，园艺植物种子学有自然科学（生物科学）的内容，又有社会科学（经营管理学）的内容。属于自然科学范畴内的基础科学有种子形态学、种子生理生化、种子加工学、种子检验、种子检疫及种子贮藏学；与优良种子生产有关的有遗传学、生物统计学及品种田间试验技术等。属于社会科学范畴的内容包括种子的经营与种子管理。种子是有生命活力的生产资料和商品，它与工业、商业及农产品等其他商品有很多不同的特点，其经营管理内容和方法有其独特性。园艺植物种子学研究的主要内容包含以下几个方面。

（1）园艺植物种子的形成、形态结构、生理生化、遗传变异等方面的基础理论　它与园艺植物种子的活力、加工技术、贮藏技术以及种子生产繁殖技术有着紧密联系。基础理论的研究具有难度大、周期长等特点。

（2）生物技术的发展与种子的生产技术密切相关　利用花药、花粉或小孢子培养技术可获得双单倍体，极大地加速了新品种选育的进程；利用单细胞、愈伤组织或其他外植体培养可以诱导形成不同园艺植物品种的体细胞胚，这种胚与真种子胚一样，能产生新的植株后代，经胚囊包埋，制成人工种子；利用植物基因工程技术克隆新的基因，进行基因的体外剪切、人工合成、拼接与组装，通过遗传转化技术可实现新基因的遗传转化，创造出新的植物物种和新品种。

（3）种子加工工艺技术对提高劳动效率、保证种子质量有着重要意义　这些技术包括根据不同园艺植物种株的生长发育习性进行种子收获机械的设计、制造和使用，根据种子的物理性质进行种子清选、干燥与分级；根据种子的生理生化特性和形态特征进行种子包衣、加工、包装等加工工艺。

（4）种子贮藏是保持种子高度生活力的关键技术　它直接关系到种子寿命和使用价值，杜绝种子量的降低，减少经济损失、保证园艺产业的正常发展。现代育种工作在很大程度上依赖于现代种质资源的保存与利用技术，这些工作涉及现代化不同规格低温贮藏库的设计与修建，贮藏环境条件的自动调控技术等。

（5）种子品质检验包括种子活力检验、品种纯度检验　种子活力与耐藏性、抗逆性、田间出苗率以及园艺植物的产量关系密切。需要研究种子活力测定的快速准确方法及其自动化仪器；需要研发快速、有效的品种和杂一代种子纯度的检验方法。

（6）种子健康测定　包括种子检疫、种子病害等，如马铃薯晚疫病、温室白粉虱等许多外来病害的流行和蔓延无不与引种检疫把关不严有关。种子生产中的病害和种子贮藏中的病害防治，种子传播病害的防治，对保证优良种子的供应意义很大。

（7）种子的管理、经营与销售　包括品种的审定推广、种子基地建设与计划生产、利润与亏损、保护政策、资金来源与流通等。

根据园艺学教学需要以及园艺专业教学大纲的要求，本教材重点介绍和讨论以下内容：①园艺植物种子生物学和生理生化；②园艺植物种子生产基地的建设与管理；③园艺植物种子生产原理与技术；④园艺植物种子的检验；⑤园艺植物种子的加工与包装；⑥园艺植物种子的贮藏；⑦种子法规与管理；⑧主要蔬菜、观赏植物与果树种子（种苗）生产技术。

（二）种子学的基础理论与生产应用

园艺植物种子学是一门比较年轻的学科。与园艺专业其他专业课程一样，它包括理论基础与生产应用两部分（图0-1）。因此，从事园艺种子学及其园艺学的科技工作者应该很好地掌握其基础理论中的各门学科的基本知识，面向生产，面向市场，以园艺植物种子为主要对象，应用现代生物学原理仔细观察分析，反复实践，探索其生命活动的基本规律，为园艺产业发展提供保障，达到学以致用的目的。

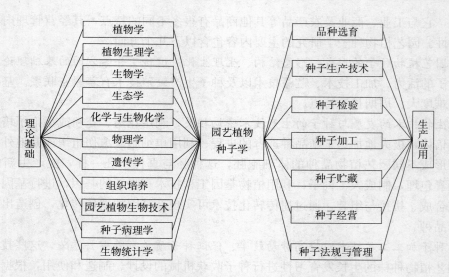

图 0-1　园艺植物种子学的基础理论与生产应用学科

四、种子产业发展历程与园艺种业发展趋势

（一）国外种业发展简史

人类的祖先在史前时期建立了原始农业，已从长期劳动实践中摸索到植物种子的奥秘，积累了有关种子的基本知识。早在公元前 8 世纪，赫西奥德（Hesiod）在他的 *Works and Days* 一书中描述了从事耕作与收获的正确季节以及在适当时期用适当的方法进行作物的收获和清选。基督教《旧约》、《圣经旧约》等宗教典籍中多处载有公元前 5 世纪有关种子学的内容；公元前 300 年前，狄奥弗拉斯特（Theophrastus）观察到植物的母株向种子输送营养物质以供幼苗生长所需的事实，并指出不同植物种子的寿命和萌发特性存在差异的现象。古希腊种植业发展较早，且曾以橄榄、葡萄产品从事出口贸易。当时在植物栽培以及对植物的解剖与描述方面颇为出名的是赫西奥德的《田功农时》、狄奥弗拉斯特的《植物史》与《植物的成因》，其中载有种子、品种区分，以及椰枣人工授粉等方面的内容。公元前 160 年，加图（Cato，M. P.）在其《农业论》中记述了当时种植谷物、果树（葡萄、橄榄等）及蔬菜的技艺，他曾将植物繁衍归纳为四种方式：主张最好的穗子一定要单穗脱粒，以便获得播种用的最好种子，强调作物种子不要日久失效，不要混杂，不要拿错的思想。公元 1 世纪，普林尼（Plinius）在他的《自然史》中对种子保存年限和选择方法作了阐述，表明古罗马时期种子技术曾达到了较高的水平。

自公元 2 世纪至 15 世纪的 1 000 余年间，种子技术的发展极其缓慢。直到 1492 年，哥伦布（C. Columbus）到达美洲后，欧洲人将本土的小麦、大麦、苜蓿、多种果树、蔬菜传向美洲，也将美洲的玉米、马铃薯、甘薯、烟草等携回欧洲。新旧大陆间开始了广泛的种子交流，形成了气候相似与引种驯化等相关理论，促进了种子技术的发展。

1719 年，英国植物学家费尔柴尔德（Fairchild，T.）以石竹科植物为材料在世界上首次获得人工杂交品种。1761—1766 年，德国植物学家科尔罗伊特（Kölreuter，T. G.）进行烟草杂交试验获得优质的杂交品种。1735 年，瑞典生物学家林奈（Carl von Linne）的《自然系统》一书问世，他把自然界分成矿物界、植物界和动物界三大界，并按纲、目、属、种进行系统的分类。农业上发展起来的这些科学方法曾导致人们对植物改良产生兴趣，当时植物改良主要集中在二年生植物上，如甘蓝、甜菜、胡萝卜等。欧洲各国在自然科学上的飞速发展，使得人们对植物种子科技的知识不断积累，日趋完善。从事这方面研究的学者和发表的著作亦随之增加，其中，最早一部关于种子的巨型专著是盖脱奈尔（Gaetner，J.）父子于 1788—1805 年编著的《植物的果实与种子》一书，为人们对果实和种子的形态认识作出了历史性贡献。

1823 年，奈特（Knight，T. A.）在豌豆上发现父母本对一代杂种的贡献均等，二代有分离现象。1843 年库尔特（Kurt，J.）首先采用个体选择法进行禾谷类育种。1856 年，德维尔莫兰（de Vilmorin，L.）明确提出用"后裔鉴定"法检查甜菜的选择效果，后人称之为"维尔莫兰分离原则"。1849 年，加特纳（Gartner，R. A.）指出亲本一代杂种、二代杂种之间存在一定关系，并发现不少一代杂种生长健壮。达尔文（Darwin，C. R.）在《物种起源》（1859）中阐明了选择和杂交等与进化的关系。1866 年，奥地利修道士孟德尔（Mendel，G. J.）发表的"植物杂交试验"论文，描述了植物的杂种优势现象及性状遗传规律，奠定了杂交育种的理论基础。此后随着遗传学的发展，特性鉴定技术的改进和生物统计学的应用，杂交育种技术逐步形成了一套比较完整的体系。

1869 年奥地利学者诺布（Nobbe，F.）在德国的塔兰特创办了世界上第一所作物种子实验室，开展种子形态解剖和生理方面的研究工作。他总结前人的经验和自己的研究成果，撰写并于 1876 年出版了《种子学手册》，流传到欧洲各国，被公认为当时种子文献中的权威著作，他被公认为种子科学和种子检验的创始人。在他的影响下，许多国家建立起种子检验专门机构，使种子科学迈上了新的阶段。

发达国家从 19 世纪 50 年代起，就开始重视种子立法管理工作，较早地颁布了种子管理法和法规，建立起规范的种子管理体制。例如，1861 年瑞士颁布了禁止生产和出售掺杂种子的种子法；1869 年英国议会通过了不准出售丧失生命力的种子、掺假的种子和含杂草率高的种子法令；美国在 1905 年颁布的年度进口法就授权农业部对市场上流通的种子进行测试，1912 年国会又通过了禁止美国企业进口低、劣质种子的种子进口法，1939 年颁布了明确商品种子的生产、分级、包装、标签、检验等的法律规定的《美国联邦种子法》；1947 年日本颁布了《日本种苗法》和《日本种苗法实施细则》。而一些不发达国家也建立了较为完善的法规体系，如 1972 年肯尼亚颁布了《种子种植品种法》。

1882 年，日本横井时敬在中国、日本的古老的盐水选种经验的基础上，撰写出《重要作物盐水选种法》一书，从效益、处理步骤、选种节令、给盐分量、盐水适度查验方法等多个方面对盐水选种详加论述，在日本曾是其有影响的科技著作。

20 世纪初叶，种子学的发展逐步加快，"基因学说"、"纯系学说"、"杂种优势学说"、"多倍体学说"竞相问世。1953 年，美国沃森（Watson，J. D.）和英国克里克（Crick，F. H. C.）通过化学和射线衍射分析，提出 DNA 双螺旋结构模型理论，导致从分子水平上研究生物遗传和变异的分子遗传学的迅速发展，对基因的本质、组成、传递、突变和作用，以及细胞核质之间的关系等遗传育种的基础理论研究有重要的推动作用。遗传工程作为新兴学科出现并迅速向前推进。

1902 年，德国植物学家哈伯兰特（Haberlandt，G.）提出了植物细胞具有全能性，每个细胞都像胚胎细胞那样，可以经过体外培养成为一个完整的植株的假说。这种假说对于植物细胞的克隆技术的发展产生了深远的影响。1934 年，美国学者怀特（White，P. R.）利用无机盐类、蔗糖、酵母提取液等培养番茄根尖，获得首例活跃生长的无性繁殖系。1958 年，美国斯图尔德（Steward，F. C.）等利用组织培养方法从胡萝卜根的韧皮部细胞获得了正常的胡萝卜植株，这项成果证明植物的任何一个有核细胞都具有植物的全套遗传基因，在一定条件下可以长成与母体一样的植株。在此基础上，1978 年美国生物学家穆拉希格（Murashige，T.）首次提出研制人工种子，认为将组织培养诱导产生的胚状体或芽，包以胶囊，使之保持种子的机能，可直接用于田间播种。人工种子科学技术得到迅速发展，它为名贵品种、难以保存的种质资源、遗传性不稳定或雄性不育材料，通过遗传工程创造出的体细胞杂种或转基因植物等新型植物提供了快速繁殖的可能。

在种子科技迅速发展中，优良品种的传播范围、速度和应用研究占有重要位置。以原产我国的猕猴桃为例，从 1836 年起，英国、美国一些植物学家就对它进行描述或向其国内引种种植。1906 年，新西兰人梅拉格尔（Mogragor，J.）将其引入新西兰，对其进行了包括育种、嫁接、修剪、授粉、收获、采后钙处理、冷藏变软的生理机制、加工制作等方面的系统研究，1934 年开始产业化，并迅速进入国际市场，发展起猕猴桃经济，被誉为 20 世纪以来野生植物利用中最大的成就之一。这个事例说明引种作用的重要，引种后的应用研究更重要。

在种子处理技术方面，国外起步较晚，但其发展甚快。1900 年前即有用变温、射线处理种子促进发芽的试验记录。此后，用电导率测定种子生活力，以射线检验种子成熟度，将种子置于不同温度、不同光照、不同湿度或无机、有机化学制剂溶液处理下找出适宜发芽的条件，用超声波、生长素、微量元素处理种子等物理、化学、生物学的方法测定种子萌发、种子生命力等方面进行了大量研究应用工作。

1924 年国际种子检验协会成立，相继带动各个国家、地区种子技术协会等种子机构的建立，对种子技术标准、规程制定、仲裁检验、种子法的制定实施、种子贸易、种子科技理论研究与人员培训、种子信息交流等产生了重要的推进作用。

（二）中国种业发展简史

我国有几千年的文明史，农业史源远流长，在作物品种、种类、选种、育种、引种、种子处理、种子检验、种子管理等领域，积累了丰富的技术经验，有着许多理论探索，在世界农业科学技术的历史发展中，有着重要的地位和重大的影响。为了叙述方便，以下将我国种业发展分为中国古代种业的发展、中国近代种业的发展和新中国成立后中国种业的发展 3 部分作简略的叙述。

1. 中国古代种业的发展　在我国的考古史上，考古科学家在湖南澧县彭头山新石器时代早期遗址发现稻遗存的材料，其年限可推到距今 9 000 年以前；在陕西西安半坡新石器时代遗址中，发现约 7 000 年前贮藏于加盖陶罐内的粟粒，还挖掘出窖藏粟堆以及罐藏芥菜类的种子，谷物、蔬菜种子罐藏是人类认识层次和技术程度骤升的表现。大量考古多点出土的谷物和蔬菜种子，结合有关农具分析，可以认为当时作物种植已达一定水平。

在西周初到春秋中期的《诗经》中描述同一种类作物有不同苗色，要挑选光亮、饱满的穗粒作为种子，谷物种子已分出成熟期早、晚的不同品种，这可能是世界上关于作物品种描述的最早文字记载。春秋初年齐国的思想家管仲在《管子》一书中阐释了不同土壤色泽、质地、水泉深浅及其所适宜生长的植物。公元前 3 世纪《吕氏春秋》中的"辨土"、"任地"、"审时" 3 篇文章，是春秋战国时期"农家"重要著作。其中"后稷"提出的农业十大问题，涉及种子的就有如何使庄稼茎秆坚韧、穗子大而坚匀、子粒饱满而少糠、碾成米做出饭吃着"有油性"、"有劲"等论述。这些文字记载反映在西周、春秋战国时期，我国已对留种、品种十分重视。

在西汉和后魏时期，我国种子技术发展较快。公元前 1 世纪，西汉的《氾胜之书》就宣传选择大而健壮的麦穗，单收、单藏；瓠子要选大型果实，留中间结的少数果实作为种子。石声汉在《中国农学遗产要略》中概括我国古代这种传统的选种方法是年年选种，以累积优良性状，经常换种，以防止退化。公元 6 世纪《齐民要术》将种子技术总结为"当年预先选一些好种子，单独挂藏作为来年专门选定种子田来培育，提前打场避免混杂，留作第三年的种子用"。这是我国古代在种子技术方面的杰出创造，至今仍有实际意义。

从西汉到晋朝，是我国引种的鼎盛时期，如胡豆、胡麻、胡瓜、胡荽、胡椒、胡桃、胡葱、苜蓿、葡萄等都是这个时期引入中原的，在《齐民要术》中还记述了地区间引种蒜、芜菁出现变异的现象。

《氾胜之书》中记述了用动物骨汁、粪汁、蚕蛹汁、雪水、酸浆水，或再加药物附子浸汁拌种的技术。《齐民要术》一书对种子技术进行了较为系统的阐述，可粗略概括为以下几点。

（1）品种的命名、记载与描述　如在芜菁种植上，已区分出供售卖叶根粗大、气味不美的"九英"和自食质优的"细根"。

（2）种子生产技术　如作物要设置"种子田"，种子田要加大株行距，多施肥、多耘锄、多浇灌；在梨的嫁接接穗选择上，明确区分幼树取枝和老树取枝的结果早晚和树形的差别；嫁接繁殖或插枝、分根繁殖的时间安排和技术方法。

（3）播种技术　如播种时，要根据气候干湿、土壤墒情，开沟、覆土以及工具使用和播量大小灵活掌握。

（4）留种收种技术　对谷类要穗选、场选，瓜类选择蔓中间部位所结瓜，取瓜中腰瓜子留种。

（5）种子晾晒、清选与贮藏技术　种子要经风选、水淘、日晒与干藏等过程；栗成熟从壳中剥出后，要迅速用湿土埋好，若从远地取种，要用皮囊装好运送，久经风吹日晒会丧失发芽力。

（6）种子处理技术　核果类种子实行沙埋；水稻、麻等浸种催芽；蔬菜种子多要浸种、催芽；韭菜、苜蓿留作取用用时，要减少收割次数用以养种；将芜菁种子"磋破"播种，莲子头部"磨薄"后播种效果好。

（7）种子检验技术　在集市上购买种子时，要以感官或器具微煮检验种子新陈。韭菜种子若从市场上购买，要用水微煮，以是否生芽检验其新陈。

宋代进行了大规模的引种工作，撰著多种植物谱录。这一时期从国外引进了一些植物如海棠、海枣、椰枣、海芋、海桐花、海红豆等。宋太宗、宋真宗接受建议，曾大力提倡水稻向北方发展、小麦等向江南伸延，为此命令地方官员解决种子供应问题。曾安止 1094 年发表的《禾谱》，专述当时江西泰和地区的水稻品种，提到早禾中有早占禾、晚禾中有晚占禾，都是原产自越南的占城稻。

由于印刷术的发展，宋代雕刻农书，禾谱、橘录、荔枝谱、桐谱等多种花草树木谱录大量涌现，牡丹、芍药、梅、菊等谱录都开始涉及品种的释名，对于名花更记述其数个品种的兴衰演替、砧木接穗的出处、技术调控等细节。陆游《天彭牡丹谱》还记载了种花户使牡丹开花结子、以播种育苗进行筛选的方式增添新的品种类型，范成大《菊谱》也记载了类似的情形。公元1149年的《陈旉农书》中记载了桑葚"去两头"、"留中间"的种子选留方法，选择出坚实、颗粒大的种子，将来桑树干强实，叶子肥厚。

明代至清代，我国作物构成发生了显著的变化。棉花从边疆、海岛传到内地。在明代，甘薯引入我国，徐光启的《农政全书》较详地记述了甘薯从福建至上海的引种技术，探讨了在北方窖藏种薯的方法。明代后期，我国作物构成已有很大变化，玉米、甘薯、马铃薯等新作物于清代中后期在我国发展很快，马铃薯和玉米在西部山区和北部高寒地带发展，逐渐成为主粮。我国主要粮食作物由稻、麦、粟、粱、黍等"五谷"型逐渐转变成稻、麦、玉米、甘薯、马铃薯等"杂粮"型。同时，玉米、薯类向各种生态环境条件的区域拓种，出现了许多变异新类型。

2. 中国近代种业的发展　我国应用新的科学技术进行选种与育种起于近代，并且在民国时期有了长足的发展。1891年，孙中山在撰写的《农功》一文中指出"良法不可不行，佳种尤不可不拣"。1900年前后，我国从国外引进了棉、麦、稻、甘蔗、花生、葡萄、苹果、梨、洋槐、桉树、甜菜等植物的优良品种。1892年华侨张振勋从国外引进酿酒用葡萄品种，1906年华侨何麟书从马来西亚引进橡胶树种子，成功地在中国土地上流淌出橡胶树汁。

在外国先进农业生产影响下，中国政府积极倡导近代农业由经验农学转向试验农学。从19世纪末就开始兴办农业试验机构，从事优良农法的试验研究，以满足改进农业生产的需要。1898—1908年，我国创立农业科学试验机构13个，农业改良和技术推广机构26个。这些农业试验机构分门别类研究各种农业技术，向各地农民宣传和推广农业研究成果。

1896年，成立了上海农学会。1898年先后成立了第一所农科大学——京师大学堂农科与第一所农事试验场——上海育蚕试验场。这一时期，农书的翻译开始受到重视，仅1896—1904年间全国所译国外农书就达171种，如清朝末年由罗振玉主持编辑的《农学丛书》，翻译了《果树栽培总论》、《种树书》、《蒲葵栽制法》、《谈芭蕉栽制法》、《葡萄新书》、《橘录》、《水蜜桃谱》、《甜菜栽培法》、《甘薯实验成绩》、《家菌长养法》、《种木番薯法》与《蔬菜栽培法》等与园艺有关的科技书籍。国外先进技术的引入也导致农业产业结构的变化，如地处中原的河南，农业种植一直是以小麦、稻谷、玉米、高粱、甘薯、蚕豆、豌豆等粮食作物为主，鸦片战争后，作物种类增加，商品化率提高。据统计，当时我国7省蔬菜的商品化率已达73.7%。

在种子处理方面，四川省农政局1906年推广采用木炭水浸或温汤处理麦种的方法防治麦类黑穗病，农工商部农事试验场1908年进行水、陆稻盐水选种试验。到1934年，开始种子纯度、种子健康程度检查，此后又制定谷物种子分级标准，研制相应的器械。

中国近代遭受西方列强的侵扰，在极其艰难的情况下开展了大量的种子科学技术的试验研究工作，为新中国种业的发展奠定了基础。

3. 新中国成立后中国种业的发展　新中国成立后，建立健全了育种推广体系，种子工作面貌发生根本性变化，大体经历了 4 个不同的历史阶段。

（1）**家家种田，户户留种时期（1949—1955）**　这一时期全国各县农业部门成立了种子机构，实行行政和技术两位一体。当时农业生产水平低下，农业技术比较落后，农业生产采用的主要是农家品种。农业部制定了《五年良种普及计划》，要求广泛开展群选群育活动，新品种就地繁殖推广，家家种田留种。

（2）**"四自一辅"时期（1956—1977）**　1956 年，农业部设立种子管理局，实行行政、技术、经营"三位一体"的管理体制，加强对种子工作的领导。1958 年，经国务院批准，中央和各省（区）设立种子公司或种子管理站，省以下按自然区划设立种子分公司，但县级只设种子站，负责种子经营和调剂管理。之后，逐步建立和完善了良种繁育制度以及品种区域试验制度、种子审定制度、种子检验制度等，加强种子管理和保障农业供种。

农业合作化运动改变了原来的"家家种田，户户留种"的局面。1958 年 5 月，农业部召开"全国种子工作会议"，针对一些地区种子大调大运以及商品粮代替种子造成严重混杂事故的教训，确定种子工作要依靠农业合作社自繁、自选、自留、自用，辅之以调剂（简称"四自一辅"）的方针，要求集体生产单位自留大田生产用种，国家进行必要的良种调剂。

（3）**"四化一供"时期（1978—2000）**　改革开放加快了农业现代化建设进程，促进了我国种业的发展。1978 年 5 月，国务院第 98 号文件批转了农业部《关于加强种子工作的报告》，要求从中央到地方把种子公司和种子基地恢复和建设起来，实行行政、技术、经营"三位一体"的管理体制，健全良种繁育推广体系，要求逐步实现品种布局区域化、种子生产专业化、种子加工机械化和种子质量标准化，实行以县为单位统一供种（简称为"四化一供"）。品种布局区域化，是指按品种的不同区域适应性，科学安排品种，使在一个自然区域内各作物实现既有当家品种，又有搭配品种，既防止品种多、乱、杂，又防止一个地区品种单一化。种子生产专业化，就是根据不同作物下年的用种量，确定专门单位、专用耕地、专业人员，配备专门设备，进行种子生产，即建立较为固定的种子生产基地，由种子公司负责技术，基地农民按规定技术程序生产种子。种子加工机械化，就是把专业化生产出来的半成品种子，从烘干、清理、清选分级到拌药、包衣、丸粒化、大粒化、包装等，全部采用机械化处理。种子质量标准化包括五个内容，即品种标准，种子分级标准，原种生产方法标准，种子检验方法标准和种子贮藏、包装、运输标准。以县为单位统一组织供种，就是要改变"四自一辅"时期既种田又留种的现象，做到种田不留种，用种由县种子部门有计划地组织统一供种。

"四化一供"标志着种子生产由传统农业向现代农业的转化，但也为县级种子公司奠定了垄断经营的基础。

（4）**市场经济发展时期（2000 年到现在）**　2000 年 12 月 1 日《中华人民共和国种子法》的实施彻底打破了计划经济时代国有种子公司垄断经营的局面。2001 年，我国成为世界经济贸易组织的成员。中国种业正在融入全球经济一体化浪潮，开创了市场竞争和产业发展的新局面。目前，中国种业已发展成为农业领域市场化进程最好的产业之一。

（三）中国园艺种业发展现状

1. 产业科技现状　园艺产业发展的基础在于新品种选育的水平。目前从事园艺植物育种的单位可分为四类。一是国家、省级园艺研究机构，高等农林院校，如中国农业科学院蔬菜花卉研究所、中国农业科学院郑州果树研究所、江苏农业科学院蔬菜研究所、西北农林科技大学园艺学院等。这类单位汇聚了高水平的研究人员，掌握的资源多、研究基础好，主要从事基础研究与新品种选育，是我国当前园艺植物新品种选育的主要科研机构，当前园艺产业中多数主栽品种由这些单位选育。二是外商独资企业，如先正达种子有限公司、北京世农种苗公司、亚洲太阳种子有限公司、北京大一种苗公司、农友种苗股份有限公司等。这类企业资金雄厚，吸纳了一批国内外高水平的研究人员，正在开展园艺种业科技的本土化战略，开始在国内设立育种场或试验站等，挟已有的科技优势进行全方位的科研活动。三是市、县级企事业单位，如市级农业技术推广站、市及县级园艺站、中国西部航天（太空）育种中心等。这类研究单位的研究基础、研究水平以及选育品种的数量与质量均逊色于前两类，主要从事地方优良种质的直接利用，以及优良品种的示范推广工作。四是民营企业，如种都种业（集团）有限公司、西安金鹏种苗有限公司、温州首指蔬菜种业有限公司、南京理想种苗有限公司等，主要从事地方优良种质的直接利用以及通过不同渠道获取亲本材料等进行应用。也有一些企业利用高校的科研优势进行合作研究，如西安金鹏种苗有限公司与西北农林科技大学园艺学院合作，首次利用 CAPs 标记与田间鉴定相结合的方法，育成了高抗叶霉病、南方根结线虫的'M158'、'M126'、'M6'等番茄一代杂种新品种，目前正在大面积示范推广。

在研究内容上，各类研究单位与企业目前仍以围绕园艺植物新品种的选育而开展科研工作。主要体现在种质资源的搜集、鉴定、评价、利用、种质创新、新品种选育以及相关的基础研究，对种子产业链之中包括制种生产技术、加工技术、包衣技术、鉴定技术、栽培技术等方面的研究较少且深度不够。在研究手段上，品种的研发工作仍以传统手段为主，以实现产量、熟性、抗性、品质等育种目标，生物技术、信息技术、空间技术等高新技术开始进入园艺植物新品种选育领域，但大多仍处于研究阶段。在科研经费的投入上，基本靠国家的事业经费与政府各种渠道的科研立项经费，企业自主立项投入的研究经费较少。

我国园艺植物种质资源十分丰富，开发利用潜力巨大。例如，"植物王国"的云南、"雪域高原"的西藏、"林海雪原"的黑龙江等地区都有丰富的园艺植物资源，尤其是观赏植物资源。在我国不断地从国外引进吸收花卉品种的同时，欧美等国从我国的野生花卉在内的原生植物培育出数以千计的园艺品种，其中部分经驯化的花卉后来又返销中国。至今，我国市场上主要的鲜切花品种仍是舶来之品，我国花卉资源开发利用落后的主要原因是花卉良种培育技术落后，并已成为目前影响我国花卉生产和出口的瓶颈。花卉园艺产业是生态农业、创汇农业的重要部分，而且对推动农业产业结构调整、增加农民收入、促进地方经济发展有着非常重要的作用，已引起地方政府和花农的高度重视，一些地方政府正在从政策和财政两方面重点支持发展建设花卉种质资源种植园、花卉人工繁育基地等。

2. 种子市场与种子企业 我国蔬菜播种面积居世界首位，常年播种面积约 2 200 万 hm²，年需种量 0.4 亿～0.5 亿 kg，种子商品率为 30%～40%；果园面积超过 1 000 万 hm²，是世界第一果品生产大国，果品总产量已突破 9 000 万 t，占世界总产量的 15%，至少有 9 种果品产量稳居世界首位，分别为苹果、梨、桃、荔枝、龙眼、柿子、枣、草莓、猕猴桃；花卉苗木种植面积达 4 310 万 hm²，现有花卉苗木市场 2 185 个，生产、经营企业 6 万多家，种植户 95 万户。不难看出，园艺种业市场潜力和规模巨大，已基本形成以企业为主体的营销格局。从事园艺种子（苗）生产经营的企业可分为以下 5 种类型：一是企事业转化型，主要以原国营种子经营机构，如种子公司、蔬菜种子公司，以及种子站、农业技术推广站等为主体转化或剥离转化成立的种子营销企业；二是科教转化型，主要以科研、教学等单位为主体，在科技体制改革与市场经济建设要求之下组建与创办的科技型实体；三是外来产业型，主要以外资、合资企业为主，随着我国市场的进一步开放，这类跨国公司在我国的抢滩愈演愈烈，而且已在向本土化方向演变；四是资本融合型，主要是以资本优势进入园艺种苗产业的企业，这类企业在其他产业领域完成资本积累后将资本投入到园艺种子产业中来，往往以兼并、收购等形式在原有的一些种子企业的基础之上进行重组或拓展业务领域；五是其他类型，主要有民营科技型园艺种苗企业以及一些园艺种苗企业的联合体，正逐步向专业化以及集团化的方向发展。

我国园艺良种产业经济效益明显高于其他农作物，毛利率在 60% 以上，年获毛利50 亿～60 亿元，行业赢利水平高于其他传统产业。良种在园艺植物增产、增效诸多因素中具有不可替代的重要作用，增产贡献率在 30%～40%，其产生的社会经济效益巨大，对发展农村经济、农业增效和农民增收意义重大。

（四）园艺种业发展趋势

园艺种业是农作物种业的重要组成部分，在我国农业结构调整，农民增收中占有十分重要的地位。从世界种业发展趋势来看，园艺种业发展趋势主要表现如下。

1. 种业规模化与国际化发展　世界种业发展趋势，行业集中度越来越高。许多跨国种业集团公司，如法玛西亚（Pharmacia）高科技产业集团、优谷（Optimum Quality Grains）公司、先正达（Syngenta）农业有限公司等通过一系列收购、兼并等资本运营方式进行整合重组，促进了种业内外资本的渗透和流动，使得它们的发展有了更大的资本支撑。经过竞争种子行业将会形成寡头垄断的格局，如圣尼斯（Seminis）公司已拥有世界蔬菜种子市场的26%。种子行业高度集中的势头将会愈演愈烈，园艺产业随着种子企业的兼并重组将带来一场革命。

2. 重视种业研发创新　创新是种业核心竞争力的源泉，也是种业国际化的基本要求。人才是提高创新能力、将成果转化为生产力、增强企业后劲的关键；优秀管理人才是有效实现企业经营管理目标的企业家。因此，各大种子公司都在不惜重金广揽优秀人才，尤其是高科技人才。

高科技在未来种业发展中将是最大的生产力因素。生物技术正创造着农业革命的未来，越来越成为种子行业竞争的焦点，尤其是农业生物技术中的基因工程、细胞工程、发酵工程和酶工程等，已成为当今国际种子企业巨头之间高科技竞争的制高点。21 世纪基因组的研究将由"结构基因组"向"功能基因组"转变。谁最先了解基因的功能，谁就拥有了该基因的知识产权，也就可以获得更多的利润。通过分子标记辅助选择育种可能实现多种基因的累加，培育出"多抗"或"广谱"的种质或品种；通过转基因技术可以使植物获得抵抗非生物逆境的能力，从而减少化肥和农药的使用量；通过转基因技术也可以培育出优质高产的园艺植物新品种。此外，园艺植物生物反应器将是高科技发展的另一重要领域。利用某些园艺植物可生食、产量高等特性，生产稀有蛋白、口服疫苗、工业用酶、药物等已成为人们关注的热点和工作重心，植物生物反应器研究的进展使农业这一外延大大拓宽，延伸到工业和医药领域。

3. 良种与品牌将成为种业发展的关键　21 世纪农业科技革命的先导是种子革命，农产品市场竞争的核心是良种竞争。各类种子企业，尤其是跨国大型企业，越来越重视科技投入，希望通过遗传改良，培育出不同类型的优良品种，占据更大的市场份额。这将会使一些科技发达的国家在品种改良方面处于领先地位，发展中国家的许多园艺植物种子（苗）将会更多依赖从发达国家进口。

品牌的竞争是产品开发和推广的支撑，是企业竞争的核心，也是企业的形象，拥有自己的品牌，一个企业才拥有进入世界市场的通行证。著名品牌是企业发展的保障，服务是提高企业信誉、促进企业发展的关键。创立一个国际品牌是极其艰难的历程，但一个知名品牌却是一个国际化企业终身享有的财富，如位居全球 500 强企业前列的先锋种业、胖龙种苗及国内的虹越花卉、蓝天园林等，均是依靠高科技和强大实力实现了花卉苗木品质长期优异，创立了品牌。全球几大种业公司，如杜邦（DuPont）、孟山都（Monsanto，包括孟山都收购的圣尼斯和安万特）、先正达（Syngenta）、利马格兰（Limagrain）、埃德瓦塔（Advanta）、道化工（Dow）、卡韦埃斯（KWS AG）、三角洲和松兰（Delta & Pine Land）公司也无一例外地创立和拥有自己的著名品牌而占据市场。

4. 运作市场化与产业一体化　园艺种业的国际化必将促进园艺种子（苗）市场的有序和规范运作格局的形成。依法管理，市场引导，自由竞争，高新技术育种，专业化生产，区域化布局，机械化加工与包装，品牌化流通，周年化供种，这种崭新的园艺种子产业新格局将会出现。园艺种子生产由基地多变不定式，向专业化、基地化、集约化的大规模生产过渡。园艺种子产业将向高新技术育种、生产、加工、包装、贮藏、质检、品牌、市场、信息等环节一体化发展，使管理和服务统一起来，以提高产业的竞争力。

◆ **复习思考题**

1. 试述园艺植物种子与种子学的概念。
2. 何谓良种？简述种子在园艺产业中的作用。
3. 试述世界种业与中国种业发展简史。
4. 论述中国园艺种业发展现状与发展趋势。

◆ **推荐读物**

巩振辉主编 . 2008. 植物育种学 . 北京：中国农业出版社 .
颜启传主编 . 2001. 种子学 . 北京：中国农业出版社 .

第一章　园艺植物种子生物学与生理生化

~~~~~~

【本章要点】本章应重点掌握种子自由水、束缚水、临界水分、安全水分、平衡水分与种子贮藏和寿命的关系，种子休眠的原因与休眠的调控，种子萌发的过程和种子萌发的生态条件，种子活力的概念，种子活力、生活力与发芽力的相互关系，种子寿命与平均寿命的概念；理解种子的形成和发育成熟与种子质量的关系，种子衰老的原因及机理；了解种子形成发育的一般过程，种子的营养成分，种子的生理活性物质和种子的其他化学成分，种子休眠的机理，种子萌发的生理生化过程和促进种子萌发的方法，种子寿命的影响因素。难点为种子发育和成熟过程中同化物质的积累以及种子成熟过程中的脱水作用。

~~~~~~

园艺植物种子生物学和生理生化是园艺植物种子学的理论基础。正确理解不同园艺植物种子生物学与生理生化特性，是采取合理的种子生产、加工、包装、检验、贮藏与播种措施的前提。

第一节　种子的形态与构造

种子的形态构造是鉴别园艺植物种和品种、判断种子品质的重要依据，同时也与种子的清选分级、加工包装及安全贮藏等有着密切关系。

一、种子的一般形态构造

种子的一般形态构造分为外部形态和基本构造两个部分。

（一）种子的外部形态

一般的，各种园艺植物在进化系统上相距越远，其种子的形态差别就越大。同一科属的种子，虽然其形态基本相似，但种间仍有一些特定的区别，同种不同品种的种子或同品种不同成熟度和贮藏条件的种子，外形上也可能有差异。种子的外部形态特征主要包括形状、大小（千粒重）、种皮（seed coat）色泽，以及雕纹结构和附着物等。

1. 形状　园艺植物种子的形状主要决定于基因型，因种类不同而有很大差异，即呈现多样化且相对稳定。常见的园艺植物种子的形状有圆球形（豌豆）、椭圆形（菜用大豆）、扁椭圆形（扁豆）、卵形（蕹菜）、扁卵形（西瓜）、扁圆形（马齿苋）、圆锥形（苦苣）、肾形（菜豆）、盾形（葱）、近似方形（豆薯）、臼齿形（甜玉米）、纺锤形（牛蒡）、披针形（黄瓜）、楔形（菊苣）、三棱形（守宫木）、元宝形（菱）等。

2. 色泽　各种园艺植物的种子由于含有不同的色素，使种子外表呈现出不同的色彩和斑纹，并能稳定遗传。有些种子为纯色，有些在底色上嵌有各色花纹，有的种子颜色鲜艳，有的富有光泽，有的色泽暗淡。这些种子表现出的颜色之分、深浅之别、纹理之差和光泽有无等色泽特征，往往可以作为实践中鉴别园艺植物种和品种的主要依据。例如，菜豆种子的颜色有白、黑、褐、棕黄、红褐等单色，或呈花色斑纹。茄子种子新鲜时表现黄褐色、有光泽，陈旧或采种不当时呈褐色或灰褐色。

3. 大小　不同园艺植物的种子大小差异悬殊，同一种园艺植物品种间种子大小的变异幅度也相当大，大者有超过成人拳头的椰子，小的如尘土般细微的某些兰科植物。种子的大小通常用长、宽、厚或千粒重表示，长、宽、厚指标对种子加工清选有特殊意义，千粒重是生产实践中衡量种子品质的主要指标之一。园艺植物种子的大小、重量和分级，与商业部门的采购贮运，生产部门的种子处理、播种量计算、播种方法选择、幼苗生长速度、田间管理等密切相关，直接影响到园艺植物的产、供、销各个环节。

一般将种子依据大小划分为 4 个等级：①大粒种子，平均每粒种子在 1g 以上者或平均每克种子在 1～10 粒者，如佛手瓜、莲藕、大子西瓜等；②较大粒种子，平均每克种子含有 11～150 粒者，如番杏、甜瓜、芫荽等；③中粒种子，平均每克种子含有 151～400 粒者，如甜椒、白菜、韭葱等；④较小粒种子，平均每克种子含有 401～1 000粒者，如樱桃番茄、茼蒿、莴苣等；⑤小粒种子，平均每克种子含有1 000粒以上者，如苋菜、芹菜、豆瓣菜等。

4. 表面特征　有些园艺植物种子的表面光滑，有些则表面粗糙。这些表面粗糙的种子，或是表面具有穴、沟、网纹、条纹、突起、棱脊等雕纹结构，或是表面具有翅、冠毛、刺、芒和毛等附着物。例如，菜豆种子表面光滑，洋葱种子表面密布皱纹，苦瓜种子表面有浮雕状花纹，豆瓣菜种子表面具五角形网纹，冬寒菜种子表面具放射状棱，粉皮冬瓜种子边缘有棱状突起、脐侧有瘤、四周具翼，番茄种子表面被绒毛，黄瓜种子有一束刚毛等。

（二）种子的基本构造

尽管园艺植物种子的外部形态千变万化，但其基本结构却非常相似，都是由种皮、胚（embryo）和胚乳（endosperm）3 个主要部分组成。

1. 种皮　广义的种皮包括播种材料为果实的果皮（pericarp）。种皮是种子的外部保护组织，其层次的多少、结构的致密程度、细胞的形状及胞壁的加厚状况等，因园艺植物种类而有较大差异，直接或间接地影响种子的干燥、贮藏、加工、休眠、萌发、寿命等。

（1）果皮　果皮由子房壁（ovary wall）发育而成，一般由外果皮（epicarp）、中果皮（mesocarp）和内果皮（endocarp）3 层组成。各种园艺植物 3 层果皮的形状和厚度不一样。

（2）种皮　种皮由珠被（integument）发育而成，外珠被（outer integument）发育成外种皮（testa），内珠被（inner integument）发育成内种皮（endopleura）。外种皮质厚而强韧，内种皮多成薄膜状。

种皮上通常可以观察到种脐（hilum）、脐条（raphe）、内脐（chalaza）、发芽口（micropyle）等胚珠（ovule）的痕迹，通常也是种子外观鉴定的一些重要特征。

①种脐：种脐是种子附着在胎座（placenta）上与母体植株维管束（vascular bundle）相连的地方，为种子成熟后从珠柄（funiculus）上脱落所留下的疤痕，简称脐。种脐的颜色、形状、凹凸及存在部位等因园艺植物种类或品种不同而异。种脐的颜色十分丰富，但通常与种皮不同，有的种子较种皮深，有的较种皮浅，但均暗淡无光。种脐的形状有长、短、

圆、尖、宽、窄等区别，如菜豆的种脐呈椭圆形，豇豆种脐呈楔形，蚕豆种脐为粗线状等。根据种脐的凹凸状况，可将种子分为凸出种皮型（豇豆）、与种皮相平型（刀豆）和凹入种皮型（菜豆）3类。种脐在种子上的位置，有位于种子尖端（白菜）、位于种子侧面（菜豆）和位于种子基部（牛蒡）3种情况。

②脐条：脐条是倒生或半倒生胚珠从珠柄通到合点（chalaza）的维管束痕迹，为珠被和珠柄的愈合在种皮上留下的脊状突起，又称种脊、种脉或缝线。维管束从珠柄到合点时，不直接进入种子内部而先在种皮上通过一段距离，然后至珠心层（nucellar layer）供给养分。脐条的有无、长短决定于形成种子的胚珠类型，由倒生胚珠形成的种子脐条较长（黄瓜），由半倒生胚珠形成的种子脐条较短（菜豆），而由直生胚珠形成的种子没有脐条（板栗）。

③内脐：内脐是胚珠时期合点的痕迹，为脐条的终点部位，通常在种皮上稍呈疣状突起。豌豆等种子的内脐比较明显。

④发芽口：发芽口是胚珠时期珠孔（micropyle）的痕迹，是种子萌发时水分的入口和胚根（radicle）的出口，又称种孔或发芽孔。菜豆、豇豆等种子的发芽口非常明显。发芽口的位置决定于形成种子的胚珠类型，由倒生胚珠形成的种子发芽口与种脐位于同一部位，由半倒生胚珠形成的种子发芽口位于种脐靠近胚根的一端，由直生胚珠形成的种子发芽口位于种脐相反的一端。

2. 胚　胚是由受精卵（oosperm）发育而成的幼小植物体，是新植物的原始体，为种子最主要的部分。每粒种子通常只有1个胚，但柑橘属和仙人掌属等植物中也有1粒种子具2个或2个以上胚的多胚现象（polyembryony）。

（1）胚的组成　胚一般由胚芽（plumule）、胚轴（hypocotyl）、胚根和子叶（cotyledon）4部分组成。

①胚芽：胚芽是未发育的植株地上部分，是叶、茎的原始体，位于胚轴的上端，顶部为茎的生长点，又称上胚轴或幼芽。在各种园艺植物成熟种子萌发前，胚芽的分化程度是不同的，有的在生长点基部已形成1片或数片初生叶，有的仅仅是一团分生细胞。禾本科植物的胚芽由3～5片胚叶组成，最外部的1片胚叶呈圆筒状，称为胚芽鞘（coleoptile）。

②胚轴：胚轴是连接胚芽和胚根的过渡部分，位于子叶着生点和胚根之间，又称胚茎或下胚轴。在种子发芽前大都不甚明显，通常胚轴和胚根的界限从外部看不清楚，只有根据详细的解剖学观察才能确定。胚轴在种子萌发时伸长的程度决定了幼苗子叶是否出土。萌发后胚轴明显伸长者，将子叶顶出土面，如黄瓜、番茄等；萌发后胚轴伸长不明显者，致使子叶留存土中，如蚕豆、豌豆等。

③胚根：胚根是植物未发育的初生根，位于胚轴的下端，有1条或多条，又称幼根。在胚根中可以区分出根的初生组织与根冠（root cap）部分；根尖有分生细胞，萌发时迅速分裂、分化和生长，产生根部的次生组织。禾本科植物的胚根外包被着一层薄壁组织，称为根鞘（root sheath），当种子萌发时，胚根突破根鞘而伸入土中。

④子叶：子叶是胚的幼叶，其数目和功能因园艺植物种类而异。单子叶植物具1片子叶，双子叶植物有2片子叶，裸子植物为2片至数片。子叶通常比真叶厚，叶脉一般不明显。双子叶植物的2片子叶通常大小相等，互相对称，但也有2片子叶大小不同的类型，如油菜等。子叶的主要功能是贮藏营养物质，供种子萌发利用；双子叶植物种子的胚芽着生于

2片子叶之间，子叶起保护作用；出土的绿色子叶也是幼苗最初的同化器官；禾本科植物种子的子叶（盾片，scutellum）具有特殊的生理功能，在种子萌发时分泌水解酶，使胚乳中贮藏的养分迅速分解为简单的可溶性物质，并吸收转运供胚利用，起传递养分的桥梁作用。

（2）胚的形状　园艺植物的胚在种子内存在的形态，可以分为以下6种类型：①直立型，胚轴、胚根和子叶与种子纵轴平行，如葫芦科、菊科、大戟科和柿树科等植物；②弯曲型，胚根和胚芽弯曲呈钩状或镰刀状，如豆科和十字花科等植物；③螺旋型，子叶与胚盘卷呈螺旋形，如茄科植物；④环型，胚细长，沿种皮内层绕一周呈环状，胚根与子叶几乎相接，如藜科和苋科等植物；⑤折叠型，子叶发达，折叠数层，充满于种皮内部，如锦葵科等植物；⑥偏左型，胚较小，位于胚乳的侧面或背面的基部，如禾本科等植物。

3. 胚乳　胚乳是经过受精过程发育而成的种子贮藏营养物质的主要器官组织，其贮藏营养对幼苗健壮程度有着重要的影响。胚乳根据其来源分为内胚乳（胚乳）和外胚乳（perisperm）2种。由胚囊（embryo sac）中的受精极核细胞发育而成的贮藏组织称为内胚乳，由胚囊外的珠心层细胞直接发育而成的贮藏组织称为外胚乳。

绝大多数植物种子的胚乳为固体，极少数植物种子的胚乳呈液体状态（椰子）。有些植物种子的胚乳位于胚的周围（胡萝卜等），有些位于胚的基部中央（银杏等），有些位于胚的中央（甜菜等），有些位于胚的侧上方（甜玉米等），还有些与胚相互镶嵌（番茄等）。

在种子发育成熟时，许多植物的胚乳被胚吸收利用而消耗殆尽，或仅留下1层薄膜，或仅存部分残余；有些植物根本就不产生胚乳，因而成为无胚乳种子（exalbuminous seed）。无胚乳种子的营养物质贮藏在胚的组织内，尤以子叶内最多。此外，在裸子植物中，银杏、松、柏等植物的种子内部也有相当发达的贮藏组织，含有丰富营养物质，具有营养生理功能，似乎也应列为胚乳的一种。但从植物发育学的角度分析，该组织完全由母体的雌配子体直接发育而来，未经过受精过程，所以与被子植物的胚乳有本质区别。

二、种子的植物学分类

种子的分类方法较多，现介绍以胚乳有无和种子形态特征为依据的两种主要分类方法。

（一）根据胚乳有无分类

按照种子中胚乳的有无，将园艺植物种子分为有胚乳种子和无胚乳种子两大类。

1. 有胚乳种子　有胚乳种子具有较发达的胚乳组织，根据胚乳的发达程度和来源，又可分为以下3类：①内胚乳发达（如禾本科、大戟科、蓼科、茄科、伞形科等和百合科等绝大多数植物）；②内胚乳和外胚乳同时存在（如襄荷科、胡椒科和睡莲科等极少数植物）；③外胚乳发达（如藜科、苋科和石竹科等少数植物）。

2. 无胚乳种子　无胚乳种子子叶发达，有胚乳痕迹或不产生胚乳，如十字花科、豆科、葫芦科、蔷薇科、锦葵科、菊科、兰科和菱科的园艺植物。

（二）根据植物形态学分类

根据种子（播种材料）的形态特征，将园艺植物种子分为包括果实全部类、包括果实及外部附属物类、包括种子及内果皮类、包括种子全部类和包括已脱去种皮外层的种子类等5个类型。

第二节　种子的化学成分

了解园艺植物种子的化学成分，有利于掌握其生理特性、耐贮性和加工品质等，便于科学合理地进行种子的检验、贮藏、加工和利用。

一、种子的主要化学成分及其分布

（一）种子的主要化学成分

园艺植物种子的化学成分包括种子水分、种子营养成分、种子生理活性物质和其他种子化学成分 4 类物质。

种子水分是园艺植物种子生命活动的介质和生化变化的参与者。种子营养成分主要有蛋白质、糖类和脂肪等，蛋白质是园艺植物种子生命活动的基质，糖类、脂肪和蛋白质是园艺植物种子生命活动的能源。生理活性物质包括少量的酶、维生素和激素，是园艺植物种子生理状态和生化变化的调节剂。其他种子化学成分包括色素、矿物质、种子毒物和特殊化学成分等，含量虽微，却对园艺植物种子有各种影响。

园艺植物种子的化学成分受遗传基因控制，种间、变种间和品种间的各种化学成分含量有差异，种子发育和成熟过程中的气候、土壤及栽培条件等也会引起其化学成分含量的变化。但是，在正常情况下，同一品种的化学成分的变动幅度较小。根据主要化学成分在种子中的含量，可以将园艺植物种子分为蛋白质种子（protein seed）、粉质种子（starch seed）和油质种子（lipid seed）3 大类。例如，在蔬菜种子中，菜用大豆等蛋白质种子的蛋白质含量高达 36%；豇豆、菜豆和甜玉米等粉质种子的淀粉含量高，一般均在 50% 以上；白菜和芥菜等油质种子含有 30%～50% 的脂肪。

（二）种子化学成分的分布

不同类型的园艺植物种子，其胚、胚乳和种皮 3 个组成部分所占的比例差异很大，同一种子的各个部分所含化学成分的种类和数量也不相同，这就决定了各种种子及各个种子组成部分的生理机能、营养价值、利用价值和耐贮性等的差别。一般胚中含有较多的蛋白质、脂肪、可溶性糖、维生素和矿物质，不含或含极少量淀粉，营养价值高，但易生虫、发霉、酸败，不耐贮藏；胚乳含有几乎全部淀粉和大部分蛋白质，脂肪、可溶性糖和维生素的含量低，营养价值不高，耐贮藏。种皮为无内含物的空细胞壁，纤维素和矿物质的含量很高。

二、种子水分

（一）种子中水分存在的状态

水分是种子新陈代谢不可缺少的介质。在种子的形成、发育、成熟、加工、贮藏和萌发过程中，园艺植物种子的物理性质和生理生化变化都与水分的状态和含量有密切关系。

种子内水分通常以游离水（free water，自由水）和结合水（bound water，束缚水）两种状态存在。游离水具有水的一般性质，可以作为溶剂，0℃ 结冰，自然条件下容易从种子中蒸发出来，能够引起种子旺盛的生命活动。结合水以化学键的形式与种子中的亲水胶体（主要为蛋白质、碳水化合物和磷脂等）牢固地结合在一起，不具备水的一般性质，不能作为溶剂，0℃不结冰，自然条件下不易从种子中蒸发出来，只有在强烈日光或人工加温、加压下才会蒸发，不易引起种子的旺盛生命活动。

种子内游离水和结合水的比例随着所处外部条件而变化，其生化反应的强度和性质也发生相应改变。当种子水分减少至游离水完全失去、只存在束缚水时，首先是种子内的水解酶钝化，进而影响其他酶系统，导致种子新陈代谢降低至极微弱的状态，有利于种子安全贮藏。当种子内出现游离水时，酶系统开始活化，并在一定条件（温度等）下随着游离水的增加，种子的生命活动加强，呼吸强度增大，代谢旺盛，病虫滋生，耐贮性也随之降低。当种子水分超过40％～60％时，就会致使种子萌发。

水分是种子中最主要的成分之一，种子一旦完全失去了水分，生命也就停止了。如准备较长时间贮藏种子，应适当减少种子中游离水的含量和防止游离水含量的上下波动。

（二）种子的临界水分和安全水分

1. 临界水分 种子的结合水达到饱和、无游离水存在时的水分含量，称为临界水分（critical moisture）。临界水分因园艺植物种类而不同，是种子贮藏安全的转折点，是种子贮藏管理的关键指标。一般的，种子水分大于临界水分时，种子就不耐贮藏，种子活力和生活力很快降低和丧失；种子水分小于临界水分时，种子可以安全贮藏；但种子水分过低，将使细胞膜的结构破坏，加速种子衰败。

2. 安全水分 临界水分以下的能够保持种子生命力的种子水分含量区间，称为安全水分（safety moisture）。安全水分即种子安全贮藏的水分含量，主要取决于种子的含油率，含油率愈高，临界水分愈低。园艺植物种类不同，安全水分有一定差异。例如，花椰菜种子的安全水分为7％～9％，冬瓜为8％～9％，白菜为7％～11％，番茄为7％～12％，蚕豆为12％～13％。

安全水分也受温度等的影响。安全水分越低，越有利于种子贮藏，但降低种子水分含量所花费人力和物力也越多，故应根据地区和季节等确定适宜安全水分。一般南方地区温暖潮湿，种子容易丧失生命力，宜采用相对较低的安全水分指标；而北方地区低温干燥，种子不易丧失生命力，可采用相对较高的安全水分指标。

（三）种子的平衡水分及其影响因素

1. 平衡水分的概念 种子是有生命的胶体，内部密布纵横交错的毛细管。一方面，种子可以通过种子表面将环境中的水分吸附到毛细管内表面上，随着作用的加强，毛细管中的游离水越来越多；另一方面，种子也可以通过种子表面将水分解吸散发到环境中去，先是游离水的散失，随着解吸作用的加强，胶体结合水也会有一定程度蒸发。

园艺植物种子的水分随着吸附及解吸过程而变化，当吸附过程占优势时，种子水分增加；当解吸过程占优势时，种子水分减少。在恒定的温度和湿度条件下，经过一定的时间，吸附作用与解吸作用逐渐达到平衡，种子水分基本上稳定不变，保持在一定的含量水平。如此种子的吸附作用与解吸作用以同等速率进行时的水分含量，称为种子在该特定条件下的平衡水分（equilibrium moisture），此时的空气相对湿度称为平衡相对湿度。

2. 平衡水分的影响因素 园艺植物种子的平衡水分因种类、品种及环境条件的不同而有显著的差异，其影响因素主要包括空气相对湿度、温度、种子化学成分的亲水性和种子的部位及结构特性等。

(1) 湿度 园艺植物的种子水分随空气相对湿度改变而变化，在一定温度条件下，随着空气相对湿度的提高，水汽浓度增大，水汽压力增大，水分子容易进入种子，种子的平衡水分也相应提高，并与湿度呈正相关。

总体来说，在空气相对湿度较低时，平衡水分随湿度提高而缓慢地增长；在相对湿度较高时，平衡水分随湿度提高而急剧增长。因此，在相对湿度较高的情况下，要特别注意种子的吸湿返潮问题。

(2) 温度 园艺植物的种子水分也在一定程度上随温度改变而变化，在一定空气相对湿度条件下，随着气温的升高，空气的饱和持水量提高，空气相对湿度减小，有利于种子中的水分蒸发散失，种子的平衡水分也相应降低，并与温度呈负相关。试验表明，在一定范围内，温度每升高 $10℃$，每千克空气中达到饱和的水汽量约增加 1 倍（表 1 - 1）。但总体来说，温度对种子平衡水分的影响远比湿度的影响小。

表 1 - 1 温度和空气中饱和水汽含量的关系

温度（℃）	每千克干空气中饱和状态的水汽（g）
0	3.8
10	7.6
20	14.8
30	26.4

引自浙江农业大学种子教研组，1981。

(3) 种子化学成分的亲水性 各种园艺植物种子的水分吸附及解吸能力的差异，决定于种子化学成分的分子组成中含有亲水基的种类和数量。蛋白质分子中含有大量的羟基（—OH）、醛基（—CHO）、巯基（—SH）、氨基（—NH₂）及羧基（—COOH）等亲水基，亲水性强；淀粉等糖类分子中也含有较多亲水基，但不含巯基和氨基等，亲水性次之；脂肪分子中不含亲水基，表现疏水性。因此，在相同的温、湿度条件下，一般蛋白质种子的平衡水分高于粉质种子，粉质种子的平衡水分高于油质种子。

(4) 种子的部位与结构特性 园艺植物种子部位不同，其亲水基的含量存在明显差异。种子的胚中有较多的亲水基，更容易吸收水分和保持水分，平衡水分较高，超过种子的其他部位。此外，园艺植物种子结构特性的差异，也会造成种子平衡水分的不同。例如，种子表面粗糙和破损、内部结构致密、毛细管多而细的种子，由于其与水汽分子接触的表面积比较大等，致使其平衡水分较高。

三、种子的营养成分

园艺植物种子的营养成分主要有糖类、脂肪和蛋白质等，糖类和脂肪是种子生命活动的能源，即呼吸作用的基质；蛋白质是种子生命活动的基质，主要用于合成幼苗的原生质和细胞核，在糖类或脂肪缺乏时，蛋白质也可以转化为呼吸基质。

（一）糖类

糖类是园艺植物种子中的主要贮藏营养成分之一。种子中的糖类含量因物种而异，总量占种子干物质的 $25\%\sim70\%$，分为可溶性糖和不溶性糖两种存在形式。

1. 可溶性糖 园艺植物种子的生理状态不同，所含可溶性糖的种类和含量有明显差异。未成熟种子的可溶性糖含量较高，单糖较多；随着种子的逐渐成熟，可溶性糖含量相应降低，单糖转化为双糖等形式；充分成熟种子的可溶性糖含量较少，可溶性糖积累主要以蔗糖形式存在；萌动种子的可溶性糖含量较高，除蔗糖外还有单糖、麦芽糖等。因此，种子可溶性糖的含量变化，可在一定程度上反映种子的生理状况。

2. 不溶性糖 园艺植物种子中的不溶性糖主要包括淀粉、纤维素、半纤维素和果胶等，完全不溶于水或吸水而成黏性胶态溶液。

（1）淀粉 淀粉以直链淀粉和支链淀粉两种形式存在于园艺植物种子中，但物种间的差异很大。直链淀粉和支链淀粉虽然都是长链化合物，但结构、物理性质和化学性质均不相同。直链淀粉的分子质量较小，遇碘呈现蓝色反应，可被 β-淀粉酶完全水解；支链淀粉分子质量较大，为直链淀粉的若干倍，遇碘呈现紫红色反应，只有约 50% 可被 β-淀粉酶完全水解。在种子发芽期间，淀粉水解为单糖（葡萄糖）和双糖（麦芽糖），供生长发育利用。

（2）纤维素和半纤维素 纤维素和半纤维素是构成细胞壁的主要成分，与木质素、果胶、矿物质及其他物质结合在一起，成为种皮和果皮的重要组成部分。纤维素虽然能够被纤维素酶水解，但通常不易被种子吸收利用。半纤维素能被半纤维素酶水解，可作为贮藏物质在发芽时供种子吸收利用；具有亲水性能，对种子保水和休眠也起着重要作用。

（二）脂类

凡水解后能产生脂肪酸的物质称为脂类，主要包括脂肪和磷脂两大类，其共同特点是难溶于水。脂肪以贮藏物质的状态存在于园艺植物种子细胞中，磷脂是构成园艺植物种子细胞原生质的必要成分。

1. 脂肪 脂肪普遍存在于园艺植物的种子中，其贮藏的能量几乎比相同质量的糖或蛋白质高 1 倍。固体脂肪中含大量的饱和脂肪酸，液态脂肪中含大量的不饱和脂肪酸，种子以不饱和脂肪酸为主。

种子中脂肪的性质常用酸价（acid value）和碘价（iodine value）表示。酸价是指中和 1g 脂肪中全部游离脂肪酸所需的氢氧化钾毫克数，为游离脂肪酸含量的指标。碘价是指与 100g 脂肪结合所需碘的克数，为脂肪酸不饱和程度的指标。

脂肪的酸价低、碘价高，表明品质好。种子成熟过程中，酸价降低，碘价升高，种子完熟时达到极限；种子贮藏、萌发过程中，酸价升高、碘价降低。贮藏中随着酸价的升高，种子的活力降低。

在湿度较高等不合理的贮藏情况下，由于脂肪酶的作用，促使种子中的脂肪分解而产生游离脂肪酸，导致种子的酸价提高，酸度增加，品质恶化，脂溶性维生素破坏，种子生活力下降。

种子中不饱和脂肪酸的双键能与碘发生卤化作用，双键愈多，脂肪的碘价愈高，表明脂肪中的脂肪酸不饱和程度愈大。不饱和脂肪酸的含量愈高，脂肪愈容易氧化。种皮破损以及光线和空气充足、温暖湿润等贮藏条件下，会加速种子脂肪的氧化进程，造成种子生活力降低。

以上由于水解和氧化作用，导致脂肪变质败坏，形成醛、酮、酸和产生异味的现象称为脂肪的酸败（rancidity）。在种子的贮藏过程中，应当注意防止脂肪酸败的发生，以免对种子质量造成严重影响。

2. 磷脂 园艺植物种子中磷脂的化学结构与脂肪相似，差异在于其以磷酸代替脂肪酸与甘油的 1 个羟基结合。种子中通常存在卵磷脂和脑磷脂两种磷脂，分别为磷酸与胆碱、氨基乙醇（或丝氨酸）结合形成。

磷脂是细胞膜的重要成分，具有一定的亲水性，对于限制细胞和种子的透性、维持细胞的正常功能起着重要作用，并具有良好的阻碍氧化作用，有利于种子生活力的保持。种子中磷脂的含量较高，但不同园艺植物种子之间的差异较大，如豇豆种子含量为 1.00%，菜用大豆可达 1.95%。

（三）蛋白质

蛋白质是由 α-氨基酸通过肽键构成的高分子有机化合物，是园艺植物细胞原生质的主要成分。种子中的大部分蛋白质为简单蛋白质，缺乏代谢活性，但贮藏营养价值很高，主要以糊粉粒或蛋白体的状态存在于种子细胞内，种子萌发时分解，分离的氨基酸被运输到生长部位，供幼苗生长所需。种子中代谢活性强的蛋白质主要是脂蛋白和核蛋白等复合蛋白质（结构），虽然含量极少，但对种子的萌发及发育很重要。例如，蛋白酶对种子养分的水解、转移、利用及所有新陈代谢过程起催化作用；核蛋白质是由蛋白质和核酸构成的 1 种巨型球状分子，在蛋白质合成和染色体、基因及种子本身的结构与功能中起着决定性的作用。

四、种子的生理活性物质

种子中具有调节种子生理状态和生化变化作用的化学物质称为生理活性物质。主要包括酶、维生素和激素，其在种子中的含量虽然很少，但却与种子生命活动密切相关。

（一）酶

酶是指由活细胞产生的具有催化活性和高度专一性的特殊蛋白质。园艺植物种子中的各种代谢反应都需要特殊的酶参加催化，即酶能在种子中十分温和的条件下，高效率地催化、调节和控制各种生物化学反应，促进种子的新陈代谢。在酶的作用下进行化学变化的物质称为底物，有酶催化的化学反应称为酶促反应。有些酶还含有金属离子（如铜、铁、镁）或由维生素衍生的有机化合物等非蛋白组分（辅酶或辅基）。

酶的种类众多，根据酶催化的反应类型，可以分为促进氧化还原反应的氧化还原酶类（氧化酶等）、促进不同底物之间基团（氨基、羧基、磷酸基和甲基等）或原子交换或转移的转移酶类（转氨酶等）、促进底物在有水的条件下分解的水解酶类（蛋白水解酶等）、促进在底物分子双键上添加基团或脱除基团的裂解酶类（脱羧酶等）、促进底物分子内部排列改变（同分异构体互相转化）的异构酶类（变位酶等）和促进两个底物在三磷酸腺苷（腺嘌呤核苷三磷酸，ATP）参与下结合的合成（连接）酶类（谷氨酰胺合成酶等）等 6 大类。

一般的，在种子的发育成熟过程中，各种酶的活性很强，种子内的生理生化作用旺盛进行；随着种子成熟度的提高和含水量的降低，活性降低甚至失去活性，先是水解酶起主导作用，后由合成酶起主要作用；至种子充分成熟时，种子内的代谢强度很低；种子贮藏期间，主要为氧化还原酶起作用；种子萌发时，随着水解酶等的活化和合成，代谢活动又趋于旺盛。

不合理的贮藏条件，将导致水解酶、氧化还原酶等活性的增强，种子耐贮性降低，质量劣变。种子成熟不充分和发过芽的种子中存在多种具活性的酶，不仅耐藏性差，而且严重影响其加工品质。

（二）维生素

维生素是指维持生物正常生命过程所必需的有机物质。维生素不能供给种子热能，也不能作为构成种子组织的物质，其主要功能是通过作为辅酶的成分调节种子的生理代谢。即维生素的生理作用与酶有密切关系，许多酶由维生素和酶蛋白结合而成，缺乏维生素时，种子内酶的形成就受到影响。

园艺植物种子中的维生素包括维生素 E 等脂溶性维生素和 B 族维生素、维生素 C 等水溶性维生素两大类。种子中不含维生素 A，但含有维生素 A 原胡萝卜素。种子具有合成维生素的能力，种子萌发过程中可以大量形成原先一般不存在的维生素 C。维生素 E 对防止脂类的氧化有显著作用，有利于种子生活力的保持。B 族维生素与根系和幼茎的伸长有关，缺乏则将使发芽率降低。维生素 B_1 可以促进胚根生长，与维生素 B_6 同时存在的效果更显著。维生素 C 和生物素与种子呼吸过程有关，还参与种子的萌发。

（三）激素

植物激素是指对植物的生理过程起促进或抑制作用的物质。植物激素可以促进园艺植物种子和果实的生长、发育、成熟、贮藏物质积累、种子萌发（或抑制）及幼苗生长等，主要包括生长素、赤霉素、细胞分裂素、脱落酸和乙烯 5 类。园艺植物自身能够产生各种激素，但量很少，并在成熟过程中都表现为先增高后降低的趋势，呈单峰或双峰曲线。在种子发芽过程中，萌发促进物质的含量在一定时期内迅速显著增加；但衰老种子中的赤霉素、细胞分裂素等萌发促进物质的含量降低甚至完全丧失，萌发抑制物质脱落酸的含量则可能因种子衰老而增多。

1. 生长素 生长素是含有 1 个不饱和芳香族环和 1 个乙酸侧链的植物激素，可以促进园艺植物细胞伸长、果实发育、不定根形成、新器官生长和组织分化等。吲哚乙酸（IAA）是最重要的天然存在的植物生长素，萘乙酸（NAA）、吲哚丁酸（IBA）等为类生长素。

园艺植物种子中的吲哚乙酸由色氨酸合成，萌发前的含量极低，一般以结合态的形式存在，萌发后水解为游离态并具活性，促进萌发种子的生长，但其与种子休眠的解除并不存在一定关系。

利用外源生长素处理园艺植物种子，可以提高发芽率，促进幼苗幼根旺盛发育。

2. 赤霉素（GA） 赤霉素是属于双萜类化合物的植物激素，种类很多，都具有赤霉素烷结构。各种赤霉素的活性不同，赤霉酸（GA_3）的活性最强。

赤霉素可以在园艺植物的未成熟种子、顶芽和根等器官中合成。植物各部分的赤霉素含量不同，未成熟种子的含量最丰富。在种子发育的早期，绝大部分赤霉素具有生理活性；至种子成熟时，转为钝化或进行分解代谢；在种子萌发过程中，贮藏于种子中的结合态赤霉素转化为活性状态。

赤霉素可以促进生长，主要是促使细胞伸长，在某些情况下也能够促进细胞分裂，对促进种子发育、打破种子休眠、促进种子萌发和萌发后的幼苗生长等有重要作用。赤霉素还可以提高坐果率，促进果实生长，延缓果实衰老等。赤霉素的很多生理效应与其调节植物组织内的核酸和蛋白质等有关，它不仅能激活种子中的多种水解酶，还能促进淀粉酶、蛋白酶、β-葡聚糖酶等新酶合成。

利用外源赤霉素处理园艺植物种子，可以打破休眠，促进萌发，促进幼苗茎叶生长。

3. 细胞分裂素（CTK）　细胞分裂素是属于嘌呤衍生物的植物激素，包括玉米素（ZT）、6-糠氨基嘌呤（KT）、6-呋喃氨基嘌呤（激动素）和 6-苄基腺嘌呤（6-BA）等。

细胞分裂素主要在根中合成，通过木质部运转到地上部，果实或种子本身也可能合成。种子发育时细胞分裂素明显增加，尤其在种子组织迅速生长时增加更快，以后又随着种子成熟而降低。

细胞分裂素能够促进细胞分裂、诱导芽的形成并促进其生长，对细胞伸长可能也有作用。细胞分裂素还具有抵消脱落酸等抑制物质的作用。在笋瓜等双子叶植物种子萌发过程中，胚中轴能分泌细胞分裂素，促使子叶中合成异柠檬酸裂解酶和蛋白水解酶，从而具有重要的代谢调控作用。

利用外源细胞分裂素处理园艺植物种子，可以打破休眠，促进萌发。

4. 脱落酸（ABA）　脱落酸是具有倍半萜结构的植物激素。它可以在叶片、果实及种子等许多部位形成，并在植物体内快速再分配。脱落酸的含量在种子发育过程中增高，在种子成熟脱水过程中迅速降低。

脱落酸能够抑制脱氧核糖核酸和蛋白质的合成，抑制细胞的分裂与伸长，刺激乙烯的产生，促进果实成熟，促使块茎形成，促进和维持芽与种子休眠，促使种胚正常发育成熟，抑制过早萌发等。脱落酸含量的高低，不一定是种子休眠的直接原因。

利用外源脱落酸处理园艺植物，可以延长繁殖材料的休眠期，加速贮藏营养的形成和积累。

5. 乙烯（Eth）　乙烯是最简单烯烃的植物激素，主要在成熟果实内生成。乙烯能够促进果实成熟，促进呼吸，打破休眠，促进种子萌发等。

利用外源乙烯处理园艺植物，可以促进果实成熟，调控种子休眠和萌发。高浓度的乙烯处理会抑制种子的萌发。

五、种子的其他化学成分

种子的其他化学成分包括色素、矿物质等，含量虽微，却对园艺植物种子有各种影响。

（一）色素

种子的色泽不仅是品质特征的重要标志，而且能够反映种子的成熟度和品质状况，是品种及品质差异的明显指标。种子的色泽与果皮或种皮、糊粉层、胚乳或子叶的颜色有关，由其中所含色素决定。在光照不足、严重冻害、发热霉变、高温损害及贮藏时间较长等情况下，种子的颜色也会发生改变。种子中所含的色素有叶绿素、类胡萝卜素、花青素等。

1. 叶绿素　叶绿素属于天然低分子有机化合物，为绿色色素，是光合作用中捕获光的主要成分。园艺植物繁殖材料的叶绿素主要存在于果皮及种皮等部位，成熟期间具有进行光合作用的功能，并随种子成熟而逐渐消失，但在蚕豆和菜用大豆等少数种类或品种中成熟种子的种皮或子叶中仍大量存在。

2. 类胡萝卜素　类胡萝卜素属于高度不饱和化合物，为不溶于水的黄色色素，溶于脂肪和脂肪溶剂，又称为脂色素，是对叶绿素捕获光能的补充。类胡萝卜素主要包括胡萝卜素和叶黄素，胡萝卜素呈橙黄色，叶黄素呈黄色。一些豆科、禾本科等园艺植物种子中含有该类色素。

3. 花青素 花青素属于类黄酮化合物，是水溶性的色素，可以随着细胞液的酸碱度改变颜色。细胞液呈酸性时偏红色，中性时显紫色，碱性时偏蓝色。主要存在于豆科等园艺植物的种皮或果皮中，使种皮呈现各种颜色或斑纹。

（二）矿物质

园艺植物种子中含有磷、钾、钠、钙、镁、铁、锰、铜、硫、氯、硅等30多种矿质元素，是种子萌发和幼苗生长、种子正常生理功能维持所必需的成分。种子中的矿质元素大多与有机物结合存在，随着种子萌发而转变为无机态，参与各种生理活动，转化成新组织的成分。

各种矿质元素在种子中的含量差异很大，以磷的含量最高。一般矿质元素含量的高低与纤维素、半纤维素的含量相对应。豆类种子的矿物质含量较高，菜用大豆种子的灰分高达5％。各种矿物质在种子中的分布部位也不相同，胚及种皮（包括果皮）的灰分率高于胚乳数倍。

磷是细胞膜的组分，且与核酸及能量代谢有密切关系，贮藏态的磷化合物非丁（植酸钙镁）发芽时转化为无机磷，参与各种生理活动和生化反应。镁盐和铁盐与萌发幼苗的叶绿素形成等有关。

六、种子化学成分的影响因素

导致园艺植物种子化学成分差异的原因很多，可以概括为内因和外因。

1. 内因 影响园艺植物种子化学成分的内因主要包括植物的遗传性、种子的成熟度和饱满度等。种子的化学成分受遗传基因控制，遗传性的不同，导致各个物种、变种和品种之间的化学成分种类及含量存在很大差异。不同成熟度或饱满度的种子也存在化学成分的差异，种子的成熟度愈高，其贮藏蛋白及支链淀粉的含量也愈高，食用品质也愈好；种子愈饱满，其种皮所占的比例愈小，出粉率、出油率愈高。

2. 外因 园艺植物种子发育和成熟过程中的气候、土壤及栽培管理措施等环境条件，是影响其化学成分的主要外因。不同地区、不同年份的相同物种或品种的化学成分，存在明显差异。

湿度对粉质种子和蛋白质种子的化学成分影响较大。种子成熟期干燥缺水时，同化物质等的生产和运输受到影响，水解酶活性增强，贮藏物质积累受阻，合成过程被抑制，可溶性糖不易转变为淀粉，但蛋白质积累所受阻碍较淀粉的小，因此种子中蛋白质的相对含量较高。

温度对油质种子化学成分的影响较大。在种子成熟过程中，适当的低温有利于油脂的积累，较低温度且昼夜温差大时，有利于不饱和脂肪酸的形成；相反则有利于饱和脂肪酸的形成。

氮是蛋白质的组分之一，氮肥能够提高种子蛋白质的含量，氮肥过多，使得大部分糖类与氮化合物结合成蛋白质，糖类减少影响脂肪合成，导致种子中脂肪含量下降。钾肥可以加速糖类向种子或块根、块茎等贮藏器官运输和转化，增加淀粉的含量，也有利于脂肪的积累。脂肪的形成过程需要磷的参与，磷肥对脂肪形成具有良好作用。

第三节　种子的形成与发育

园艺植物种子形成的主要决定因素是基因型，但环境因子对其也有很大影响，尤其是在双受精、种子发育和成熟过程中，环境条件直接影响种子的产量和品质。

一、园艺植物的开花与传粉受精

（一）开花

当园艺植物雄蕊中的花粉和雌蕊中的胚囊达到成熟，或是二者之一已经成熟，露出雌蕊和雄蕊的现象称为开花（flowering）。雄蕊成熟时，花药裂开，花粉外露；雌蕊成熟时，柱头分泌糖液及维生素等物质，供应并促进花粉萌发。

各种园艺植物的开花习性不尽相同，各自的开花年龄、开花季节和花期长短等很不一致，与其原产地的生活条件有关，是园艺植物长期适应环境的结果，主要由其遗传特性所决定，也受光照、温度和湿度等生育条件影响。研究和掌握园艺植物的开花期、开花时间等开花规律，有利于采取相应的栽培和育种措施，提高产量和品质，培育新品种。

一二年生植物一般生长几个月就能开花，一生中仅开花1次；多年生植物在达到开花年龄后，就能每年定期开花，延续多年。一年四季均有园艺植物开花，但多数园艺植物都集中在春季开花。不同园艺植物的开花期差异明显，有的花期仅几天，如桃、李、杏等；有的可持续1至几个月，如蜡梅、番茄、番木瓜等；也有的几乎终年开花，如柠檬、桉树等。园艺植物的开花一般都有一定的昼夜周期性，大多数在白天的不同时间开花，如睡莲8：00开花，半支莲10：00开放，万寿菊15：00开放等；而夜来香、昙花等则夜间开花。各种园艺植物每朵花的开花时间也有长短不同，如南瓜、西瓜等在清晨开始开放，中午闭合；睡莲、郁金香等白天盛开，夜里闭合。

（二）传粉

传粉（pollination）是指雄蕊花药中的成熟花粉粒传送到雌蕊柱头上的过程，也称为授粉。植物的繁殖方式分有性繁殖（sexual propagation）和无性繁殖（vegetative propagation）两大类，有性繁殖园艺植物的传粉有自花传粉（autogamy）和异花传粉（allogamy）两种形式。

1. 自花传粉　狭义的自花传粉是指成熟的花粉粒传到同一朵花的雌蕊柱头上的过程，广义的自花传粉还包括同株异花间的传粉及同一品种不同植株之间的传粉，如豆类、番茄、柑橘、桃等园艺植物。自花传粉的典型方式为闭花传粉（cleistogamy），如菜豆等，不待花蕾张开就已完成传粉作用。

2. 异花传粉　异花传粉是指一朵花的花粉粒传到另一朵花的柱头上的过程，或指不同植株间的传粉和不同品种间的传粉，如苹果、梨、南瓜、菠菜等园艺植物。异花传粉增强了园艺植物后代的遗传变异能力和对环境的适应能力，但必须具备单性花、雌雄蕊异熟、雌雄蕊异长和自花不亲和等性状，依靠风力、昆虫等外力实现传粉。

具有单性花的园艺植物必然需要异花传粉，如雌雄同株的瓜类、杨梅、胡桃等和雌雄异株的菠菜、石刁柏、桑、柳等。雌雄蕊异熟是指每株植物或每朵花上的雌蕊和雄蕊的成熟时间不一致的现象，如雄花序比雌花序先成熟的甜玉米，雄蕊先熟的梨、洋葱和雌蕊先熟的柑橘、甘蓝等。雌雄蕊异长是指两性花中的雌蕊和雄蕊的长度不同的现象，如白菜、樱草等。自花不亲和是指花粉落到同一朵花或同一植株上不能结实的现象，如甘蓝、某些兰科植物等。

园艺植物异花传粉的主要媒介是风和昆虫，据此将园艺植物的花分为风媒花和虫媒花。风媒花一般花被很小或退化，颜色不鲜艳；无香味和蜜腺；花粉细长；产生的花粉粒较多，小而轻，光滑；柱头大、长，如石刁柏、甜玉米、板栗等。虫媒花一般花冠大而显著，有鲜艳的花被、特殊的气味和蜜腺；花粉粒较大，外壁粗糙易黏附；花粉粒含有丰富的蛋白质、糖等营养物质，如白菜、瓜类、柑橘等。

（三）受精

雌性细胞（卵细胞）和雄性细胞（精细胞）互相融合的过程称为受精（fertilization）。

1. 花粉粒的萌发和花粉管的伸长　园艺植物的成熟花粉粒传送到柱头上以后，花粉粒的内壁穿过外壁上的萌发孔，向外突出形成花粉管，该过程称为花粉粒的萌发。花粉粒能否在柱头上正常萌发，除了需要适宜的环境条件外，还取决于花粉粒与柱头间的相互识别或选择。经过相互识别或选择，亲和的花粉粒在柱头上吸收水分，呼吸作用迅速增强，蛋白质的合成显著增加，细胞内部的物质增多，使花粉粒内部的压力增大，内壁从萌发孔处逐渐向外突出形成花粉管。在角质酶、果胶酶等的作用下，花粉管穿过柱头的角质层和胞内层，经由细胞间隙或穿过柱头，沿着花柱伸向子房。花粉管在花柱中向前生长时，除消耗自身贮藏物质外，还大量吸取花柱中的营养物质，用于花粉管的伸长。

花粉粒萌发和花粉管伸长的速度因园艺植物种类、环境条件等而异，花柱短的比花柱长的所需时间短，不正常的高温和低温都对花粉粒的萌发和花粉管的伸长不利。

花粉粒萌发和花粉管伸长时，花粉粒的营养细胞（花粉管核）和生殖细胞（生殖核）进入花粉管，生殖细胞有丝分裂1次，形成2个精细胞；营养细胞一般在花粉管达到胚囊时消失，或仅留残迹。

2. 双受精过程　花粉粒到达子房后，通常从珠孔经珠心进入胚囊。花粉管先端附近的管壁破裂，管中的2个精细胞等内含物注入胚囊。其中1个精细胞与卵细胞逐渐接近，融合形成合子（受精卵）；另1个精细胞接近中央细胞（极核），融合形成初生胚乳核。被子植物花粉管中的2个精细胞，分别与胚囊中的卵细胞和中央细胞融合的受精现象，称为双受精（double fertilization）。

大多数园艺植物的花粉管是通过珠孔进入胚囊完成受精的，这种方式称为珠孔受精或顶点受精；而胡桃科、榆属等园艺植物的花粉管是直接穿过合点进入胚囊完成受精的，此方式称为合点受精；荨麻科等园艺植物的花粉管则是直接穿透珠被，再穿透珠心进入胚囊完成受精的，这种方式称为中点受精。

双受精是被子植物所特有的有性生殖方式，是植物界有性生殖过程进化的最高级形式。精细胞与卵细胞的融合，将父、母本具有差异的遗传物质重新组合，形成了具有双重遗传性的合子，恢复了各种植物体原有的染色体数。另外，双受精还表现在1个精细胞与2个极核（中央细胞）融合，形成了三倍体的初生胚乳核，同样结合了父母本的遗传特性，生理上更为活跃，并作为营养物质在胚的发育过程中补充吸收。因此，双受精使得园艺植物子代的变异性更大，生活力更强，适应性更广。

（四）外界环境条件对受精的影响

除了雄性或雌性不育、雌蕊与花粉粒间遗传不亲和及植株营养不良等内因外，气候条件、栽培措施等外因对园艺植物的受精有较大影响。

气候条件中以温度的影响最大。低温能使花粉粒的萌发和花粉管的伸长减慢，甚至使花粉管不能达到胚囊；能逐渐加重卵细胞和中央细胞的退化；能抑制精细胞接近卵细胞和中央细胞；能延迟或抑制精细胞与卵细胞和中央细胞的融合等。高温可以导致花柱枯萎而失去接受花粉的能力，也可以致使花粉粒加速丧失萌发力等。

湿度和水分对受精也有很大的影响。干旱能使花粉萌发力很快丧失，能造成柱头干枯，不利于花粉管穿入和伸长等。潮湿和雨水能致使花粉粒吸水破裂，也会淋洗或稀释柱头上的分泌物，不利于花粉粒的萌发等。

此外，土壤营养和光照等条件也对受精有直接或间接的影响，如氮肥过多或过少均会使受精时间延长等。

二、园艺植物种子的发育过程

被子植物双受精后，由合子发育成胚，由初生胚乳核发育成胚乳，由珠被发育成种皮，共同组成种子。

（一）胚的发育

受精后形成的合子产生纤维素细胞壁，进入休眠状态。园艺植物胚的发育过程主要有两种类型。

1. 双子叶园艺植物胚的发育　双子叶园艺植物的合子经过一段时间的休眠后，先延伸成很长的管状体，然后不均等横裂1次，形成2个大小极不相等的细胞。靠近胚囊中央的细胞很小，称为顶细胞（apical cell，胚细胞）；靠近珠孔处的细胞较长，称为基细胞（basal cell，柄细胞）。顶细胞与基细胞之间有很多胞间连丝相通。

基细胞经过多次横裂，主要形成单列细胞的胚柄（suspensor）。胚柄尾端的一个细胞很长，且其靠近珠孔一端扭曲成特殊钩状物。胚柄起固定和把胚推向中央的作用。顶细胞经过两次连续的互相垂直的纵裂，形成四分体。四分体的每个细胞各进行一次横裂，形成八分体。八分体的各个细胞先进行一次平周分裂，接着进行各个方向的分裂，长大形成球形胚体。

球形胚体顶端两侧生长较快，形成两个子叶突起，并逐渐发育成两片形状、大小相似的子叶。同时，在两片子叶间逐渐分化出胚芽；连接胚柄和球形胚体的细胞也不断分裂、分化，形成胚根；胚根与胚芽之间部分分化为胚轴。最后，子叶继续长大，并弯曲、对折包住胚根，珠被内部完全由球形的胚所占据。

2. 单子叶园艺植物胚的发育　单子叶园艺植物的胚只有一片大的子叶，称为盾片或内子叶；有的还有一片退化、很小的子叶，称为外子叶。

合子经过短暂休眠后，便开始分裂。首先进行1次横裂或斜裂，形成朝向胚囊内方的顶细胞和位于珠孔端的基细胞；然后顶细胞纵裂1次、基细胞横裂1次，形成4个细胞的原胚。原胚分裂扩大呈梨形，由顶端区、器官形成区和胚柄细胞区3部分构成。顶端区形成盾片上半部和胚芽鞘的一部分，器官形成区形成胚芽鞘的其余部分和胚芽、胚轴、胚根、胚根鞘及外子叶等，胚轴细胞区主要形成盾片的下部和胚柄。

（二）胚乳的发育

受精后初生胚乳核的分裂比合子早，通常不经过休眠或经过极短暂的休眠就开始分裂和发育。豆类、瓜类、柑橘、葱和蒜等园艺植物，其初生胚乳核在形成胚乳过程中，胚乳逐渐被发育着的胚所吸收，而把养分贮藏在子叶里，从而形成无胚乳种子；姜、菠菜、石竹等园艺植物还形成外胚乳。

1. 内胚乳发育类型　有胚乳园艺植物胚乳的发育分为核型（nuclear type）、细胞型（cellular type）和沼生目型（helobial type）3 种类型，均于细胞壁形成后进行普通的细胞分裂，使胚乳逐渐充满胚囊。

（1）核型胚乳　核型胚乳的主要特征是：在初生胚乳核发育前期的多次分裂中，均不形成细胞壁，众多胚乳细胞核呈游离状态；到胚乳发育后期才产生细胞壁，所有胚乳细胞核均被细胞壁所分割而形成胚乳细胞。胚乳游离核增殖的方式主要是有丝分裂，在分裂旺盛时也会进行无丝分裂。不同园艺植物的游离核数目差异很大，开始形成细胞壁的时间不同。该类型是单子叶园艺植物和双子叶离瓣花园艺植物中普遍存在的胚乳发育形式，如甜玉米、白菜、苹果等。

（2）细胞型胚乳　细胞型胚乳的特点是，在初生胚乳核的发育过程中，自始至终的分裂都伴着细胞壁的形成，随即形成胚乳细胞，无游离核时期。该类型是大多数双子叶合瓣花园艺植物的胚乳发育形式，如番茄等。

（3）沼生目型胚乳　沼生目型胚乳是核型和细胞型的中间类型。其初生胚乳核第一次分裂形成 2 个室（细胞），分别为珠孔室和合点室。合点室的核分裂次数较少，并一直保持游离状态；珠孔室较大，进行多次游离核分裂，在发育后期产生细胞壁，形成细胞结构，完成胚乳的发育。该类型仅为沼生目园艺植物的胚乳发育形式，如慈姑、独尾草等。

2. 外胚乳　一般情况下，在胚和胚乳发育过程中，由于胚囊体积不断扩大，胚囊外珠心组织受到破坏，而被胚和胚乳吸收，使得成熟种子中没有珠心组织。但少数园艺植物的珠心组织随着种子的发育而增大，形成类似胚乳的营养贮藏组织，称为外胚乳。外胚乳与胚乳的功能相同，但来源不同。在有外胚乳的园艺植物种子中，有些种类的胚乳中途停止发育而消失，如菠菜、甜菜、苋菜、石竹等；也有些种类同时存在胚乳和外胚乳两种结构，如胡椒、姜等。

（三）种皮的发育

在胚与胚乳发育过程中，珠被同时长大发育成种皮，包围在胚和胚乳外面，起着保护作用。各种园艺植物的种皮结构因胚珠的珠被数目、珠被的发育变化而差异较大。通常，内种皮由薄壁组织构成，薄而柔软；外种皮由石细胞等厚壁组织构成，厚而坚硬。

番茄、向日葵、胡桃等园艺植物仅有 1 层珠被，只能发育形成 1 层种皮；白菜、甘蓝等园艺植物则由内珠被和外珠被分别发育形成内种皮和外种皮；菜用大豆、蚕豆等园艺植物的内珠被在发育过程中被吸收而消失，由外珠被发育形成种皮；甜玉米等园艺植物的外珠被在发育过程中被吸收而消失，由内珠被发育形成种皮。种皮表面通常可以观察到种脐、脐条、内脐和发芽口。有些园艺植物种皮的外面，还有由珠柄、珠被等发育形成的假种皮（aril）。例如，荔枝、龙眼的可食部分是由珠柄发育而成的假种皮，苦瓜、番木瓜种子外面的肉质附属物是由胎座发育而成的假种皮。

少数园艺植物的繁殖材料为果实，其子房壁发育形成果皮（包括内果皮、中果皮和外果皮）。

（四）种子发育的异常现象

一般情况下，园艺植物的每个胚珠通过受精作用发育形成 1 粒包含 1 个胚的完整种子，但由于各种内因和外因的影响，一些园艺植物也会出现无性种子（vegetative seed）、多胚种子（polyembryonic seed）和无胚种子（embryoless seed）等异常现象。

1. 无性种子　无性种子是指未经过雌性细胞和雄性细胞的互相融合（受精）而产生有胚的种子，如柑橘等园艺植物。该生殖方式称为无融合生殖（apomixis）。无性种子与有性种子在胚的形态和萌发特性上并无明显差异，但在遗传基础上却有根本区别，无性种子由母株的体细胞直接发育而来，发芽生成的新植株可保持原品种的优良特性，为果树等良种繁育提供了有利条件。

在无融合生殖过程中，虽然没有父本遗传物质参与胚的形成，但花粉管伸入柱头及穿过花柱却对无性胚的形成与发育起到了重要的刺激作用。无融合生殖可以分为单倍体的无融合生殖和二倍体的无融合生殖两大类。

（1）**单倍体的无融合生殖**　单倍体的无融合生殖包括单倍体的孤雌生殖（parthenogenesis）和单倍体的无配子生殖（apogamy）两种类型，前者卵细胞不经受精而直接发育成单倍体的胚；后者助细胞或反足细胞不经受精而直接发育成单倍体的胚。这种无融合生殖后代通常不育。

（2）**二倍体的无融合生殖**　二倍体的无融合生殖包括二倍体的孤雌生殖和二倍体的无配子生殖两种类型，前者二倍体胚囊中的卵细胞不经受精而发育形成二倍体的胚；后者二倍体胚囊中的其他细胞不经受精而发育形成二倍体的胚。它们的胚囊均由未经减数分裂的孢原细胞（archesporial cell）或珠心组织中某些二倍体细胞形成，胚囊中的细胞核都含有二倍数（$2n$）的染色体组，后代可育。

2. 多胚种子　多胚种子是指含有 2 个或 2 个以上胚的种子。多胚种子通常由珠心或珠被的细胞直接发育为不定胚（adventitious embryo）而形成，与胚囊无关。例如，在柑橘的多胚种子中，有 1 个胚是由受精卵（合子）发育而成的合子胚，其余的胚则是由珠心发育而成的珠心胚（nucellar embryo）。

多胚种子也可以由助细胞或反足细胞经过或不经过受精发育而成，如洋葱等；还可以由受精卵通过各种分裂方式分裂产生，如椰子、猕猴桃等；或由同 1 个胚珠中的 2 个或 2 个以上的胚囊形成，如桃等；或是由 2 个或 2 个以上的胚珠融合产生，如红树等。

3. 无胚种子　无胚种子是指只有胚乳而没有胚的种子，在胡萝卜、芹菜等园艺植物的种子中较为常见。无胚种子不能萌发成苗，生产上没有利用价值，遗传上也不能传递给后代。园艺植物产生无胚种子的原因可能有 3 种：①固有的遗传特性；②远缘杂交，由于雌雄配子生理上不协调，双受精后不能形成正常的胚，或虽能形成而在发育过程中夭折；③某些昆虫在种子发育初期为害，当椿象吸取汁液时，分泌毒素而导致胚的死亡。

三、园艺植物种子的成熟

在园艺植物种子的成熟过程中，不仅外部形态上发生很大变化，而且其内部也发生一系列复杂的生理生化变化，并且都会受到环境条件的影响。

（一）种子成熟过程

1. 种子成熟的概念　园艺植物双受精以后，胚、胚乳和种皮等组分逐渐发育形成，干物质在种子内部不断积累，各种矿质元素从茎、叶流入种子，并以糖、脂肪和蛋白质等形态贮存；随着贮藏物质的不断积累和水分的陆续减少，种子内部的合成产物逐渐浓缩硬化，绝对重量不断增加，组织逐渐充实饱满，种皮趋于硬化并透性降低，呈现出特有的形状、大小、颜色和光泽，具备了发芽能力，抗性增强，从而种子达到成熟。

园艺植物的种子成熟包括生理成熟（biological ripeness）和形态成熟（morphological ripeness）两个方面。生理成熟是指种子营养物质积累到一定程度，种胚等结构形成，具有发芽能力的阶段。达到生理成熟的种子，含水量较高，营养物质处于易溶状态，种皮不致密，种子不饱满，抗性弱，不利于贮藏，发芽率低。但是，对于山楂、水曲柳等深休眠的园艺植物，使用处于生理成熟期的种子播种，可以缩短休眠期，提高发芽率。形态成熟是指种子完全呈现出特有的外部形态特征的阶段。达到形态成熟的种子，内部生化变化基本结束，营养物质的积累已经终止，含水量降低，营养物质转为难溶的脂肪、蛋白质和淀粉，种子重量不再增加或增加很少，酶活性减弱，呼吸作用微弱，种皮致密、坚实，抗逆性强，开始进入休眠，耐贮藏，发芽率高。园艺植物大多在形态成熟后采种。

豆类等多数园艺植物的种子是在生理成熟之后进入形态成熟；柳、榆等园艺植物种子的两种成熟时间几乎一致或相近；而银杏、莴苣、甘蓝等园艺植物的种子，虽然在形态上已表现出成熟的特征，但不能在适宜条件下正常发芽，需经过一段生理后熟后才能发芽生长。

2. 种子成熟的基本特点　只在生理上成熟或仅达到形态成熟的种子，都不是真正成熟的种子，只有既达到生理成熟又达到形态成熟的种子，才是真正成熟的种子。完全成熟的种子应该具备以下 4 个基本特点：①营养物质运输停止，干物质不再增加，千粒重达到最大值；②含水量减少，硬度增加，抗性增强；③种皮坚固，呈现本品种固有的形状和色泽；④具有较高的发芽力和活力。

（二）种子成熟过程中贮藏物质的累积

在园艺植物种子成熟期间，植物体内溶解状态的低分子葡萄糖、蔗糖和氨基酸等养分不断向种子运输，在种子内部逐渐转化为非溶解性的高分子淀粉、蛋白质和脂肪等干物质，积聚贮存于种子中。大多数园艺植物种子至少含有主要贮藏物质糖类、蛋白质和脂肪中的 2 种或 3 种，各种营养物质在种子中的累积速率存在明显差异。

1. 糖类的变化　在园艺植物种子成熟过程中，各种糖类不断地积累和转化，蔗糖、葡萄糖等可溶性糖类转化为淀粉、纤维素等不溶性糖类。通常初期的淀粉多沉积在皮层组织中，然后再由皮层的外围组织逐渐地转移到胚和胚乳中。许多园艺植物种子中的淀粉，在积累的同时被降解，用作胚等发育所需的能量及蛋白质等结构与贮藏物质的合成骨架。糖类的积累与利用的调节，有利于种子在相对稳定且比较充分的营养环境下正常发育。

园艺植物的种类不同，种子中贮藏的糖类及其含量也不同。例如，菜用大豆种子的淀粉含量于花后 40d 累积至顶峰，以后急剧降低，而可溶性糖的含量却一直持续升高；豌豆种子中的淀粉含量占干物质的 $35\%\sim45\%$，而紫花菜豆种子的干物质中含有约 40% 的半纤维素，淀粉仅占 25%。

2. 脂类的变化　在园艺植物种子成熟过程中，脂肪含量不断提高，而糖类（葡萄糖、蔗糖、淀粉）总含量不断下降，说明脂肪是由糖类转化而来的。种子成熟初期的脂肪含量增加速度很慢，随着种子的日趋成熟，脂肪积累的速度急剧加快，直至出现最高峰后又逐渐降低。

随着种子成熟度的增加，脂肪的碘价逐渐升高而酸价逐渐下降，表明种子成熟期间先形成饱和脂肪酸，然后再转变为不饱和脂肪酸，而先期形成的游离脂肪酸则逐渐合成复杂的脂类。但椰子等园艺植物种子的碘价变化很小。

种子中脂类的合成与呼吸代谢密切相关，呼吸作用为合成脂类提供了所需能量，同时其中间产物也是合成脂类的原料。

3. 蛋白质的变化　园艺植物种子中蛋白质的合成通常有直接合成和间接合成两种方式。直接合成是指由茎、叶流入种子中的氨基酸直接合成蛋白质；间接合成是指流入种子中的氨基酸先分解为氨和酮酸，氨再与其他酮酸结合形成新的氨基酸，然后合成蛋白质。

在园艺植物种子成熟过程中，蛋白质的累积一般比较早，如豌豆等种子中蛋白质的累积先于淀粉，但在甜玉米等种子中却比淀粉累积迟。

豆类等种子，在成熟初期合成分子质量较小的蛋白质，到后期形成分子质量较大的蛋白质；随着成熟度的提高，盐溶蛋白大大增加，碱溶蛋白明显减少。相反，随着成熟度的提高，甜玉米等种子的水溶蛋白和盐溶蛋白减少，醇溶蛋白和碱溶蛋白增加。

种子成熟期间，胚和胚乳的游离氨基酸含量逐渐减少，但在充分成熟的种子内仍留存一定数量的游离氨基酸，尤其是胚部仍含有多种高浓度的游离氨基酸，以供种子萌发的最初阶段利用。

（三）种子成熟过程中生理性状的变化

在种子成熟过程中，各种营养物质的转化和积累均取决于酶的种类、性质和活化状态，各种生理过程受到植物激素的调节。

1. 酶的变化　酶类在园艺植物的绿色器官中形成，并以溶解状态流入种子中。种子成熟初期，水解酶的活性极高，水解作用旺盛，营养物质的合成作用较弱。随着种子细胞数量的迅速增加，胞壁面积相应扩大，淀粉粒在细胞中大量形成，大大促进了酶在胞壁表面和淀粉粒上的吸附作用，致使水解酶的活性逐渐减弱，而合成酶的活性急剧增强。种子成熟后期，合成酶的活性也缓慢减弱，营养物质的积累和转化作用相应降低，最后各种酶的活性降至极低水平甚至失去活性，代谢强度极低，种子达到充分成熟。

2. 激素的变化　园艺植物种子中的各种植物激素，在种子发育成熟过程中的变化趋势基本一致，一般在胚珠受精以后的一定时期开始出现，随着种子的发育成熟，其浓度不断增高，以后又逐渐降低，最后在充分成熟和干燥的种子中少量留存或消失。

园艺植物种子中的吲哚乙酸由色氨酸合成，豌豆等种子中的吲哚乙酸含量呈单峰变化趋势，苹果等则呈双峰趋势；赤霉素可以在园艺植物的未成熟种子中合成，未成熟种子的赤霉素含量最丰富，种子发育早期的绝大部分赤霉素具有生理活性，至种子成熟时转为钝化或进行分解代谢；细胞分裂素主要在园艺植物的根中合成后流入种子，果实或种子本身也可能合成，其含量在种子发育时明显增加，尤其是种子组织迅速生长时增加更快，以后又随着种子成熟而降低；脱落酸可以在园艺植物的果实及种子等许多部位形成，并在植物体内快速再分配，其含量在种子发育过程中增高，在种子成熟脱水过程中迅速降低；乙烯主要在园艺植物的成熟果实内生成。

3. 发芽力和生活力的变化　发芽力（germinating power）是指种子在适宜条件下发芽并长出正常幼苗的能力。生活力（viability）是指种子发芽的潜在能力，或种胚所具有的生命力。园艺植物种子的发芽力一般随着种子的成熟而逐渐提高，种子的成熟度愈高，发芽势（germinating potentiality）愈高，发芽率（germination rate）也愈高。但是，具休眠期种子的发芽力则在种子完全成熟进入休眠之前达到高峰，随后发芽力降低，经过贮藏解除休眠后又提高。

园艺植物种子的生活力一般随着成熟度而提高，但受不良条件的影响，也会在后期降低。

（四）种子成熟过程中物理性状的变化

1. 种子大小的变化　在园艺植物种子的发育成熟过程中，一般首先增加种子长度，其次增加宽度，最后增加厚度。未成熟种子一般表现为长度固定，宽度差异不大，厚度差异大。因此，种子清选时可以利用其厚度的差异，用长孔筛筛选。

随着种子的逐渐成熟，种子的体积也相应增大，其增大的速度因种类而异。豆科和十字花科种子的体积增大特别迅速，在绿熟期就达到最大体积。

2. 种子重量和比重的变化　园艺植物种子的重量（weight）分鲜重（fresh weight）和干重（dry weight），均随着种子成熟过程中水分的增减和干物质的累积而呈现明显的变化。种子成熟期间，种子鲜重逐渐增加，当达到最大值时又逐渐降低，直至完全成熟；而种子干重则持续逐渐增加，完全成熟时达到最大值。不同着生部位的种子，由于发育成熟时期和营养条件等的影响，造成贮藏物质累积的差别，从而表现出种子重量的明显差异。

大多数园艺植物种子的比重（specific gravity）随着成熟度的提高而增大。但是，油质种子的比重变化趋势则不同，其在成熟过程中不断累积脂类，因而比重降低。种子比重既是种子品质的指标，也可作为种子成熟度的间接指标。

3. 硬度、透明度、热容量和导热性的变化　园艺植物种子的硬度（hardness）和透明度（transparency）都随着成熟度的提高而提高。硬度和透明度的改变也与干物质在种子中的累积和种子中水分分散密切相关。

园艺植物种子的热容量（heat capacity）和导热性（thermal conductivity）都随着水分的减少而相应降低。在成熟前期，种子具有较强的导热性，能使种子在阳光下很快升温，有利于干物质的合成和种子的成熟。到了成熟后期，热容量和导热性下降，对于种子的干燥和贮藏都具有实际意义。

（五）种子成熟过程中的脱水作用

在种子成熟初期，随着养分和水分的大量流入种子，种子表面进行强烈的蒸腾作用，致使种子中不溶解物质的含量逐渐增加，促进了合成作用的加快进行；同时种子还进行旺盛的气体交换，吸收二氧化碳以制造部分有机物质，吸收氧气以完成种子营养物质的转化。随着种子的成熟，种子含水量（moisture content）逐渐减少，到了种子成熟后期，贮藏物质积累和光合作用也逐渐趋向停滞，种子日渐硬化，最后达到固有大小、形态和色泽，完全成熟。

1. 种子的脱水干燥与发芽的关系　种子成熟期间的脱水干燥，是大多数园艺植物种子发育过程中的一部分。发育种子的自然脱水干燥，意味着发育完成达到成熟。由于在给予一定水分的条件下，未成熟种子不能萌发，而无休眠期的成熟种子则可以发芽。因此，种子的脱水干燥起着使其具备萌发能力的作用。

依据种子对干燥的抵抗能力，可将种子成熟过程分为不耐干燥和耐干燥两个阶段。不耐干燥阶段通常为种子成熟的初期，一经干燥，就会产生危害；耐干燥阶段通常处于种子成熟的中、后期，经过干燥后重新吸水，就会导致萌发。

2. 种子脱水干燥的生理效应　种子成熟过程中的脱水干燥，逐渐使园艺植物种子中所含的各种酶钝化或形成酶原，使有机物质的合成积累和水解作用降低，从而终止发育。

随着园艺植物种子的脱水干燥，种子中所含的核糖核酸（RNA）水解酶逐渐增加，使多核糖体水解成单核糖体，导致信使核糖核酸（mRNA）失去活性。种子成熟期间的脱水干燥，还会使得贮存 mRNA 形成核糖核蛋白。

（六）环境条件对种子成熟的影响

各种园艺植物种子成熟所需的时间各不相同，受到种子成熟期间湿度、温度、土壤营养及光照等环境条件的明显影响。

1. 湿度的影响　空气湿度和土壤水分对园艺植物种子的成熟期有显著影响。种子成熟初期的含水量很高，在天气晴朗、适当浇水的情况下，空气相对湿度较小，种子蒸腾作用较强，有利于种子内的水分散失和有机物质合成，能促进种子正常早熟。

阴雨天，空气相对湿度较大，温度较低，种子蒸腾作用较弱，水分散失受阻，代谢减弱，酶活性和营养物质运输速率降低，影响种子有机物质的合成，从而导致种子成熟延迟。

当天气干旱、灌溉不足时，空气相对湿度极低，种子蒸腾作用过强，失水过快，植株流入种子中的营养物质溶液减少或中断，种子内部的有机物质合成被迫减弱或停止，致使种子过早干缩成熟，但并未达到正常的完全成熟，种子的产量低、质量差。

2. 温度的影响　在园艺植物种子成熟过程中，适宜的温度有利于植株的光合作用、营养物质的运转及种子内有机物质的合成。较高的温度可以促进种子成熟，缩短成熟期，种子较大而整齐，发芽势强，发芽率高，但也会加速种子组织的老化和生理功能的降低，酶的活性提早丧失，影响贮藏物质的积累。

高温易导致干旱、昼夜温差小，严重地影响授粉受精作用的顺利进行，引起植株体内代谢过程的严重失调，营养物质运转受阻，合成作用减弱，造成种子早熟、干瘪和发芽能力的降低。低温则影响花器的正常形成，延缓种子发育成熟进程，使种子成熟期延迟，种子不饱满，影响种子的产量和质量。种子成熟过程中忌霜冻，受霜冻种子的产量和质量降低，发芽率大大降低。因此，繁殖用种必须在霜冻前收获，如种子于霜前未充分成熟，应及时连株拔起，进行后熟。

3. 土壤营养的影响　土壤瘠薄或种植密度过大，因营养物质缺乏，致使园艺植物植株营养生长发育不良，较早转入生殖生长，种子成熟期提前，贮藏物质积累较少，种子不饱满，种子产量低，种子质量差。

种子发育成熟期间大量施用氮肥，会促进营养生长，造成茎叶徒长而抑制生殖生长，甚至倒伏，阻碍植株体内营养物质向种子中运转和积累，最终导致种子成熟期延迟，种子干瘪不充实，产量降低。

磷与茎叶中碳水化合物的转化有关，成熟过程中很多有机化合物的形成和某些酶的活动都需要有足够的磷参与，磷能促进营养物质的运输和转化，增强种子内部有机物质的合成，加速种子成熟。另外，钾能增强植株的强度而抗倒伏，能避免种子在果实中发芽，改善种子的色泽。所以，在开花前后适量增施磷、钾肥，对促进种子提早成熟、提高产量和质量等均有重要作用。

在盐碱地上采种，由于土壤溶液离子浓度大，渗透压高，植物吸收水分和养分困难，种子成熟时营养物质的运转、有机物质的合成和累积受到阻碍，造成种子提早成熟，种子瘦小，产量低，质量差。

4. 光照的影响 园艺植物在适宜的光照条件下，才能健康地生长发育，才能制造大量营养物质运送到种子中去，才能保证种子顺利地发育成熟。光照度小、光照时间短，使种子成熟期大大延迟。增加光照度和补充光照时间，有利于种子正常成熟。

第四节 种子的休眠

种子休眠（seed dormancy）是园艺植物经过长期演化而获得的适应环境变化的生物学特性，了解种子休眠的类型和机理，便于科学合理地调控种子的休眠与萌发。

一、休眠的概念及意义

1. 种子休眠的概念 园艺植物的种子休眠是指在适宜的萌发条件下，健全种子不能萌发或延迟萌发的现象。但是，处于休眠状态的种子是仍有生命力的种子，只是由于本身的生理原因导致种子未能及时萌发，经过一段时间的贮存之后，再给予适宜的条件，种子就会萌发。

种子休眠的程度与其长期演化的环境条件密切相关。在温暖多湿的热带地区，气候比较温和，一般常年具备种子萌发和幼苗生长的环境条件，导致在该区域进化物种的种子大多具有容易萌发的特性，休眠程度浅或无休眠。而在干湿、冷热交替的地区，气候条件多变，种子往往需要经过一段时间的休眠才能萌发，休眠程度较深。例如，秋季发育成熟的种子，常到翌春才萌发，通过休眠以避免冬季严寒的伤害。

种子休眠的深浅以休眠期的长短来表示，是种子植物重要的品种特性。种子的休眠期是指某种子群体从收获至发芽率达80%时所需的时间。即从收获种子开始，每隔一定时间做1次标准发芽试验，直到测定的发芽率达到80%时为止，以自收获至最后1次发芽试验的置床所经历的时间作为该种子的休眠期。

2. 种子休眠的意义 种子休眠是长期自然选择的结果，是园艺植物在系统发育过程中所形成的抵抗不良环境条件的适应性，使种子可以避免恶劣的环境，长期保持较高的生活力，从而对植物个体的生存、延续和进化具有特殊的生物学意义。一定程度的休眠，可以保证种子不在果实内萌发，避免对种子产量和质量产生不良的影响，对园艺生产具有一定的经济意义。

但是，种子休眠的生理特性也有不利于园艺生产的一面。例如，有些种子由于休眠程度较深，休眠期较长，以致到了播种季节时仍然处于休眠状态，播种后不出苗，或出苗率低，田间幼苗参差不齐；而采用人工处理的方法打破种子休眠，则增加了一定的工作量等。又如，在种子贮藏期间或种子交换调运之前，为了确定种子的生命状况和使用价值，均需进行发芽率测定，种子的休眠状态致使测定工作无法进行，或测定结果偏低，无法正确掌握种子的使用价值。因此，深入了解种子的休眠，可以创造和提供种子通过休眠的必要条件，减轻其休眠程度，或随时打破休眠（dormancy awakening），为生产和商品交易活动提供适宜的种子；也可以采取措施，继续加深或强化休眠，达到保持种子旺盛生活力和延长种子寿命的目的，对做好种子工作具有重要意义。

二、园艺植物种子休眠的类型

根据种子自身导致休眠的原因，一般将园艺植物的种子休眠分为胚型、种皮障碍型和抑制物质型等类型。

（一）胚型

胚型休眠是由胚的发育不完全而引起的种子休眠，又可以分为形态休眠（morphological dormancy）和生理休眠（physiological dormancy）2 种类型。种子后熟（after ripening）是胚型休眠的种子转向萌发的必要过程。

1. 胚的形态休眠　胚的形态休眠又称形态后熟，是指园艺植物的种子虽然外表上发育成熟，并且已经脱离了母体植株，但是其胚的发育仍不完全，尚未成熟，甚至分化还没开始，一定时期内无法萌发，需从胚乳或其他组织中吸收养分，继续分化或生长，直至发育完全才能萌发。例如，银杏、白兰等的种子自母株脱落时，种胚较小，需经数月才能发育至可以萌发的状态。表现形态休眠的种子大多出自热带地区，温带较少。

2. 胚的生理休眠　胚的生理休眠又称生理后熟，是指园艺植物种子的胚在形态上已经充分发育，但尚未完成最后生理成熟阶段，还需要完成一系列的生物化学转化过程，完善生理状态后才能萌发。生理休眠既有整个胚的休眠，也有局部胚组成部分的休眠。例如，牡丹、百合等种子的生理休眠属于上胚轴休眠，铃兰、延龄草等则属于上胚轴和胚根休眠。

（二）种皮障碍型

种皮障碍型是由胚的外围构造的机械阻力或透性不良所引起的种子休眠，又可以分为机械约束、不透水和不透气等类型。

1. 种皮机械约束　种皮的机械约束限制了胚的增大和向外生长，虽然种皮的透水性、透气性均良好，但若胚未能产生足够穿破种皮的力量，就导致种子处于休眠状态。例如，蔷薇科、十字花科芸薹属等园艺植物的种皮通常坚韧致密，或者表面具有革质、蜡质，往往阻碍胚的萌发，而致使种子休眠。又如，苋菜等的种皮如果始终处于水分饱和状态，其种子就会长期休眠；但种子一经干燥，或随着时间的推移，种皮细胞壁的胶体性质发生变化，使种皮的机械约束力逐渐减弱，重新吸胀后萌发。

2. 种皮不透水　豆科、锦葵科、旋花科等园艺植物的种皮，或由角质层、栅栏细胞层、石细胞层等构成，或内含果胶等疏水物质，透水性很差，使种子几乎丧失了吸水膨胀能力而不能萌发。因种皮不透水而不能吸胀的种子称为硬实（hard seed）。硬实与遗传因素、环境因素及成熟度等有关，不同种类园艺植物或同种园艺植物不同品种之间的硬实率存在差异；种子成熟时的高温、干燥、长日照、高纬度和土壤高钙、氮素过多等环境条件均易造成硬实率提高；种子越成熟，硬实率越高。

3. 种皮不透气　黄瓜、豌豆、十字花科等园艺植物的种皮，虽具有一定的透水性，但其透气性差，或含有较多酚类及过氧化酶等物质，致使种子内氧气不足，二氧化碳不断积累，因而阻碍了种子内的有氧代谢、胚细胞的生长和正常生理进程，迫使种子处于休眠状态。由于酚类氧化产物醌容易与蛋白质结合形成有色沉淀物，因此种皮颜色深的品种通常比浅色品种的休眠较深。

（三）抑制物质型

各种园艺植物的繁殖器官中普遍含有各种抑制或延迟萌发的物质。萌发抑制物质的种类众多，主要有氯化钠、氯化钙、硫酸镁、氰化氢、氨等简单小分子物质，胡萝卜醇、乙醛、苯甲醛、水杨醛、柠檬醛、玉桂醛、巴豆醛等醇醛类物质，脱落酸、水杨酸、阿魏酸、咖啡酸、苹果酸、巴豆酸、酒石酸、柠檬酸等有机酸类物质，咖啡碱、可可碱、烟碱、毒扁豆碱、奎宁等生物碱类物质，儿茶酚、间苯二酚、苯酚等酚类物质，以及香豆素、乙烯和芥子油等。抑制物质大多具有挥发性、水溶性和非专一性等性质。乙烯、某些生物碱等抑制物质仅在较高浓度下抑制种子萌发，而在低浓度时则刺激种子萌发。

萌发抑制物质主要分布于果肉、果皮、种皮、胚及胚乳等部位，如梨、苹果、无花果、普通葫芦等的抑制物质存在于果肉中，西瓜、黄瓜、番茄、西葫芦、杏、葡萄、番木瓜、忍冬等存在于果汁中，结球甘蓝、莴苣、甜菜、西葫芦、桃、枇杷、酸橙、向日葵、玫瑰、蔷薇等存在于果皮和种皮中，西葫芦、牛蒡、桃、苜蓿、鸢尾等存在于胚中，苹果等存在于胚乳中。

三、园艺植物种子休眠的机理

关于植物种子休眠的机理，目前主要有内源激素调控、呼吸途径调控、光敏素调控和膜相变化调控等学说。

1. 内源激素调控学说　内源激素调控学说由卡恩（Khan）等提出并发展完善，又称为三因子学说。种子的休眠和萌发由萌发促进物质赤霉素（GA）、细胞分裂素（CTK）和萌发抑制物质脱落酸（ABA）3 个因子调节控制，3 个内源激素之间的相互作用决定着种子的休眠与萌发。

该学说认为，凡是能萌发的种子中均存在生理活性浓度的赤霉素，但是存在生理活性浓度赤霉素的种子不一定都能萌发；种子中同时存在赤霉素和脱落酸时，赤霉素的诱导萌发作用就受到阻抑；赤霉素、脱落酸和细胞分裂素三者同时存在时，细胞分裂素能起解抑作用而使萌发成为可能。赤霉素是种子萌发的必需激素，未具备生理活性浓度赤霉素的种子就处于休眠状态；脱落酸起抑制赤霉素的作用，引起种子休眠；细胞分裂素起抵消脱落酸的作用，但并不是萌发所必需的，仅在脱落酸存在时才有必要。不同时期的种子中的各种激素处于生理有效或无效浓度，其浓度改变取决于很多内因和外因。

2. 呼吸途径调控学说　呼吸途径调控学说由罗伯茨（Roberts）提出，又称为磷酸戊糖途径学说。植物种子的休眠与萌发状态视磷酸戊糖途径（PPP）的运转情况而定，休眠种子的呼吸代谢一般以糖酵解—三羧酸循环（EMP - TCAC）途径为主，磷酸戊糖途径不畅，休眠种子的呼吸作用消耗了可被利用的有效氧，而排斥了其他的需氧过程。要使种子由休眠转为非休眠状态，必须使呼吸代谢由糖酵解—三羧酸循环途径转为磷酸戊糖途径。

该学说指出，施加一般呼吸抑制剂或增加种子内氧分压等处理，均可促进还原态辅酶Ⅱ（NADPH）的氧化，使磷酸戊糖途径顺利运转，从而解除休眠。

3. 光敏素调控学说 光敏色素（phytochrome）是具有红光和远红光逆转效应、参与光形态建成等生理过程的色素蛋白。

弗林特（Flint）等研究莴苣种子萌发时发现，600～700nm 的红光促进莴苣种子萌发，720～760nm 的远红光抑制莴苣种子萌发。博思威克（Borthwick）等的研究发现，用红光和远红光交替地照射莴苣种子，种子萌发的促进或抑制只与最后 1 次照射的光质有关，而与红光与远红光交替照射的次数无关；构想植物中存在于红光和远红光作用下能够可逆转变的色素系统，并具有两种形式。巴特尔（Butler）等成功分离出了吸收红光—远红光可逆转换的光受体，博思威克等称其为光敏素。红光吸收形式为生理钝化型（Pr，蓝绿色），远红光吸收形式为生理活化型（Pfr，黄绿色）。生理活化型光敏素所占比例的提高促进种子萌发，光照条件可以促使种子中生理钝化型和生理活化型相互转化，使生理钝化型和生理活化型的比例发生变动。光敏素也存在缓慢的暗转变和逆暗转变，较长时间贮藏种子的生理状态可以改变。需光种子（light favored seed）中生理活化型光敏素的比例较低，需红光或白光照射增高比例后才能发芽；非需光种子（light inhibited seed）一般存有较高比例的生理活化型光敏素，只要其他条件适宜即可萌发。

4. 膜相变化调控学说 膜相变化调控学说由比尤利（Bewley）等提出。研究认为，植物种子的休眠及萌发与温度密切相关，有机溶剂也有一定的影响，温度、有机溶剂等导致细胞膜相的变化，从而影响到种子的休眠与萌发状态。

该学说指出，种子细胞膜因温度改变而发生物理状态的可逆性变化，细胞膜在低温下呈凝胶状态，而在较高温度下则变为流体状态。膜相的变化致使许多膜结合酶的活性改变，引起膜蛋白的移位，导致细胞膜的透性变化和溶质渗漏，进而影响到与种子休眠及萌发相关的许多代谢过程。乙醚、氯仿、丙酮、乙醇等有机溶剂也能改变细胞膜的状况，透入种子细胞膜，改变种子的休眠与萌发状态。

四、打破种子休眠的方法

为了促进园艺植物种子的萌发和提高发芽率，需要采取适当的措施，人工解除种子休眠。打破种子休眠的方法较多，主要有物理机械处理法、化学物质处理法和植物激素处理法等。

（一）物理机械处理法

物理机械处理法主要包括低温处理、高温干燥处理、变温处理、热水浸种处理、机械处理、光处理和流水冲洗等方法。X 射线、γ 射线、β 射线等辐射处理和氧、二氧化碳、氮等气体处理，也有唤醒种子休眠、促进萌发的作用。

1. 低温处理 低温处理是将休眠种子置于湿润的低温环境下保持一段时间，主要适用于因种皮不透气而处于休眠状态的种子，如萝卜、芥菜、白菜、莴苣、紫苏、菠菜、洋葱和蔷薇科等种子。低温加大了水中氧的溶解度，使得随水分进入种子内部的氧增加，满足了胚细胞生长分化等生理过程对氧的需求，而促进休眠种子萌发。一般采用 1～10℃的低温，处理时间因物种和休眠程度而不同。

2. 高温干燥处理 高温干燥处理是将休眠种子置于干燥的较高温度环境下保持一段时间，主要适用于刚收获的因种皮不透气而处于休眠状态的种子，如向日葵、胡萝卜、芹菜、豆类和瓜类等种子。高温干燥处理造成休眠种子的种皮龟裂、疏松多缝隙，改善了气体交换条件，从而促进休眠种子萌发。一般采用30℃左右的高温，处理时间因物种和休眠程度而异。

3. 变温处理 变温处理是将休眠种子每昼夜分别置于具有一定温差的较高温度和较低温度下处理一段时间，主要适用于因种皮透性差而处于休眠状态的种子，如茄子、苋菜、芥菜和白菜等种子。变温处理使休眠种子的种皮因热胀冷缩作用而产生轻微机械损伤，增强了种皮的通透性，而加速种子内部气体交换，促进休眠种子萌发。一般采用10～30℃的低温和高温，温差及处理时间因物种和休眠程度而不同。

4. 热水浸种处理 热水浸种处理是指用适当温度的热水浸泡休眠种子，主要适用于因种皮不透水或种皮含萌发抑制物质而处于休眠状态的种子，如豆类、甜菜、莴苣和向日葵等种子。热水浸种可以溶解休眠种子种皮上的蜡质、萌发抑制物质等，改善透水性，促进休眠种子的萌发。

5. 机械处理 机械处理是指采用摩擦、剪切损伤种皮或去除种皮等措施处理休眠种子，主要适用于因种皮机械约束或透性差而处于休眠状态的种子，如蔷薇科、藜科、豆科、锦葵科、旋花科等种子。损伤或去除种皮处理，可以减弱或解除种皮的机械约束力，改善种皮的透气性和透水性，促进打破种子休眠而萌发。

6. 光处理 光处理是指采用光照或黑暗措施处理休眠种子，主要适用于光敏性休眠种子。光处理有利于解除莴苣、芹菜、胡萝卜、无花果、夜来香等需光种子的休眠，暗处理则可促进洋葱、番茄、曼陀罗、百合科等嫌光种子的萌发。

7. 流水冲洗 流水冲洗是指用流动的清水冲洗休眠种子，主要适用于因种皮含萌发抑制物质或种皮透水性差而处于休眠状态的种子。

（二）化学物质处理法

化学物质处理法可以分为无机化学物质处理和有机化学物质处理2类。能够打破种子休眠、促进萌发的化学物质种类众多，但其效果则因化学物质种类、使用剂量、植物种类、种子状态、处理时期及环境条件等因素而异。

1. 无机化学物质处理 使用过氧化氢、硝酸、浓硫酸、硼酸、盐酸、碘化钾等无机物处理休眠种子，能够腐蚀种皮，改善种子的通透性，从而打破种子休眠和促进萌发。硝酸铵、硝酸钙、硝酸锰、硝酸镁、硝酸铝、亚硝酸钾、硫酸钴等能刺激种子提前解除休眠和促进萌发。

2. 有机化学物质处理 硫脲、尿素、腐殖酸钠、秋水仙精、甲醛、乙醇、丙酮、乙醚、氯仿、对苯二酚、甲基蓝、羟胺、丙氨酸、谷氨酸等多种有机化合物，都具有一定的打破休眠、刺激种子发芽的作用。

（三）植物激素处理法

植物激素处理法主要包括赤霉素处理、细胞分裂素处理、乙烯处理和壳梭孢菌素处理等方法。

1. 赤霉素处理 在适宜的使用浓度下，赤霉素处理具有替代低温、红光、干燥等条件的作用，能显著地打破种子休眠，促进种子萌发，提高发芽率。但是，处理浓度过高，可能会抑制种子萌发。

2. 细胞分裂素处理 细胞分裂素具有解除脱落酸抑制萌发的作用。6-呋喃氨基嘌呤

（激动素）和 6‑苄基腺嘌呤（6‑BA）等细胞分裂素处理，均具有打破种子休眠、加速萌发、提高萌发率等作用。

3. 乙烯利处理　适宜浓度的乙烯处理，具有解除种子休眠和促进萌发的作用，但高浓度的乙烯处理会抑制种子的萌发。乙烯是气体，应用时不方便，一般使用乙烯利释放乙烯处理。

4. 壳梭孢菌素处理　新型植物激素壳梭孢菌素（Fc）处理，能够解除因低温、高温、脱落酸、高渗透压等原因所引起的种子休眠，促进种子萌发。

第五节　种子的萌发

园艺植物种子的萌发（germination）标志着整个园艺生产过程的开始，为了保证播种后的苗全、苗齐和苗壮，必须了解和掌握种子萌发的过程、条件及其生理生化变化，以便采取科学合理的措施促进种子萌发。

一、园艺植物种子萌发的过程

园艺植物的种子萌发是指胚恢复生长，胚根、胚芽突破种皮向外伸长的现象。其实质是胚由生命活动相对静止的休眠状态转变为活跃的生长状态，狭义的生理、形态上的萌发不包括幼苗生长，而广义的萌发则包含农业技术上关注的幼苗形态建成。通常种子萌发可以分为吸胀（swelling）、萌动（protrusion）、发芽（sprout）和幼苗形态建成（seedling establishment）4 个阶段。

（一）吸胀阶段

吸胀是指种子吸水而体积膨胀的现象，是种子萌发的起始阶段。当种子与水分直接接触或处于湿度较高的空气中时，水分被逐渐吸入种子，细胞体积增大，细胞壁呈紧胀状态，种皮（或果皮）趋向软化，种子体积膨胀。直至细胞内部的水分达到饱和状态，种子才停止吸水。

种子吸胀并非活细胞的生理现象，而是胶体吸水体积膨大的物理作用。死种子同样可以吸胀，而种皮不透水的活种子反而不能吸胀。因此，种子是否吸胀不能指示种子有无生活力。

种子吸胀的能力，主要决定于种子的化学成分。蛋白质种子的吸胀力远比粉质种子的强，如菜用大豆等种子的吸水量一般接近或超过种子本身的干重，而甜玉米等种子则约为种子干重的 1/2。油质种子在其他化学成分相似时，其油脂含量愈高，吸水力愈弱。

种子吸胀的速度，则主要因种皮和内含物的致密度及吸胀温度而不同。一般种皮和内含物致密，通透性差，吸胀的速度就慢；吸胀期间温度高，吸胀的速度则快。

（二）萌动阶段

萌动是指种子吸胀后，胚细胞开始分裂、伸长，胚的体积增大，胚根、胚芽向外突破种皮的现象，俗称"露白"，是种子萌发的生物化学阶段，是生理上种子萌发完成的标志。种子自吸胀到萌动所需时间因植物种类不同而异，若外界条件适宜，结球白菜仅需 16h 左右，而菜用大豆则约需 2 昼夜。

吸胀后的种子，细胞含水量增加，酶的活性提高，呼吸作用增强。通过酶的催化作用，贮藏物质水解为简单的可溶性物质供胚吸收，内部的生理代谢加强，细胞增殖加快。同时，萌动种子对外界条件的反应极为敏感，当外界条件发生了明显变化，或受到各种理化因素的刺激，就会引起某种生理过程的失调，导致萌发停止或迫使进入二次休眠（secondary dormancy），甚至活力降低直至死亡。

种子萌动时，由于胚芽对缺氧的反应比胚根敏感性差，使得水分较少时胚根先突破种皮，而水分过多时则胚芽先突破种皮。有些无生活力种子的胚根，也会因充分吸胀而突出种皮，该现象称为假萌动或假发芽。

（三）发芽阶段

国家和国际种子检验规程的发芽定义是指种子长成具备正常主要构造幼苗的过程。种子萌动后，内部新陈代谢极为旺盛，如果氧气供应不足，易引起无氧呼吸，不但能量产生少，还会使种胚发生乙醇、二氧化碳中毒。如果催芽不当，或播种后遇到土质黏重、覆土过深或雨后表土板结等不良条件，园艺植物的萌动种子会因缺氧使呼吸受阻、生长停滞，或能发芽但幼苗无力顶出土面，导致烂种缺苗。

萌发期间，水分过多，则胚芽生长快于胚根，导致芽长根短；水分过少，则胚芽生长非常缓慢，造成根长芽短。因此，种子萌发期间的根芽比例，是协调水、气矛盾的形态依据。

（四）幼苗形态建成阶段

幼苗形态建成是指种子开始发芽后，胚根、胚芽分别向下、向上迅速生长形成幼苗出土的过程。根据子叶出土与否，形成的幼苗可以分为子叶出土型（epigeal germination）和子叶留土型（hypogeal germination）2类。

1. 子叶出土型 松等裸子植物，十字花科、茄果类、瓜类、菜用大豆、向日葵等大多数双子叶植物，以及葱蒜类等少数单子叶植物的种子萌发时，下胚轴显著伸长，将子叶推出土面，子叶出土后见光变为绿色并展开，进行光合作用，胚根、胚芽相继发育为地下根系和地上茎叶系统，形成子叶出土幼苗。

子叶出土型幼苗出土时，顶芽包被在子叶中受到保护，子叶出土后能进行光合作用，继续为生长提供营养。子叶受损，则对幼苗的生长乃至开花结实不利，因而在园艺植物移栽、间苗等过程中，应注意对子叶的保护。该类植物的穿土力较弱，对土壤的要求较高，播种时应精细整地，防止土壤板结，并适当浅播。

2. 子叶留土型 蚕豆、豌豆、柑橘、荔枝、核桃、银杏等少数双子叶植物，以及甜玉米等大多数单子叶植物的种子萌发时，仅上胚轴伸长伸出地面，发育为地上茎叶系统，而下胚轴并不伸长或伸长极其有限，使子叶和种皮留置于土壤中，胚根发育地下根系，形成子叶留土幼苗。

子叶留土型幼苗出土时，穿土力较强，播种时可较子叶出土型的略深，特别是在干旱地区。该类幼苗的营养贮藏组织和部分侧芽保留在土中，一旦地上部分受到昆虫、低温等的损害，侧芽有可能出土长成幼苗。

二、园艺植物种子萌发的条件

只有具有生活力并通过休眠或无休眠的园艺植物种子，才能在一定的外界环境条件下正常萌发成苗。种子萌发的外因主要包括水分、温度和氧气，光照、二氧化碳等也有一定的影响。掌握种子萌发的外界条件，对指导园艺生产具有重要意义。

（一）水分

水分是园艺植物种子萌发的必要条件。

1. 水分的影响　干燥的种皮吸收水分后，结构松软，氧气容易进入，呼吸作用增强，加之凝胶的吸胀力，易于胚根、胚芽突破。干燥的种子吸水后，酶的活性增加，促进了细胞内的各种酶催化活动，通过水解或氧化等方式，使贮藏的淀粉、脂肪和蛋白质等营养物质由不溶解状态变为溶解状态，随水分运输到胚的生长部位供吸收和利用，同时萌发抑制物质的分解或溶失、束缚型植物激素转化为游离型等，均有利于胚的分裂、生长。

2. 吸水量　一般情况下，种子萌发的吸水量超过种子干重的30％以上。蛋白质种子因具强烈的亲水性，萌发的吸水量较高；油质种子具较强的疏水性，萌发的吸水量较低；而粉质种子萌发的吸水量也较低。欲使种子正常萌发，必须供给足够的水分。但是，水分过多，会引起氧气减少、细胞膜不易修复等，轻者影响胚根等生长，重者导致种子腐烂。胚根过长表明水分较少，胚芽长于胚根则表明水分较多，一般以胚芽长达胚根长的1/2为宜。

3. 吸水过程　在适宜条件下，种子萌发的吸水过程表现为快、慢、快3个阶段。阶段Ⅰ即种子萌发的吸胀阶段，由于亲水胶体对水分的吸附力，使种子迅速吸水，细胞水势急剧升高；阶段Ⅱ为种子萌发的萌动阶段，随着前期种子吸入大量水分，细胞内的水分逐渐饱和，吸水渐趋滞缓；阶段Ⅲ则发生在发芽和幼苗形态建成阶段，胚的生长明显加速，旺盛的生命活动使所需水分增多，吸水又逐渐加速。死种子在完成了阶段Ⅰ的吸水后就不再吸水。

（二）氧气

氧气是园艺植物种子萌发的主导条件。

1. 氧气的影响　种子萌发时，一切生理活动都需要能量的供应，而能量来源于呼吸作用。种子在呼吸过程中，吸入氧气，将细胞内贮藏的营养物质逐步氧化、分解，转化为合成代谢的中间物质和提供生理活动所需的能量。氧气不足，呼吸作用就会受到影响，进而抑制种子的正常萌发。

2. 需氧量　大气中氧的浓度是21％，能充分满足种子萌发的需要。当氧气浓度低于10％时，许多植物种子的萌发受到抑制；当氧气浓度在5％以下时，很多植物种子不能萌发。由于脂肪和蛋白质分子中含碳、氢较多，含氧较少，其彻底氧化、分解需要消耗更多的氧，故油质种子萌发时的需氧量较大，宜浅播。播种前的浸种、催芽及播种后的出苗过程中，均需要采取各种措施，控制和调节氧的供应，保证种子萌发的正常进行。

3. 耗氧过程　一般种子萌发的耗氧过程类似于吸水过程。吸胀阶段的种子，随着吸水量的增加，由于酶系统的活化和水合作用等，其耗氧量也急剧增加。萌动阶段的种子，随着吸水渐趋滞缓，呼吸作用也渐滞缓，耗氧量稳定或仅缓慢增加。随着胚根、胚芽突破种皮，呼吸再次进入高峰，种子的耗氧量又快速增加。

（三）温度

温度是影响园艺植物种子萌发速度的首要条件。

1. 温度的影响　在种子吸水的一定阶段，温度明显影响种子的吸水速率，一般环境温度每升高 10℃，水分吸收速率将增加 50%～80%。温度左右着酶的活性、呼吸作用、物质转化等，从而直接影响种子萌发的生命过程。

2. 温度三基点 在一定范围内，温度的升高，可以提高酶的活性，增强呼吸作用、物质转化等，有利于种子萌发，但过高的温度将导致酶失活，呼吸消耗过多，有毒物质积累，虽发芽快但苗弱，或不发芽甚至死亡；温度的降低，致使酶促作用、呼吸作用、物质转化等相应减弱，影响种子萌发速度，而低于最低限度时，酶的活动几乎完全停止，抑制发芽或产生冷害。所以，种子萌发对温度的要求，表现出最低温度、最高温度和最适温度 3 个基点，最低温度和最高温度是 2 个极限，低于最低温度或高于最高温度，都能使种子失去萌发力，只有最适温度才是种子萌发的理想温度条件。一般喜温或夏作园艺植物种子萌发的温度三基点分别为 6～12℃、30～35℃ 和 40℃，而耐寒或冬作园艺植物则分别为 0～4℃、20～25℃和 40℃。

（四）光照

许多园艺植物种子的萌发受到光照的影响，黄榕、莴苣等种子的萌发要求光照条件，光照可以促进芹菜、胡萝卜、月见草等种子的萌发，而抑制苋菜、洋葱、番茄、曼陀罗和百合科等园艺植物的种子萌发，大多数园艺植物的种子萌发对光照不敏感。光照对种子萌发的影响详见本章第四节中"光敏素调控学说"部分。

（五）二氧化碳

通常大气中含有约 0.03% 的二氧化碳，对园艺植物种子的萌发没有显著影响。当种子萌发环境中的二氧化碳达到较高浓度时，就会阻碍种子的有氧代谢等正常生理进程，从而抑制种子萌发。

三、园艺植物种子萌发的生理生化基础

在园艺植物种子的萌发过程中，种子内部发生细胞的活化（activation）与修复、酶的产生与活化、物质与能量的转化等一系列生理生化变化，从而使胚细胞得以生长、分裂和分化。

（一）细胞的活化与修复

成熟干燥的活种子吸水后，处于钝化或损伤状态的酶、细胞器等立即开始活化，并修复细胞膜、线粒体和 DNA 等，代谢迅速恢复，呼吸及合成加强。

随着种子吸胀的进行，因脱水干燥造成的结构不完整细胞膜逐渐得到修复，磷脂和膜蛋白等排列整齐，溶质的渗出得到阻止，细胞膜恢复正常的生理功能；电子转移酶类被合成或活化，线粒体的双层膜结构修补完整，氧化磷酸化等功能逐渐恢复正常；DNA 连接酶直接修复 DNA 分子损伤，或由内切酶切除受损伤的 DNA 片段，由多聚酶重新合成相应片段，再由连接酶连接到相应 DNA 分子上。

活化和修复能力，受到水分、温度等环境条件的影响，也与种子的活力密切相关。活力低的种子，修复能力低，损伤程度大，活化迟缓，修复困难；当活力降低到一定水平时，细胞将无法修复，种子则失去萌发能力。

（二）胚的生长与合成代谢

种子萌发最初的生长，主要表现为膜系统及细胞器的合成增殖。随着胚细胞的活化和修

复，部分线粒体的膜被合成，呼吸酶的数量增加，呼吸效率大大提高；细胞中新线粒体形成，数量进一步增加。同时，内质网和高尔基体也大量增殖。高尔基体运输多糖到细胞壁作为合成原料；内质网产生小液泡，小液泡的吸水胀大以及液泡间的融合，使胚根等细胞体积增大伸长。

（三）贮藏物质的分解和利用

种子内部贮藏着丰富的营养物质，淀粉、蛋白质和脂肪等大分子首先被水解成可溶性的小分子，通过呼吸作用转化为生长和合成所需要的能量，通过代谢转化成新细胞的组成成分，在种子萌发过程中逐步被分解和利用。在种子萌发过程中，一般首先利用的是种子中的淀粉和贮藏蛋白。

1. 淀粉　种子萌发时，淀粉酶使淀粉水解成麦芽糖等，麦芽糖酶使麦芽糖水解为葡萄糖，转化酶使蔗糖水解成果糖和葡萄糖；或由磷酸化酶使淀粉转化为单糖，直接供胚细胞利用。较高温度有利于淀粉酶的水解作用，较低温度则有利于磷酸化酶的水解作用。在萌发初期，磷酸化酶的活性较高，磷酸解途径是淀粉转化的主要途径；而在萌发后期，淀粉酶的活性增强，水解途径则成为淀粉降解的主要途径。

2. 蛋白质　种子萌发过程中，贮藏蛋白质由蛋白酶催化，先水解形成水溶性的分子质量较小的蛋白质，再水解成氨基酸。部分氨基酸直接成为新细胞中蛋白质合成的原料；未被直接利用的氨基酸经氧化脱氨作用，进一步分解为酮酸和氨，酮酸分解产生能量供种子萌发利用，氨可能与糖类所衍生的酮酸形成新氨基酸，再重新合成蛋白质。

3. 脂肪　种子萌发时，脂肪首先被脂酶水解成脂肪酸和甘油。脂肪酸在乙醛酸体中经 β -氧化生成乙酰辅酶 A（乙酰 CoA），经乙醛酸循环产生琥珀酸，转移到线粒体中通过三羧酸循环形成草酰乙酸，再通过糖酵解的逆转转化为蔗糖，输送到生长部位。甘油能在细胞质中迅速磷酸化，随后氧化为磷酸丙糖，在醛缩酶的作用下缩合成六碳糖；甘油也可能转化为丙酮酸，再进入三羧酸循环及呼吸链而被彻底氧化。随着脂肪的水解，酸价逐渐上升，而碘价逐渐下降。

（四）呼吸作用与能量代谢

在种子萌发过程中，主要的呼吸途径为糖酵解、三羧酸循环和磷酸戊糖途径。在种子吸水初期是糖酵解途径占优势，促进丙酮酸的生成；其后则以磷酸戊糖途径占优势，促进葡萄糖的氧化。在种子萌发初期，呼吸作用的基质一般主要是种子中贮藏的可溶性蔗糖及棉子糖类的低聚糖；到种子萌动后，呼吸作用才逐渐转向利用贮藏物质的水解产物。

线粒体是有氧呼吸的主要场所，一般种子吸胀后，线粒体的活性明显提高，三磷酸腺苷（腺嘌呤核苷三磷酸，ATP）的含量迅速增加；至种子萌动前 ATP 的合成和利用达到平衡；种子萌动后，ATP 的含量又进一步上升。但是，衰老种子吸胀后，ATP 的含量增加非常缓慢；萌发条件不良时，ATP 的产生受阻或停止。

种子在萌发过程中对能量的利用效率，受到自身的活力、化学成分以及环境条件等因素的影响，一般高活力种子、油质种子、适宜条件下萌发种子的能量利用效率较高，实践中常用物质效率来衡量，也可将其作为种子活力的有效指标。

$$物质效率 = \frac{黑暗条件下形成幼苗的干重}{种子萌发所消耗的干物质量} \times 100\%$$

$$= \frac{黑暗条件下形成幼苗的干重}{种子萌发前的干重 - 萌发后的剩余物干重} \times 100\%$$

四、促进种子萌发的措施

除了合理选择打破种子休眠的方法，以及科学调控种子萌发环境条件外，还可以采取渗透调节（osmotic adjustment）、湿干交替处理和化学物质处理等种子播前处理措施，改善种子的内部生理状态，促进园艺植物种子的萌发。

（一）渗透调节

播种前，将园艺植物种子置于渗透势较高的溶液中处理，使其吸水膨胀的速率减缓，暂缓突破种皮萌动，有利于种子内部充分进行早期的活化和修复等生理生化准备，从而显著提高种子萌发的速率和整齐度，明显改善种子在低温逆境条件下的萌发成苗。

高渗溶液常用聚乙二醇（PEG）或磷酸氢二钠（Na_2HPO_4）等无机盐配制。聚乙二醇本身不能渗入种子细胞内部，只是通过调节渗透压来控制种子水分的吸收，起到促进种子生理活化的作用。磷酸氢二钠等无机盐溶液除了具有渗透调节作用，还可为种子萌发提供营养元素，具有经济、方便、省时等优点。

（二）湿干交替处理

湿干交替处理就是将园艺植物成熟干燥种子，置于10~25℃的环境下吸收水分数小时，然后采用气流干燥至原先的重量，如此重复进行1~3个周期。种子经过湿干交替处理，可以改善种子内大分子的活化、线粒体活性的提高等，有利于种子的活化、修复和生理过程的加快，避免可能的吸胀损伤（soaking injury）或缺氧伤害（anaerobic injury），从而促进种子萌发，提高发芽率，抗寒、耐旱性增强，对植株的生长发育和产量形成等具有积极意义。

湿干交替处理时，种子吸胀的时间应严格控制，不宜超过6~8h。否则，干燥将会对已经启动的DNA合成产生不良影响。

鲁德雷佩尔和中村（Rudrapal和Nakamura，1988）、埃利斯等（Ellis等，1990）发展和改良了种子湿干交替处理。前者为将成熟干燥种子在水中浸泡1~5min，捞起保湿数小时再干燥的"浸润晾干处理"；后者是发芽前使种子在高湿空气中缓慢吸水，而提高其水分促进活化的"湿化处理"。

（三）化学物质处理

除了上节介绍的打破种子休眠、促进萌发的植物激素处理和化学物质处理外，芸薹素内酯（BR）处理对种子萌发有明显的促进作用；萘乙酸（NAA）等生长素处理可显著提高种子在低温等逆境下的发芽成苗能力；丙酮或二氯甲烷等有机溶剂处理有利于水溶性较弱的植物激素渗入种子内部，提高植物激素的处理效果，促进种子萌发。

第六节　种子的活力与寿命

园艺植物种子的活力（vigor）是种子质量的重要指标，由于各种内因和外因的作用而发生劣变直至死亡，表现出有差异的种子寿命（longevity），保持种子活力、延长种子寿命以及合理利用陈种子对园艺生产具有重要意义。

一、种子活力

园艺植物种子的活力与其发育、成熟、萌发、贮藏、劣变及寿命等有着密切联系。

（一）种子活力的概念和意义

1. 种子活力的概念　国际种子检验协会（ISTA）于 1987 年定义：种子活力是指种子能够萌发和出苗的综合性状。种子活力反映了种子在发芽和出苗期间的活性水平及特性的综合表现，为种子的健壮度，是指种子在广泛的田间条件下迅速整齐出苗和长成正常幼苗的潜在能力，实际涉及种子发芽及幼苗生长的总体表现和对不良环境的抵抗能力两个方面。健壮的种子，种子活力高，对不良环境抵抗能力强，发芽和出苗迅速、整齐；健壮度差的种子，种子活力低，虽能在适宜条件下缓慢发芽，但在不良环境条件下出苗不整齐，甚至不出苗。

种子活力、种子生活力和种子发芽力都是种子质量的重要指标，是 3 个既有区别又相互联系的概念。种子生活力是指种子发芽的潜在能力或种胚所具有的生命力，通常指一批种子中有生命力（活的）种子数占种子总数的百分率。种子发芽力是指种子在适宜条件（一般实验室控制条件）下发芽并长成正常幼苗的能力，通常用发芽势和发芽率表示。

2. 种子活力的意义　高活力种子具有提高田间出苗率、抵御不良环境条件、增强对病虫杂草竞争能力、适于早播、节约播种费用、增加产量、提高种子耐藏性等优势，对园艺生产具有十分重要的意义。

准确测定园艺植物的种子活力，及时了解种子的活力状况，可以指导园艺生产和选用高活力的种子，正确评定经营种子的质量等级和价格，掌握仓储种子活力的变化以改善仓储条件。调种前测定园艺植物的种子活力，可以避免供求双方产生纠纷，保证种子质量；播种前测定园艺植物的种子活力，可以预知形成幼苗的健壮程度，帮助分析种子收获、加工、贮藏过程中种子的损伤程度，合理处置低活力种子以减少其播种带来的损失。

（二）种子活力的测定方法

园艺植物种子活力的测定方法有很多种，可归纳为直接法和间接法两类。

1. 直接法　直接法是在室内模拟不适宜的田间条件，进行种子发芽，直接反映幼苗的生长速度和对不良环境的忍耐力。由于园艺植物种类繁多，栽培类型多样，模拟条件不可能完全与田间自然相符，故试验技术规程不易标准化，结果不精确，重演性较差。常用方法有 5 种。

（1）冷冻试验（cold test）　先将种子置于 10℃ 的湿土中 7d，然后移至 20～30℃（标准温度）下萌发。原理是低温阻碍种子的萌发，活力较低的种子易受土壤微生物（尤其是腐霉类）的侵染而不能正常萌发，以此来检验其对逆境的敏感性等。

（2）砖砾试验（brick grit test）　将种子播于粒径 2～3mm、湿润的碎砖砾中萌发，深约 3cm。原理是碎砖砾阻碍出苗生长，还会造成机械损伤，能出苗的种子活力高，出苗率高的种子整体活力强。

（3）穿纸试验（paper piercing test）　将种子播于深约 1.3cm 的湿沙中，上盖干滤纸，再覆盖厚约 3cm 的湿沙，29℃ 下萌发，8d 后统计出苗率。适用于小粒种子，是检验种子萌发后穿透滤纸的能力，作为活力大小的指标。

（4）快速老化试验（accelerated aging test）　先将种子置于 40～45℃、100% 相对湿度

环境下 2～8d，或先放在 30℃、75％相对湿度下 14～126d，然后在标准发芽条件下萌发，统计的发芽率代表该种子的活力水平。原理是种子随着贮藏时间的延长逐渐老化，而质量差的种子在恶劣环境下极易迅速丧失发芽力，高温高湿的环境可加速老化进程，数天的恶劣环境处理相当于数月甚至数年的老化进程。

（5）损耗试验（exhaustion test） 在毛巾或滤纸上纵向标记一条起点线，将种子按一定间隔均匀排列在线上，然后把毛巾（滤纸）和种子一起卷成一卷，用橡皮筋扎好，竖放在盛有水的量筒、碗等器皿中，在 10℃、无光照（全黑）下 10d，取出统计发芽率及长势。胚根、胚芽伸出种皮且超过 2cm 者，为活力强的种子。原理是种子在黑暗低温下萌发，完全靠消耗自身养分实现，故而可以检验种子中的贮藏养分含量、酶的活性、对低温的敏感性等。

2. 间接法 间接法是通过对种子萌发过程中的生长速度及一些生理生化指标、特性的测定，间接地反映种子的活力状况。常用方法有 5 种。

（1）生长速度测定 即测定萌发速度（时间）、幼苗长度、幼苗干重。种子活力高，则萌发快、生长量大、干重大。

（2）水中浸泡测定 将种子先在 40℃水中浸泡 4h，再按规定标准测定发芽率，间接反映种子的生理耐受能力。

（3）ATP 水平测定 先浸种 4h，再测定其 ATP 水平（量）。ATP 是储备和供给能量的重要物质，ATP 水平高，表示能量水平高，其生物合成速度快、长势强。

（4）种子渗出液测定 用电导仪或其他化学分析方法，测定种子渗出液的浓度。随着种子的逐渐老化，细胞膜逐渐解体，膜内溶质外渗，根据其浓度，即可判断老化程度，而反映其活力。

（5）四唑定位图形法（topographic tetrazolium test） 用生物染色剂 2，3，5 -氯化三苯基四氮唑处理种胚，根据种胚的染色部位、范围、程度，推断其活力。四唑参与活细胞的脱氢还原反应，由白色或淡黄色还原为红色。详见第四章第二节的种子生活力测定部分。

二、种子劣变的发生及机理

种子劣变（deterioration）与种子活力、发芽力及种子寿命密切相关。

（一）种子劣变的发生

种子劣变是指种子生理机能的恶化，包括化学成分的变化和细胞结构的损伤。

园艺植物的种子是活的有机体，一般要经历形成、生长、发育、成熟、衰老（senescence）和死亡的过程。随着种子的发育，种子活力逐渐提高，并在种子完成生理成熟时达到最高水平。自种子成熟后，便开始了活力下降的不可逆变化，种子逐渐老化（aging）。种子老化一般是指种子的自然衰老，通常先发生生物化学的变化，然后再产生生理的变化，最后反映出细胞形态结构的变化。种子劣变概念的范围更广，劣变不一定都是老化引起的，还包括种子遇极端逆境造成活力下降甚至生活力丧失，如突然性的高温或结冰可能使蛋白质变性、细胞受损，从而引起种子劣变。

种子劣变是衰老逐渐加深和伤害积累的结果，变化速度取决于收获、干燥、加工、贮藏甚至成熟前的条件。劣变的发生反映种子活力的下降，劣变的结果导致种子发芽力的丧失。

种子劣变程度较低时，影响种子活力，而对种子生活力和发芽影响不大，表现为发芽速率、生长速率、整齐度、健壮度等下降，抵抗逆境能力下降。随着种子劣变程度的加深，发芽力虽也下降，但远较活力的下降幅度小。当劣变程度很深时，种子最终丧失活力、发芽力。

种子劣变的一般表现为：①种子变色；②种子内部的膜系统受到破坏，透性增加；③与萌发有关的赤霉素、细胞分裂素及乙烯等植物激素的产生能力逐步丧失；④萌发迟缓，发芽率低，畸形苗多，生长势差，抗逆力弱，产量低等。

（二）种子衰老的机理

园艺植物的种子劣变是既正常又十分复杂的生物现象，涉及面很广，其机理还不很清楚。一般认为，种子劣变受温度、湿度、氧气、辐射、害虫、微生物等外因和有毒代谢物的积累、脂类自动氧化、基本代谢被破坏等内因的作用，先后发生生化劣变和生理劣变，最终表现形态和细胞结构的变化。

1. 生化劣变 膜脂的过氧化是种子劣变的主要原因，种子中的许多多元不饱和脂肪酸对氧化降解高度敏感，不仅脂类本身被破坏，而且通过一系列的复杂反应，产生和积累脂质氢过氧化物（ROOH）、丙二醛（MDA）等多种有毒产物。种子劣变时，超氧化物歧化酶、过氧化物酶、ATP酶等许多酶的活性都不同程度地下降，辅酶缺乏，α-生育酚、抗坏血酸等抗氧化剂的含量减少，基本代谢被破坏。

2. 生理劣变 种子劣变时，线粒体发育缓慢，氧消耗速率、ATP含量下降，呼吸失调，代谢途径发生变化；赤霉素、细胞分裂素及乙烯等植物激素的产生系统逐步衰退；脂质、磷脂下降，脂肪酸、磷酸、氨基酸等水解产物使酸度增加，蛋白质溶解性下降，贮藏物质代谢缓慢；水溶性多糖、淀粉、纤维素及半纤维素等碳水化合物的合成能力逐渐降低，mRNA含量减少，rRNA结构缺失，RNA合成速率降低，蛋白质合成能力降低。

3. 形态和细胞结构的变化 随着种子的劣变，种皮变黑或着色；子叶、胚乳及胚轴等也可能发生颜色的改变。在种子劣变的过程中，膜的完整性和渗透调节功能受到破坏，透性增加，糖、氨基酸、激素、酶蛋白等溶质大量外渗，严重影响到发芽率和田间出苗率；细胞核局部泡状隆起，线粒体和质体变形，内质网损伤，高尔基体变形并减少，多核糖体形成减缓，圆球体融合成团且不规则排列，淀粉粒裂解甚至消失；基因点突变，DNA受到损伤，染色体畸变，有丝分裂受阻等，多形成畸形、矮小、早衰、瘦弱的幼苗，最终导致产量降低。

三、种子寿命及其差异性

园艺植物的种子寿命是园艺生产延续和发展的必要条件。

（一）种子寿命的概念

种子寿命是指种子群体在一定环境条件下保持生活力的期限，即种子群体的存活时间。园艺植物的种子寿命是一个群体概念，每粒种子都有各自的生存期限，但目前尚无法逐一测定，只能每隔一定时间取样测定种子群体的平均寿命，通常指一批种子从收到到发芽率降低至50%时所经历的时间（天、月、年），又称为半活期。以半活期作为平均寿命指标的理由是，种子群体的死亡点呈现正态分布，半活期正是种子群体的死亡高峰。

园艺植物种子寿命的长短与其在园艺生产上的使用年限呈正相关，寿命越长，其在生产上的使用年限也就越长，并且可以减少种子繁殖次数，降低种子生产费用，有利于保持种质的典型性和纯度。

而在生产实践中，种子发芽率愈高，田间出苗率就愈高，当种子发芽率下降时，田间出苗率下降更快，半活期的种子虽然还有 50% 的种子能够发芽，但是活力水平已经很低，常常不能长成正常植株，无法用加大播种量来弥补因衰变导致生产潜力下降所造成的损失。因此，园艺生产上的种子寿命或使用年限，应该是指种子群体在一定条件下保持生活力高于国家质量标准以上的期限。

（二）种子寿命的差异性

园艺植物种子寿命的差异悬殊，柳树种子一般只能存活 1 周，古莲子的寿命为 1 000 余年，北极羽扇豆的寿命更长达 1 万年以上，而大多数园艺植物种子的寿命通常为数年至数十年。种子寿命受多种因素的影响，不同地区和不同条件下的观察结果差异较大，因而很难用一个统一标准对寿命长短进行划分。在多种分类方法中，较有代表性的是埃沃特（Ewart）、加藤（Kato）等的方法，依据种子寿命的长短，将种子分为短命种子（microbiotic seed）、中命种子和长命种子（macrobiotic seed）3 类。

1. 短命种子　短命种子的寿命一般在 3 年以下，多为观赏植物、果树等的种子。如杨、柳、榆、扁柏、坡垒、板栗、胡桃、山核桃、椰子、可可、柑橘、柠檬、茶、佛手瓜、茭白、辣椒等园艺植物种子，通常含油分较高，种皮薄脆，保护性差，或者需要特殊的贮藏条件。

2. 中命种子　中命种子又称为常命种子，寿命一般在 3～15 年，包括大多数园艺植物的种子。主要有向日葵、甜玉米、菜用大豆、菜豆、豌豆、蚕豆、白菜、甘蓝、番茄、菠菜、韭、葱、洋葱、大蒜、胡萝卜等。

3. 长命种子　长命种子的寿命一般在 15 年以上，通常含油分较低，种皮较坚韧致密，有的还具有不透水性，多为小粒种子。主要包括睡莲、刺槐、皂荚、茄子、萝卜、甜菜、绿豆、豇豆、丝瓜、南瓜、黄瓜、西瓜、甜瓜等。

四、影响种子活力和寿命的因素

园艺植物种子在田间的综合表现能力和维持生命力的时限，受遗传性和环境条件等多种内、外因素的影响。

（一）影响种子活力和寿命的内在因素

影响园艺植物种子活力和寿命的内因主要包括遗传性、种皮结构、化学成分、成熟度和完整度等。

1. 遗传性　园艺植物种子的系统发育、成熟衰老等均受基因控制，其活力水平和寿命长短在不同物种、变种和品种之间存在明显差异，子代明显受到亲代的影响。

2. 种皮结构　种皮是种子的保护组织，也是空气、水分等的进出通道。组织坚韧、致密、具有蜡质和角质者，贮藏物质不易损耗变质，不易遭受机械损伤和微生物、害虫的侵害，活力较高，寿命较长；组织疏松、脆薄、胚部裸露者，活力较低，寿命较短。

3. 化学成分　脂肪比糖类和蛋白质更容易水解和氧化。含油量高者，贮藏物质容易损耗变质等，活力较低，寿命较短；子叶肥厚、含蛋白质和淀粉较多者，贮藏物质较稳定、耐消耗，活力较高，寿命较长；含水量多者，代谢较活跃，贮藏物质容易损耗变质等，活力较低，寿命短。

4. 成熟度　子粒未充分成熟者，不成熟子粒多、含水量高、水溶性物质多、呼吸强、易感病，贮藏物质不稳定，极易损耗，一般活力较低，寿命较短；子粒成熟度高者，不成熟子粒少，贮藏物质积累多且较稳定，不易损耗，一般活力较高，寿命较长。

5. 完整度　子粒完整、饱满充实者，贮藏物质积累多，不易损耗变质，活力较高，寿命较长；子粒受机械损伤或害虫及微生物侵蚀，种皮破损者，呼吸增强，贮藏物质容易损耗变质等，活力较低，寿命较短。

(二) 影响种子活力和寿命的外部因素

影响园艺植物种子活力和寿命的外因主要包括水分、温度、气体、光照、微生物和害虫等。

1. 水分　一般充足的水分供应、较低的空气相对湿度，有利于种子的发育成熟，使得种子活力较高，寿命较长。种子成熟以后，空气相对湿度大于74%、种子含水量超过安全水分者，代谢较旺盛，贮藏物质不稳定，易损耗，活力下降较快，寿命较短；空气相对湿度低于74%、种子含水量在安全水分以下者，代谢较微弱，贮藏物质较稳定，不易损耗，活力下降缓慢，寿命较长。哈林顿（Harrington）、罗伯茨（Roberts）等提出，当种子含水量在5%～14%范围内，含水量每提高1%或2.5%，则寿命缩短1/2。

2. 温度　一般较高的温度、较大的温差，有利于种子的发育成熟，使得种子活力较高，寿命较长。种子成熟以后，种温在20℃以上者，代谢较旺盛，贮藏物质不稳定，易损耗，活力下降较快，寿命较短；20℃以下者，代谢较微弱，贮藏物质较稳定，不易损耗，活力下降缓慢，寿命较长。哈林顿、罗伯茨等提出，种子温度在0～50℃范围内，种温每升高5℃或6℃，寿命缩短1/2。

3. 气体　大气中和根际的氧气充足，有利于种子的发育成熟，使得种子活力较高，寿命较长。种子成熟以后，种子堆内缺氧者，其贮藏物质的分解产物易引起种子中毒死亡，活力迅速降低，寿命缩短；种子堆内氧气充足者，贮藏物质分解快，损耗大，活力较快降低，寿命较短；种子堆内氧气不足者，贮藏物质较稳定，活力缓慢降低，寿命较长。氮气、二氧化碳等可延缓低水分种子的劣变进程，而加速高水分种子的劣变进程；乙烯促进种子的劣变。

4. 光照　充足的光照，有利于种子的发育成熟，使得种子活力较高，寿命较长。种子干燥过程中的强烈光照，易导致细胞损伤等，活力较快降低，寿命缩短。

5. 微生物和害虫　真菌、细菌等微生物和害虫的侵害，阻碍种子的发育成熟，使得种子活力较低，寿命较短。种子成熟以后，感染微生物较多且气温较高、湿度较大者，贮藏物质不稳定，极易损耗，活力迅速降低，寿命较短；感染微生物较少且气温较低、湿度较小者，贮藏物质稳定，不易变质，活力缓慢降低，寿命较长。库内温湿度较高者，仓虫容易生长繁殖、活动危害，贮藏物质极易损耗，活力迅速降低，寿命较短；温湿度较低时，仓虫不易危害，贮藏物质不易损耗，活力缓慢降低，寿命较长。

五、陈种子的利用

陈种子（aged seed）通常是指贮藏1年或1年以上的种子。园艺植物的陈种子能否在园艺生产上利用，主要取决于种子的衰老劣变程度，应该根据种子活力来判断。

1. 陈种子的生产性　一般而言，经过较长时间贮藏的陈种子，如果贮藏条件不良，细胞有可能发生生理等方面质的变化，活力下降严重，播种后出苗参差不齐，缺苗多，幼苗虚弱，畸形苗多，变异株增加，发育异常，植株矮化，生育期缩短，抗病性减弱，产量降低，品质变差等。当种子发芽率降低到国家规定标准以下时，虽然种子仍具生命力，但种子活力已明显衰退，将对生产造成较大损失，而不宜作为播种用种，更不宜当作繁殖用种。在收获期遇雨、干燥温度过高、贮藏措施不当等特殊情况下，即使是贮藏时间较短的种子，因种子活力明显下降，也不宜作为播种用种。

在适宜条件下经过较长时间贮藏的陈种子，由于仍然保持较高的种子活力，播种以后能够形成比较健壮的幼苗和植株，保证较高的产量和品质等，可以在生产上加以利用，并能获得提高产量、缩短生育期等效果。例如，使用萝卜的陈种子播种，能抑制地上部徒长，而促进地下肉质根的肥大；使用蚕豆的陈种子播种，可以使植株矮壮，节间缩短，结荚数及单荚子粒数增多；使用菜豆贮藏4年的陈种子播种，植株发育迅速、开花早、产量高；使用莴苣贮藏13年的陈种子播种，所结叶球大于新种子植株；番茄隔年陈种子形成的幼苗，不但生长势强，而且发病率低。但是，并非所有的陈种子都比新种子好，生产利用之前应有试验依据。

2. 合理利用陈种子的意义　有效地利用贮藏良好、活力高的园艺植物的陈种子，在园艺生产上具有较高的经济效益和社会效益。一方面，可以选择气候良好的年份扩大繁殖高质量种子，而在气候较差的年份减少繁种或不繁殖种子，既避免了不良气候的影响，又可减少种子繁育的代数，从而降低了混杂退化和病虫为害的几率；另一方面，由于有效地利用陈种子，可以降低种子繁殖的人力、物力成本，并可保证灾荒年份种子的供应。

◆ 复习思考题

1. 园艺植物种子外部形态和内部构造有哪些特点？
2. 园艺植物种子中有哪些主要贮藏物质？
3. 园艺植物种子的平衡水分及化学成分的影响因素有哪些？
4. 园艺植物种子成熟的含义是什么？发生了哪些生理生化变化？
5. 园艺植物种子的休眠有何意义？原因有哪些？
6. 园艺植物的种子萌发过程如何？种子萌发的内外条件有哪些？
7. 如何人工解除园艺植物种子的休眠？如何促进园艺植物的种子萌发？
8. 园艺植物种子活力和寿命的影响因素有哪些？
9. 如何合理利用园艺植物的陈种子？

◆ 推荐读物

宋松泉，程红焱，姜孝成等．2008．种子生物学．北京：科学出版社．

傅家瑞．1985．种子生理．北京：科学出版社．

颜启传主编．2001．种子学．北京：中国农业出版社．

第二章 园艺植物种子生产基地的建设与管理

【本章要点】本章应重点掌握种子生产基地建设的意义与任务，我国现有种子生产基地的类型，种子生产基地的条件，种子生产基地建立的程序，以及种子生产基地的技术管理；了解种子生产基地的计划管理与质量管理。教学难点是种子生产基地建立的程序。

园艺植物种子生产基地是在优良的环境和安全的隔离条件下，迅速而高质量繁殖园艺植物良种的场所。在种子生产基地进行种子生产，可以充分、有效地利用地形优势，集中技术力量，把好质量关，生产出数量充足、质量高、播种品质好的优良种子。也便于管理，对种子生产进行宏观调控，有利于促进生产水平的不断提高和种子产业的进一步发展。

第一节 种子生产基地的建设

种子基地建设是国家保证农业持续、稳定发展的一项重要措施，是种子企业生产的重要组成部分，完善种子基地建设，向企业持续不断地提供高质量的优质种子，对于提升企业品牌、促进企业健康发展具有重要的意义。

种子生产基地是农业科研成果向现实生产力转化的纽带，是品种选育和经营推广的桥梁，是现代种业体系的重要组成部分。稳定的种子生产基地是保证种子质量的基础，是保证种子产业可持续发展的关键。为了提高种子质量水平，推动种子产业化，促进种植业的发展，《中华人民共和国种子法》（以下简称《种子法》）规定，主要农作物的种子生产实行许可证制度，对生产者应具备的条件和在生产过程中执行的生产技术规程及检验、检疫规程都作了明确规定，并要求商品种子生产者要建立种子生产档案。这些规定，为加强种子生产基地建设提供了法律依据。种子生产单位应在建立种子生产基地的基础上，进行园艺植物种子的生产。

一、种子生产基地建设的意义与任务

种子生产是一项专业性很强、技术要求极为严格的工作。在种子生产中，常因为土壤肥力、栽培条件或繁种、制种技术的不同而导致种子产量和质量的差别，进而影响下季植物的产量和品质，甚至会造成毁灭性的后果。因此，种子生产状况直接影响园艺产业的发展。要

实现农业现代化，首先应实现种子生产现代化和专业化。而种子生产的现代化和专业化，依赖于建立规模较大的、合理规划的种子生产基地。

随着农业科技的发展，种子在农业中的主体地位和作为农业科技载体的作用日益凸显。在各种农业增产因素中，良种种子是内因，其他措施只能通过良种才能发挥作用。

（一）种子生产基地建设的意义

种子基地的建立是良种繁育体系建设中最基本、最重要的一环，是种子生产经营的基础。规划和建立种子生产基地的意义主要有以下几点。

1. 有利于稳定种子生产和提高种子产量　园艺植物种类繁多，建立不同类型园艺植物种子生产基地，可根据市场调控种子生产面积，稳定种子生产。种子生产基地建设有利于规模化生产，便于提高机械化耕作水平，极大地提高种子产量；其次，种子生产基地建设可发挥专业化生产优势和作用，便于在种子生产的全过程，如播种、除草、病虫害防治、灌溉等环节中推广农业新技术与高产栽培技术，提高种子产量。

2. 有利于种子质量的控制与管理　种子生产集中于基地，可以避免分散生产所造成的生物学混杂和人为的机械混杂，从而可保证种子的质量；其次，在种子生产基地进行种子生产有利于按不同级别种子（原原种、原种、良种等）生产程序生产出不同级别的高质量种子；第三，种子生产基地便于推广应用先进的科学技术，如利用自交不亲和系，或雌性系，或雌株系，或雄性不育系，或苗期标记性状等进行杂交制种技术，人工去雄、化学杀雄杂交制种技术，常规种子生产技术，标准化的栽培技术，以及田间纯度检验技术等，以提高种子质量；第四，种子生产集中于基地，有利于国家的种子工作方针、政策和种子法规的贯彻与执行，便于政府监管与调控，既便于调控种子生产数量，更重要的是可保障种子生产的质量。

3. 有利于充分利用有利的自然条件、技术条件和经济条件　园艺植物在长期的自然进化和人工选择中，形成了不同的生态型。不同生态型，甚至不同品种对自然环境条件的要求不同，对栽培技术的要求也有差异。我国幅员辽阔，自然条件和经济状况千差万别。充分利用我国丰富多样的自然条件、技术条件和经济条件，建立适宜不同园艺植物种子的生产基地，有利于提高种子产量和质量，增加种子生产的经济效益和社会效益。

总之，建立种子生产基地，是适应目前种子市场经济发展的重要战略部署，是改变传统农业、提高社会效益的重大措施。

（二）种子生产基地建设的任务

园艺植物种子是园艺产业的重要生产资料，强大的园艺植物种子产业是园艺产业发展的前提，而园艺产业的发展又极大地促进了园艺植物种子产业的发展。园艺植物种子生产基地建设是园艺种子产业的基础。因此，种子生产基地的建设应搞好以下主要工作。

1. 技术队伍建设　园艺植物种子生产技术要求高，要生产高质量能满足园艺产业发展需要的种子，必须建设一支掌握园艺植物种子生产基本理论和熟练应用种子生产技术的科技队伍。通常，每 $3hm^2$ 杂交种子生产基地或 $10hm^2$ 常规种子生产基地需配备 1 名本科以上学历或中级以上职称并精通园艺植物种子生产的科技人员。

2. 技术建设　园艺植物种类繁多，种子生产技术十分复杂。按种子的性质可分为常规种子生产与一代杂种种子生产。在常规种子生产中，有性繁殖与无性繁殖植物种子生产的技术要求差异较大。有性繁殖植物中，不同授粉方式的植物，其隔离方法不同，种子生产技术也不同。无性繁殖园艺植物，因繁殖器官的差异，如鳞茎、球茎、块根、根茎繁殖，或因繁殖方式不同，如分株繁殖、分根繁殖、压条繁殖、插条繁殖、嫁接繁殖等，其种子生产技术也有明显差异。在杂一代种子生产中，同一园艺植物，利用不同的杂交制种方法，其制种技术不同；不同园艺植物，利用同一杂交制种方法，其制种技术也有差异。此外，杂一代亲本的繁殖不同于常规种子生产，如自交不亲和系的繁殖，往往需要借助人工蕾期去雄、人工授粉等方法进行。总之，园艺植物种子生产技术性强，要求从业人员要具备良好的基本知识与熟练的操作技能。目前我国园艺植物种子生产的主要从业人员是农民，他们多数缺乏专业训练，尤其是新建立的种子生产基地，更应强调当地从业人员的种子生产基本知识与基本操作技能的培训。

3. 设施与设备建设　不同园艺植物，不同级别的种子，其种子生产要求的设施与设备不同。通常包括温室、大棚、网室、蚜虫隔离条带等种子生产的设施与设备，以及种子脱粒、晾晒、加工、包装、贮藏、假植等设施与设备。

4. 生态环境建设　园艺植物种子虽然不是食品，但良好的生态环境是高质量种子生产的必要条件。生态条件好（水、土、气无污染）、种子生产季节光照充足、病虫害发生频率低是选择园艺植物种子生产基地的首要条件，也是园艺植物种子生产基地建设的重点。此外，便利的交通条件有利于节约种子生产与运输成本，提高种子生产效率。

通常以种子生产基地能否胜任其任务作为衡量园艺植物种子生产基地建设的水平。园艺植物种子生产基地的主要任务有两项：第一，迅速而大量地生产优质种子，实现品种的以优代劣的更换，迅速繁殖新品种或配制新杂交种，满足国内外园艺产业对种子的需求，从数量上保证园艺生产者能够获得足够的生产用种，同时提供优良品种的优质种子，以期获得较高的产量和效益，从而推进园艺产业的发展；第二，预测市场的需求量，生产出种类齐全、数量充足、质量上乘的优质种子，加快品种更新周期，同时也要调查人们对品种需求的多样性，防止出现种子生产过剩压库或市场营销失败压库，减少不必要的种子生产支出，使我国的园艺产品畅销国内外，提高我国园艺种苗的市场占有率。

二、种子生产基地的类型

目前我国现有的种子生产基地，主要有以下几种形式。

（一）国有良种繁育基地

这类基地包括国有农场、国有原（良）种场、科研单位及大专院校的试验农场或教学试验场，其经营管理体制完善、设备齐全、技术力量雄厚，适合生产常规种、杂交种的亲本以及比较珍贵的新品种。对于育成新品种的大专院校和科研单位，其试验农场或教学试验场是原原种生产的主要基地，在整个种子生产工作中起着非常重要的作用。

除建立在本地的种子生产基地外，还可以利用异地的自然条件建立异地种子生产基地。如南繁基地和北繁基地，就是利用异地的气候条件和地形地势来繁育培育新品种、自交系亲本、"三系"亲本以及配制杂交种等，缩短种子生产时间，加快品种推广速度。

（二）特约良种繁育基地

这类基地具有履行合同的性质和特点，在种子公司与种子生产单位共同协商的基础上，通过签订合同或协议书来确定良种繁育的面积、品种、数量和质量等，是我国目前良种繁育基地的重要形式。如山东省建立的上百万亩*良种繁育基地，基本上都属于这一类。在特约良种繁育基地，种子生产单位按种子公司计划进行专业化生产，并接受种子公司的技术指导和检查，生产的种子按议定的价格交种子公司收储，农民从交售种子的价格中收回各项投入和利润。由于农村的自然条件、生态环境各具特色，而且劳动力充裕，承担良种生产任务潜力大，因此在今后一个时期内，这类基地仍然是种子生产基地的主要形式。

按照管理形式、生产规模的不同，特约良种繁育基地又可分为以下几种。

1. 县（联县）、乡（联乡）、村（联村）统一管理的大型种子生产基地　这类基地通常把一个自然生态区或一个自然区域内的若干个县、若干个乡、若干个村联合在一起，建立专业化的种子生产基地。基地内以种子生产为主业，领导力量强，群众积极性高，技术力量雄厚，种子生产的效益直接影响该区经济的发展。这类基地适合生产量大、技术环节较复杂的园艺植物的种子。

2. 联户特约繁育基地　由自愿承担种子生产任务的若干个农户联合起来建立的中、小型良种繁育基地，由一个负责人协调和管理联户基地的种子生产工作，代表联户向种子公司签订繁种、制种合同，承担种子生产工作。联户负责人应精通种子生产环节和防杂保纯措施，联户成员要责任心强。这类特约繁育基地，一般规模不大，负责人精通种子繁育技术，群众有生产种子的积极性，适宜承担一些种子生产量不大的特殊杂交组合的制种、大宗园艺植物或常规良种的繁殖任务。

3. 专业户特约繁育基地　由一些通晓良种繁殖技术、土地较多、劳动力较足、生产水平较高的农户，分别直接和种子公司签订合同，特约生产某种园艺植物某个品种的种子。要求农户劳力充足、生产技能高、精通种子生产技术，种子公司可以通过技术人员进行技术指导和监督。这种小型基地要求栽培技术水平高、隔离条件好，适合承担一些繁殖系数高、种子量不大且比较珍贵的特殊品种或蔬菜种子的繁殖。

种子生产基地除了以上主要形式外，各地还涌现出一批公司制种大户、公司承包户、公司制种专业村、公司制种场和技术承包等多种模式。

对于良种繁育基地的分类还有其他方法。例如，按基地种子的用途分为原原种繁育基地和原（良）种繁育基地；按服务范围分为国家级基地、省级基地、地（市）级基地和县级基地；按园艺植物的种类分为黄瓜、番茄、茄子、甜瓜、苹果、葡萄等种子（种苗）繁育基地。

三、种子生产基地的条件

种子生产基地是种子生产的基础，对种子生产至关重要。生产基地应满足种子生产要求的气候、土地、加工、仓储、运输等条件。生产基地建设要先进行周密的选址规划，再进行必要的基础设施建设。良好的生产条件无疑对确保种子的产量和质量、降低种子的生产成本具有重要意义。

种子生产基地建立之前，要对预选基地的各个方面条件进行细致调查研究和周密的考虑，经过详细比较之后择优建立。种子生产基地一般应该具备以下条件。

---

*亩：非法定计量单位，1 亩≈667m²。

（一）自然条件

1. 良好的气候条件 所建基地的气候条件如温度、湿度、日照等，应能满足所生产良种正常生产发育的要求。如甜瓜为喜温蔬菜，对温度要求较高，生长期温度不能低于 25℃，所以不能安排在冷凉的山区繁殖；同样，马铃薯不能在平丘高温的春、夏季节繁殖，而要在冷凉山区或平丘冷凉的秋季繁殖。

2. 交通方便 交通运输是影响种子生产、运输的重要因素，确定基地时应充分予以考虑。基地一般建在靠近公路或铁路的良田，这样便于种子的生产运输，也便于管理、展示与观摩。

3. 隔离条件好 具有空间隔离或者自然屏障隔离的条件，能有效控制生物学混杂，具备提高种子质量的基本条件。

4. 农业生产水平较高 基地应建在土地肥沃、集中连片、排灌方便，农业生产水平较高的地区。对于一些耐旱的园艺植物，也可在不具备灌溉条件的山区建立基地，但当地应降雨充裕，有利于提高园艺植物种子质量。

5. 无霜期相对较长 基地无霜期相对较长，能满足园艺植物生长发育的需求，是提高种子质量与产量的重要自然条件。

6. 病虫害发生流行轻 不能在重病或病虫害常发区以及有检疫性病虫害的地区建立基地。

（二）社会经济条件

1. 领导重视，群众积极性高 基地领导要热爱种子生产，热爱农业技术，事业心强、有责任感、组织领导能力强，能厉行种子生产合同，顺利落实繁育面积，按要求、按程序抓好种子生产的各个环节，保质保量地完成种子的生产任务。

2. 技术力量强 劳动力的文化水平较高，容易形成当地自己的技术力量。通过培训，种子生产从业人员掌握种子生产环节，并愿意接受种子公司的技术指导和监督，按生产技术规程操作。

3. 劳动力充足 能满足种子生产对劳动力的要求，尤其在种子生产的关键时期（如杂交制种的授粉期）不发生劳力短缺现象。

4. 农户经济条件较好 种子生产户能及时购买化肥、地膜、农药和种子等生产资料，具备一定的机械作业条件。

5. 作好论证，保障群众利益 种子基地建立前，应聘请由园艺种子学专家、农业经济专家、当地领导等组成的种子基地建设论证小组。认真评估种子成本、价格、单位面积纯收入、人均年收入等指标，论证基地建成后，可否增加农民收入，以确保群众利益，促进种子产业健康发展。

四、种子生产基地建立的程序

种子生产基地的规划，是基地建设的最主要的问题。建立种子基地，通常要做好以下几个方面的工作。

（一）搞好论证

种子生产基地建立之前要搞好调查研究，针对基地的自然条件，如无霜期、降雨量、隔离条件、土地面积、生产规模、土壤肥力、交通条件等，以及社会经济条件，如土地生产水平、劳力情况、经济状况、干部群众的积极性等进行详细的调查和考察。在此基础上确定基地规模投资方向，写出建立种子生产基地的设计任务书，聘请专家论证。设计任务书的主要内容包括基地建设的目的与意义、基地建设的规划、基地建设的实施方案和基地建设后的经济效益分析等。

（二）详细规划

在充分论证的基础上，搞好种子生产基地建设的详细规划，确定基地的规模，主要繁育园艺植物的类型、面积、产量水平以及种子生产技术规程。

1. 制定种子生产计划，确定各类种子的生产量 有计划地组织供种是以有计划生产为前提，而种子生产计划的确定又必须根据种子销售计划，实行以销定产。制定种子生产计划，是一项十分重要而必须做好的工作。如果种子的生产量不足，不能满足园艺生产的要求，会给生产造成重大的损失；另一方面，如果种子生产量过大，势必造成种子大量积压，也使公司蒙受重大的经济损失。一般是根据上年度和常年种子供应量，参照当地产业发展的形势、种子调配的计划、农村经济发展水平和现有品种的利用情况，以及新品种的发展趋势等，确定各类种子的计划供种量和生产量。

合理布局、适当集中、因地制宜进行种子生产，是种源丰富、质量保证、价格稳定的关键。基地的布局尽可能做到区域化，它是经济发展的需要，是适应环境条件的需要，是促进生产专业化的前提，是产量高、质量好的保证。各地种子部门所经营的园艺品种，基本上都适应当地的自然条件和生产条件，但是并非所有的品种都能在当地获得优质高产，例如，甘蓝品种'黄苗'在广东栽培表现良好，但往往难以在当地进行种子生产。因此，园艺植物种子生产必须做到合理布局，根据基地的生态条件，确定适宜的种子生产种类与品种。

2. 基地的面积 基地面积通常由种植面积与种子晾晒、贮藏与加工等占地组成。种植面积与种子的繁殖系数、繁殖基地的生产水平和当地的栽培习惯等密切相关，是由基地向外提供的商品种子量、自留量和平均单位面积产量决定的。

$$种植面积 = \frac{商品种子量 + 自留量}{平均单位面积产量}$$

在计划种子生产面积时，要注意留有余地，通常按计算种植面积的 105% 安排，以争取市场主动，取得高的经济效益。

3. 基地的布点 基地建在哪里，是集中还是分散，以及每个点的规模等均是基地布点工作必须考虑的问题。一些园艺植物要求特殊的生态环境。如马铃薯的种子繁育基地，以海拔 1 500m 左右的冷凉山区最为理想；生产技术环节较复杂的甜瓜、西瓜的制种基地，应以集中为宜，而一些用种量大、调运不便、繁种技术又简单的园艺植物如马铃薯等，为了供种方便，繁殖基地应该适当分散。

（三）组织实施

制订出基地建设实施方案后，迅速组织有关部门实施。涉及的部门有发展和改革委员会、财政、物资、农业等，各部门分工协作，具体负责基地建设的各项工作，保证基地按质、按量、按期完成，交付使用。

（四）地段的确定和运输线路的规划

采种地段的确定，必须以便于隔离和管理为前提，同时要根据地质、水源、风向等条件具体安排。为了便于隔离和管理，确定地段时最好使各段连片。杂交制种地连片更有利于杂交技术指导。

此外，为了使种子能迅速地运到集散地，基地与外部应规划方便的交通运输线路，基地内部应规划田间运输线和种子加工各工序间的运输线。

第二节 种子生产基地的经营管理

种子生产基地是种子价值链的重要组成部分，稳定的种子生产基地是种子产业可持续发展的关键。目前，新品种的选育、种子的生产和经营正向专业化、规模化、社会化和商品化的方向发展。种子生产基地建设是一个系统工程，它不仅要有良好的基础设施，还应有健全的管理体系。种子生产基地的管理主要包括计划管理、技术管理和质量管理3个体系。

一、种子生产基地的计划管理

种子是农业生产中不可替代的、具有生命力的特殊商品，是最重要的农业生产资料，能否把生产的全部种子转化为商品，取决于市场的需求情况，更取决于种子的质量。因此必须做好计划管理，以市场为导向，以质量求生存，不断提高种子生产基地的效益。

（一）以市场为导向，按需生产

园艺植物种子作为商品，与一般商品相比有其特殊性。一方面种子是可再生的生产资料，种子的质量好坏直接影响到来年园艺植物的产量和种植者的收益；另一方面，种子有寿命，而且有明显的生产季节性，种子活力丧失就使其失去了使用价值。如果种子生产过多，大量种子积压，就会使种子生活力下降，造成质量下降，从而导致种子生产者资金积压，效益下降；如果种子生产过少，不能满足园艺植物种植者的用种需求，伪劣种子可能流入市场，造成种植者经济利益的损失。因此，种子生产必须要有计划。制订种子生产计划，必须注意以下几点。

1. 市场意识 种子作为一种商品，要进入市场实现其价值，种子生产者就要有市场意识，做好市场的需求调查。制订种子生产计划时要考虑风险，多数是按前一年的销售情况加之对市场的预测而制订，不仅要预计本地的用种量，还要预计外销量，有计划、按比例生产。

2. 质量意识 种子质量是种业发展的生命线，对于企业来说，质量就是生命，质量就是效益，所以要求每个人都要有质量意识。狭义的种子质量包括水分、发芽率、净度、纯度、病虫危害率、健子率等指标。种子作为商品，必须符合种子质量分级标准才能进入市场。因此，种子工作者必须要有极强的责任感，按照国家制定的标准严把质量关，严格执行种子的检验制度。

3. 效益观念 种子生产虽然有其特殊性，但与其他产品一样，经济利益是各利益主体的最终寻求目标。种子生产者和经营者不仅要为种植者提供大量合格种子，而且要考虑自身的经济效益。种子生产质量高，销售利润大，经营者获得的效益就高。而劣质种子，尤其是伪劣种子，不仅伤农，而且玷污了种子生产者或种子经营者的信誉度，就会挫伤种子生产者和经营者的积极性。因此，种子生产者与经营者之间要严把质量关，建立公平合理的利益分配机制。

4. 法律意识 政府通过宣传和培训，让广大种子生产者、销售者和园艺植物生产者进一步了解种子法的有关规定，做到知法、懂法、守法，提高种子生产、经营者依法生产、诚信经营的自觉性，提高广大农民依法购种和维权的法律意识。种子生产单位要制定行业规范，充分发挥自律作用，共同维护种子生产环境，鼓励在价格、服务、履约方面进行正当竞争。

（二）积极推行合同制

合同是指当事人之间设立、变更、终止民事关系的协议，或指平等主体的自然人、法人、其他组织之间设立、变更、终止民事权利和义务关系的协议。为了保护种子产、购、销各方的合法权益，通过合同的方式把种子公司、生产基地和用种单位紧密结合起来，明确各自的权利义务，按照合同的规定完成种子生产活动。

制订种子生产合同是一项谨慎严肃的法律行为，关系到各方的切身利益。种子生产基地希望寻找经济实力雄厚，技术力量强，有独立承担民事责任能力，具备生产经营种子的法定资格，企业知名度高、信誉好的种子公司作为合作伙伴。种子企业希望选择领导班子团结，干部在群众中威望高，种子生产者总体素质好，而且土地分布广、排灌方便、隔离条件好的乡村作为种子生产基地。双方应在充分调研的基础上签订种子生产合同，履行各自职责，恪守信誉，在执行中出现问题能相互谅解，协商处理。

在签订合同时，必须把自然灾害因素考虑进去，避免无法履约而违约受损，努力减少经营风险。

二、种子生产基地的技术管理

种子生产不同于一般的大田生产，技术要求高，工作环节多，涉及面广。尤其是杂交制种技术性很强，包括基地隔离、规范播种、去杂去劣、适时去雄等一系列技术环节，任何一个环节的疏忽都有可能造成种子质量下降甚至制种的失败。因此，种子生产基地一定要加强技术管理，使制种工作保质保量完成。

1. 制定技术规程，健全生产体系 发达国家的种子生产和供应大多数由专业种子公司负责。目前，我国种子产业正向集约化、社会化、国际化、市场化和专业化转变，并逐渐形成了育、繁、推一体化，一个适应社会主义市场经济体制的现代化种子产业体系正在形成。

我国园艺植物种子的生产体系因常规品种与杂交种略有差异，前者品种经审定通过后，可由原育种单位提供育种家种子和原原种，经省（地、县）良（原）种场采用"四级种子生产程序"生产原种；再将原种由特约种子生产基地或各专业村（户）繁殖良种，作为生产用种。对于杂交制种，因要求严格的隔离条件和栽培管理技术，可实行分级繁殖的种子生产体系。即由省种子部门用育种单位提供的"三系"或自交系的原原种种子生产原种，或经省种子部门统一提供后生产原种，有计划地向各地、市提供扩大繁种用种；地、市、县种子部门用省提供的"三系"或自交系原种，在隔离区内繁殖良种。也可由育种单位提供原原种，提交特约种子生产基地或各专业村（户）配制生产田使用的一代杂种。

根据品种、生长期、产量水平、授粉结实难易程度以及配套栽培管理措施等，我国已制订出切实可行的技术操作规程，对于杂交制种技术，详细规定了亲本纯度标准、种子生产基地的条件、隔离条件、去杂去劣要求、去雄以及田间栽培管理技术等操作规范。种子生产单位应严格按生产技术规程操作，实现种子生产技术标准化。

2. 建立岗位责任制 技术管理体系建设是指针对基地种子生产总体技术要求，制订各环节的技术措施，并落实相关的技术人员，以及明确技术人员的工作职责。种子企业应该明确规定各项工作责任人应该达到的目标要求、考核办法以及奖惩措施，提供有效可靠的技术保障，确保种子生产优质、高效、安全地进行。因此，必须建立健全岗位责任制，每一环节落实专人把关，把每项工作做得扎实。

岗位责任制的内容有质量、产量、技术、奖惩等责任。质量责任就是明确规定生产种子所应达到的质量等级标准，产量责任就是根据正常年份规定一个产量基数和幅度，技术责任指在种子生产各阶段应采取的技术管理措施和应达到的标准，奖惩责任则是根据任务完成情况而给予的奖惩措施。

健全岗位责任制有利于调动管理人员、技术人员的工作积极性，增强责任感，确保种子生产计划的完成和种子质量的提高。

3. 加强技术管理及培训 要建立领导、技术人员、生产者相结合的管理组织，能使种子生产按照操作技术规程的要求，落实责任，做到不违农时，同时也便于处理连片各生产者之间的经济利益关系，并且有利于种子的收购，防止种子流失。繁育种子的单位，必须选派技术人员帮助基地乡村制订计划、设立隔离区、落实面积，巡回技术指导，及时发现并解决问题，负责种子田的管理等。

种子生产技术培训主要包括对种子生产专业技术人员和种子生产者的培训。首先必须组建一支相对稳定的专业技术队伍，通过专业培训不断提高专业技术人员的技术水平和业务素质，使他们精通种子生产技术。然后，由种子专业技术人员通过技术讲座、现场指导、建立示范田等方式，对种子生产者进行技术培训；根据当地气候特点、土地质量、水利资源、隔离条件等自然状况和制种品种、生长期、产量水平、授粉结实难易程度以及配套栽培管理措施等，制订出切实可行的技术操作规程，编印成资料，做到种子生产者人手一份，并对他们反复讲解培训。在此基础上，专业技术人员还要深入田间实地指导，做到人人心中有数，使每个种子生产者都能掌握种子生产的关键技术和高产栽培技术，确保种子生产的质量和数量。

种子公司派驻基地技术人员应具有较好的专业基础理论知识和丰富的种子生产实践经验，取得中级以上专业技术职称，具有认真负责的工作态度和吃苦耐劳的精神，并能和基地乡村干部密切配合，这样才能稳定人心，顺利开展工作。同时，技术人员要对制种技术进行创新，研究适应当地生产条件的最佳制种技术方案，包括去雄、采粉、授粉、标记、采种、晒种等技术和制种田的栽培管理技术等，简化制种手续，降低制种成本，提高种子生产效率。

三、种子生产基地的质量管理

种子是重要的农业生产资料，而质量是种子产业发展的生命。种子质量的好坏，不仅会影响植物产量的高低及品质优劣，还会直接影响种子经营者和种子生产者的收益，甚至危害社会稳定和经济繁荣。如果伪劣种子流入市场，生产者的利益就得不到保障；而供种单位本身也会失去信誉和市场,受到的将是经济的赔偿,甚至是法律的制裁。因此,必须提高质量意识,完善质量控制体系,实行全面质量管理。

1. 种子企业完善质量管理体系和质量管理制度 种子企业必须在生产、经营的全过程中,建立一套完整的质量管理体系和质量保证体系,了解园艺生产的需要,根据国家的分级标准和农作物检验检疫规程,结合企业管理要求制定所繁育种子的技术操作规程;建立健全组织体系,加强质量管理;对种子进行严格的检验,保证种子的销售质量,使种子生产、经营的全过程始终处于有组织、科学的质量管理状态,从而确保种子质量。

种子质量管理是一个复杂的系统工程,牵涉到种子企业工作的方方面面,这就需要在影响种子质量的各个环节建立规章制度,实行制度化管理,做到有章可循,奖罚分明。种子企业建立完善的质量管理制度,至少应包括种子检验室管理制度、种子生产管理制度、种子仓库管理制度、种子加工管理制度、生产基地工作人员工作责任制、种子生产技术操作规程和种子质量档案制度等,这些制度的建立可以为种子质量的提高起到保驾护航的作用。

2. 加强基地基础设施建设 种子企业要尽可能加强与自身生产经营规模相适应的基础设施建设,不仅要建设高标准隔热防潮的常温库、低温库和专用晒场等设施,而且要尽可能配备高性能的种子成套加工精选机械、种子自动化小包装流水线和种子包衣机等设备;还要采取排灌渠维修、土地培肥等措施,改善基地条件。从而减缓种子在贮藏过程中的劣变速度,提高种子的物理质量(净度、水分、发芽率)和包装质量,提升种子质量。

3. 严把种子质量关 种子质量是种子生产水平的综合表现,可以反映种子生产基地的技术人员素质、技术装备状况和生产管理水平等诸多因素。要提高种子质量,首先必须选择隔离条件好、自然气候条件适宜、农业生产水平较高、土地肥沃和无检疫性病虫害的地区作生产基地;其次在种子生产期间,必须严格按照国家种子生产标准进行,紧紧抓住原种或亲本种子纯度、播种、田间去杂、母本去雄、适时收获及脱粒晾晒等关键环节。

基地技术人员要以质量为中心,加强技术指导,搞好田间检验工作,对不符合要求的田地加强管理,超标的予以报废,对不符合要求的种子不予收购。

4. 种子检验及精选加工 种子检验工作的扎实与否,决定了种子质量的优劣,一般应做好田间检验和室内检验。种子质量和纯度以田间检验为主,在种子典型性状表现明显时对品种纯度、杂草发生情况、病虫害感染率等进行调查和记录。种子室内检验就是在收获至销售期间,对种子水分、净度、霉变、虫蛀和发芽率等指标的调查。还要注意打碾时场院检验,进行机械精选,防止机械或人为混杂,保证种子净度。检验的数据要真实可靠,确保种子质量合格。

田间纯度采取层层检验把关,先由制种农户自检,再由驻点技术负责人组织基地技术员逐户、逐个地块进行检查,符合标准要求的登记挂牌;最后由种子公司(单位)组织检验验收,对达不到标准者坚决废除。入库时,坚持按国家规定质量标准依质定级,不符合质量标准的坚决不予收购入库,包装袋内外必须附有标签,注明品种名称、数量、制种户和地址。出库时,检验员对净度、发芽率、含水量、千粒重等进行测定,对未经检验或检验不过关的种子一律不准调出或调入。

进行种子精选加工,是实现种子质量标准化的重要措施之一。种子精选加工,一般包括种子干燥、脱粒、初选、精选分级、包衣和包装等。经过筛选和加工的种子子粒饱满均匀,净度和发芽率均明显提高,可以保证种子的优质高效,促进园艺生产的发展。

◆ 复习思考题

1. 种子生产基地建设的意义和任务是什么?
2. 种子生产基地的类型有哪几种?
3. 种子生产基地的基本条件和建立的程序是什么?
4. 如何加强种子生产基地管理?

◆ 推荐读物

王建华,张春庆.2006.种子生产学.北京:高等教育出版社.

杜新海.2007.种子生产基地应抓好的几个环节.种子科技(2):25-26.

李立平,王红,任琳琳.2008.新形势下如何搞好种子基地建设.种业导刊(10):17-18.

第三章　园艺植物种子生产原理与技术

〰〰〰〰〰〰〰〰〰〰〰〰〰〰〰〰〰〰〰〰〰〰〰〰〰〰〰〰〰〰

【本章要点】本章应重点掌握常规种子、杂交种子和无病毒苗木四级种子生产程序，品种混杂退化原因与防杂保纯的基本措施，杂交制种的条件与杂交种种子生产技术，多年生园艺植物苗木的扦插繁殖、压条繁殖、分生繁殖、嫁接繁殖技术，以及无性繁殖园艺植物的脱毒技术；理解纯系学说，杂种优势利用理论与人工种子的概念；了解种子生产的意义与任务，园艺植物的繁殖方式与种子生产特点，种子生产的生态条件，无性繁殖植物种子生产的特点，无病毒苗木病毒的检测方法，以及人工种子的制备、贮藏与萌发的方法与技术。教学难点是不同类型园艺植物种子四级种子生产程序，杂交种种子生产技术以及无性繁殖园艺植物的脱毒技术。

〰〰〰〰〰〰〰〰〰〰〰〰〰〰〰〰〰〰〰〰〰〰〰〰〰〰〰〰〰〰

种子生产（seed production）有狭义和广义之分，狭义的种子生产即良种生产，又称良种繁殖；广义的种子生产既包括良种生产，又包括原种级种子生产。原种级种子生产是指按照四级种子生产技术规程，在保持和提高种性的前提下，生产满足繁殖低一级质量种子所需要的种子；良种生产是指按照良种生产技术规程，迅速地生产出质量合格的、市场需要的、生产上作为播种材料的种子。园艺植物种类繁多，有有性繁殖，也有无性繁殖；有常规种种子，也有杂交种子。此外，还可利用组织培养技术生产无毒种苗与人工种子。

第一节　种子生产的意义与程序

一、种子生产的意义与任务

（一）种子生产的意义

种子生产是种子产业化的重要组成部分，是连接育种和农业生产的桥梁，是把育种成果转化为生产力的重要措施。"国以农为本，农以种为先。"没有种子生产，育成的品种就不可能在生产上大面积推广，其增产作用也就得不到发挥；没有种子生产，已在生产上推广的优良品种会很快发生混杂退化，造成品种短命、良种不良，从而失去增产作用。

对种子企业来说，生产和掌握了市场需求旺盛、质量优良的种子，有利于降低成本、提高竞争力，获得良好的经济效益和社会效益；对种子使用者来说，有了优良品种的优质种子，就意味着增产增效；对农业生产来说，生产出量足、质优的种子，是实现持续、稳定增产和调整品种结构或产业结构的先决条件和重要保证。因此，搞好种子生产是当前提高农业效益、增加农民收入、确保国家农业生产安全的基础性、战略性措施，对建设我国新型种业体系、加快现代种业发展具有十分重要的现实意义。

（二）种子生产的任务

1. 迅速生产优良品种的优质种子　在保证品种优良种性的前提下，按市场需求生产出符合种子质量标准的优质种子。其主要工作，一是加速生产新育成、新引进的优良品种，以替换原有的老品种，实现品种更换；二是对于生产上已经大量应用推广并且将继续占有市场的品种，有计划地用原种生产出高纯度的良种更新生产用种，实现品种定期更新。这样，有利于尽快扩大其推广面积，发挥优良品种的增产作用。

2. 提高品种纯度　对生产上正在使用的品种，采用最新的和常规的科学方法贮存、生产原种，以保持或提高品种的纯度和优良特性，延长其使用年限。

3. 研究总结种子生产技术　在种子生产工作中，应不断总结经验，并适当开展试验研究，理论和实践结合来探索种子生产的新技术、新途径，以增强技术水平，提高生产效果。

二、种子生产程序

种子生产程序是指应用重复繁殖技术路线，按不同质量种子生产的先后与世代高低所形成的过程。不同国家不同时期采用的种子生产程序可能不同。

（一）农业发达国家的种子生产程序

农业发达国家一般都采用严格的种子生产程序生产不同级别的种子。如美国采用"育种者种子→基础种子→登记种子→合格种子"四级生产程序；经济合作与发展组织（OECD）成员也采用"育种者种子→先基础种子→基础种子→合格种子"四级生产程序；加拿大则采用"育种者种子→精选种子→基础种子→注册种子→合格种子"五级种子生产程序。

不同国家种子生产程序和种子级别虽有所差异，但大体是相同的。有3个共同特点：一是育种者种子是种子繁殖的唯一种源，以此为起点，逐级繁殖，确保原品种的本来面目；二是限代繁殖，一般对育种者种子繁殖3~4代即告终止，种子繁殖代数少，周期短，种子种植在农田里，就不允许再回到种子生产流程内，如美国规定基础种子后的代数一般不应超过2代；三是繁殖系数高，由于种源纯度高，不需选择，只需防杂保纯，可最大限度提高繁殖系数。

（二）我国的种子生产程序

20世纪50年代以来，我国一直采用"三圃制"的提纯复壮法进行原种种子生产，与之相对应的是"育种者种子→原种→良种"三级种子生产程序。在我国加入世界贸易组织（WTO）后，随着育种水平与市场经济的发展，许多科学家提出了四级种子生产程序（图3-1）。作物四级种子生产程序是应用重复繁殖技术路线，把繁育种子按世代高低和质量标准分为四级，即育种家种子、原原种、原种和良种

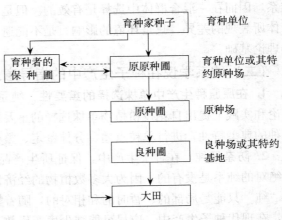

图3-1　常规品种四级种子生产程序

的逐级繁育程序。四级种子有着严格的世代和纯度标准。

1. 育种家种子（breeder seed） 在品种通过审定时，由育种者直接生产和掌握的原始种子或亲本的最初一批种子，具有该品种的典型性，遗传性稳定，品种纯度为 100%，世代最低，产量及其他主要性状符合确定推广时的原有水平。

2. 原原种（foundation seed） 由育种者种子繁殖，或由育种者的保种圃繁殖而来，具有该品种的典型性，遗传性稳定，纯度为 100%，一般比育种者种子高一个世代，产量及其他性状与育种者种子相同。

3. 原种（registered seed） 由原原种繁殖的第一代种子，遗传性状与原原种相同，产量及其他主要经济性状指标仅次于原原种。

4. 良种（certified seed） 由原种繁殖的第一代种子，遗传性状与原种相同，产量及其他各项经济性状指标仅次于原种。杂交种达到良种质量标准的种子。

坚持以育种家种子为种源基础，育种家种子是由育种者亲自选择培育的，其种性最好，纯度最高，是种子繁殖的起点和根本来源。繁殖生产种子实质上就是种子群体由少到多的重复繁殖过程，打好种源基础是最经济有效的方法，对育种家种子要限代繁殖，一般进行 3～4 代。其他各级种子的繁殖生产，既可以由育种者和各级种子生产单位分工合作去完成，也可以由育种者所在的种子产业部门独立承担。应用四级生产种子程序，能有效地保护育种者的知识产权，确保优良品种的种性和纯度；操作简便，经济省工；缩短了种子生产年限，种子生产效率高；能促进"育、繁、推"一体化；有利于各级种子连续性作业，实现种子生产专业化；有利于实现种子标准化，有利于实现种子管理法制化，有利于同国际接轨。

三、纯系学说与种子生产

（一）纯系学说的概念

纯系学说（pure line theory）是由约翰森（W. L. Johannsen）于 1909 年提出的。所谓纯系，是指从一个基因型纯合个体自交产生的后代，其群体的基因型也是纯合一致的。约翰森依据大量试验结果认为，在自花授粉植物的天然混杂群体中，可分离出许多基因型纯合的纯系，因而在一混合群体中选择是有效的。但是在纯系内再继续选择是无效的，因为纯系内个体所表现的差异，只是环境的影响，是不能遗传的。纯系学说为选择育种和种子生产奠定了理论基础。

（二）纯系学说在种子生产中的指导意义

1. 在原原种生产中单株选择的重要性 纯系学说对育种和种子生产的最大影响，是从理论和实践上提出自花授粉植物单株选择的重要性。在自交作物原原种生产体系中，要按原品种的典型特性，进行单粒点播、分株鉴定、整株去杂、混合收获的生产程序。

2. 防杂保纯 在种子生产中，保证所生产品种的高纯度是生产技术中的关键措施。但是绝对的纯系是没有的，因为大多数植物的经济性状都是受微效多基因控制的数量性状。所谓"纯"只能是局部的、暂时的和相对的，随着繁殖的扩大必然会降低后代的相对纯度。因此，在现代种子生产中，应尽可能减少生产代数。相对于"三圃制"，在四级种子生产程序中，种子重复繁殖世代少，周期短，一般 4～5 代，突变与天然杂交对群体遗传影响很小。

四、杂种优势理论与杂种优势利用

（一）杂种优势的概念

杂种优势（heterosis）是生物界的一种普遍现象，是指杂种植株在生活力、生长势、适应性、抗逆性和丰产性等方面超过双亲的现象。杂种优势广泛地表现在各个方面，在表型上，主要表现在产量、器官体积、生长速度、成熟时期、抗逆性等方面；同时还表现在化学成分（如蛋白质、脂肪、激素、维生素、RNA等）、生理生化过程、代谢活动水平、代谢产物的运转及利用以及酶体系的活性等内部特性方面。利用杂种优势选育杂交种（F_1）的过程称为杂种优势育种（heterosis breeding）。园艺植物杂种优势的利用主要是指一代杂种（F_1）。杂种优势的大规模应用是20世纪园艺植物育种的一项重大突破。由于一代杂种有增产显著、抗逆性强和整齐度高等方面优点，因而，在园艺植物育种与种子生产中占有重要的地位。

（二）杂种优势的遗传理论

1. 显性假说（dominance hypothesis） 显性假说是由布鲁斯（Bruce A. B.，1910）最早提出的，其核心是 F_1 的优势就是尽可能多地利用了不同亲本在不同等位基因位点上的显性作用的结果。以番茄为例，假定两个番茄品系有5对基因互为显隐性关系，且位于同一对染色体上，其基因型为 AAbbCCDDee 和 aaBBccddEE；这两个品系杂交产生的一代杂种的基因型为 AaBbCcDdEe。再假定各隐性纯合基因如 aa 对性状发育的作用为1，而各显性纯合基因如 AA 和杂合基因如 Aa 的作用为2，那么，其亲本的作用力分别为8和7，一代杂种的作用力则为10，由此可见，由于显性基因的作用，F_1 比双亲有着显著优势。

2. 超显性假说（overdominance hypothesis） 超显性假说是由沙尔（G. H. Schull，1908）首先提出的，经伊斯特（East E. M.，1918）等补充发展而成。该假说认为，杂种优势来源于双亲基因型异质结合而引起等位基因间的互作，由于具有不同作用的一对等位基因在生理上相互刺激，使杂合个体比任何纯合个体在生活力和适应性上都有优势。例如 AA×aa→Aa，而 Aa 比 AA、aa 都好，如果在这个基因位点上存在一组复等位基因，如 A_1、A_2、A_3、A_4，那么个体基因型为 A_1A_2、A_1A_3、A_1A_4、A_2A_3 及 A_2A_4 时，它的表现型效应超过 A_1A_1、A_2A_2、A_3A_3 和 A_4A_4。

除了上述两种假说外，对杂种优势的解释还有基因网络系统、上位性、基因组互补、基因多态性、遗传平衡、核质刺激等假说。这些假说都在一定程度上揭示了杂种优势产生的原理，但都有一定的局限性。相信分子生物学技术的发展，将会为进一步阐明杂种优势的遗传基础提供有利的证据。

（三）杂种优势利用

实践表明，杂种优势的表现因组合、性状、环境条件的不同而呈现复杂多样性。从基因型看，自交系间的杂种优势要强于自由授粉品种的杂种优势。同为自交系，不同组合间的杂种优势，差异也很大。从性状上看，一般综合性状上往往表现为较强的杂种优势，而在某些单一性状上有时并无优势。因此，进行杂交制种，各组合间必须进行严格的隔离。

杂种优势的强弱还与亲本间的亲缘关系、生态类型、地理距离及性状有关，一般差异大且性状只有互补性时，其 F_1 优势较强。在双亲的亲缘关系和性状有一定差异的前提下，基因型的纯度愈高，则杂种优势愈强。因此，选择纯度高的亲本并进行严格的去杂去劣，是杂交制种的一个特点。

F_2 及其以后世代表现杂种优势衰退（depression of heterosis）。与 F_1 相比，F_2 及其以后世代在生长势、生活力、抗逆性、产量等方面都显著下降，且亲本的纯度愈高，F_1 的优势愈大，F_2 及其以后世代的衰退就愈明显，这是由于基因的分离重组破坏了 F_1 群体基因型的高度杂合所引起的。因此，在杂种优势利用上，F_2 及其以后世代不能利用，必须重新配制杂种，才能满足生产需要。

利用杂种优势，要以能生产大量的低成本的杂交种子为前提，在制种条件上除了要具有较强的优势组合外，还要有生产纯度较高的亲本和杂交种的能力和技术。常用的杂交制种技术主要有人工去雄杂交制种、理化因素杀雄制种、利用自交不亲和性制种及利用雄性不育性制种等（见本章第四节），因作物、条件而选择应用。

第二节　种子生产原理和生态条件

一、品种混杂退化现象及其原因

（一）品种混杂退化的概念及表现

品种混杂退化是指品种的纯度下降、种性变劣的现象。品种混杂与退化是两个既有区别又有密切联系的概念，前者是指一个品种中混进了其他品种甚至是不同作物的植株或种子，或上一代发生了天然杂交，导致后代群体出现变异类型的现象；后者是指品种某些经济性状变劣的现象，即品种的生活力降低，抗逆性减退，产量和品质下降。然而混杂与退化也有着密切联系，混杂容易引起退化并加速退化，退化又必然表现混杂。

品种混杂退化后最主要的表现是品种的典型性降低，田间群体表现出株高参差不齐、成熟期早晚不一，抗逆性减退，经济性状或品质性状变劣，产量降低。

（二）品种混杂退化的原因

引起品种混杂退化的原因较多，归纳起来，主要有以下几个方面。

1. 机械混杂　在种子生产、加工及流通等环节中，由于条件限制或人为疏忽，导致异品种或异种种子混入的现象称为机械混杂。机械混杂是种子生产中普遍存在的现象，在种子处理、播种、补种、移栽、收获、脱粒、加工、包装、贮藏及运输等环节中都可能发生。自花授粉园艺植物的混杂退化主要是由于机械混杂造成的。机械混杂不仅直接影响种子纯度，而且增加了生物学混杂的机会。

2. 生物学混杂　即天然杂交，有性繁殖园艺植物的种子生产时，由于无隔离条件或隔离条件达不到要求，会使邻近地块不同亚种、变种或品种间发生天然杂交，导致基因重组引起退化。不同品种间杂交常常降低品种纯度，影响产品产量及品质；不同亚种、变种间杂交，甚至会完全丧失品种的利用价值。如结球甘蓝与花椰菜或球茎甘蓝杂交，后代不产生叶球；大白菜与白菜或菜薹杂交后不再包心。生物学混杂是异花、常异花授粉的园艺植物品种退化的主要原因。

3. 品种自身变异　引起园艺植物品种自身变异主要有两方面原因。一是园艺植物品种的主要经济性状大多是微效多基因控制的数量性状，这些基因很难达到完全纯合，在种子生产过程中，这些不纯合的基因必然会继续分离，使后代个体间逐渐增多性状上的差异，而引起品种混杂退化；二是突变使不利基因的逐步积累引起园艺植物品种退化，如鸡冠花红花基因是显性，突变为隐性基因且纯合时开黄花，有时出现黄、红镶嵌花，降低花卉的品质，大花重瓣金盏菊退化成小花单瓣也是由于突变基因逐步积累造成的。

4. 不正确的选择 在种子生产过程中，通过正确的选择可以保持和提高品种的典型性和纯度。而不正确的选择会事与愿违，加速品种的混杂退化。如在异交作物品种原原种选择过程中，选择数量太少，则可能发生基因流失，改变品种群体原有的遗传平衡，导致品种典型性降低，加速品种混杂退化；十字花科的大白菜、甘蓝、萝卜等长期采用小株采种，因无法对其营养体进行选择，必然导致品种退化，使大白菜叶球变散、萝卜直根分权、变小。无性繁殖的果树，通常营养体发达，长势旺，但果实产量低，而发枝少、枝条短的产量高。不正确选择会造成后代产量下降，品种退化。

5. 不良的生态条件与栽培技术 任何一个品种，离开其适宜的生态条件和栽培技术，良种的优良种性就难以发挥，长此以往，品种就会退化。如高温地区病毒侵染，是导致无性繁殖的园艺植物品种退化的最主要原因。高温条件下，植物体内病毒增殖快，同时植株代谢活性增强，利于病毒扩散。苹果、葡萄、草莓、马铃薯、郁金香、唐菖蒲、百合、菊花、大丽花、仙客来、月季等园艺植物，其品种退化多由不良环境和低劣的栽培技术引起。

6. 品种抗病性下降 随着一个新的园艺植物品种的推广，其面积不断扩大的同时，它会逐步成为某种植物病害的哺育品种。植物病害的生理小种也随之变化，导致品种抗病性下降。当某个致病小种成为优势小种时，该品种则完全丧失抗病性，成为感病品种。这就是一个园艺植物品种虽然采用了严格的生产技术规程进行繁种，但仍会退化的根本原因。

二、防杂保纯的基本措施

保持新品种的优良种性，是延长利用年限、保证品种增产的有效手段。针对品种发生混杂退化的原因，应该从种子生产的各个环节抓起，坚持"防杂重于除杂，保纯重于提纯"的原则，从新品种推广应用开始，就应积极采取科学的措施，加强管理，进行全面的质量监督和控制。

1. 严格种子繁育规程，防止机械混杂 建立健全种子繁育体系，在种子繁殖过程中，首先要对播种用种严格检查、核对、检测，确保亲代种子正确、合格。从收获到脱粒、晾晒、清选、加工、包装、贮运和处理，直至播种，均严格分离，杜绝混杂。以营养器官为繁殖材料的，从繁殖材料的采集、包装、调运到苗木的繁殖、出圃、假植和运输，要备有记录，内外标签应具防湿功能，严防出错。同时，要合理安排繁种田的轮作和耕作，防止种子残留田间造成混杂。

2. 严格隔离，防止生物学混杂 防止种子繁殖田在开花期间的自然杂交，是减少生物学混杂的主要途径。特别是对异花授粉植物，繁殖田必须进行严格隔离，常异花授粉和自花授粉植物也要适当隔离。隔离的方法有空间隔离、时间隔离、自然屏障隔离和机械隔离（套袋、罩网、温室等），可因时、因地、因植物种类、因条件选择适宜的方法。

3. 去杂去劣，正确选择与采种 在各类种子生产过程中，都应坚持去杂去劣。去杂是去掉非本品种的植株，去劣则指去掉生长不良或感染病虫的植株。去杂去劣应及时、彻底，一般从出苗以后结合田间定苗开始，以后在各个生育期，只要能鉴别出杂株都可进行。正确选择是使品种典型性得以保持的重要措施。种子生产者应具有一定的遗传育种知识，且熟悉品种的性状特点，选择性状优良且典型的优株采种，要严防不恰当选择造成的不利影响。

认真执行原原种生产技术规程，坚持用育种家种子生产原原种，用原种繁殖生产良种。十字花科园艺植物要用大株采种生产育种家种子、原原种，小株采种只用于繁殖生产用种。

4. 选用或创造适合种性的生育条件 选择或创造适宜的种苗繁育条件进行种苗繁育，可有效地减少品种退化。如在高寒地区繁种，可较好地防止马铃薯、唐菖蒲等植物的品种退化。依据植物品种的种性特点，选用适宜的种植地点或采用有利于保持和增强其种性的栽培措施，可减少遗传变异。

5. 用优质种苗定期更新生产用种 对于有性繁殖的园艺植物，应根据退化情况，定期（3~5年）用高纯度原原种进行更新繁殖，取代可能退化的繁殖用种。无性繁殖的园艺植物，除了保持高纯度的母本园外，应采用组织培养脱除病毒，工厂化生产出脱毒苗，恢复因病毒感染而退化的品种的种性，用于生产。此外，采用原原种"一年生产，多年贮藏，分年使用"的方法，减少繁殖世代，防止混杂退化，从而较好地保持品种的种性和纯度，延长品种利用年限。

6. 品种合理搭配、延缓品种退化 园艺植物品种在生产中要合理布局，避免单一化，防止因植物病害生理小种（株系）的迅速变化引起退化。同一地区，在确定一个主栽品种的前提下，安排同种园艺植物多个品种搭配种植，尤其是不同抗性品种搭配，可延缓病害优势生理小种（株系）的出现，延迟品种退化，延长品种的使用寿命。

三、园艺植物的繁殖方式与种子生产特点

园艺植物的繁殖方式一般分为有性繁殖（sexual propagation）和无性繁殖（asexual propagation）两大类。不同繁殖方式对性状的遗传和变异均有影响，因而与种子生产密切相关。

（一）有性繁殖植物与其种子生产特点

有性繁殖园艺植物按照自然授粉方式的不同，可分为自花授粉、常异花授粉和异花授粉3类。有性繁殖园艺植物在繁殖过程中总有不同程度的自然杂交产生，其子代也就相应会产生不同程度的变异。因此，在种子生产过程中必须针对不同植物的遗传特点采用相应的选择方法、隔离手段及良种繁育程序。

1. 自花授粉园艺植物 这类园艺植物雌雄同花，雌雄蕊同时成熟或雌蕊先熟，开花期短，花色不艳且少香味，有的花器结构严密，不易接受外来花粉，通常自然杂交率在5％以内。因此，自花授粉园艺植物的遗传基因型一般是同质结合的，容易保纯，自交不退化。自花授粉园艺植物在生产上主要利用纯系品种；也可以通过品种（系）混合，利用混合（系）品种。配制杂交种时，一般是品种间的杂交种。纯系品种的种子生产比较简单，种子生产程序如图3-1所示。在种子生产中，保持品种纯度的首要措施是防止各种形式的机械混杂，田间去杂是重要的技术措施；其次是防止生物学混杂，但对隔离条件的要求不严，可适当采

取隔离措施。属于此类的园艺植物有豆科园艺植物（除蚕豆外）、番茄、茴香、莴苣、香堇菜、三色堇、凤仙花、矢车菊和桂竹香等。

2. 异花授粉园艺植物　以不同基因型的植株花朵间授粉而繁殖后代的一类园艺植物。在自然条件下，主要依靠风、昆虫等媒介传播不同植株上的花粉，进行异花授粉而受精结实产生种子。异花授粉园艺植物自然杂交率在50％以上。这类植物可分为4种：①雌雄异株，100％的天然异交率，如菠菜、石刁柏、猕猴桃、山葡萄、野胡椒、银杏等；②雌雄同株异花，如瓜类、秋海棠、核桃等；③雌雄同花但是自交不亲和，如十字花科类蔬菜中的大部分植物等；④雄雄同花但雌雄性细胞成熟期不同或花柱异型外露，导致异株花粉传入和受精，如向日葵、甜菜、苹果、君子兰等。

异花授粉植物通常是由遗传基础不同的雌雄配子结合而产生的异质结合体。其群体的遗传结构是多种多样的，包含有许多不同基因型的个体，而且每一个体在遗传组成上都是高度杂合的。因此，异花授粉植物的品种是由许多异质结合的个体组成的群体。其后代产生分离现象，表现出多样性，故优良性状难以稳定地保持下去。这类植物自交强烈退化，表现为生活力衰退、产量降低等；异交有明显的杂种优势。

异花授粉植物最容易利用杂种优势。在亲本繁育和杂交制种过程中，为了保证品种和自交系的纯度及杂交种的质量，除防止机械混杂外，还必须采取严格的隔离措施并控制授粉，同时要注意及时拔除杂劣株，以防止发生不同类型间杂交。

3. 常异花授粉园艺植物　常异花授粉植物以自花授粉为主，也经常发生异花授粉，其天然异交率一般为5％～50％，是典型的自花授粉植物和异花授粉植物的中间类型。主要园艺植物有蚕豆、四棱豆、多花菜豆、茄子、辣椒、翠菊等。这类植物虽然以自花授粉为主，在主要性状上多处于同质结合状态，但由于其天然异交率较高，遗传基础比较复杂，群体则多处于异质结合状态，个体的遗传性和典型性不易保持稳定。在种子生产中，要设置隔离区，及时拔除杂株，防止异交混杂，同时要严防各种形式的机械混杂。在杂种优势利用上，以利用自交系间杂交种为主。

（二）无性繁殖植物与其种子生产特点

以植物的根、茎、叶等营养器官作为繁殖材料的繁殖方式称为无性繁殖。由一个个体经过无性繁殖形成的后代群体称为无性系（clone）。无性系是由母体细胞经有丝分裂繁衍而来，没有经过两性细胞的受精融合过程。所以一个无性系内的所有植株在基因型上是相同的，都具有母体的特性。因此，无性繁殖植物的一个品种是一个同质型群体，种子生产过程中无需隔离。

在自然情况下，植物形成纯合基因型主要依靠连续多代的自交，而无性繁殖植物的品种大多是杂交后代或其亲代是异花授粉，其后代一般采用营养器官进行无性繁殖，没有经过连续多代的自交纯化。因此，无性繁殖植物在遗传上杂合程度非常高，其种性可以通过无性繁殖稳定保持，而用实生种子繁殖将发生复杂的分离和变异。

在无性繁殖园艺植物中，除少数植物如马铃薯、菊芋、藕等可进行有性繁殖（能开花结子）外，大都失去了有性繁殖的能力。因此，此类植物繁殖后代的种子是各种类型的营养器官，如块茎、块根、鳞茎、球茎、匍匐茎、根茎、分蘖、根株、菌丝体、不定根、不定芽等。其繁殖方式包括器官繁殖、扦插、嫁接、无融合生殖等。此外，组织培养技术也可应用于各种园艺植物的无性繁殖，并能大大提高繁殖效率，加快繁殖过程。通过茎尖培养脱毒，还可有效地促进马铃薯、大蒜等植物退化品种的复纯、复优。无性繁殖园艺植物繁殖过程中也会产生频率极低的少量变异（如芽变），故无性繁殖系内也会存在一定的差异性，所以在其繁殖过程中也应进行适当的选择，以保持原品种的优良特性。常采用的选择方法有营养系混合选择法、营养系单株（穴）选择法等。

四、种子生产的生态条件

种子生产的生态条件（ecological condition）主要是指自然条件，包括气候、土壤、生物群落等。在适宜的生态条件区域建立种子生产基地，有利于降低生产成本，提高种子的商品质量和繁殖系数，提高种子生产效率。

（一）生态条件对种子生产的影响

影响种子生产的气候条件，主要有无霜期、日照、温度、年降水量和水量分布等。无霜期和有效积温是植物能否正常完成生育期的基本条件，制种植物的生育期必须短于或等于制种地的无霜期，而其所要求的有效积温必须小于或等于制种地的有效积温，否则，制种植物将不能正常生长或受到极大伤害。温度的不适宜还可能造成植物产量、品质的降低、生育期的改变及病毒感染引起种性退化等。光照对植物的影响大致包括光照时间、强度及昼夜交替的光周期。一般光照充足有利于植物生长，但在发育上，不同植物、不同品种对光照的反应是不同的。长日照植物，如洋葱、甜菜、白菜、甘蓝、芥菜、萝卜、胡萝卜、芹菜、菠菜、莴苣、天仙子等，日照达不到一定长度就不能开花结实；而短日照植物，如菊花、一串红、绣球花、豇豆、扁豆、刀豆、茼蒿、苋菜、蕹菜、草莓、黑穗醋栗等，则要在日照短的时期才能进行花芽分化并开花结实。降水包括年降水量和水量在四季的分布，主要影响无灌溉条件地区的植物生长及耐湿性不同的植物生长。无风会影响风媒花植物传粉，而风过大又会使制种隔离失败，种子纯度降低。

土壤的理化性质（pH、含盐量等）对种子生产植物产生影响。其中 pH 和含盐量成为影响制种成效的限制因子。一般来讲，我国长江以南大部分地区生长的植物，长期适应了酸性土壤条件，移往非酸性土壤地区会导致产量的降低和品质的下降。而在盐碱地区制种，会导致不耐盐碱植物或品种的制种失败。

生物群落对制种植物的影响主要是传粉昆虫的种类、数量等，会影响虫媒花植物的制种产量和质量。

（二）种子生产中的生态条件的调控

选择或人工创造适宜于种子生产的生态条件是种子生产成功的基础。通常种子生产中生态条件调控的途径有以下几种。

1. 就近制种　一般来讲，育成品种地区的生态条件就是最适合的生态条件，其附近地域应该是该品种最好的种子生产地。

2. 异地制种　利用异地或当地不同地带生态条件的差异，选择适宜的地区制种，亦是多年来广泛采取的人为控制自然条件的措施之一。如黄河、长江流域大量种植的马铃薯，其种薯若在当地繁殖，会因结薯期气温高使品种迅速退化，为了避免退化，可到黑龙江、内蒙古等冷凉地区繁种，以保持种性；也可在当地的高山上进行繁种，或在海岛上繁殖脱毒种薯，利用高山上的冷凉气候、海岛上风大蚜虫少的条件，来防止品种退化。另外，夏菜的冬季南繁制种，也是人为控制制种生态条件的成功例子。

3. 设施制种　利用人工温室、塑料大棚进行稀有、珍贵急需种子制种，为园艺植物的种子生产创造适宜的生态条件，使其不受季节气候的影响。

第三节　常规种（杂交亲本系）种子生产技术

目前，我国园艺植物种子生产正处在变革时代，生产中既有三级种子生产程序，也有四级种子生产程序。本节以四级种子生产程序简要介绍常规种（杂交亲本系）种子生产技术。

一、常规种（杂交亲本系）原原种生产程序

在四级种子生产程序中，原原种可在原原种圃利用育种家种子直接繁殖。

（一）常规种原原种的繁殖

原原种生产应选择地力均匀、肥沃、不重茬的种子田进行。最常用的是用育种家种子稀播精管的直接繁殖方法。播种时加大种子的行距和株距。生育期间加强田间管理，并在苗期、花期和成熟期认真作好去杂去劣工作。同时还应严防在收获、运输、贮藏、加工过程中的机械混杂，确保原原种质量。

在原原种的生产过程中，对于杂交种的亲本（自交系）的繁殖，还需要注意选地隔离和花期辅助授粉等工作。选地隔离是指选择原原种生产田需要隔离的距离（表 3-1），防止生物学混杂。在花期人工辅助授粉可提高种子的生产量。

表 3-1　主要蔬菜植物授粉方式与留种隔离距离

授粉方式	蔬菜种类	隔离距离（m）	
		原原种	原种
异花授粉	十字花科蔬菜（油菜、大白菜、芥菜、甘蓝、花椰菜、茎蓝、芜菁、甘蓝等）	1 000~2 000	500~1 000
	瓜类蔬菜（南瓜、冬瓜、西瓜、甜瓜等）	500~1 000	300~500
	百合科葱属蔬菜（大葱、洋葱、韭菜） 藜科蔬菜（菠菜、甜菜）、菊科蔬菜（莴苣、茼蒿） 伞形科蔬菜（胡萝卜、芹菜、芫荽等）	1 000~2 000	500~1 000
常异花授粉	蚕豆、黄秋葵、甜椒、部分辣椒及茄子品种	500	200~300
自花授粉	番茄	300~500	50~100
	豌豆、菜豆、豇豆	100~300	30~50

（二）杂交种亲本系原原种的生产

杂交种亲本是指配制杂交种所需的各类亲本材料，例如自交系、三系（雄性不育系、保持系和恢复系）、二系（雄性不育系、保持系）、自交不亲和系等。杂交亲本系的纯度直接确定杂种 F_1 的纯度。因此，生产高纯度的杂交亲本系原原种是一代杂种种子生产的关键。

1. 自交系种子生产　自交系育种者种子和自交系原原种生产应在育种者主持下进行，在保证纯度和典型性的基础上突出遗传稳定性的保持。按行种植，采用人工授粉自交。自交

系原原种的生产、繁殖和杂交制种的亲本均为混系种植，严格防杂保纯（图 3-2）。

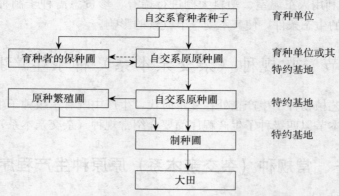

图 3-2　自交系的四级种子生产程序

2. 三系（雄性不育系、保持系和恢复系）**原原种生产技术**　对不育系、保持系和恢复系的原原种，根据各系的繁育特点，按照四级种子生产程序进行繁殖后，再经过杂交制种环节生产出大田用杂交种种子，生产中应以防止机械混杂和生物学混杂，保持三系的纯度、典型性和遗传稳定性为中心，通过三系亲本的育种者种子→原原种→原种→杂交制种的程序完成（图 3-3）。三系的育种者种子圃和原原种圃均为单株稀植、整株鉴定去杂、混合收获。其原种圃和亲本繁殖圃则为稀播种植、整株去杂、混合收获。亲本繁殖和制种均应在严格隔离条件下进行。

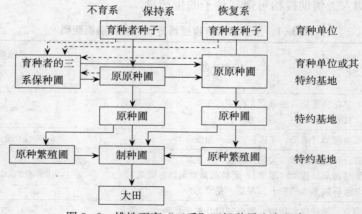

图 3-3　雄性不育"三系"四级种子生产程序

3. 自交不亲和系原种生产　利用自交不亲和系配制一代杂种是甘蓝、大白菜、萝卜、花椰菜、青花菜等蔬菜植物的重要途径。原原种生产的有效方法是蕾期自交繁殖自交不亲和系。大多数十字花科蔬菜自交不亲和系的蕾期自交的具体方法是：在开花期选择 2～5d 即将开花的大花蕾，用尖头镊子小心剥蕾，露出柱头，涂上当天开的同系混合花粉。为防止长期自交引起生活力的衰退，可采用以下方法：①在蕾期自交授粉繁殖时，避免使用同株花粉，尽量使用混合花粉，可以延缓生活力的衰退；②一次繁种多年使用，一次大量繁殖自交不亲和系种子，然后将种子贮藏在硅胶干燥器中，置于 4～5℃ 的低温下保存，以后每年取出部分种子，供配制一代杂种用；③应用无性繁殖法保存原种，如甘蓝、大白菜等蔬菜可用腋芽扦插或利用组织培养的方法进行快繁。

二、常规种（杂交亲本系）原（良）种生产程序

与原原种生产相比，原（良）种的生产程序相对简单，原种是由原原种繁殖的第一代种子，良种是由原种繁殖的第一代种子。原（良）种的生产应有较好的隔离条件，防杂保纯，扩大繁殖，提供大田生产用种。

（一）建立原（良）种种子田

1. 种子田选择　选择原种与良种种子田应注意以下几点：①要求自然气候、土壤条件等适合该植物、该品种的生长发育；②地势平坦，土壤肥沃，排灌方便，旱涝保收；③病、虫、杂草等危害较轻，无检疫性病虫害；④不能重茬连作，不能施入同种植物未腐熟的秸秆，以防止上季残留种子出土，造成混杂，并有效地避免或减轻一些土壤病虫害的传播；⑤同一品种要实行连片种植，避免品种间混杂；⑥一般异花授粉植物不同品种间隔离距离比常异花授粉植物要大，以自花授粉植物隔离距离最小（表3-1）。

2. 种子田种类　生产田所用常规品种的原种与良种种子生产田可分为原种种子田与良种种子田。原种生产通常在原种场进行。原种生产用种为原原种，田间注意去杂去劣，混合采收，混合脱粒，可作为良种繁殖用种，也可直接作为生产用种。良种生产通常在良种场或特约基地进行，其田间管理、采收与脱粒与原种生产相同。

（二）防杂保纯

做好防杂保纯工作是原（良）种生产最基本的要求。在原（良）种生产中，除了防止机械混杂和对种子田进行合理的隔离以防止外来花粉串粉外，还应认真抓好以下环节。

1. 搞好单株混合选择　根据原品种的特征特性，兼顾生长健壮、成熟一致、子粒饱满、无病虫害等方面，在选纯的基础上选优。

2. 严格去杂去劣　原（良）种种子田中去杂去劣工作，一般在苗期、花期和成熟期多次进行。自交植物以形态特征充分表现的成熟期为主，异交与常异交植物则必须在开花散粉前及时除去杂劣株，避免造成生物学混杂。

3. 每代进行种子更新　与三级种子生产程序不同，四级种子生产程序中原种与良种的生产均只能重复繁殖1次，即原种繁殖用种是原原种，良种繁殖用种是原种，不能用原种繁殖原种，也不能用良种繁殖良种，每代必须更新繁殖所用种子。

（三）采用科学的栽培技术

在良种繁育过程中，从整地、播种到收获前的一系列田间栽培管理工作都要精细，既要科学种，又要科学管。要注意去杂、中耕、除草、排灌、配方施肥和及时防治病虫害等，以保证植物安全生长和正常发育。种子生产期，氮肥使用要适量，适当增施磷、钾肥，使种株发育健壮，子粒饱满。

（四）提高繁殖系数

提高繁育系数的常用方法有以下3种。

1. 稀播繁殖　可以节约用种量，并通过扩大个体的生长空间和营养面积来提高单株生产力，增加繁殖系数。如大部分蔬菜可采用宽行稀条播和单粒点播或育苗的方法。

2. 无性繁殖　具有分蘖习性的植物如韭菜，通过提前播种、促进分蘖，可进行一次或多次分株，以提高繁殖倍数。马铃薯、甘薯等无性繁殖植物可采用芽栽、切块、分丛、扦插或多次分枝的方法以提高繁殖系数。

3. 加代繁殖　利用我国幅员辽阔、地势复杂、各地生态条件差别较大的特点，进行异地、异季繁殖，一年多代，可加快种子生产；也可采用春化处理后采用保护设施进行加代繁殖，加速种子生产，满足市场对优良品种的需求。

第四节　杂交种种子生产技术

一、杂交制种的条件

杂交制种是杂种优势利用的必要手段，它是利用配合力高的亲本生产数量多、质量好的杂交种种子。利用植物杂种优势，必须满足以下基本条件。

1. 有强优势的杂交组合　杂种优势利用，首先应具有强优势的杂交组合。在生产上推广的杂交种，应具有明显的超标优势。强超标优势的杂交组合，除了产量优势外，还必须有优良的综合农艺性状，以及良好的稳产性。

2. 有纯度高的亲本　优良的亲本系或自交系是组配强优势杂交种的基础材料。作为配制杂交种的亲本系或自交系，必须具有高的纯度，这是保持其遗传稳定性、持续利用杂种优势的首要条件。如果亲本的基因型是杂合的，那么它们的后代就会发生性状分离，也就丧失了保持优良性状的遗传基础，也就不会有杂种优势可言。此外，亲本系还应具有良好的、整齐一致的农艺性状，高的配合力，以及良好的抗病性与抗逆性。

3. 有足够高的异交结实率　异交结实率是生产杂种品种种子所必需的，没有高的异交结实率，则无法大批量、低成本地生产杂种品种种子。对自花授粉植物和常异花授粉植物而言，异交结实率是能否利用其杂种优势的重要因子。

4. 繁殖与制种技术简单易行　杂交种在生产上通常只利用杂种一代（F_1），杂种二代及其以后世代由于出现性状分离导致杂种优势丧失而不能继续利用，这就要求年年繁殖亲本和配制杂交种。如果亲本繁殖和制种技术复杂，耗费人力、物力大，杂交种子的生产成本就高。从经济学观点上讲，杂交种的增产效益应足以弥补生产杂交种增加的投入，该杂交种才可能在生产上推广。因此，简单、易行、经济、实用的种子生产方法和技术便成为杂种优势利用的前提。

二、杂交种的类别

在配制杂种时，因亲本类型和杂交方式不同，可将杂交品种分为下列类别。

（一）品种间杂交种

品种间杂交种是指用两个亲本品种组配的一代杂种，如品种甲×品种乙→F_1。品种间杂交种常用于自花授粉植物。异花授粉植物，亲本品种的基因型纯合性差，品种间杂交种的优势不大，生产上不常用。

（二）顶交种

顶交种（top-cross hybrid）是指用异花授粉植物品种与一个自交系进行杂交产生的一代杂种，如品种甲×S_1→F_1。顶交种具有群体品种的特点，性状不整齐，增产幅度不大。因此，生产上应用很少。

（三）自交系间杂交种

自交系间杂交种是指用不同自交系作亲本组配的杂交种，因亲本数目、组配方式不同，常分为下列 3 种。

1. 单交种 单交种（single cross hybrid）是用两个自交系组配的一代杂种，如 S_1×S_2→F_1。单交种增产幅度大，性状整齐，制种程序比较简单，是当前利用杂种优势的主要类型。

2. 三交种 三交种（three way cross hybrid）是用三个自交系组配的一代杂种，如（S_1×S_2）×S_3，三交种增产幅度较大，产量接近或稍低于单交种，但制种产量较单交种高。

3. 双交种 双交种（double cross hybrid）是用 4 个自交系组配的一代杂种。通常先配成两个单交种，再配成双交种，组合方式为（S_1×S_2）×（S_3×S_4）。双交种增产幅度较大，但产量和整齐度都不及单交种。制种产量比单交种高，但制种程序比较复杂。

（四）雄性不育杂交种

雄性不育杂交种（hybrid with male sterility）是以雄性不育系作母本配制的一代杂种，主要有以下类型。

1. 细胞核雄性不育杂交种 目前生产上使用的细胞核雄性不育杂交种的不育源主要是由单隐性核基因控制的雄性不育，其利用的途径是两系法制种。通常以两用系（AB系）作母本，与一个配合力高的父本系杂交生产一代杂种种子，如辣椒、番茄和大白菜的"两系"杂交种。

2. 核质互作雄性不育杂交种 核质互作雄性不育杂交种是指用雄性不育系作母本、用恢复系（或父本系）作父本配制的一代杂种种子，如洋葱、萝卜、大白菜、辣椒的"三系"杂交种。

（五）自交不亲和系杂交种

自交不亲和系杂交种是用自交不亲和系作母本，与另一自交不亲和系或自交亲和系杂交配制的一代杂种种子。目前，生产上主要应用于甘蓝、大白菜、萝卜等十字花科蔬菜一代杂种种子的生产。

三、杂交种种子生产技术

（一）人工去雄制种法

人工去雄制种法是指人工去掉母本的雄蕊、雄花或拔除雄株，再任其与父本自然授粉或人工辅助授粉，从而配制一代杂种种子的方法。茄果类和瓜类园艺植物，由于其花器大，容易进行去雄和授粉操作，用工相对较少，加之繁殖系数大，每果（瓜）种子可达100～500 粒，因而相对成本低，故适用于此法。而对于那些花器较小或繁殖系数较低的园艺植物，由于去雄、授粉等操作困难，工作效率低，加之繁殖效率不高，从而导致种子的生产成本增加，这类园艺植物（豆科、十字花科、伞形科、葱类等）不宜采用此法。

人工去雄制种的具体方法是：将所要配制的 F_1 组合的父、母本在隔离区内相间种植，父、母本的比例可视植物的不同和繁殖效率的高低而定。一般母本种植比例应高于父本，以提高单位面积上杂种种子的产量。亲本生长过程中要严格地去杂去劣，开花时对母本实行严格的人工去雄，即雌雄同花者去掉雄蕊，雌雄同株异花者摘去雄花，雌雄异株者则拔去雄株。然后，任隔离区内自由授粉或加以辅助授粉，从母本植株上采得的种子即为所需的 F_1 杂种种子。

（二）化学去雄制种法

化学去雄制种法是指利用化学药剂处理母本植株，使雄配子形成受阻或雄配子失去正常功能，而后与父本系杂交以配制一代杂种种子的方法。迄今在园艺植物方面报道的化学去雄剂主要有乙烯利（2-氯乙基膦胺）、HYBREX［1-对氯苯基-6-甲-4-酮-3-吡哒嗪甲酸钾盐］、二氯乙酸、三氯丙酸、FW450（二氯异丁酸钠）、WL84811（氯杂环丁烷-3-羧酸）、KMS-1（杀雄剂1号）、TIBA（三碘苯甲酸）、MH（顺丁烯二酸联胺）、2,4-D（二氯苯氧乙酸）、NAA（萘乙酸）等十多种。

利用化学去雄剂生产杂交种子，首先要选择适合的去雄剂，其次是在适宜的时期，以最佳的浓度和剂量喷施。所谓适宜的施用时期，是指能诱导最大的雄性不育度，而对雌蕊育性无影响或影响甚小，并不产生或极少产生其他不良效应的施用时期。不同的去雄剂具有不同的最佳施用时期，例如乙烯利在花粉母细胞减数分裂末期或花粉粒单核靠边期施用效果最好，WL84811 在花粉母细胞形成到花粉双核期施用效果最好。化学去雄剂大多为内吸性药剂，所以最为常用的施用方法是叶面雾状喷施，喷施浓度因去雄剂而异，如乙烯利常用浓度为 $4\sim6$ g/L，MH 为 $0.1\sim0.5$ g/L，亦因植物而稍有差异。因此，在使用前必须作不同浓度试验，以免造成不必要的损失。

（三）利用自交不亲和系制种法

利用自交不亲和系制种，通常的亲本配组方式有单交种、三交种和双交种等几种。单交种为不亲和系×亲和系或不亲和系，三交种为（不亲和系×不亲和系）×亲和系或不亲和系，双交种为（不亲和系×不亲和系）×（不亲和系×不亲和系）。三交种和双交种的优点是可以降低生产成本。但需用 $3\sim4$ 种基因型不同的自交不亲和系，选育过程较复杂，且一代杂种整齐度较单交种差。因此，国内广泛应用的配组方式是单交种。两种单交方式相比，不亲和系×亲和系的优点是仅需用一种自交不亲和系，父本系的选择范围较广，易于选出配合力高的组合，其缺点是由亲和系植株上收获的种子杂种率较低，常常不能用于生产。不亲和系×不亲和系需要同时选育两种不同基因型的自交不亲和系，这样对经济性状的选择和配合力的组配将受到很大限制。因而其选育较为费事，但制种所得正、反交种子的杂种率都较高，如果正、反交后代的经济性状相似，则可采取 1∶1 或 2∶2 行比种植，全部种子都可用于生产。

利用不亲和系×亲和系配组方式生产一代杂种，每年需设制种区和父、母本系繁殖区 3 个隔离区。在制种区生产一代杂种种子，在母本繁殖区繁殖自交不亲和系，在父本繁殖区繁殖父本系。其主要操作技术如下：在制种区，父母本可按 1∶2～4 行比种植；若父母本花期不相同，应按父母本的生产期进行播期调整，使双亲的盛花期相遇；为了提高产种量，可在晴天 9：00～11：00 进行人工辅助授粉。在母本繁殖区，采自交不亲和系内混合花粉于开花前 2～4 d 进行蕾期人工自交并套袋隔离，以繁殖自交不亲和系供下年制种田使用。在父本系繁殖区，根据下年制种田所需父本系种子量确定播种面积，并在苗期、抽薹期、初花期分期去杂去劣，并于盛花期选择一定数量典型一致的单株进行套袋兄妹交，收获前再检查鉴定一次，脱粒保存，供下年繁殖父本用。其余植株在成熟时再行去杂去劣，混合脱子保存，供下年制种田父本用。

利用不亲和系×不亲和系配组方式生产一代杂种，每年需设制种区和父母本繁殖区 3 个隔离区。在制种区，从母本上收获正交一代杂种，从父本上收获反交一代杂种；在父、母本繁殖区分别繁殖父本和母本自交不亲和系。虽然理论上在制种区可采用蕾期授粉的方法繁殖父母本种子，因在种子采收期间易造成种子混杂，在实践上多不采用。

（四）利用雄性不育系制种法

目前生产上利用雄性不育系配制一代杂种的园艺植物有洋葱、韭菜、大葱、大白菜、萝卜、芥菜、番茄、辣椒、胡萝卜等。

1. 核质互作雄性不育（CMS）**制种法** 以雄性不育系原种作母本，以雄性不育恢复系（或父本系）原种作父本，在特约基地（隔离区）生产一代杂种。雄性不育系、雄性不育保持系以及雄性不育恢复系原种的繁殖按四级种子生产程序（图 3-4）进行。

2. 细胞核雄性不育（GMS）**制种法** 以两用系原种作母本，以父本系原种作父本，在特约基地（隔离区）生产一代杂种（图 3-4）。具体方法是两用系原种与父本系原种在特约基地按 4～5：1 行比栽植，在制种田进入初花期，逐株检查并拔除两用系中的可育株，直至将两用系的可育株拔完为止。使两用系的不育株与父本自然授粉，在不育株上采收的种子（盛花期后最好将父本株拔除）即为一代杂种。

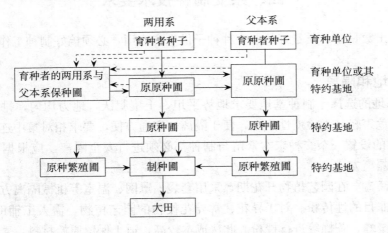

图 3-4 两用系四级种子生产程序

（五）利用苗期标记性状制种法

利用苗期标记性状制种是指选用具有苗期隐性性状的品系作母本，在隔离区内与具有相对显性性状的父本系自由杂交，以配制一代杂种种子的方法。此法不用去雄，自由授粉后杂种后代中有大量的假杂种，但可利用苗期标记性状将假杂种及时排除，从而使田间杂种株率达到杂种生产的要求。在园艺植物中，甜瓜的裂叶，西瓜的浅裂叶，番茄的黄苗、薯叶、绿茎，大白菜的无毛等都是稳定的苗期隐性性状，可以用作标记性状来配制杂种种子。这种方法虽然制种程序简单，但间苗、定苗等工作却较复杂，需要掌握苗期标记性状并熟练地掌握间苗、定苗技术，仔细鉴别每一株幼苗也较费工费时。

（六）利用雌性系制种法

利用雌性系制种是指选育只生雌花不生雄花的稳定株系（雌性系）作母本，在隔离区内与父本相间种植，任其自由授粉以配制一代杂种种子的方法。一般采用 3：1 的行比种植雌性系和父本系。在雌性系开花前拔除雌性较弱的植株，强雌株上若发现雄花及时摘除，以后自雌性系上收获的种子即为一代杂种种子。此法也可省去去雄手续，降低制种成本。雌性系制种法通常在葫芦科园艺植物上采用。目前在黄瓜、南瓜、甜瓜等植物中都已发现雌性系，国内外在黄瓜生产上均已广泛采用雌性系来配制一代杂种种子。

雌性系原种的繁殖也可在隔离区内用赤霉素、硝酸银处理原原种，促使部分雌性株产生雄花，利用人工辅助授粉，从原原种雌性系上采收的种子即为雌性系原种。赤霉素诱雄的有效浓度是 $1\sim1.5g/L$，硝酸银为 $200\sim300mg/L$。

（七）利用雌株系制种法

在雌雄异株的园艺植物中，利用其雌二性株或纯雌株育成的雌二性株系或雌株系作母本，在隔离区内与另一父本系统杂交以配制一代杂种的方法称为雌株系制种。菠菜和石刁柏等植物常采用雌株系制种。利用雌株系制种可以省去人工去雄工序，提高杂种率。具体作法是：将雌株系和父本系按 4：1 的行比相间种植于隔离区内，任其自然授粉，种子成熟后在雌株系上收获一代杂种种子。

四、杂交制种技术要求

为了配制出数量多、质量好的杂交种种子供生产应用，必须搞好制种工作，其主要技术要求如下。

（一）选地和隔离

1. 制种基地的选择　制种基地要求地势平坦，土壤肥沃，地力均匀，排灌方便，旱涝保收，病虫等危害轻且无检疫性病虫，便于隔离，交通方便，要求相对集中连片的地块。

2. 隔离区的设置　杂交种亲本繁殖与制种都必须进行安全隔离，应根据当地实际情况灵活采用以下隔离方式。

（1）机械隔离　在园艺植物开花期，采用套袋、罩网、温室等机械隔离方法，把不同品种隔开，防止非目的性传粉。对于异花、常异花授粉的园艺植物，需人工辅助授粉，网罩、温室内可采用蜜蜂、苍蝇等进行授粉。此法成本较高，适于保留原始材料，繁殖原原种，或在温室内生产价格较高的蔬菜、花卉杂交种。

（2）花期隔离　又称时间隔离，通过错期播种、定植，改变春化、光照条件等方法，使易于杂交的品种、变种、亚种等花期错开，避免天然杂交。花期隔离标准为：早花品种开花末期与晚花品种始花期不重叠，最好隔离 1 周以上。此法适于对光周期不太敏感的品种，在不具备空间隔离条件时，易与生产田同种植物天然杂交。

（3）空间隔离　将易于发生天然杂交的品种、变种、亚种之间隔开适当的距离种植，防止非目的性交配。隔离距离与植物授粉习性（异花授粉植物＞常异花授粉植物＞自花授粉植物）、杂交媒介（虫媒花＞风媒花，虫媒花与授粉昆虫种类、群体大小、活动有关，风媒花与风向、风力有关）、天然屏障（有村庄、林带、山丘隔离可缩小隔离距离）、品种类别（育种家种子＞原原种＞原种＞良种）等因素有关。每种园艺植物都有其最低的空间隔离要求（表3-1），良好的空间隔离条件是防止非目的性交配的有力保障。此法简便，成本低，是目前园艺植物种子生产隔离的主要方法。

（二）科学播种

制种田播前要精细整地、保证墒情，以提高播种质量。此外，还应注意以下几点。

1. 确定父母本行比　行比是制种田中父本行与母本行的比例关系，行比大小决定着母本在制种田中所占面积的比例和结实率，进而影响制种产量。确定行比的原则是：在保证父本花粉充足供应的前提下，尽量增加母本行的比例。当制种田水肥条件好、父本植株高大、花粉量多时，可适当增加母本行数；父母本的株高相差太大或错期播种时，为避免高秆、早播的亲本对矮秆、晚播亲本的影响，应适当调整行比。在确定具体行比时，应根据制种组合中父本的株高、花粉量及花期长短等因素灵活掌握。瓜类蔬菜父母本一般均为雌雄同株异花的自交系，按父母本行比1∶4～6播种育苗，分行定植；茄果类蔬菜可根据父母本花的多少、生长类型、长势等，以父本品种的栽培植株占母本的10%～20%为宜。

2. 提高播种质量　无论是亲本繁殖区还是制种区都要精细播种，力争做到一次播种确保全苗。这样既便于去雄授粉，又可以提高制种产量和制种质量。播种时必须严格分清父、母本行，不得串行、错行、并行、漏行。为了便于区分父母本，可在父本行的两端和中间隔一定距离种上一穴其他植物作为标志。

3. 确定父母本的播种期　准确安排父母本播期是保证花期相遇的根本措施，尤其对父母本生育期相差较大的组合，更是其他措施所不能代替的。确定父母本播期应遵循"宁可母等父，不可父等母"的原则。具体方法有以下几种。

（1）根据亲本生育期确定播种差期　这是一种简便方法，同一杂交组合在某个地区同一季节制种，亲本生育期长短一般是相对稳定的。但也会由于气候、花期、土质及栽培措施的差异而发生变化。

（2）根据有效积温确定播种差期　同一亲本在某一生育阶段的有效积温是比较稳定的，而不同亲本的全生育期以及各生育阶段的有效积温不同。据此，首先要确定父本在一定播种条件下的始花期；其次根据气温资料，以父本始花期这一天为基点，将向前逐日的有效积温累加达到母本播种至始花有效积温数值的那一天，即为母本播种期。确定父母本播种差期的准确度依次为有效积温＞生育期。

（3）调节播期的辅助措施　为减少错期播种的麻烦，对双亲错期较小组合，可将早播种子浸种催芽，与另一亲本干种子同期播种；对于散粉期短的自交系，如作父本，为延长散粉期，可将种子分3份，1份浸种催芽与另1份干种子同期播种，第3份迟播5～7d，以确保母本授粉受精充分；为防意外，可在制种田边地头单设父本采粉区，比隔离区内父本再晚播6～7d，以备急需。

（三）花期调控

由于多种原因，在制种中可能出现父母本花期不遇，造成严重减产甚至绝收。因此，应从苗期开始，抓好花期预测，及时调控花期，保证花期良好相遇。在苗期出现父母本生长快慢不一致时，可采用"促慢控快"法，对生长慢的亲本采取早间苗、早施肥、早松土或保温等措施，促其生长；对生长快的亲本则采取晚间苗、晚施肥、晚松土或降温的控制措施；可摘除早开花亲本上先开花的花枝或花朵，使其后期的花和另一亲本的花期相遇。

（四）去杂去劣

一般在间苗、定苗、定植时，根据父、母本自交系的长相、叶色、叶形、生长势等特征进行第一次去杂去劣；花蕾显现时进行第二次去杂去劣；第三次在开花授粉前进行。去杂去劣，一定要认真负责，对父本杂劣株要特别重视，做到逐株检查，以保证制种质量。收获及脱粒前要对母本果穗认真选择，去除杂劣果穗。

（五）人工去雄和辅助授粉

1. 人工去雄　人工去雄是指在花药开裂前除去雄性器官或杀死花粉的操作过程，目的是防止非目的性杂交或自交，这是保证杂交纯度的关键措施之一。去雄工作有3种方式：①拔除雌雄异株母本行中的雄株，如菠菜、石刁柏等；②摘除雌雄同株异花母本株上的雄花，如瓜类等；③除去雌雄同花母本花内的雄蕊，如茄科等。无论采取哪种去雄方式，都必须要有专人负责，加强巡回检查，保证去雄质量。每天上、下午均可去雄。去掉的雄蕊要带出隔离区，以免雄蕊离体散粉影响制种质量。

2. 辅助授粉　授粉就是将目的花粉授到母本柱头上的操作过程。人工辅助授粉可以通过授粉工具将事先采集好的花粉涂抹到柱头上，或直接用已开裂散出花粉的花药在柱头上涂擦，或将柱头伸入装有花粉的授粉器内蘸粉等。授粉必须在雌蕊受精的有效期内进行。授粉的花龄以花朵盛开时为佳，这时雌蕊柱头的活力最高，柱头上分泌出有黏性的营养液，有利于黏着花粉，并促使花粉发芽。

一天中，以8：00～11：00为最佳授粉时间。授粉工作的技术性很强，涂抹量要适中，动作要轻，整个操作过程需认真、细致，尽量避免碰伤花器，整个授粉工作要防止非目的性交配，更换品种或出现可疑的非目的性花粉污染手指和授粉工具时，应立即消毒。

（六）分收分藏

制种田种子成熟后应及时收获，要把父、母本分收、分运、分脱、分晒、分藏，严防混杂。一般先收母本，后收父本。对于不能鉴别的已落地的株（穗、果），按杂株（穗、果）处理，不能作种子用。

第五节　无性系品种种子生产技术

一、无性繁殖植物种子生产的类别与特点

（一）无性繁殖园艺植物种子生产的类别

根据不同的繁殖方式，将无性繁殖园艺植物归为三大类，即自根营养繁殖类、嫁接繁殖类和微体繁殖类（图3-5）。

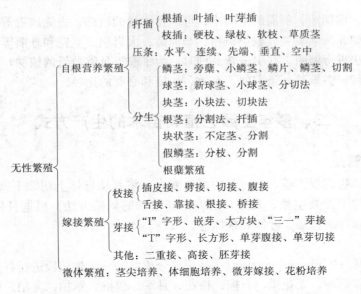

图3-5 无性繁殖园艺植物的类别及主要方法

（二）无性繁殖园艺植物种子生产的特点

1. 自根繁殖的特点与应用 自根繁殖是利用优良母株的枝、根、芽、叶等营养器官的再生能力，发生不定根或不定芽而长成1个独立植株的繁殖方法，所繁殖的苗木称自根苗。自根繁殖的特点是，苗木生长快、生长一致、结果早、能保持母体的优良性状，繁殖方法简单、易掌握，但缺点是自根苗无主根且根系分布浅，适应性和抗性不如实生苗或实生砧嫁接苗，而且繁殖系数也较低。自根繁殖包括扦插（cutting）、压条（layering）和分株（suckering）繁殖，在果树、观赏植物和无性繁殖蔬菜的生产中广泛应用。

2. 嫁接繁殖的特点与应用 嫁接繁殖（grafting propagation）是将园艺植物优良品种植株上的枝或芽，通过嫁接技术接到另一植株的枝、干或根上，使其成活形成一棵新的植株的繁殖方法，通过嫁接培育的苗木称嫁接苗，用来嫁接的枝或芽称为接穗（scion），而承受接穗的植株叫砧木（root stock）。

嫁接繁殖是无性的营养器官繁殖，所以嫁接苗能保持接穗优良品种的优良性状，而且表现生长快、开花结果早。嫁接繁殖可利用砧木的某些性状，如抗寒、抗旱、抗病虫、耐涝、耐盐碱等，来增强接穗品种的抗性和适应性，从而扩大接穗品种的栽培范围，降低生产成本。也可利用砧木来调节果树和花木的生长势，使其树体矮化，满足栽培上或消费上的需要。嫁接繁殖多数砧木可用种子繁殖，而且接穗品种枝芽量也比较大，故繁殖系数高。但嫁接繁殖要提前培育砧木苗，花费时间；嫁接技术复杂，要求较高，嫁接苗的寿命比实生苗短。

园艺植物中绝大部分果树用嫁接繁殖，在花卉上多用于木本观赏植物，以及不能扦插或种子繁殖的花卉。如用山桃、山杏嫁接梅花、碧桃，用小叶女贞嫁接桂花，用黄蒿、仔蒿嫁接菊花，用榆叶梅实生苗嫁接重瓣榆叶梅等。在蔬菜上，为了防病、增产等，有的也采用嫁接繁殖，如利用黑子南瓜作砧木嫁接黄瓜，用瓠瓜、黑子南瓜作砧木嫁接西瓜等。

3. 微体繁殖的特点与应用 通过组织培养方法进行的无性繁殖通称为"微体繁殖"。它具有繁殖系数高、周期短、所需的空间小、可产生大量的植株、去除病毒等优点。目前有很多的园艺植物，如非洲紫罗兰、蕨类植物、非洲菊、大岩桐、兰花和杜鹃等，都正在大规模地用组织培养方法进行繁殖。在引进新品种时，为了获得足够数量的植株，以使田间试验和生产评价能够进行，微繁是一条方便、有效、快捷和必要的途径。

二、多年生园艺植物苗木的生产方式

（一）扦插繁殖

扦插是利用植物的根、茎、叶、芽的再生能力，将其从母体上切取下来，插入基质中，在适宜的环境条件下促其生根、发芽，培养出新植株的繁殖方法。根据扦插所用的营养器官，扦插方法可以分为枝插、叶插和根插等。

1. 枝插

（1）硬枝扦插（hardwood cutting）　是用充分成熟的一年生枝段进行扦插，方法简单易行，繁殖成本低，葡萄、无花果、石榴、梅花、月季、碧桃、翠柏、龙柏、罗汉松等园艺植物常用硬枝扦插繁殖。硬枝扦插通常分为长枝扦插、短枝扦插、单芽枝扦插3种。

①长枝扦插：一般插穗超过4节，长度大于20cm。根据插穗长短、粗细、硬度和生根难易选择扦插方式。细长柔软的插穗（如藤本树种）和生根困难的树种，可采取圈枝（将枝条弯成圈）平放或立放的扦插方式。这种方式能使插穗具备充足的营养物质，增加插穗生根空间和营养面积。平放扦插还因距离地面近，温度高，促进插穗生根和生长，当年就能培育成大苗。粗壮、硬度大的插穗斜插，比圈枝扦插省工、省地，便于大量生产大苗。

②短枝扦插：插穗为2～3节，长度10～20cm。直插或斜插，基质面上仅留1芽露出。在春季风大干旱地区扦插后还应进行覆盖，以保持芽位湿度，防止插穗风干而影响发芽。这种方式适用性广泛且便于大面积生产，是观赏树木最有效的扦插方法。针叶树扦插应进行特殊处理，因针叶树发根缓慢，宜在温室或温床内扦插。插穗应选用主枝上的枝条，插穗基部开一纵裂缝，并于缝间嵌入小石粒以增加伤口面积。插前将插穗基部浸入温水中约2h，使浸出树脂，再修剪切面后扦插。

③单芽枝扦插：插穗为1节1芽，长度5～10cm，适用于一些珍贵树种或材料来源少的树种。这种方法对插穗质量和扦插技术要求较高，最好在保护地内采用营养钵或育苗盘扦插，生根后并长出4～6片叶时，再移栽到露地管理。如果直接在露地进行单芽枝扦插，要求扦插后覆盖稻草或河沙，注意保湿，防止插穗风干，待生根萌芽后，撤去覆盖物。

（2）绿枝扦插（greenwood cutting）　又称嫩枝扦插，是在生长季利用半木质化的新梢进行带叶扦插，在柑橘类、葡萄、猕猴桃等果树，大部分观赏树木，以及薤菜、番茄等蔬菜植物繁殖中均可应用，绿枝扦插插条应随剪随插，最好在早晨有露水时采取，并注意保湿，防止失水萎蔫，一般插条长10～15cm，上部保留1～3片叶，以利光合积累，基部去掉部分叶片，以利扦插和有利生根。插条可插入基质1/3～1/2，以斜插为好，扦插密度以叶片互不遮挡为度。绿枝比硬枝生根容易，但绿枝对空气和土壤或基质湿度要求严格，因此多在室内进行弥雾扦插繁殖，使叶片被有一层水膜，空气湿度保持100%，室内平均气温在21℃左右，从而降低蒸腾，增强光合，使插条保持生活力的时间长些，以利生根成活。

2. 叶插　利用叶的再生机能，切下叶片进行扦插，长出不定根和不定芽，从而形成新

的植株的方法。叶插可分为全叶插和片叶插。全叶插以完整叶片为插穗，具体可以是平置法，即将去掉叶柄的叶片平铺沙面上，用大头针或竹签固定，使叶背与沙面密接；也可以是直插法，即将叶柄插入基质中，叶片直立于沙面，从叶柄基部发生不定芽及不定根。片叶插是将叶片分切数块，分别进行扦插，每块叶片上均形成不定芽、不定根。但不论哪种插法，都要保持良好的温度、湿度条件，才能收到较好的效果。

叶插法常用于非洲紫罗兰、大岩桐、苦苣苔、豆瓣绿、玉树、秋海棠、千岁兰、球兰、虎尾兰、象牙兰、落地生根等观赏植物。

3. 芽叶插　在生长季节用带芽的叶片进行扦插繁殖的方法。选择健壮的枝条，用刀连同带饱满芽的叶片和部分茎一起切下，将其以45°斜插于苗床，行株距10cm×10cm为宜。芽叶插应在设施或荫棚内进行，芽叶插主要用于叶插不易生芽的菊花、虎尾兰、山茶花、橡皮树、桂花、天竺葵、宿根福禄考等观赏植物，果树上菠萝也可用其冠芽、吸芽、裔芽或蘖芽带叶扦插繁殖。

4. 根插　利用植物根上能形成不定芽的能力进行扦插繁殖的方法，常用于根插易生芽而枝插不易生根的园艺植物，如枣、柿、李、核桃、牡丹、芍药、凌霄、金丝桃、罂粟、紫薇、梅、樱花、凤尾兰、牛舌草、毛地黄等。根插可利用苗木出圃剪下的根段或留在地下的根段，将其粗者剪成10cm左右长，细者剪成3～5cm长的插穗，斜插于苗床中，上部覆盖3～5cm厚细沙，保持基质温度和湿度，促进其形成不定芽。根插时也要注意不能倒插，否则不利成活。

（二）压条繁殖

压条繁殖法是在枝条不与母株分离的情况下，将枝梢部分埋于土中，或包裹在能发根的基质中，促进枝梢生根，然后再与母株分离成独立植株。压条繁殖方法有直立压条、曲枝压条和空中压条等。

1. 直立压条　又叫垂直压条或培土压条，苹果和梨的矮化砧、石榴、无花果、木槿、玉兰、夹竹桃、樱花等，均可采用直立压条法繁殖。方法是春季萌芽前自地面重剪枝条，促使基部生萌蘖，当新梢长到20～30cm时进行第一次培土，培土前可去掉新梢基部几片叶或进行纵刻伤等以利生根，培土厚度约为新梢长度的1/2。当新梢长到40～50cm时进行第二次培土，在原土堆上再增加10～15cm土。每次培土前要视土壤墒情灌水，保证土壤湿润，一般培土后20d左右生根。入冬前或翌春萌芽前即可分株起苗，起苗时扒开土壤在靠近母株处留桩短截，可继续进行繁殖。

2. 曲枝压条　葡萄、猕猴桃、醋栗、穗状醋栗、树莓、苹果、梨和樱桃等果树以及西府海棠、丁香等观赏树木常用曲枝压条繁殖。在春季萌芽前进行，也可在生长季节枝条半木质化时进行。由于曲枝方法不同又分为水平压条法、普通压条法和先端压条法。

（1）**水平压条法**　又称沟压、连续压或水平复压，采用水平压条时，母株按行距1.5m，株距30～50cm，顺行向与地面呈45°倾斜栽植。定植当年即可水平压条。沿压条方向划5cm深的浅沟，将枝条呈水平状态压入浅沟内，用枝杈固定，上覆浅土。待新梢长到15～20cm时第一次培土，培土高约10cm，宽约20cm。30d后新梢长到15～30cm时，第二次培土，培土高15～20cm，宽约30cm。枝条基部未压入土内的芽处于顶端优势地位，应及时抹去强旺萌蘖。水平压条在母株定植当年即可用来繁殖，一般初期的繁殖系数较高。

（2）**普通压条**　葡萄等藤本果树，在夏季新梢长到一定长度时，从母株上选靠近地面的当年新梢，在其附近挖 20～30cm 见方的坑，将新梢中部弯曲压入坑底，梢部露出地面，用枝杈固定，并在弯曲处进行环剥、纵刻伤以利生根。然后将坑填平，使新梢埋入土中的部分生根，露在地面的部分继续生长，入冬后或翌春将生根枝条与母株分离即可。

（3）先端压条法　黑树莓、紫树莓、刺梅、迎春花等的枝条顶芽既能长梢又能在梢基部生根，通常于早春将枝条上部剪截，促发较多新梢，在夏季新梢尖端停止生长时，将先端压入土中。如果压得过早新梢不形成顶芽而继续生长，压得太晚则根系生长差。待生根后距地面 10cm 处剪断，即成独立的新植株。

3. 空中压条　又叫高枝压条法，荔枝、龙眼、柑橘类、石榴、枇杷、人心果、油梨、树菠萝、葡萄、桂花、栀子、杜鹃、月季、茶花、茶梅、橡皮树等常用空中压条繁殖。在生长季节进行，选充实的 1～3 年生枝条，在其基部等进行环剥或纵刻伤等，再于环剥或刻伤处用塑料薄膜包以保湿生根基质，2～3 个月后即可生根。生根后剪离母体，即成为新的独立植株。此法具有成活率高、技术易掌握等优点，但存在繁殖系数低、对母株损伤大的缺点。

（三）分生繁殖

将植物体分生出来的幼植体（根蘖、吸芽、珠芽等）或者植物营养器官的一部分（变态茎等）进行分离或分割，脱离母体而形成新的独立植株的繁殖方法。依其繁殖器官类型不同可分为以下几种。

1. 根蘖分株法　许多花卉，尤其是宿根花卉非常容易从根上发出根蘖或从地下茎生出萌蘖，特别是根部受伤后更易发生根蘖。利用这些植物根上易生不定芽、萌发成根蘖苗的特点，将其与母枝分离形成新的植株。园艺植物中枣、石榴、树莓、樱桃、萱草、蜀葵、一枝黄花、金针菜、石刁柏、韭菜、茭白等用此法繁殖，可利用自然根蘖（株丛）进行分株繁殖，也可在发芽前将母株树冠投影外围 0.5～2cm 粗的根切断或造伤，促发根蘖，并施肥灌水，秋季或翌春分离母体挖出即可。

2. 匍匐茎与走茎分株法　有些园艺植物能由短缩的茎部或由叶轴基部长出茎蔓，茎蔓上有节，节间较短横走地面的称为匍匐茎，草莓是典型的以匍匐茎繁殖的园艺植物；节间较长不贴地面的为走茎，如虎尾草、吊兰等。匍匐茎或走茎节部能生根发芽，产生幼小植株，将其与母体分离可得到新植株。

3. 吸芽分株法　吸芽是指某些植物能自根际或地上茎叶腋间自然发生的短缩、肥厚呈莲座状的短枝。吸芽的下部可自然生根，将其与母体分离即可得到新植株。如芦荟、菠萝、景天、拟石莲花等均可用吸芽分株法繁殖。吸芽繁殖在生长期进行，切割下的吸芽经晾晒切口愈合后，或在伤口上涂以硫黄粉、木炭粉防止腐烂，然后栽到培养床上。床土不要太湿，要保持良好的透气性，生根后上盆定植。

4. 球茎、块茎、根茎分株法　有些园艺植物的球茎、块茎、根茎等营养器官有芽，易产生不定根，将其切块或切段用于繁殖即可形成新的植株。如唐菖蒲、荸荠、慈姑等可用球茎分离子球或切块繁殖，马铃薯、山药、菊芋等可用块茎分割繁殖新株，而美人蕉、香蒲、紫菀、姜、藕等可用其根茎切段繁殖。

一些多年生园艺植物的地下茎肥大呈粗而长的根状，并贮藏营养物质。根茎与地上茎的结构相似，具有节、节间、退化鳞叶、顶芽和腋芽。节上常形成不定根，并发生侧芽形成新的株丛。在春天开始生长前把肥大根茎进行分割，每块茎上留 2～3 个芽，然后育苗或直接定植。

5. 鳞茎分株法　鳞茎是变态的地下茎，有短缩而扁盘状的鳞茎盘，盘上着生肥厚多肉的鳞叶。鳞茎中贮藏丰富的有机质和水分，以适应不适宜的生育环境条件。鳞茎外面有干皮或膜质皮包被的叫有皮鳞茎，如郁金香、风信子、香雪兰等；无包被的叫无皮鳞茎，如百合。鳞茎的顶芽抽生真叶和花序，鳞叶之间可发生腋芽，每年可以从腋芽中形成 1 个至数个子鳞茎，从老鳞茎旁分离出。大蒜等园艺植物可利用此法繁殖，但有些鳞茎分化较慢，仅能分出数个新球，所以大量繁殖时对有些种类需进行人工处理，促使长出子球，如百合可用鳞片扦插，风信子可用对鳞茎刻伤的方法促使子球发育。

6. 块根繁殖法　块根是由营养繁殖植株的不定根或实生繁殖植株的侧根，经过增粗生长而形成的肉质贮藏根。在块根上很易发生不定芽，故可用于繁殖形成新的植株。大丽花是典型的块根繁殖园艺植物。可用整块块根繁殖，也可将块根切块繁殖。

（四）嫁接繁殖

嫁接方法按所取的材料不同分为枝接、芽接和根接 3 大类。

1. 砧木的选择和接穗的采集

（1）砧木的选择　适宜的砧木应与接穗有良好的亲和力；对接穗生长、结果有良好的影响，如生长健壮、开花结果早、丰产优质及长寿等；对栽培地区的气候、土壤等环境条件适应能力强，如抗寒、抗旱、抗涝、耐盐碱等；能满足特殊的需要，如乔化、矮化、抗病虫等；繁殖材料丰富，易于大量繁殖。

砧木依其繁殖方式不同有实生繁殖砧木和营养繁殖砧木，依其嫁接后长成的植株高矮、大小分为乔化砧和矮化砧，依其利用形式分为自根砧和中间砧。

（2）接穗的采集　接穗应从品种优良、生长健壮、无检疫病虫害、已结果的原种母树上采集。接穗应生长发育充实、芽饱满。

由于嫁接时期和方法不同，采用的接穗也不同。春季嫁接多用一年生枝条作接穗，一般结合冬季修剪采集，也可随用随采；冬剪时采集的接穗要按品种打捆，加挂标签，埋于窖内或沟内湿沙中；贮藏期间注意保温防冻（0～5℃为宜），春季回暖后，要控制温度、湿度条件，避免接穗发芽，以提高嫁接成活率，延长嫁接时间。夏秋季嫁接多用当年生新梢或发育枝作接穗，一般是随用随采，采下后立即去掉叶片保留叶柄，减少水分蒸发。如当日或次日嫁接，可将接穗下端浸入水中；如隔几日嫁接则应在阴凉处挖沟铺湿沙，将接穗下端埋入沙中并经常喷水保持湿度，或将接穗打捆悬挂在井下水面之上。

2. 嫁接时期　北方落叶树木枝接一般在早春树液开始流动后、接穗芽尚未萌动时进行，时间在 3 月中旬到 5 月中旬。有些树种在夏季也可进行绿枝枝接。而芽接时期一般以夏秋的 7～8 月份为主。

3. 嫁接方法

（1）枝接　以带芽枝条作接穗的嫁接方法称枝接。常用的枝接方法有劈接、切接、合接、靠接等。

①劈接：将砧木在距土面 5cm 左右处剪断，由中间垂直向下切，深 2～3cm；接穗基部由两侧削成楔形，切口长度与砧木的切口相当；将接穗插入砧木切口内，使二者外侧的形成层密接，捆缚，埋土。劈接适合于果树高接，也常用于草本园艺植物如菊花、大丽花、仙人掌类的嫁接。

②切接：枝接中最常用的一种方法。选粗 1cm 左右的砧木，在距土面 3～5cm 处剪断，选光滑的一侧，略带木质部垂直下切，深度为 2～3cm；接穗长 5～10cm，带 2～3 芽，在接穗下部自上向下削一长度与砧木切口相当的切口，深达木质部，再在切口对侧基部削一斜面；将接穗插入砧木切口内，使二者至少有一侧的形成层相密接；捆缚，并埋土或套塑料袋。

③合接：多用于砧木与接穗粗细相仿的枝条。将接穗与砧木各斜切一斜面，斜面应长而平，二者长度相等，然后使互相贴合，形成层密接。如砧木直径较大，则可偏于一边，使一边的形成层密接。缚以缚扎物并涂上接蜡即成。

④靠接：一种比较原始的嫁接方法，成活率高，但接穗用量大，嫁接效率低。常用于其他方法嫁接不易成活或贵重珍奇的种类。具体方法是用盆栽的办法，使砧木和供作接穗的植株放在一起，调整至适宜的高度。选双方粗细相近和枝干平滑的侧面，各削去枝粗的 1/3～1/2，削面长 5～7cm。将双方切口的形成层密接，用塑料条捆好。待二者接口愈合后，剪断接口下端的接穗母株枝条，剪去砧木的上部，即成为一新独立苗木。

（2）芽接　芽接是切取优良品种植株的侧芽作接穗，带少量木质部或不带木质部，将砧木的皮切口剥开，将侧芽嵌入。芽接方法主要有"T"形芽接、方块形芽接、嵌芽接等。

①"T"形芽接：这是一种应用最普遍的方法。先在砧木背侧，选距地面 3～5cm 的光滑处横切一刀，长 1cm 左右，深达木质部，再在切口中间向下划一刀，使成"T"形；在接穗的枝条上，用三刀法或二刀法切取宽 0.8cm、长 1.5cm 左右的盾形芽片；将芽片放入砧木切口内，使二者上切口对齐，捆缚。

②方块形芽接：这种方法适用于皮层较厚的植物。选取的接穗为边长 1.5cm 左右的方形芽片，在砧木的嫁接位置做一个印痕，取下相同大小的一块树皮，再将接穗贴入，捆缚。

③嵌芽接：这种方法适用于接穗不离皮或春季芽接。在接穗枝条上，由芽上方 0.5～0.8cm 处带木质部向下削长约 1.5cm 的切口，使芽位于中央，再由芽下向斜上方切入，取下芽片；以同样的方法，在砧木上切取同样大小的伤口；在砧木切口处贴入芽片，使二者形成层至少有一侧密接，捆缚。

（3）根接　在砧木的根上进行嫁接，接法常用合接、舌接等，冬春在温室内进行，砧木的根于秋季挖出贮藏。用于根接的花卉有大丽花、牡丹、蔷薇、八仙花、凌霄、紫藤等。当接穗大、砧木（根）小时，一个接穗可同时用两个砧木（根）嫁接，使其在接穗两侧或下端两边接上砧木（根）。

4. 嫁接苗的管理

（1）嫁接后温湿度的管理　因植物种类不同嫁接后管理的适宜温度也不同，一般以20～30℃、夜温不低于 15℃ 为好。温度过高、过低，嫁接效果不好。除靠接外，其他接穗法全部脱离母体，如果湿度太小，接穗蒸发量过大，就会失水过多而枯死。尤其北方地区湿度较小，应注意保湿。可以在嫁接部位用塑料薄膜条或透明胶布严密绑好接口，也可在接口处套塑料袋，或者用塑料薄膜把嫁接苗罩盖一段时间，待接口处愈合好再撤掉。

（2）检查成活　芽接后 7～10d 可检查成活情况，若接芽新鲜，其上叶柄一触即落为成活；枝接后 14～21d 检查成活，接穗萌芽并有一定生长量时为成活。未成活则应及时补接。

（3）剪砧除萌　夏秋季芽接的在翌春发芽前要及时剪去接芽以上的砧木，以促进接芽萌发。砧木基部发生的萌蘖应及时除去，以免消耗养分和水分，影响接穗生长。

（4）其他管理　在嫁接苗生长过程中，要经常进行中耕除草，勤施薄肥，并加强病虫害防治等管理，以保证嫁接苗正常生长。在风大的地区，应注意防风折枝。

（五）微体繁殖

见本章第六节无病毒种苗生产技术。

第六节　无病毒种苗生产技术

一、病毒病的危害特点及防治

植物病毒病是指由病毒和类似病毒的微生物如类病毒（viroid）、植原体（phytoplasm）、螺原体（spiroplasma）以及类细菌（bacterium‑like organism）等引起的一类植物病害。目前已发现的植物病毒病害已超过 700 种，几乎每种植物上都有 1 至几种，甚至几十种病毒危害。病毒和类似病毒等微生物侵入植物体后，通过改变细胞的代谢途径使植物正常的生理机能受到干扰或破坏，出现花叶、黄化等症状，从而导致植物生活力降低、适应性减退、抗逆力减弱、产量下降、品质变劣，甚至完全丧失商品价值。苹果感染病毒病通常减产15％～45％；马铃薯减产 50％以上；葡萄果实成熟期推迟 1～2 周，减产 10％～15％，品质下降20％；花卉染病后花朵变小，失去观赏价值。所有植物病毒都可以随种苗或其他无性繁殖材料传播，而有些病毒如马铃薯 Y 病毒属（*Potyvirus*）、线虫传多面体病毒属（*Nepovirus*）和等轴不稳定环斑病毒属（*Ilarvirus*）等多种病毒，还可以通过种子等有性繁殖材料传播。在自然条件下，病毒一旦侵入植物体内就很难根除，目前生产上对病毒病的防治尚无特效药物。脱毒是当前解决无性繁殖植物病毒病的有效方法。植物脱毒（virus elimination）是指通过各种物理或化学的方法，将植物体内有害病毒及类似病毒去除，而获得无病毒植株的过程。通过脱毒处理而不再含有已知的特定病毒的种苗称为脱毒种苗或无毒种苗（virus‑free plant or seedling）。栽培无病毒种苗不仅能增强植物的适应能力和抗逆能力、提高植物的产量和品质，而且脱毒种苗的应用还能减少化学农药的使用，对生态环境的保护、健康农产品的生产和农业的可持续发展也具有十分重要的意义。

二、脱毒技术

植物脱毒的方法主要有茎尖培养脱毒、热处理脱毒、微体嫁接脱毒、器官培养脱毒、病毒抑制剂的应用、珠心胚培养脱毒和原生质体培养脱毒几种方法。

（一）茎尖培养脱毒

茎尖培养（meristem culture）是指切取茎的先端部位或茎尖分生组织部分进行的无菌培养。

1. 茎尖培养脱毒的原理　1943 年 White 提出"植物体内病毒梯度分布学说"。该学说认为，虽然病毒侵入植物体后是全身扩展的，但不同的组织和部位，病毒的分布和浓度有很大差异。一般而言，病毒粒子随着植物组织的成熟而增加，维管束越发达的部位，病毒分布越多。植物生长点内组织分化弱，维管束分化与顶端分生组织区的胞间连丝不发达，病毒不能通过胞间连丝到达顶端分生组织而形成无毒区。分子生物学研究表明，这可能与 DNA 合成和 RNA 干扰有关。基于这一点，将茎尖生长点接种在适宜的培养基上进行组织培养，就有可能培养出无病毒植株。

2. 茎尖培养脱毒的基本程序与技术关键

（1）茎尖培养脱毒的基本程序　茎尖培养脱毒一般包括以下几个步骤。

①培养基的选择和制备：寻找适合的培养基，尤其是分化、增殖和生根培养基是茎尖培养成败的关键。在茎尖培养中最常使用的是 MS 培养基，但不同培养阶段所需要的植物生长调节剂种类、用量及配比各不相同，需要根据所培养的植物种类或品种而做适当调整。

②材料消毒：材料消毒一般在超净工作台或无菌室内工作台上进行。首先将材料浸入 70％的酒精中 5～30s，再用纱布包好，置于 5％的次氯酸钠或 10％的漂白粉上清液或 0.1％的升汞水溶液中消毒 10～15min。消毒时上下搅动，将材料空隙中的空气充分排出，使药液与组织表面充分浸润接触，达到彻底杀菌的目的。对于表面绒毛多、组织疏松的材料，可放入钟罩中抽气消毒 10～15min，在消毒液中加入 0.01％～0.1％的吐温也是常见的方法。

Jones 等在培养苹果矮化砧 M_{26} 茎尖时，采用了一种两阶段的灭菌程序：第一阶段，将材料浸入表面浸润剂（浓度 0.01％～0.14％）如吐温中 20s，然后将材料浸入含 0.14％有效氯的溶液中 1min，无菌水冲洗三次，把材料转入无激素和维生素的培养基，过渡培养 24h；第二阶段，从过渡培养基中，取出材料浸入表面浸润剂（0.01％～0.1％）中 20min，再浸入 0.11％杀菌灵中 15min，然后将材料浸入含 0.42％～0.50％有效氯的溶液中 30～40min，用无菌水冲洗 3 次，接种于培养基中。这一方法适用于那些难于一次彻底灭菌的田间生长的多年生木本植物材料。

③茎尖接种：在超净台上，从纱布中每次取出 2～4 个梢尖，放入经高压灭菌、垫有滤纸的培养皿中，在双目解剖镜下剥离幼叶和叶原基，留 1～2 个叶原基，切取 0.2～0.5mm 大小的茎尖组织，接种于事先准备的培养基中进行培养。注意每切取一个茎尖，应更换一次刀，防止不同茎尖之间病毒的互相感染。

（2）茎尖培养技术关键　茎尖培养成败的关键有 2 点：①选择适宜的培养基，尤其是分化、增殖和生根培养基；②一般来说，剥离茎尖愈大愈易成活，但病毒愈难脱除，茎尖应以大到足以脱毒、小到足以发育成完整植株为前提。通常需在双筒解剖镜下，用锋利的解剖刀进行。操作要迅速、准确，一般切取长度为 0.2～0.5mm、带有 1～2 个叶原基的茎尖作为培养材料。

（二）热处理脱毒

热处理（heat treatment）也称温热疗法（thermotherapy），是植物病毒脱除中应用最早和最普遍的方法之一。

1. 热处理脱毒的原理　热处理利用病毒病病原与植物的耐热性不同，将植物材料在高于正常温度的环境条件下处理一定的时间，使植物体内的病原钝化或失去活性，而植物的生长受到较小的影响，或在高温条件下植物的生长加快，病毒的增殖速度和扩散速度跟不上植物的生长速度而被抛在其后，使植物的新生部分不带病毒。

2. 热处理脱毒的方法　热处理常用温汤浸渍和热空气处理两种方法。

（1）温汤浸渍　将带病毒的植物材料置于一定温度的热水中浸泡一定的时间，直接使病毒钝化或失活。温汤处理常用 50～55℃处理 10～50min 或 35℃处理 30～40h 等，对植物体的损害较大，有时会导致植物组织窒息或呈水渍状。处理时必须严格控制温度和处理时间。

该种方法适于休眠器官，尤其是种子的处理。

（2）热空气处理　将待脱毒的植物材料在热空气中暴露一定的时间，使病原钝化或病毒的增殖速度和扩散速度跟不上植物的生长速度，而达到脱除病毒的目的。热空气处理是植物脱毒中最常用的方法。为了保证在处理过程中植株能正常生长，要求热处理的苗木必须根系发达、生长健壮。热处理所用的病株，其染病组织越小，脱毒效果越好。

3. 热处理脱毒的条件

（1）温度与时间　热处理温度和时间因病毒种类而异。有些病毒在 33～34℃条件下处理 28～30d 即可脱除，有些病毒必须在 39～42℃的条件下处理 50～60d 才能脱除。在植物耐热性允许范围内，热处理的温度越高，脱毒的效果越好。生产实践中，一般多用 35～38℃恒温，尤以 37℃恒温处理（30±2）d 的实例较多。

近年来，为了减少高温对植物体的损伤，改用变温热处理，脱毒效果更好。生产实践中以白天 40℃处理 16h、夜间 30℃处理 8h 的实例居多。如柑橘速衰病毒（citrus tristeza virus，CTV）幼苗黄化株系在 38℃恒温条件下处理 8 周不能脱毒，处理 12 周才能脱毒；而在白天 40℃、夜间 30℃的变温条件下，处理 8 周即能脱毒。

（2）湿度与光照　热处理期间，热处理箱中相对湿度应保持在 70%～80% 之间。在过分干燥的条件下，热处理的新梢生长不良。以自然光最好，但秋冬期间，适当补充人工光照，对新梢伸长有良好作用，利于脱毒。

（3）热处理的前处理　为了提高植物的耐热性，延长植物在热处理中的生存时间，热处理前往往要进行前处理。通常是在 27～35℃下处理 1～2 周后才进行热处理。

4. 热处理后的嫩梢嫁接　热处理使病毒钝化或病毒增殖和扩散速度减缓，而植株生长加快，植株的新生枝条顶端不带毒。但热处理不能使病毒完全失活。热处理停止后，病毒的增殖和扩散速度会逐渐加快，最终扩散至整个植株。因此，热处理后应立即取新梢嫁接或扦插才能获得脱毒植株。剪取的新梢越小，获得脱毒植株的概率越高，但嫁接或扦插的成活率越低。一般取 1.0～1.5cm 长的新梢进行嫁接为宜。

（三）微体嫁接脱毒

在茎尖培养的基础上，Marashige 等（1972）提出了微体嫁接（micro-grafting）技术，即将茎尖分生组织嫁接在试管中经脱毒培养的砧木上而得到完整植株。利用微体嫁接已相继在桃、柑橘、苹果、大丽花等园艺植物上获得了无毒苗。

1. 微体嫁接方法　微体嫁接主要包括 3 个步骤。

（1）试管砧木的准备　选作茎尖微芽嫁接的砧木种子，应与被嫁接的品种有良好的亲和力，同时不带病毒和其他有害病原物。将种子去掉种皮，用 0.5% 次氯酸钠消毒 10min，然后用无菌蒸馏水冲洗 3～4 次，接种于 MS 琼脂培养基中，在 25℃黑暗条件下培养 15d 左右。

（2）茎尖嫁接　在超净工作台上，将幼苗的上胚轴和子叶去掉，根系也进行适当短截后，在离上胚轴顶端约 0.5cm 处向下斜切一深达木质部、长 2～3mm 的斜切口，在斜切口末端横切一刀，用刀尖挑去切下部分。在透视显微镜下，从待脱毒样品上取 0.1～0.2mm 茎尖，小心放于切口的水平面上，切面向下并与其维管组织密接，然后移入培养基中。

（3）嫁接苗培养　嫁接后将其置于光照度 1 000～4 000lx、光照时间 16h/d 和温度 27℃条件下培养。嫁接 1 周后接穗和砧木均产生愈伤组织，2～3 周后完全愈合，5～6 周后接穗发育成具有 4～6 片叶的新梢。

2. 影响微体嫁接成活的因素 影响微体嫁接成活的因素主要是接穗的大小和取样的时间。试管嫁接成活率与接穗的大小呈正相关，而无病毒植株的获得与接穗茎尖的大小呈负相关。因此，为了获得无病毒植株，可用带 2 个叶原基的茎尖作接穗。一年中不同时期从田间取样作接穗，嫁接的成活率也不同。一般春天从新梢上取材嫁接的成活率，显著高于其他季节取材的成活率。用离体培养的新梢茎尖作接穗时，嫁接成活率与季节无关。

（四）器官培养脱毒

通过植物各部位的器官和组织培养，去分化诱导产生愈伤组织，在继代过程中，愈伤组织再分化，长出小植株，可以得到无病毒的植株。利用这种方法先后在天竺葵、马铃薯、大蒜、草莓、水仙、大丽花、唐菖蒲等多种植物上获得成功。草莓无毒植株的产生，是在花药培养获得单倍体植株的研究过程中发现的。据研究报道，花椰菜花器分生组织培养可以脱除芜菁花叶病毒和花椰菜花叶病毒。刘文萍等（1992）用唐菖蒲花蕾进行离体培养，脱除了烟草花叶病毒（脱毒率为 60％）。

通过器官培养诱导愈伤组织途径脱除病毒，可能是因为病毒在植物体内不同器官或组织中分布不均，而存在无病毒的细胞群落，这些无病毒细胞群落在离体培养中形成无病毒的愈伤组织，或有些愈伤组织细胞中的病毒浓度低，病毒粒子在愈伤组织增殖过程中逐渐丢失，或继代培养的愈伤组织产生抗性变异等。

（五）病毒抑制剂的应用

在培养基中加入一定量的病毒抑制剂，将茎尖中的病毒抑制，使新培养出的新芽无毒，再取新生长的芽尖在同一种培养基中继代培养，从而获得无毒试管苗。常用的病毒抑制剂有抗病毒醚、氰基胍、烷基磺酸盐、2-硫脲嘧啶等，其中抗病毒醚是一种应用最广、最成功的对植物病毒的复制和扩散有抑制作用的化学物质，它对 DNA 或 RNA 病毒具有广谱作用。Cassells 等（1982）研究表明，在马铃薯茎尖和原生质体培养中，抗病毒醚加入培养基中能抑制病毒复制，从而可以从感染病毒的材料中获得无病毒苗。山家弘士（1986）用加有抗病毒醚的培养基对感染苹果茎沟病毒的试管苗进行培养表明，不论抗病毒醚浓度高低都能脱除病毒。

（六）珠心胚培养脱毒

柑橘、芒果等多胚植物的珠心细胞很容易形成珠心胚。由于珠心细胞与维管束系统无直接联系，而病毒通常是通过维管束的韧皮组织传递的，因此珠心组织往往是不带病毒的。通过珠心胚培养可以获得无病毒植株。

（七）原生质体培养脱毒

Shepard（1975）从感染 PVX 的烟草叶片的原生质体中获得了无毒苗。病毒的丧失可能是由于病毒不能有均等的机会侵染每一个细胞，因此从病叶或茎的健全部分分离得到原生质体，再由原生质体作为外植体培养可获得无病毒的植株。

三、病毒的检测方法

通过不同途径脱毒处理所获得的材料，必须经过严格的病毒检测，证明确实无病毒存在时，才能在生产中应用。

（一）生物学检测

生物学检测法又叫指示植物检测法，是指借助对某些病毒敏感的植物进行病毒鉴定的方法。指示植物（indicator plant）是指对某一种或某几种病毒及类病毒具有敏感反应，一旦被感染能很快表现出明显症状的植物。指示植物可以分为草本指示植物和木本指示植物2类。

1. 草本指示植物鉴定 可用作病毒鉴定的草本指示植物种类很多，常用的有藜科的昆诺藜（*Chenopodium quinoa*）、苋色藜（*C. amaranticola*）和墙生藜（*C. murale*），茄科的心叶烟（*Nicotiana glutinosa*）、普通烟（*N. tabacum* var. *samsurm*）和克利夫兰烟（*N. clevelandii*），豆科的菜豆（*Phaseolus vulgaris*），苋科的千日红（*Gomphrena globosa*）和尾穗苋（*Amaranthus caudatus*），以及葫芦科的黄瓜（*Cucumis sativus*）等植物，其中应用得最多的是藜科植物，又以昆诺藜和苋色藜最为常用。昆诺藜多用于检测线状病毒，苋色藜多用于检测多面体病毒。用草本指示植物检测植物病毒通常采用的是机械接种法，即通过外力在指示植物体表面（如叶片）造成微小伤口，使病毒从伤口进入植物细胞引起被接种植株发病的方法。通常是从待检测样品上取一定量的叶片、花瓣或枝皮，加入缓冲液，在低温下研磨后，蘸取汁液在撒有金刚砂的指示植物上轻轻摩擦接种，接种完毕立即用蒸馏水轻轻地冲洗净叶片上残留的汁液。接种后，将指示植物放在半遮阴、温度为 $20\sim25℃$ 条件下，定期观察并记录指示植物症状反应，根据指示植物上症状的有无，即可判断待检测样品是否带有已知病毒。

大多数草本指示植物对多种病毒都很敏感，且自然条件下大多数植物感染有一种至多种病毒，有些病毒很容易通过介体昆虫（如蚜虫等）传染。因此，草本指示植物应在严格防虫条件下隔离繁殖，以免交叉感染，影响结果的判断。

2. 木本指示植物鉴定 经过试验和筛选，目前国际上各类植物病毒都有一套通用的木本指示植物（表3-2）。园艺植物病毒多用木本指示植物进行嫁接传染。通常使用较多的有双重芽接法（double budding）、双重切接法（double cut grafting）和指示植物直接嫁接法（grafting of indicator）3种。

（1）**双重芽接法** 双重芽接法是 Posnettt Gropley（1954）创立的，是目前检测木本植物病毒最主要的方法。其方法是先将指示植物的芽嫁接到实生苗基砧离地面10cm处，然后将待检芽嫁接在指示植物芽下方，两芽相距 $2\sim3cm$。成活后，将指示植物接芽1cm以上的砧干剪除，除去砧木的萌蘖，加强管理，并控制待检芽的生长和促进指示植物芽的生长（图3-6）。

（2）**双重切接法** 双重切接是指在休眠期剪取指示植物及待检树的接穗，萌芽前将带有2个芽的指示植物和待检树的接穗同时切接在砧木上，指示植物接穗嫁接在待检树的接穗上部（图3-7）。

（3）**指示植物嫁接法** 指示植物嫁接法是先把指示植物嫁接在实生砧木上，繁殖成苗后再在指示植物基部嫁接1个待检芽片，接芽成活后剪除指示植物，留 $2\sim3$ 个饱满芽，使其重新发出旺盛的枝叶。

表 3 - 2 常用木本指示植物及其所鉴定的病毒种类

病原植物	指示植物	病毒种类
苹果	大果海棠	褪绿叶魔病毒、鳞皮病、矮缩病毒
	弗吉尼亚小苹果	茎痘病毒、茎沟病毒
	司派	茎痘病毒、衰退病毒、反卷病毒
	苏俄苹果	褪绿叶魔病毒
	兰蓬王	花叶病毒、软枝病、扁枝病、小果病
梨	杂种榅桲	脉黄化病毒、衰退病、树皮坏死病
	哈代	环纹花叶病毒、裂皮病、树皮坏死病
	鲍斯克	痘病毒
	威廉姆斯	粗皮病、裂皮病、疱状溃疡病
	寇密斯	衰退病、裂皮病
	A_{20}	环纹花叶病毒、脉黄化病毒、疱状溃疡病
柑橘	墨西哥栋檬、酸橙、葡萄柚、甜橙	柑橘衰退病毒
	兰普栋檬、香橼	柑橘裂皮病毒
	香橼、得威特枳橙、温州蜜柑	温州蜜柑矮缩病毒
	邓肯葡萄柚、墨西哥栋檬、甜橙、香橼	柑橘环斑病毒、柑橘鳞皮病毒

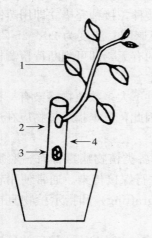

图 3-6 病毒检测双重芽接法
1、2. 指示植物 3. 待检芽 4. 砧木

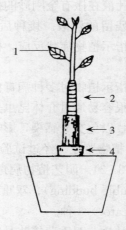

图 3-7 病毒检测双重切接法
1、2. 指示植物 3. 待检接穗 4. 砧木

　　指示植物发病情况调查，一般从嫁接后第二年 5 月中旬开始，定期观察指示植物的症状反应。根据指示植物的症状反应，确定待检树是否带有某种病毒。由于病毒在树体中分布不均匀，即同一树体上有些芽片不带病毒，加之气候等因素对症状表现的影响，可能会出现漏检现象，故对第一次鉴定未表现症状的待检树，需重复鉴定 1～2 次，确定其真正不带应检病毒时，方可作为无病毒母本树。

　　生物学检测在植物病毒检测中，具有观察的直观性、结果的可靠性和准确反映病毒生物学特性的特点，是病毒检测的传统方法。但生物学检测耗时长，有的 1～2 周表现症状，有的需 1～3 年，并且受季节限制；有的类病毒不适合应用，有一定的局限性；维护指示植物园的费用高，灵敏度也较低。

（二）电镜检测

电子显微镜以电磁波为光源，将感病植物组织制成检测样本，利用短波电子流，在电子显微镜下观察，可根据病毒的形态、大小、内含体以及染病组织超微结构等诊断病毒的种类。分辨率可达到 0.1nm，而病毒颗粒大小为 10～100nm。因此，应用电镜方法鉴定和检测病毒，应先了解不同病毒的形态和特点。电镜技术的先进性主要表现在取样简便，需要时间短，大多数病毒能通过制备样品和进行负染来鉴定。但是对初学者来说，掌握这种方法的难度比较大，而且往往容易受到破碎细胞器的干扰而影响判断结果。用电镜观察时，需要样品含有的病毒浓度较高，因此被检病毒需要经过提纯，即用超速离心机反复低温离心，把病毒粒子提纯分离出来。提纯液可用于电镜制片，观察病毒形态结构。

在电子显微镜检测的基础上，又发展起来了许多与电子显微镜有关的病毒检测技术，如免疫吸附电镜技术和胶体金免疫电镜技术。经改进的电镜技术使病毒检测的灵敏性和直观性大幅度提高，如胶体金免疫电镜技术检测植物病毒，即使在寄主植物中的病毒含量极低时，也可以有效地检测。

（三）血清学检测

血清学方法是检测植物病毒较为常用和有效的手段之一。植物病毒是由蛋白质和核酸组成的核蛋白，是一种很好的抗原（antigen），当用抗原注射动物后，动物体内便产生一种免疫球蛋白（immunoglobulin，Ig），称为抗体（antibody）。抗体主要存在于血清中，故称含有抗体的血清为抗血清（antiserum）。不同的病毒刺激动物所产生的抗体均有各自的特异性。特异性的抗体与相应的抗原结合，使抗原失去活力，这种结合的过程称为免疫反应，也称血清反应。由于不同病毒产生的抗血清都有各自的特性，因此可以用已知病毒的抗血清来鉴定病毒种类。血清学检测植物病毒具有快速、灵敏和操作简便等特点。目前应用最广泛的血清学检测方法是酶联免疫吸附法（ELISA）。

1. 酶联免疫吸附法　ELISA 的基本原理是，以酶催化的颜色反应指示抗原抗体的结合。酶联免疫吸附反应是一种采用固相（主要为聚苯乙烯酶联板）吸附，将免疫反应和酶的高效催化反应有机结合的方法。酶标抗体与相应抗原反应时形成酶标记的免疫复合物，酶遇到相应的底物时产生颜色反应，颜色深浅与抗原量正相关。目前，应用较多的是双抗体夹心法（DAS‐ELISA）和 A 蛋白双抗夹心法（PAS‐ELISA）。前者是将已知抗体吸附于固相载体，加入待检标本（含相应抗原）与之结合，温育后洗涤，加入酶标抗体和底物，使抗体—抗原—酶标记抗体复合物与底物反应，呈现深浅不同的颜色反应；后者与前者的区别在于用 A 蛋白包被病毒抗血清与抗原识别。

2. 其他血清学方法　其他血清学方法主要有免疫荧光技术（immunofluorescence technique）、斑点免疫测定法（dot immunobinding assay，DIBA）和快速免疫滤纸测定法（rapid immuno‐filter paper assay，RIPA）等。血清学方法与生物学试验相比节省空间、时间，并且可重复性强，在病毒检测技术方面是一大进步，然而其使用亦受到以下方面的限制：①血清学方法检测病毒的基础是利用病毒外壳蛋白的抗原性，但有些植物病毒在某些情况下缺乏外壳蛋白，而类病毒则没有外壳蛋白，使该检测法无效；②季节性的不确定变化，常阻碍阳性与阴性样品的区分；③病毒在感染植株上不均匀分布，病毒分离物的多样性也影响了血清学方法；④不同病毒可以侵染相似的寄主，从而导致不同的病症，并且两者在血清学上相关，不易检测。

（四）分子生物学检测

分子生物学检测法是通过检测病毒核酸（DNA、RNA）来证实病毒的存在。由于是从核酸的水平来检测病毒，所以比血清学方法的灵敏度更高，可检测到皮克（pg，10^{-12}g）级甚至飞克（fg，10^{-15}g）级，特异性更强；检测病毒的范围更广，对各种病毒、类病毒都可以检测，可以进行大批量的样本检测。分子生物学检测法常用的有核酸杂交技术（technique of nucleic acid hybridization）、双链 RNA（double-stranded RNA，dsRNA）电泳技术，以及反转录聚合酶链式反应（reverse transcription polymerase chain reaction，RT-PCR）等。分子生物学检测方法具有其他检测方法无可替代的优点。因而，其在植物病毒检测中应用迅速，技术不断完善，展现出良好的发展前景。

四、无病毒苗木的繁育体系

（一）无病毒原原种的保存

经过脱毒和病毒检测的植株，可作为无病毒原原种保存，保存形式有组培保存和田间原原种圃保存。

1. 组培保存 将由组织培养获得的无病毒原原种，保留在培养瓶内不断继代保存。每次保留 5～10 瓶（4℃），每半年重新培养更新。

2. 田间原种圃保存 将获得的无病毒原原种植株，按一定株行距，定植于未种过同类园艺植物且距同类园艺植物园 50m 以上的田间原原种圃内保存。田间保存的原原种，要定期随机抽样检测，发现带病毒植株必须及时剔除，同时剔除与其相邻的植株。

（二）无病毒苗木的繁育体系

无病毒种苗繁育体系需经国家或省（自治区、直辖市）主管部门核准，通常分 4 级场圃（图 3-8）。第 1 级为育种者无病毒苗木保种圃，负责无病毒育种者种苗的培育、引进、保存和病毒检测；向无病毒原原种圃提供无病毒繁殖材料，并负责对无病毒原原种圃的繁殖材料做定期检测。第 2 级为无病毒原原种圃，负责无病毒原原种的繁殖、保存和病毒检测；向无病毒原原种圃提供无病毒繁殖材料，并负责对无病毒原种圃的繁殖材料做定期检测。第 3 级为无病毒原种圃，负责无病毒原种的繁殖、保存和病毒检测；向无病毒良种圃提供经检测确认的各种无病毒繁殖材料，包括无病毒品种原种、无病毒砧木原种、无病毒无性系砧木原种等。第 4 级为无病毒良种圃，是无病毒种苗的专业生产单位，利用由无病毒原种圃提供的各种繁殖材料，繁殖无病毒种苗，向生产单位提供无病毒种苗用于栽植建园。

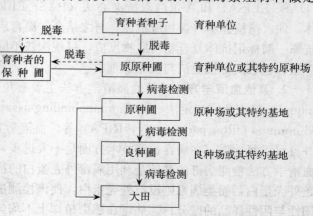

图 3-8 无病毒苗木四级种子生产程序

第七节　人工种子

随着体细胞杂交、组织培养等现代生物技术的飞速发展，世界范围内的许多生物学家正在致力于可进行工厂化生产的人工种子的研究。芹菜、芫荽、胡萝卜、莴苣、马铃薯、水塔花等园艺植物人工种子的制种技术已取得了重要进展。

一、人工种子的概念及意义

（一）人工种子的概念

人工种子（artificial seed）又称人造种子（man - made seed），它是指植物离体培养中产生的胚状体、不定芽、块茎、腋芽、芽尖、原球体、愈伤组织和发根等繁殖体，被包裹在含有养分和保护功能的人工胚乳和人工种皮中，从而形成能发芽出苗的颗粒体。

（二）人工种子的结构

植物人工种子与天然种子非常相似，由胚状体或称体细胞胚（somatic embryo）、人工胚乳（artificial endosperm）和人工种皮（artificial seed coat）3 部分组成。体细胞胚系由茎、叶等植物营养器官经组织培养产生的一种类似于自然种子胚（合子胚）的结构，它相当于天然种子的胚，是有生命的物质结构；人工胚乳是为胚状体进一步发育和萌发而提供营养物质，相当于天然种子的胚乳，其主要成分是各种培养基的基本成分，根据使用者的目的，可向内加入一些抗菌素、植物激素、有益微生物或除草剂等物质，赋予人工种子比天然种子更加优越的特性；人工种皮即包裹于人工种子的最外层部分，具有保护作用，它像天然种皮一样能在适宜条件下维持胚状体正常的生长发育。人工种皮通常是由透水透气、固定成型、耐机械冲击且不损坏的琼脂、褐藻酸盐、白明胶、角叉菜胶和槐豆胶等物质制成，其中褐藻酸钙是最理想的材料，它是一种从海藻中提取出来的糖类化合物，具有凝聚作用好、使用方便、无毒及价格便宜等特点。

（三）人工种子的意义

人工种子不仅能像天然种子一样可以贮存、运输、播种、萌发和长成正常植株，而且还有许多独特的优点。

二、人工种子的制备方法与技术

人工种子的制作包括选取目标植物→从合适外植体诱导愈伤组织→体细胞胚的诱导（最好在发酵罐中进行）→体细胞胚的同步化→体细胞胚的分选→体细胞胚的包裹（人工胚乳）→包裹外膜→贮藏→发芽成苗试验→体细胞变异程度与农艺研究。其中胚状体的诱导与同步化、人工胚乳的配制和人工种皮的包裹是人工种子制作的三大核心技术。

（一）人工种子胚状体的诱导与同步化

1. 人工种子胚状体的诱导　胚状体是制作人工种子的核心。胚状体包括体细胞胚和性细胞胚（如花粉胚状体等）。性细胞胚具有诱导技术繁杂、遗传分离或单倍体不育等缺点，目前人工种子广泛使用的是体细胞胚。作为人工种子的核心，胚状体质量的好坏直接影响人工种子能否萌发和发育成正常的植株。

胚状体可以从悬浮培养的单细胞得到，也可通过试管培养的愈伤组织、原生质体、花粉和胚囊获得。一般先诱导出愈伤组织，并进行悬浮培养，再置于含生长素的发酵罐中，细胞扩增后，移入无生长素的发酵罐中，诱导出胚状体。胚状体的质量应以形态学上基本无变异，胚发生后同步化或能较整齐地得到高频率的正常植株为标准。

在组织培养中，不少植物都可诱导产生胚状体，但由于培养条件或植物激素的不适宜，常使诱导出的胚状体出现子叶不对称、子叶连合、多子叶、畸形子叶、胚轴肉质肥大及胚状体发育受抑制而中途停顿等，导致胚状体不能发育成正常表现型的绿色植株。要诱导高质量的胚状体，可从培养基的选择、氮源和碳源的合理利用等方面入手。许多情况下，在培养基中加入活性炭对胚状体的发育亦大有好处。

2. 胚状体同步化　胚状体同步化是指促使所有培养的细胞或发育中的细胞团块进入同一个分裂时期。只有同步化的细胞，才可能成批地产生出成熟胚胎。胚状体同步化的方法有化学方法和物理方法。化学方法常用的有阻断法和饥饿法，阻断法是在培养初期加 DNA 合成抑制剂阻断细胞分裂的 G_1 期，饥饿法是将培养基中的一些主要成分反复去除和添加；物理方法常用的有过滤筛选法、渗透压分离法、低温处理法、离心法、玻璃珠过滤法、机械分选法等。

（二）人工胚乳的配制

在自然种子中，胚乳为合子胚发育的营养仓库。人工胚乳的目的也是通过组合各种植物生长发育所必需的物质，为植物繁殖体创造一个适宜的营养环境，以保证繁殖体转化成苗。人工胚乳一般由基本培养基、碳源和生长调节剂组成。

1. 基本培养基与碳源　不同植物物种、不同的繁殖体对培养基的要求不同。MS、N6、B5 和 SH 培养基等都曾被用作人工种子包被的基本培养基，其中以 MS 或改良 MS 培养基最为常用。

糖类既可以作为繁殖体生长的碳源物质，又可以改变包被体系中的渗透势，防止营养成分外泄，还能在人工种子低温贮藏过程中起保护作用。目前用于人工胚乳中的糖类主要有蔗糖、麦芽糖、果糖和淀粉等。其中以蔗糖应用最为广泛。蔗糖的使用浓度一般为 3%。不同蔗糖浓度对人工种子萌发的影响也不同。Adriani 等在猕猴桃不定芽的包被过程中，发现增加蔗糖的浓度可增加其转化率。

淀粉在人工种子包被中应用也比较广泛。淀粉可以在胶囊中分解，为植物繁殖体的发育提供碳源支持。Redenbaugh 等（1987）在制作苜蓿体细胞胚人工种子时，分别以浓度为 1.5% 的玉米淀粉、马铃薯淀粉、米淀粉、麦淀粉等 7 种类型淀粉加入 SH 培养基内，以测试哪种淀粉能作碳源来代替标准的麦芽糖转换培养基。结果发现，马铃薯淀粉与对照相当，可使体胚转化率达 35.4%。黄绍兴等（1995）对木薯淀粉研究还发现，淀粉分子多孔状的结构可以改变海藻酸钙胶囊的致密结构，从而增加胶囊的透气性、保水性和吸水性，提高了人工种子的萌发率。

2. 植物生长调节物质　培养基中的生长调节剂可分为细胞分裂素和生长素两类。常用的细胞分裂素有 6 - BA 和 KT，生长素有 IAA、IBA、NAA、2,4 - D 等。不同植物培养中细胞分裂素与生长素的种类和浓度有所不同，在百合茎尖分生组织培养时以 MS＋BA0.5～1.0mg/L＋NAA0.5mg/L 效果最佳，而无子西瓜茎尖快速繁殖时，在 MS＋BA0.5mg/L＋

IAA1.0mg/L 培养基上芽增殖数增多，且发育正常。在人工胚乳中添加激素虽可提高人工种子的萌发率，却会降低幼苗对环境的适应性。

此外，还可以在人工胚乳中增加一些金属离子、杀菌剂、防腐剂、农药、抗生素、除草剂等，人为地影响和控制植物的发育与抗逆性。

（三）人工种皮的制作

胚状体产生和人工胚乳配制好后，就要进行人工种皮的包裹。理想的人工种皮应具有一定的封闭性，以保证胚乳的各种成分不易流失。人工种皮要求允许内外气体交换畅通，以保持胚状体的活力。人工种皮的制作通常包括内膜和外膜两部分。

作为人工胚乳的支持物的内膜应具备的条件为：①对繁殖体无毒、无害，有生物相容性，能支持胚；②具有一定透气性、保水性，不影响人工种子贮藏保存，又能使人工种子在发芽过程中正常生长；③具有一定强度，能维持胶囊的完整性，以便人工种子的贮藏、运输和播种；④能保持营养成分和其他助剂不渗漏；⑤能被某些微生物降解，即选择性生物降解，降解产物对植物和环境无害。内膜可选择聚氧乙烯、海藻酸钠、明胶、果胶酸钠、琼脂、琼脂糖、淀粉、树胶等。

外膜可选用半疏水性聚合膜，以降低海藻酸钠的亲水性。复涂外膜除了能有效提高人工种子的保水能力和防止营养渗漏外，还可保护人工种子不受土壤中的微生物、温度和 pH 变化以及其他生物和物理化学因素的影响；同时便于人工种子的运输、贮藏和播种。

包埋人工种子的方法主要有液胶包埋法、干燥包裹法和水凝胶法。液胶包埋法是将胚状体或胚功能类似物悬浮在一种黏滞的流体胶中直接播入土壤。Drew 用此法将大量的胡萝卜体细胞胚放在无糖而有营养的基质上，获得了 3 株小植株；Baker 在流体胶中加入蔗糖，结果有 4% 的胚存活了 7d。干燥法是将胚状体经干燥后再用聚氧乙烯等聚合物进行包埋的方法，尽管 Kitto 等报道的干燥包埋法成株率较低，但它证明了胚状体干燥包埋的有效性。水凝胶法是指通过离子交换或温度突变形成凝胶来包裹材料的方法。Redenbaugh 等首先用此法包埋单个苜蓿胚状体制得了人工种子，离体成株率达 86%。在多种水凝胶中，海藻酸钠应用最广。常用的以海藻酸钠来包埋的离子交换法的操作方法如下：在 MS 培养基中加入

0.5%～5.0% 的海藻酸钠制成胶状，加入一定比例的胚状体，混匀后，用滴管将胚状体连同凝胶吸起，再滴到 2% 氯化钙溶液中停留 10～15min，其表面即可完全结合，形成一个个圆形的具一定刚性的人工种子。而后以无菌水漂洗 20min，终止反应，捞起晾干（图 3-9）。

固化剂氯化钙溶液的浓度影响成球快慢，一般 1% 的浓度足以成球，浓度升高到 3% 成球速度快。在氯化钙溶液中的络合时间以 30min 为宜，增加浸泡时间，人工种子的硬度也会显著增加。包埋成功的人工种子，在外形上就像一颗乳白色半透明的鱼卵或圆珠状的鱼肝油胶丸。

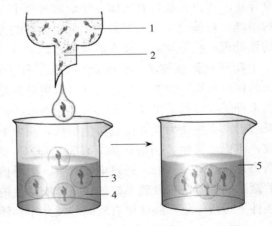

图 3-9　海藻酸钠包埋人工种子示意
1.4% 海藻酸钠　2. 体细胞胚
3. 包埋丸　4.2% 氯化钙　5. 水

三、人工种子的贮藏与萌发

由于农业生产的季节性限制，人工种子需要贮存一段时间再播种。贮藏人工种子的方法有低温法、干燥法、抑制法、液体石蜡法，以及这些方法的组合等，目前应用最多的是干燥法和低温法的组合。一般是将人工种子贮藏在 4～7℃ 低温、小于 67% 相对湿度的条件下。由于人工种子的贮藏技术很大程度上依赖于包埋技术，不同包埋材料的贮藏方法也不尽相同，以下介绍以海藻酸钠为包被材料制作的人工种子的贮藏技术。

（一）人工种子贮藏技术

1. 低温贮藏技术 低温贮藏是指在不伤害植物繁殖体的前提下，通过降低温度来降低繁殖体的呼吸作用，使之进入休眠状态。常用的温度是 4℃，在此温度下体细胞胚人工种子可以储存 1～2 个月。如茶枝柑（*Citrus reticulata*）的人工种子，贮藏 1 个月后仍具很高转化率。非体细胞胚人工种子可以在 4℃ 下贮藏更长的时间，马铃薯芽尖在 MS 培养基上培养 2d 后，用海藻酸钠包埋，贮藏 270d、360d 和 390d 后，在 MS 培养基上的萌发率分别是 100%、70.8% 和 25%。可见，人工种子没有像自然种子一样在贮藏前进入休眠状态，随着低温贮存时间的加长，包埋体系内的含氧量降低，人工种子萌发率会下降。

2. 液体石蜡贮藏技术 液体石蜡是经济、无毒、稳定的液体物质，常被用来贮藏细菌、真菌和植物愈伤组织。李修庆等（1990）研究胡萝卜人工种子的结果表明，人工种子在液体石蜡中短时间保存（1 个月）能较正常地生长，但时间长时（79d），人工种子苗的生长则明显比对照组差；并发现液体石蜡对幼苗的呼吸和光合作用有一定的阻碍作用，干燥后的人工种子，在 2℃ 的液体石蜡中，2 个月后只有 2% 萌发。陈德富等（1990）对根芹（*Apium graveolens*）体细胞胚人工种子的研究也得到同样结果。说明用液体石蜡来贮藏人工种子并不能达到较好的效果。

3. 超低温贮藏技术 超低温一般是指 −80℃ 以下的低温，如超低温冰箱（−80～ −150℃）、液氮（−196℃）等。在此温度下，植物活细胞内的物质代谢和生命活动几乎完全停止。所以，植物繁殖体在超低温过程中不会引起遗传性状的改变，也不会丢失形态发生的潜能。目前应用于人工种子超低温保存的方法主要是预培养—干燥法，即人工种子经一定的预处理，经干燥后，浸入液氮保存。

4. 干化贮藏技术 干化能增强人工种子幼苗的活力，有助于贮藏期间细胞结构及膜系统的保持和提高酶的活性，使其具有更好的耐贮性。已有研究发现：在高湿度下缓慢干化，人工种子有较高的发芽率和转化率。Nitzche（1967）用 ABA 处理胡萝卜胚状体，经 7d 干燥后仍具有生命力，并得到再生植株，胡萝卜愈伤组织在 15℃ 及相对湿度 25% 的条件下存放一年仍可再生。Gray、黄绍兴等（1994）的研究结果表明，干化能增强人工种子幼苗的活力；崔红等（1993）通过电镜观察、电导值及脱氢酶的比较，发现干化有助于芹菜胚状体贮藏期间细胞结构及膜系统的保持和酶活性的提高，使胚状体具有更好的耐贮性。在高湿度条件下缓慢干化，胚状体有较高的发芽率和转化率。

（二）人工种子发芽试验

包裹好的人工种子含水量大，易萌芽，通常要在无菌条件下和有菌条件下对它进行发芽试验，前者是把包好的人工种子接于 MS 或 1/2MS 培养基中进行发芽；后者是用蛭石和沙

1:1混合，开放条件下播种人工种子。培养发芽条件通常为（25±1）℃，1 500lx，光照时间 10h/d。蛭石与沙要保持一定的湿度，防止人工种子水分很快丧失而使种球变硬变小，影响种子萌发。要定时观察统计发芽的粒数并计算发芽率。有的人工种子能发芽但不一定能发育成植株。试验中通常把胚根或胚芽伸出人工种皮大于 2mm 称为发芽，而把胚芽、胚根部都伸出种皮并长于 5mm 称为成苗。

一般来说，在人工种皮内补充添加剂有利于有菌条件下萌芽，试验表明在蛭石、珍珠岩等基质上发芽率较高。此外，防腐也可以提高人工种子的萌发率，汤绍虎等（1994）在甘薯人工种皮中加 400～500mg/L 的先锋霉素、多菌灵、氨苄青霉素或羟基苯酸丙酯，均有不同程度的抑菌作用，萌发率可提高 4%～10%。

四、园艺植物人工种子的制备技术

（一）胡萝卜人工种子制作技术

李修庆等（1989）通过对胚状体的产生、包埋和发芽过程进行优化试验，建立了胡萝卜人工种子制作体系，其具体步骤如下。

1. 诱导胚性愈伤组织　将自然种子在 75% 的酒精中浸泡 5min，然后在饱和的次氯酸钙溶液或 10%（体积分数）的次氯酸钠溶液中消毒 20～30min，再用无菌蒸馏水冲洗 3～5 次，将消毒的种子播种在用琼脂固化的只含有水或 1/4MSO 培养基（浓度为 1/4、不含激素的 MS 培养基）上发芽。播种后第 4～7d，将幼苗的下胚轴或子叶切成长约 2mm 的小段，在含有 1.5mg/L 2,4-D 的 MS 培养基上诱导胚性愈伤组织。

2. 诱导体细胞胚　3～4 周后，将愈伤组织悬浮在 MSO 液体培养基中诱导体细胞胚，每 5～7d 换一次培养基，振荡速度 80～110 r/min。一部分愈伤组织可继代培养在含 0.5～1.5mg/L 2,4-D 的琼脂培养基上，供以后悬浮培养体细胞胚用。

3. 包埋　经半个月左右悬浮培养后，用直径为 2mm 的尼龙网过滤筛选体细胞胚，以获得长度 0.6～2mm 的体细胞胚用于包埋。将用过滤筛选的体细胞胚悬浮在含有 1/2MSO、活性炭、防腐剂及 15%海藻酸钠的凝胶中（供在土壤中发芽的人工种子必须添加适当的防腐剂）。用直径为 4～6mm 的滴管将体细胞胚与凝胶一起滴入 11.1g/L 的 $CaCl_2$ 溶液中固化成球，用无菌水或液体培养基冲洗人工种子。

4. 发芽试验　将人工种子播种在无菌的发芽培养基中，如 1/4MSO 固体培养基或浇有少量 1/4MSO 液体的湿润的蛭石上和有菌的土壤中进行发芽成苗。

（二）水塔花人工种子制作技术

水塔花（*Billbergia pyramidalis*）属凤梨科水塔花属的草本常绿植物。现以陈秀玲等（2001）进行的水塔花人工种子制作为例，简要介绍其人工种子制备技术。

1. 体细胞胚的诱导　以水塔花顶端生长点为外植体，将选取的材料用自来水洗净，在无菌条件下用无菌水冲洗 1 次，再用 0.1%升汞浸泡 10～15min，取出用无菌水冲洗 4～5 次，每次 15min。接种于改良的 MS 培养基上诱导体细胞胚。20～25d 继代培养一次，培养获得大量胚状体。

2. 胚状体的筛选　为获得相对质量好和同步化的胚状体，先进行胚状体的筛选。选择圆形且直径为 2～3mm 的胚状体用于制作人工种子。

3. 制作和包埋　将胚状体浸泡于经高温高压消毒的海藻酸钠 2.0%＋MS＋IBA 0.1mg/L 中 10～15min，然后用吸管吸起胚状体，逐粒滴入 $CaCl_2$ 溶液（1/2MS＋蔗糖 2%＋$CaCl_2$ 2.0%）中，经 20min 形成白色、半透明且具一定弹性的人工种子小球，用 1/2MS 液冲洗终止反应，即形成人工种子。

4. 发芽试验　将制作好的人工种子播种在无菌的 1/2 MS 固体培养基上发芽率最高。

◇ 复习思考题

1. 简述种子生产的概念。
2. 论述引起品种混杂退化的原因有哪些？如何防止品种发生混杂退化？
3. 园艺植物繁殖方式有哪些？不同繁殖方式的种子生产具有哪些特点？
4. 简述常规种、自交系、雄性不育"三系"、雄性不育两用系、无病毒苗木的四级种子生产程序。
5. 无性繁殖植物种子生产包括哪些类别？分别简述其特点？
6. 获得无病毒苗的途径有哪些？常用的脱毒方法有哪些？
7. 简述人工种子的概念和结构组成。
8. 试述人工种子的研制意义及制作技术。

◇ 推荐读物

王建华，张春庆主编 . 2006. 种子生产学 . 北京：高等教育出版社 .

巩振辉，申书兴主编 . 2007. 植物组织培养 . 北京：化学工业出版社 .

张万松，陈翠云，王淑俭，等 . 1997. 农作物四级种子生产程序及其应用模式 . 中国农业科学，30（2）：27 - 33.

第四章　园艺植物种子的检验
与种子标准化

【本章要点】本章应重点掌握种子检验的一般程序及种子扦样的方法，种子净度、纯度、发芽率和水分等主要质量项目检验的方法和依据；理解种子各种检验方法的基本原理；了解种子检验和标准化的内容和意义。教学难点是扦样、种子净度分析、种子发芽试验、种子水分测定和品种纯度检验的方法。

　　种子检验（seed testing）是保证种子质量的重要手段，是种子分级和种子标准化的主要内容之一。种子标准化的目的是为农业发展提供优质种子，确保生产用种的质量。

第一节　种子检验的内容及程序

一、种子检验的概念与内容

　　1. 种子检验的概念　种子检验是指应用科学和先进的技术和方法，按照一定的标准，对种子样品的质量进行正确的分析测定，判断其质量的优劣，评定其种用价值的一门科学技术。种子检验过程通常需要一定的标准，运用一定的仪器设备进行。

　　2. 种子检验的内容　种子检验，包括种子真实性、种子纯度、种子净度、种子发芽力、种子生活力、种子活力、种子重量、种子健康程度、种子含水量等内容，前两项属于种子品种品质（genetic quality），后七项属于种子播种品质（sowing quality）。

　　种子检验可分为田间检验和室内检验两种。

　　（1）田间检验　在种子未收获之前，直接到田间根据植株的特征、特性，对其生育期期间的质量进行检验的方法。检验的内容包括：品种的真实性和纯度，品种的生育情况，异作物、异品种、杂草率，病虫感染等。田间检验是室内检验的基础，一般只有获得田间检验许可证的采种田，其种子才有资格进行室内检验。

　　（2）室内检验　在种子收获脱粒以后，在现场或贮藏库扦取种子样品进行检验。检验的内容包括：种子真实性、品种纯度、净度、发芽力（生活力）、活力、千粒重、容重、水分及病虫害等。在种子加工、贮藏、销售和播种之前，由于各种原因都有可能使种子的质量发生变化。因此，必须对种子进行全面检验，避免影响种用质量。

二、种子检验的程序

种子检验的主要步骤可分为扦样、检测和结果报告 3 个步骤：①扦样步骤依次为种子批扦样、实验室分样和样品保存；②检测分必检项目和非必检项目，必检项目包括净度分析、发芽试验、真实性和品种纯度鉴定、水分测定，非必检项目通常有生活力测定、重量测定、种子健康度测定、包衣种子检验等；③结果报告包括核对允许误差、签发结果报告单的条件和签发种子检验结果等程序。

一般来说，种子检验程序首先为田间检验，其次是室内检验，最后是田间小区鉴定（图4-1）。

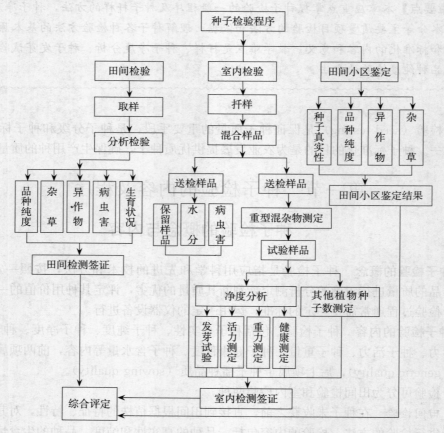

图 4-1　种子检验程序

第二节　种子室内检验技术

一、种子扦样

（一）扦样的目的意义和原则

扦样（sampling），又称取样或抽样，是指检验一批种子之前，利用扦样工具，从种子批中随机取得一定数量具有代表性供检样品的技术。扦样的目的是取得一定数量供检验用的种子样品。扦样是种子室内检验的第一步，扦样是否正确，样品是否具有代表性，直接关系到检验结果的准确性。因此，必须采用科学的扦样方法和原则进行操作，才能使样品具有代表性，保证检验结果的准确性。

扦样最基本的原则是保证样品具有代表性。因此，扦样工作必须由受过专门技术训练、具有实践经验的人员担任，其具体内容如下。

（1）种子批具有高度的均匀性　由于种子扦样所取样品的数量仅占种子批的万分之一，甚至更少，因此，只有种子批质量均匀，才有可能扦取到具有代表性的样品。尽管实际操作中不可能得到完全一致的种子批，但种子批应该按照实际操作做到力求均匀一致，在允许误差范围内具有代表性和重演性，对种子质量不均匀或异质性的种子批拒绝扦样。

（2）扦样点分布随机和均匀　种子批内不同部位的种子质量可能存在差异，因此，扦样点应随机、均匀和全面分布在种子批的各个部位。

（3）各个扦样点扦取的样品数量应基本相等　从各个扦样点扦取样品数量要基本一致，才能保证样品具有代表性。

（二）样品组成

扦取后的样品按照组成和作用不同，分为初次样品（primary sample）、混合样品（composite sample）、送检样品（submitted sample）和试检样品（working sample）4种。初次样品又称小样，是指从一批种子的一个点扦取出来的少量种子；混合样品又称原始样品，是指从一批种子的一个点扦取出来的所有初次样品混合而成的样品；送检样品又称平均样品，是指从混合样品中分取一部分种子送至检验单位用的样品；试检样品又称试样，是指从送检样品中分出一定数量的种子，用于检验种子品质的各个指标，试检样品的数量不得少于各项指标测定用的规定数量。

（三）扦样方法

1. 准备工作　扦样之前，必须了解种子批的基本情况，包括种子的品种名称、来源、产地、种子管理期间是否经过翻晒、熏蒸等基本情况，同时还要观察仓库环境、库房建设、种子堆放和品质情况，供划分种子批时参考。

2. 划分种子批　种子批是指来源于同一品种，同年同季生产收获、品质基本一致的同一批种子。一个种子批只能扦取一个送检样品。如果扦样的种子批超过规定数量时，应分成几批分别扦样，每批不得超过规定的数量。《农作物检验规程·扦样》（GB/T 3 543.2—1995）中明确规定了农作物种子批的最大数量（附表6）。

3. 扦取初次样品　由于种子贮存的方式不同，其扦样方法也不同，分别如下。

（1）袋装种子扦样法

①扦取数量：根据种子批的袋数确定扦样袋（容器）数（表4-1）。

表4-1　袋（容器）装种子的扦样数

种子批袋数（容器数）	扦取的最低袋数（容器数）
1～5	每袋都需扦取，至少扦取5个初次样品
6～14	不少于5袋
15～30	每3袋至少扦取1袋

（续）

种子批袋数（容器数）	扦取的最低袋数（容器数）
31～49	不少于 10 袋
50～400	每 5 袋至少扦取 1 袋
401～560	不少于 80 袋
561 以上	每 7 袋至少扦取 1 袋

引自颜启传，2001。

②扦取方法：采用扦样器扦取样品，袋装种子常用的扦样器为单管扦样器和双管扦样器（图 4-2）。扦样点应在袋中的不同部位均匀分布，扦样时将扦样器插入袋内，插入时槽口向下，然后旋转 180°，使槽口向上，抽出扦样器，即得到一个样品。

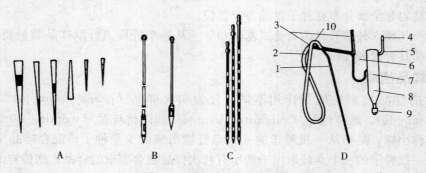

图 4-2　种子扦样器的种类
A. 单管扦样器　B. 圆锥形扦样器　C. 双管扦样器　D. 气吸式扦样器
1. 扦样器　2. 皮管　3. 支持管　4. 排气管　5. 排气管　6. 曲管
7. 减压室　8. 样品收集室　9. 玻质观察管　10. 连接夹
（颜启传，2001）

（2）散装种子扦样法
①扦取数量：根据种子批的数量确定扦样点（表 4-2）。

表 4-2　散装种子批扦样点数

种子批大小（kg）	扦取点数
50 以下	不少于 3 点
51～1 500	不少于 5 点
1 501～3 000	每 300kg 至少扦取 1 点
3 001～5 000	不少于 10 点
5 001～20 000	每 500kg 至少扦取 1 点
20 001～28 000	不少于 40 点
28 001～40 000	每 700kg 至少扦取 1 点

引自颜启传，2001。

②扦取方法：常用的扦样器为双管扦样器、长柄短筒圆锥形扦样器、圆锥形扦样器和气吸式扦样器（图 4-2）。根据确定的扦样点进行扦样，一般扦样点要均匀分布在散装种子批的不同部位，注意顶层 10～15cm 和底层 10～15cm 不扦，四角各点要距仓壁 30～50cm。按

照扦样点的位置先扦上层，其次中层，后扦下层，以免搅乱层次失去代表性。

4. 配制混合样品 混合样品是由种子批内所扦取的全部初次样品混合而组成的。在混合初次样品之前，注意观察样品在净度、颜色、气味和含水量等方面有无差异，无明显差异的初次样品才可混合为混合样品，如有明显差异，则应作为另一批种子处理。

5. 送检样品的分取、包装和发送 送检样品数量取决于检验项目。如供净度分析的种子一般应有25 000粒种子，将此种子数量折算成重量，即为送检样品的最低重量。不同园艺植物送检样品的最低重量不同（附表6）。如果混合样品与送检样品数量相等时，即将混合样品作为送检样品。但混合样品数量较多时，可从中分取规定数量的送检样品，分样的方法有分样器分样与四分法分样。常用的分样器有圆锥形分样器、横格式分样器和电动离心分样器（图4-3，4-4，4-5）。四分法分样是将种子平摊于干净的台面上，混合均匀，铺成厚度不超过1cm的正方形，然后用分样板（木板或塑料板）画对角线，将两个对顶的三角形留下，舍弃另外两个三角形，当混合样品较多时，可用同样的方法进行几次，直至达到送检样品的数量。送检样品分两份，一份经密封后供净度分析和发芽试验用；另一份应立即放入密闭的容器中，供检验水分、病虫害并作为保留样品用。送检样品应附上扦样证明书，在24h内送到检验单位。

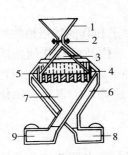 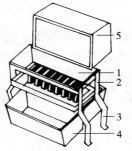 

图4-3 圆锥形分样器　　　　图4-4 横格式分样器　　　　图4-5 电动分样器
1. 漏斗 2. 活门 3. 圆锥体　　1. 漏斗 2. 格子和凹槽　　　1. 进料斗 2. 开关 3. 转动分样盘
4. 流入内层各格 5. 流入外层各格　3. 支架 4. 承接器　　　　4. 外壳 5. 出料管 6. 盛接器
6. 外层 7. 内层 8、9. 盛接器　　5. 倾倒盆　　　　　　　7. 底盘 8. 插座
（颜启传，2001）　　　　　（颜启传，2001）　　　　　（毕辛华，1993）

6. 样品保存 送检样品收到当天就应开始检验，否则应将样品保存于阴凉通风处，严防样品品质发生变化。为了便于复检，送检样品在适宜条件下保存一年，使品质变化降低到最低限度。

二、净度分析

（一）净度分析的目的与意义

种子净度（seed purity）是指种子样品中除去杂质及其他植物种子，剩下的本作物净种子重量占样品总重量的百分率。种子净度分析的目的是了解种子的真实重量，作为种子选用的依据（种子用价＝净度×发芽率）；其次，了解种子中含有杂质的种类和数量。

净度分析对现代农业生产有重要意义。如果种子中混有杂质，会降低种子的使用价值，有些杂质容易引起种子吸湿、发霉、破损、发芽，废种子易引起害虫和微生物的危害，而且携带检疫对象的杂草和病虫危害更大。因此，种子净度分析对提高种子播种质量和安全贮藏均有重要作用。

（二）净度分析的标准

种子净度分析的方法有精确区分法和快速区分法两种。精确法的特点是技术复杂，主观影响大，分析费时，对好种子的标准较难掌握，分析结果误差大，但获得结果比较符合实际。快速法的特点是技术简单，主观影响小，分析省时，分析结果误差小，对净种子的区分界限明确，标准易掌握，因而被广泛应用。我国现行的《农作物种子检验规程》（GB/T 3543—1995）就采用此法作为标准。下面介绍快速区分法。

快速区分法分析时把试验样品区分为净种子、其他植物种子和杂质。

（1）净种子　凡是种子构造能明确地鉴别出属于所分析的种，即使是未成熟的、瘦小皱缩的、带病的或发过芽的种子，都称为净种子。通常包括：①完整的种子单位；②大于原来种子大小一半的破损种子单位，但在个别的属和种中有一些例外：豆科、十字花科其种皮脱落的种子单位应列为杂质；即使有胚芽和胚根的中胚轴，并超过原来种子大小一半的附着种皮，豆科种子单位的分离子叶也列为杂质；甜菜属复胚种子超过一定大小的种子单位列为净种子。

（2）其他植物种子　是指除送检样品以外的种子，包括杂草种子和其他栽培植物种子。

（3）杂质　杂质包括：①净种子和其他植物种子以外的种子单位及所有其他物质与构造，如豆科、十字花科等植物的无种皮种子；②小于规定大小的种子；③易碎、灰白色至乳白色的菟丝子种子、脱落的不育小花、护颖、内外颖、茎叶、鳞片等；④害虫、虫瘿、菌核、土块、沙子和石块等非种子物质。

（三）净度分析的方法

净度分析大体分为重型杂质检查、试样分取、试样分析、称重计算与报告四大步骤。

1. 重型杂质的检查　重型杂质是指重量和大小明显大于所分析种子的杂质，如石块、土块及小粒种子中混入的其他植物的大粒种子等。尽管这些杂质数量不多，但会对净度分析的结果产生很大影响。因此，净度分析时要查看送检样品中是否混有这些杂质，如果存在，应分别按杂质或其他植物种子挑选归类，分别称重计算重型杂质的含量。

$$重型杂质的含量 = \frac{m}{M} \times 100\%$$

式中，$m = m_1 + m_2$；m 是重型杂质重量（g）；m_1 是其他植物种子重量（g）；m_2 是杂质重量（g）；M 是分析重型杂质的样品重量（g）。

2. 试样的分取

（1）试样的重量　从除去重型杂质的送检样品中独立分取规定重量的试样样品两份称重。净度分析的试验样品至少含有 2 500 粒种子（折成重量）为宜。

（2）试样的分取　用分样器或分样板分取规定重量的试样两份或规定试样重量的一半两份。第一份试样取出后，将剩余部分重新混匀后再分取第二份试样。

（3）试样的称重　当试样分至接近规定的最低重量时即可称重。试样称重的精确度因试样重量而异（表4-3）。

表 4 - 3　试验样品称重精度

试样重量（g）	称重精确至下列小数位数
1.000 0 以下	4
1.000～9.999	3
10.00～99.99	2
100.0～999.9	1
1 000 或 1 000 以上	0

引自颜启传，2001。

3. 试样的分析　为了更好地将净种子与其他成分分开，借助筛子筛选是必要的。筛子应选用筛孔大小不同的两层筛，第一层筛孔应大于所分析的种子，用于分析较大的杂质，第二层筛孔应小于所分析的种子，用于分离细小的杂质。筛理时，在小孔筛下面套一筛底，在大孔筛上面加上筛盖。筛理后，可按照前述各种成分的分析标准对各种成分进行进一步分离，并分别称重。

4. 结果计算及报告

（1）结果计算　试样分析结束后将每份试样的净种子（P）、其他植物种子（OS）和杂质（I）分别称重。称重的精确度与试样称重时相同。然后将各种成分的重量之和与原始重量比较，核对分析期间试样重量有无增失，若增失差距超过原始重量的 5%，则必须重做。若增失差距小于原始重量的 5%，则计算净种子（P_1），其他植物种子（OS_1）和杂质（I_1）各成分的重量百分率。若分析的是全试样，计算结果精确到 1 位小数，半试样分析结果精确到 2 位小数。

$$P_1 = \frac{P}{P+OS+I} \times 100\%$$

$$OS_1 = \frac{OS}{P+OS+I} \times 100\%$$

$$I_1 = \frac{I}{P+OS+I} \times 100\%$$

（2）结果处理　分析后任一成分的重复间的误差不得超过容许误差（附表 1）。若所有成分的结果都在容许范围内，则计算每一成分的平均值。如果超过容许范围，则需重新分析一份试样，在第二次分析时，若最高值和最低值差异没有大于容许误差的两倍，则填报三者的平均值。

（3）结果报告　净种子、其他植物种子和杂质的百分率必须填在检验证书规定的空格内，若某一成分的结果为 0，需在适当空格内用"- 0.0 -"表示。若某成分少于 0.05%，则填报"微量"。

三、种子发芽试验

（一）发芽试验的意义

1. 种子发芽力的概念　种子发芽力通常用发芽势和发芽率表示。发芽势（germination

energy）是指种子发芽初期（规定日期内）正常发芽种子数占供试种子数的百分率。种子发芽率（germination percent）是指在发芽试验终期（规定日期内）全部正常发芽种子数占供试种子总数的百分率。前者的数值高，说明发芽整齐，种子活力强，增产潜力大。后者的数值高，说明有活力种子多，播种后出苗数多。

2. 发芽试验的意义 发芽试验通常是在实验室可控制的适宜标准化条件下进行的，它使发芽最为良好，结果准确可靠。而在田间条件下试验结果重复性较差，不能得到满意的结果。

种子发芽试验对种子经营和农业生产具有极为重要的意义。发芽试验可作为种子收购时种子分级和定价的标准。在种子贮藏期间进行发芽试验，可掌握贮藏期间种子发芽力的变化情况，以便及时改进贮藏条件，确保种子安全贮藏；调种前做好发芽试验，可防止盲目调运发芽力低的种子，节约人力和财力；在生产上，根据发芽率的高低确定播种量，防止种子浪费，确保播种成功。此外，种子发芽率也是计算种用价值的重要指标。

（二）种子发芽试验的设备

发芽设备主要有用于保证种子发芽所需的水分、温度、光照、氧气等条件的设备如电热恒温发芽箱、变温发芽箱、光照培养箱、人工气候箱、发芽室，测定种子数的数粒板、活动数粒板、真空数种器、电子自动数粒仪，以及发芽床与发芽容器等。

1. 发芽床 指安放种子和支撑种子并为种子提供水分的衬垫物，通常采用纸、沙、蛭石、纱布、毛巾和海绵等。标准发芽试验规定的是纸床和沙床。无论哪种发芽床，要求有良好的保水供水性能，无毒无菌，pH 为 6.0～7.5。

（1）纸床 多用于中、小粒种子的发芽，是种子发芽试验中使用最多的一类发芽床。常用类型有专用发芽纸、滤纸和纸巾等，颜色分为蓝色、棕色和白色，相比而言，幼根在蓝色发芽纸上呈现得更清楚。发芽纸应具备纸质韧性好、持水性强、无毒质、无病菌等特点。

纸床主要有 2 种使用方法：纸上（TP）和纸间（BP）。纸上方法是将种子播放在 1 层或多层湿润的纸上发芽；纸间方法是将种子放在两层纸中间。

（2）沙床 沙床是种子发芽试验中较为常用的一类发芽床，对于易受病菌感染或种子处理引起毒性或在纸床上幼苗鉴定困难的种子，选用沙床发芽更合适。沙子应选用直径在 0.05～0.80mm 范围内无任何化学药物污染的沙粒，使用前需用清水洗涤沙粒，除去污染物和有毒物质，随后在 130℃高温下烘干 1～2h。沙床有沙上（TS）和沙中（S）两种使用方法。沙上是将种子压入沙的表面，湿沙厚 2～3cm，适用于小粒种子的发芽试验。沙中是将种子播放在平整的湿沙上，湿沙厚 2～4cm，然后根据种子的大小加盖 1～2cm 厚的湿沙。此法适用于大、中粒种子。

2. 发芽容器 指发芽试验时安放发芽床的介质，常用的有发芽皿、发芽盘和发芽盒。发芽容器必须透明、保湿、无毒，具有一定的种子发芽和发育的空间，确保有一定的氧气供应。发芽皿（培养皿）应易清洗和易消毒，并配有盖，也可采用高度为 5～10cm 的透明聚乙烯盒，其容积可因种子大小而异。

（三）标准发芽试验方法

1. 发芽床、发芽温度和发芽器皿的准备 按不同园艺植物种子发芽技术规定，选用其中最适合的发芽床和发芽温度（附表 2）。根据种子的种类、大小和数量选择适宜的发芽器皿。小粒种子可用纸床，大粒种子选用沙床或纸间，中粒种子选用纸床或沙床均可。所用发芽床和培养皿，均预先经清洗和消毒处理，并调节到适宜水分。

2. 数取试样　从净度测定后的好种子中随机数取试样 4 份。大粒种子每份 50 粒，共 200 粒、中、小粒种子每份 100 粒，共 400 粒。

3. 调节适宜湿度　应根据发芽床的特性加入适宜水分，如沙床加水量为其饱和含水量的 60%～80%，用手指压沙时不出现水膜为度；滤纸、吸水纸或纱布浸透后，沥去多余的水即可。

4. 数种置床和粘贴标签　按种子种类，可选用适合的真空数种器、活动数种板，或手工，或电子自动数粒仪数种。将供试种子整齐地排列在发芽床上，粒与粒之间至少保持与种子同样大小的距离。如用沙床时，将种子轻轻压入沙内，使种子与沙相平，然后加盖，并贴标签，注明置床日期、样品编号、品种名称、重复次数等。

5. 适温培养　选择适宜的恒温和变温进行培养，并满足发芽所需的光照或黑暗条件，保证种子正常发芽。

6. 管理检查　为了使发芽测定取得一致性的正确结果，在发芽试验期间应随时检查发芽箱和发芽床的温度、湿度和通气等情况，确保种子在适宜条件下发芽。种子如有发霉，应取出冲洗后放回，或必要时调换发芽床。但确实已死亡或霉烂的种子必须拿出，并记录，以免污染发芽床而影响其他种子发芽。

7. 观察记载

（1）观察记载时间　在发芽试验期间应按计数的规定时间至少观察记载 2 次，即在发芽势（初次计算）和发芽率（末次计算）的规定日期内各记载一次。试验前或试验期间用于破除休眠处理的时间不作为发芽试验时间计算。如果样品在规定时间内只有几粒种子开始发芽，试验时间可延长 7d 或延长规定时间的一半，若在规定时间结束前样品已达到最高发芽率，则试验可提前结束。

（2）幼苗鉴定标准　种子发芽后长成的幼苗（植株）可划分为正常幼苗和不正常幼苗。正常幼苗包括完整幼苗、带有轻微缺陷的幼苗和次生感染的幼苗。完整幼苗是指主要器官生长良好、完全、均匀和健康，具有良好的根系和幼苗中轴，具有特定的子叶，具有展开、绿色的初生叶，具有一个顶芽或苗端的幼苗；带有轻微缺陷的幼苗是构造出现某些缺陷，但是其他方面能均衡生长并与完整幼苗相当；次生感染的幼苗是由真菌或细菌感染引起的幼苗发病或腐烂，但有证据表明病原不是来自种子本身的幼苗。不正常幼苗是指在适宜条件下，不能继续生长发育成为正常植株的幼苗，包括受损伤的幼苗、畸形与不匀称的幼苗和腐烂的幼苗。

（3）鉴定与记载　在规定的计数时间内，每株幼苗应按上述规定的标准进行鉴定和记载。在初次记载时，将符合标准的正常幼苗、明显死亡的软腐或发霉的种子拿出来并记录，而将未达到正常发芽标准的小苗、畸形苗和未发芽的种子放回原发芽床或更换发芽床后继续发芽。在末次记载时，将正常幼苗、硬实、新鲜未发芽种子、不正常幼苗、死种子等分类计数和记载。

8. 重新试验　出现下列情况时应重新试验：①当发现有许多新鲜种子不发芽，怀疑存在种子休眠时，应解除种子休眠后重新试验；②当种子或幼苗受到真菌或细菌污染而使试验结果不一致时，可用沙床重新进行试验，并注意增加种子之间的距离；③当正确鉴定幼苗数有困难时，可采用发芽技术规程中规定的一种或几种方法重新试验；④当发现试验条件、幼苗鉴定或计数有差错时，应采用同样的方法进行重新试验；⑤当100粒种子重复间的差距超过规定的最大容许差距时（附表3），应采用同样的方法进行重新试验。

9. 结果计算 发芽试验结束后，计算各次重复的发芽势和发芽率，以正常幼苗的百分比表示：

发芽势＝发芽初期（规定日期内）正常发芽种子数/供试种子数×100%

发芽率＝发芽终期（规定日期内）全部正常发芽种子数/供试种子数×100%

对于不正常幼苗、硬实、新鲜不发芽种子的百分率也要计算。正常幼苗、不正常幼苗和未发芽种子的百分率的总和必须为100%。当一个试验的4次重复的最低和最高数在规定的最大容许差距范围之内时，则其平均数表示发芽百分率。如超过规定差距，则需做第二次试验，如第二次试验结果与第一次结果一致，未超过容许差距（附表3），则将两次试验平均数填报。否则，则采用同样的方法进行第三次试验，然后填报相符合的两次结果的平均数。

10. 结果报告 结果报告中应显示正常幼苗、不正常幼苗、硬实、新鲜不发芽种子和死种子的百分率。如果其中任何一项为0，则需将符号"- 0.0 -"填入该格中，同时填报采用的发芽床和温度、试验持续时间以及促进发芽所采取的处理方法。

四、种子生活力测定

（一）种子生活力的测定意义

种子生活力（seed viability）指种子发芽的潜在能力或种胚所具有的生命力。种子生活力测定的意义在于：①测定休眠种子的生活力。刚收获或在低温贮藏条件下处于休眠状态的种子，采用常规发芽试验方法，发芽率很低或不能发芽的情况下，必须测定其生活力才能了解种子的真正品质和潜在发芽能力。对于有生活力的新鲜不发芽或硬实的种子，应在破除休眠处理后，再做发芽试验。播种之前对发芽率低、生活力高的种子，应进行适当处理后播种，对那些发芽率低、生活力也低的种子，就不能作为种用。②快速测定种子的发芽能力。在种子贸易中，有时因时间紧迫，不可能采用常规发芽试验来测定发芽能力，可采用生物化学速测法测定种子生活力作为参考。

（二）种子生活力的测定原理及方法

目前，测定种子生活力的方法较多，按其原理分为生物化学速测法（如四唑染色法、中性红染色法、甲烯蓝法等）、组织化学法（如红墨水染色法、靛蓝染色法、软X射线显影法等）、荧光分析法和离体胚测定法。其中，四唑染色法因其原理可靠、不受休眠限制、结果准确、省时方便，已成为国内外种子生活力测定的标准方法。

1. 四唑染色法

（1）四唑染色法原理 有活力种子的胚细胞呼吸过程会发生氧化还原反应，四唑溶液作为一种无色指示剂，被种子活组织吸收后，参与活细胞的还原反应，从脱氢酶接受氢离子，在活细胞里产生红色、稳定、不扩散、不溶于水的三苯基甲䐶（triphenyl formazan），而无活力的组织则无此反应故不染色。因此，可按染色情况区别种子有活力部分和无活力部分。一般来说，除完全染色的有生活力种子和完全不染色的无生活力种子外，还可能出现一些部分染色的种子。判断种子有无活力，主要取决于胚和胚乳坏死组织的部位和面积的大小，而不一定在于颜色的深浅，颜色的差异主要将健全的、衰弱的和死亡的组织区别出来，并确定其染色部位，才有决定意义。

四唑染色是酶促反应，不仅受酶活性的影响，还受底物浓度、反应温度、pH 等因素的影响。该酶促反应的适宜 pH 为 6.5～7.5，对于游离酸含量高的四唑试剂应当用缓冲液配制，反应速率随温度不同而变化，温度每升高 10℃反应速率提高 1 倍。染色时底物浓度要一致，染色部位为切开的种子，测定时四唑溶液的质量浓度为 0.1％～0.2％；染色部位为完整的种子，浓度为 1％～2％。

（2）四唑染色法适用范围　根据 1996 年国际种子检验规程规定，四唑测定适用于以下几个方面种子生活力的快速测定：①测定休眠种子的发芽潜力；②测定收获后要马上播种的种子发芽潜力；③测定发芽缓慢种子的发芽潜力；④测定发芽末期未发芽种子的生活力；⑤测定种子收获或加工损伤（如热伤、机械损伤、虫蛀、化学伤害等）的种子生活力，并按染色局部解剖图形查明损伤原因；⑥解决发芽试验中遇到的问题，查明不正常幼苗产生的原因和杀菌剂处理或种子包衣等的伤害；⑦查明种子贮藏期间劣变衰老程度，按染色图形分级，评定种子活力水平；⑧调种时时间紧迫，快速测定种子生活力。

（3）药液配制　四唑盐类有很多，最常用的是 2,3,5-氯化（或溴化）三苯基四氮唑，英文名为 2,3,5-triphenyl tetrazolium chloride，缩写为 TTC，分子式为 $C_{19}H_{15}N_4Cl$，相对分子质量 334.8，亦称红四唑，试剂在光下会还原为粉红色，因此需用棕色瓶盛装，且瓶外包裹一层黑纸，同样配好的四唑溶液也应装入棕色瓶中，存放暗处，种子染色也需在暗处或弱光处进行。

四唑溶液的 pH 要求在 6.5～7.5 范围之内，如果溶液 pH 不在此范围之内，建议采用磷酸缓冲液配制。其配制方法为：称取 1g（或 0.1g）四唑粉剂溶解于 100ml 磷酸缓冲液中，即配成 1.0％或 0.1％的四唑溶液。如果测定时溶液 pH 达不到要求，则可用 NaOH 或 $NaHCO_3$ 稀溶液加以调节，配好的四唑溶液应保存在棕色瓶中，一般有效期为几个月，如存放冰箱，有效期更长，已用过的四唑溶液不能再用。

（4）测定方法　从净种子中随机取样 4 份，每份 100 粒，4 次重复。为了便于切开种子或去掉种皮，促进种子内部组织酶系统活化，需将种子浸在或放在湿滤纸上，或用湿毛巾将种子包起来软化种皮，然后去掉种皮，沿种胚纵切成两半，使种胚的主要构造暴露在切面上，便于染色和鉴别。测定时，取样 4 份，每份 100～200 个半粒种子，分别浸入四唑溶液，一般室温下染色 10～12h。为了加快染色，可放入 30～45℃的温箱内染色，可缩短染色时间。染色结束后，倾去溶液，用清水漂洗准备鉴定。

如果在规定的染色时间内，样品的染色仍不够充分，这时可适当延长染色时间，以便鉴别染色不够充分是由于四唑溶液渗入缓慢所引起，还是由于种子本身缺陷所造成的。但必须注意，染色温度过高或染色时间过长，也会引起种子组织的变质，而可能掩盖住由于遭受冻害、热伤和本身衰弱而呈现不同颜色或异常的情况。

经过染色的种子取出后，用清水冲洗干净，放在白色滤纸上，逐粒观察胚和胚乳的染色情况。有生活力种子胚被染成红色，无生活力种子则不染色或仅有浅红色斑点（决定种子生活力主要在于胚和胚乳是否染色和染色的部位及面积的大小，而不一定在于颜色的深浅）。

在测定一个样品时，应统计各个重复中有生活力的种子数，并计算平均值。重复间最大容许差距不得超过最大容许误差（表4-4）。

表4-4 种子生活力测定重复间的最大容许误差

平均生活力百分率（%）		最大容许差距	平均生活力百分率（%）		最大容许差距
50%以上	50%以下		50%以上	50%以下	
99	2	5	87～88	13～14	13
98	3	6	84～86	15～17	14
97	4	7	81～83	18～20	15
96	5	8	78～80	21～23	16
95	6	9	73～77	24～28	17
93～94	7～8	10	67～72	29～34	18
91～92	9～10	11	56～66	35～45	19
89～90	11～12	12	51～55	46～50	20

2. 靛蓝染色法

（1）测定原理 种子在衰老过程中，胚细胞结构和功能都发生显著的变化，其中最重要的是原生质膜失去选择透性，细胞内物质较易外渗，细胞外的重金属化合物和高分子染料也能进入细胞，故细胞被染色；而生活细胞原生质膜则具有选择透性，某些染料不能通过质膜进入细胞，因此不被染色，所以用靛蓝作染料对种子进行处理。根据胚组织染色反应可区别无生活力和有生活力的种子。此法适用于豆类、谷类、瓜类等大粒种子的生活力测定。

（2）测定方法 用蒸馏水配成浓度为0.1%～0.3%的溶液。随配随用，不宜存放过久。种子准备与四唑法相同。取200～400个半粒种子放入培养皿中（剖面向下），立即注入靛蓝液中，淹没种胚，进行染色，如有种胚浮在表面，应将其拨沉，到规定的时间取出种子冲洗干净，再进行鉴定。

把经过染色的种子分组放在潮湿的滤纸上，借助手持放大镜或实体显微镜逐一观察。种胚和胚乳完全着色的是有生活力的种子；种胚和胚乳完全不着色的是无生活力的种子；还有些种子在种胚或胚乳上呈现未着色的斑块，表明是一些坏死的组织，判断种子有无生活力主要是看坏死组织出现的部位和其大小，而不一定在于染色的深浅。

3. 红墨水染色法 这是我国首创并普遍应用的一种方法。其测定原理、种子预处理方法以及染色时间等与靛蓝染色法基本相同，只是所染成的颜色不同，死胚染成红色，活种子胚不染色。

此外，还有软X射线造影法和离体胚测定法。软X射线造影法的测定原理是有生活力的种子的细胞膜具有选择透性，当种子浸入重金属盐溶液时，可以阻止重金属离子（Ba^{2+}）渗入，而无活力的种子则相反。把这种渗钡状况不同的种子置于软X射线下造影时，由于重金属离子能强烈吸收X射线，在荧光屏上死组织呈现不透明的阴影，活组织则透明较亮。经显影定影后，底片上死组织则较为透明，而活组织较为黑暗。印成相片后，死组织较为黑暗，而活组织较为白亮，据此可以鉴定种子生活力。离体胚测定法测定原理是将离体胚在规定的条件下培养5～14d，有生活力的胚仍然保持坚硬新鲜的状态，或者吸水膨胀、子叶展开转绿，或者胚根或侧根生长，而无生活力的胚，则呈现腐烂的症状。目前，离体胚测定法已被广泛用于快速测定某些发芽缓慢、休眠期较长的植物种子的生活力。

五、种子水分测定

种子水分用种子含水量表示，种子含水量指按规定程序把种子样品烘干后，失去的重量占供检验样品重量的百分率，是种子质量中的四大主要指标之一。

（一）低恒温烘干法

1. 适用种类　适用于葱属、萝卜、茄子、芸薹属、辣椒属等园艺植物。

2. 测定程序及方法　适宜在相对湿度 70％以下的室内进行。

（1）准备　把电烘箱的温度调节到 110～115℃进行预热，然后让其保持在（103±2）℃；把样品盒置于电烘箱约 1h 后放干燥箱内冷却，然后用感量 0.001g 天平称重，记下盒号和重量；打开送验样品的封口，用样品勺在样品罐中搅拌，进行充分混合，从中取出 2 份样品，每份重量 15～25g。

（2）样品称重　称取试样 2 份，每份 4.5～5.0g。将试样放入预先烘干和称重的样品盒内称重。

（3）烘干　将烘箱通电预热至 110～115℃，然后把样品盒放入烘箱的上层，打开样品盒盖，迅速关闭烘箱门，使烘箱在 5～10min 内回降至（103±2）℃时开始计算时间，烘 8h。然后打开箱门，迅速盖上盒盖，取出样品后放入干燥器内冷却 30～45min 后称重。

（4）结果计算　根据下式计算种子含水量。

$$种子水分含量=\frac{m_2-m_3}{m_2-m_1}\times100\%$$

式中，m_1 是样品盒和盖的重量（g）；m_2 是样品盒和盖及样品的烘前重量（g）；m_3 是样品盒和盖及样品的烘后重量（g）。

根据烘后失去的重量计算种子水分百分率（保留 1 位小数）。若一个样品的两次重复之间的差距不超过 0.2％，其结果可用两次测定结果的平均数表示，否则需重新进行两次测定。

（二）高温烘干法

1. 适用种类　适用于石刁柏、芹菜、甜菜、西瓜、南瓜属、胡萝卜、番茄、豌豆、菠菜等园艺植物。

2. 测定程序和方法　测定程序及方法与低温烘干法基本相同，只是烘箱温度需保持在 130～133℃，样品烘干时间是 1h。

（三）高水分种子预先烘干法

1. 适合种类　适用于必须磨碎的高水分种子的测定。若种子水分超过一定的限度（如豆类植物超过 16％）时，种子不容易在粉碎机上磨到规定的细碎程度，且磨碎时水分易于散发，因此必须用此法。

2. 方法　取出 2 份样品各（25.00±0.02）g，置于直径大于 8cm 的样品盒中，在（103±2）℃烘箱中烘 30min，取出后放在温室冷却并称重。然后立即将这两份半干样品分别磨碎，并从磨碎物中各取 1 份样品，按低恒温烘干法或高温烘干法继续进行测定。

3. 计算　采用预先烘干法可按下面公式计算种子含水量。

$$种子水分含量 = \frac{m \times m_2 - m_1 \times m_3}{m \times m_2} \times 100\%$$

$$种子水分含量 = S_1 + S_2 - S_1 \times S_2$$

式中，m 是整粒样品重量（g）；m_1 是整粒样品预烘后重量（g）；m_2 是磨碎试样重量（g）；m_3 是磨碎试样烘后重量（g）；S_1 是第 1 次整粒种子烘干后失去的水分（%）；S_2 是第 2 次磨碎种子烘干后失去的水分（%）。

六、种子真实性及品种纯度鉴定

（一）种子真实性和品种纯度鉴定的意义

种子真实性和品种纯度是构成种子质量的两个重要指标，是种子质量评价的重要依据。种子的真实性是指一批种子所属品种、种或属与文件描述是否相符。品种纯度是指品种个体与个体之间在特征特性方面典型一致的程度，用本品种的种子数（或株、果数）占供检验本作物样品种子数的百分率表示。

种子真实性和品种纯度是保证良种优良遗传特性得以充分发挥的前提，是正确评定种子等级的重要指标。因此，品种真实性和品种纯度检验在种子生产、加工、贮藏及经营贸易中具有重要意义和应用价值。品种真实性和品种纯度检验除在农业生产和种子生产中具有重要应用价值外，在品种登记管理、品种权保护、品种亲缘关系研究以及遗传多样性研究中都有很高的应用价值。

（二）种子真实性和品种纯度的监控途径

在种子生产过程中，影响种子真实性和品种纯度的因素有遗传分离、变异、外来花粉、机械混杂和其他不可预见的因素。针对以上影响因素，种子真实性和品种纯度监控途径可分为田间检验、室内检验和田间小区种植检验。田间检验是在种子田作物生长期间进行的以分析品种纯度为主的检验。凡符合田间标准的种子田准予收获，这是监控种子真实性和品种纯度最有效的环节。此外，为了防止种子在收获、脱粒、加工和贮藏过程中，其他种或品种的种子的机械混杂，还需进行室内检验和田间小区种植检验。

（三）实验室鉴定方法

室内检验通常指实验室鉴定。实验室鉴定品种纯度的方法很多，主要包括种子形态鉴定、物理和化学鉴定、幼苗鉴定、田间小区种植鉴定、生理生化法鉴定（电泳鉴定）、分子生物学鉴定等方法。不管哪一种鉴定方法，在实际应用中，理想的测定方法要达到测定结果能重演，方法简单易行，省时快速，成本低廉。品种纯度鉴定的送验样品最小重量因作物而异，一般豌豆属、菜豆属、蚕豆属及种子大小类似的其他属为 1 000g，甜菜属及种子大小类似的其他属为 250g，所有其他属为 100g。

1. 种子形态鉴定法 这是品种鉴定最常用的简单易行的方法，主要根据不同品种的种子在外观形态特征方面的差异，如瓜类、豆类等种子的花纹、大小、形状、光泽、蜡质、种脐的形状和颜色等外观形态。如果品种在种子形态方面存在可靠的遗传差异，那么就可以很容易地加以区分。但是种子形态特征方面可供鉴别的性状有限，如果没有明显可靠的差异，就不可能用该法加以鉴别。形态鉴定特别适合于子粒形态性状丰富、粒型较大的作物。在测定时应特别注意因环境影响易引起变异的子粒性状，同时该方法易受主观因素的影响。这一技术可以与计算机识别相结合对品种真实性和纯度进行快速测定，消除主观影响。

鉴定时，需备标准样品或鉴定图片和有关资料，必要时可借助放大镜等逐粒进行鉴定，区分出本品种和异品种种子，分别计数，并计算品种纯度。

2. 物理和化学鉴定　物理方法有荧光鉴定法、煮沸法等，目前较为广泛应用的是荧光鉴定法。其原理是不同类型和不同品种的种子，其种皮结构和化学成分不同，在紫外线照射下发出的荧光也不同，据此可鉴别不同类型和品种。鉴定方法是取试样 4 份，每份 100 粒，分别排列在黑纸上，放于波长 365nm 的紫外分析灯下照射，照射数分钟后即可观察，根据发出的荧光鉴别品种或种类。如菜用豌豆发出淡蓝色或粉红色荧光，谷实豌豆发出褐色荧光，十字花科的不同种类发出的荧光也不同，白菜为绿色，白芥为鲜红色，黑芥为深蓝色，田芥菜为鲜蓝色。

化学鉴定法主要通过不同品种种壳成分和化学物质与化学试剂产生的化学反应显色不同来鉴定不同的品种。如十字花科的种子可用碱液（NaOH 或 KOH）来鉴定种子的真实性。鉴定方法是取试样 2 份，每份 100 粒，将每粒种子放入直径为 8mm 的小试管中，每管加入 10％的 NaOH 3 滴，置于 25～28℃下 2h，然后取出鉴定浸出液颜色。不同种子浸出液颜色为：结球甘蓝为樱桃色，花椰菜为樱桃色至玫瑰色，抱子甘蓝、皱叶甘蓝为浓茶色，油菜、芥菜、芸薹为浅黄色，芜菁为淡色至白色，饲用芜菁为淡绿色。此外，还可以用苯酚染色法、碘化钾染色法鉴定不同品种。

物理和化学鉴定法区别品种的种类较少，难以满足品种纯度准确测定的要求，但这类方法测定速度快，有一定的实际利用价值。

3. 幼苗鉴定方法　在合适的发育条件下，让幼苗发育到一定阶段，根据幼苗的形态特征区别不同品种，或在一定的逆境条件下，根据品种对逆境的反应来鉴别不同品种。鉴定方法是，随机数取净度分析后的净种子 400 粒，重复 4 次，每次重复 100 粒。在培养室或温室中培养，当幼苗达到适宜评价阶段时，根据不同种或品种的幼苗之间形态特征上的差异，对幼苗进行鉴定。例如根据幼苗的子叶和第一片真叶鉴定十字花科植物的种或变种（图 4-6），根据第一片真叶的叶缘特征鉴定西瓜品种的纯度；根据下胚轴颜色、叶色、叶片弯曲程度和子叶形状等鉴定莴苣品种的纯度。

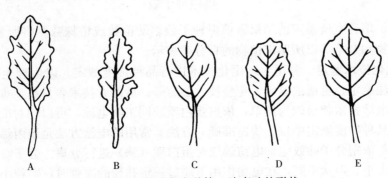

图 4-6　甘蓝各变种第一片真叶的形状

A. 结球甘蓝　B. 花椰菜　C. 抱子甘蓝　D. 羽衣甘蓝　E. 球茎甘蓝

4. 田间小区种植鉴定 田间小区种植是鉴定品种真实性和测定品种纯度最常用、最可靠、最准确的方法。它适用于国际贸易、省（区）间调种的仲裁检验，并作为赔偿损失的依据。为了鉴别品种真实性，应该在鉴定的各个阶段与标准样品进行比较，标准样品应是能代表品种原有特征特性的育种家种子或原原种。为使品种特征特性充分表现，试验的设计和布局上要选择气候环境条件适宜的、土壤均匀、肥力一致、前茬无同类植物和杂草的田块，并有适宜的栽培管理措施。播种时行间和株间应有足够的距离，大株园艺植物可适当加大行株距，必要时可点播或点栽。

为了鉴定品种纯度百分率，必须与现行发布的国家种子质量标准相联系。试验设计的种植株数应根据种子质量国家标准而定，一般用公式 $N=4/(1-b)$ 表示，b 为国家标准规定的品种纯度值，如标准纯度规定为 98%，即 N 为 200 株即可达到要求。许多种子在幼苗期就有可能鉴别出品种真实性和纯度，但成熟期、花期和食用器官成熟期是品种特征特性表现最明显的时期，必须进行鉴定。观察鉴定时，要求检验员拥有丰富的经验，熟悉被检品种的特征特性，能正确区别植株属于本品种还是变异株。变异株应是遗传变异，而不是受环境影响引起的变异。对于种子质量国家标准规定的纯度要求很高的种子，如育种家种子、原原种，是否符合要求，可利用淘汰值进行。淘汰值是在考虑种子生产者利益和有较少可能判定失误的基础上，在一个样本内以观察的变异株数与质量标准比较，接受符合要求的种子批或淘汰该种子批。如果变异株大于或等于规定的淘汰值（表 4-5），就应淘汰该种子批。

表 4-5 不同纯度标准与不同样本大小的淘汰值

纯度标准（%）	不同样本（株数）大小的淘汰值						
	4 000	2 000	1 400	1 000	400	300	200
99.9	9	6	5	4	—	—	—
99.7	19	11	7	7	4	—	—
99.0	52	29	21	16	9	7	6

引自颜启传，2001。0.05% 显著水平；下方有"__"的数字或"—"均表示样本的数目太少；淘汰值的计算可按下式进行：$R=X+1.65X^{-2}+0.8+1$，其中 X 为杂株数。

用种子或幼苗鉴定时，种子纯度按下式计算：

$$品种纯度=\frac{供检种子数-异品种种子数}{供检种子数}\times100\%$$

在实验室、培养室所鉴定的结果需填报种子数、幼苗数或植株数。将所鉴定的本品种、异品种、异作物和杂草等以所鉴定植物的百分率表示。

5. 生理生化技术鉴定 利用生理生化技术进行品种纯度测定。以生理生化技术为基础的方法有电泳法鉴定、色谱法鉴定、免疫技术鉴定等。后两者技术含量高，难以在生产实践中广泛应用。电泳技术相对较为简单，依据蛋白质或同工酶电泳，可以相对准确地测定品种纯度，是目前品种纯度测定中较为快速准确的方法。常用的电泳方法是聚丙烯酰胺凝胶电泳技术，其原理是依据分子筛效应和电荷效应对蛋白质（酶）进行分离。分子筛效应是指由于蛋白质分子的大小、形状不同，在电场作用下通过一定孔径的凝胶时，颗粒小、形状为球形的分子移动快，而颗粒大、形状不规则的分子移动慢。因此，不同大小、形状的分子就固定在凝胶的不同部位，形成一定的谱带。电荷效应是指由于蛋白质带的电荷多少不同，受电场的作用力不同，电荷多受到的作用力大，移动较快，反之较慢，因此，根据蛋白质迁移速度不同而得以分离。

谱带分析主要依据由于遗传基础差异所造成的蛋白组分的差异区别本品种和异品种。鉴定品种和自交系纯度时，根据蛋白谱带的组成及带型的一致性，区分本品种和异品种。杂交种鉴定时，不同的电泳方法分析方法不同。在变性电泳时，如利用 AU-PAGE 技术分析所得的蛋白质谱带，在杂种 F_1 代表现为双亲共显性，即在父母本中所具有的蛋白质谱带，在 F_1 代种子内出现，没有新的谱带产生。双亲中有差异的蛋白谱带，在 F_1 代同时显现，这种谱带称为互补带。根据互补带的有无区分自交粒和杂交种。在互补带存在的条件下，如果同时出现了父母本所没有的谱带，可判定为亲本不纯引起的谱带差异。如果互补带的 2 条有其中之一缺少，则为自交粒。如果整个带型与本品种有较大差异，则为杂粒。

6. 分子标记技术方法鉴定　分子标记技术是在 DNA 和 RNA 等分子水平上鉴别不同品种，目前品种检测中最常用的分子检测技术主要有限制性片段长度多态性技术（restriction fragment length polymorphism，RFLP）、随机扩增多态性 DNA 技术（random amplified polymorphic DNA，RAPD）、简单重复序列技术（simple sequence repeat，SSR）、简单重复间序列技术（inter-simple sequence repeat，ISSR）、扩增片段长度多态性技术（amplified fragment length polymorphism，AFLP）。此外，还有序列标记位点（sequence tagged site，STS）、序列特征性扩增区域标记（sequence characterized amplified region，SCAR）、单核苷酸多态性（single nucleotide polymophism，SNP）等分子标记技术。其中有很多分子标记技术已经在园艺植物品种鉴定和纯度鉴定方面得到了应用。

（1）RFLP 技术　RFLP 的基本原理是用放射性同位素标记的，来源于克隆的表达序列（cDNA）或基因组 DNA 片段的探针，与经酶切消化后的基因组 DNA 进行 Southern 杂交，通过标记上的限制性酶切片断大小来检测遗传位点的多态性。该标记具有以下优点：①无表型效应，不受环境影响；②呈简单的共显性遗传，可以区别纯合基因型与杂合基因型；③在非等位的 RFLP 标记之间不存在上位效应，互不干扰。但是 RFLP 同时存在需要 DNA 含量大、检测步骤烦琐、需要仪器较多、成本昂贵等不足之处。

RFLP 是最早出现的一代分子标记，也是最先被应用于园艺植物品种鉴定的标记之一。Gebhardt 等（1989）报道最强的一组内切酶（*Taq*I）探针组合可区别出 20 个四倍体马铃薯品种中的 19 个，38 个二倍体品种中的 33 个。Chyi 等（1992）利用甘蓝型油菜中的 10 个基因组特异探针对芸薹属 6 个种进行 RFLP 分析，发现 3 个二倍体种的基因组存在部分同源性，并且认为甘蓝型油菜是多元杂交起源的。

（2）RAPD 技术　RAPD 的原理是采用合成的较短的单个随机引物（常用 10 个碱基）对 DNA 进行非定点 PCR 扩增，每一条扩增产物带即代表基因组上的一个位点，每一个引物只能检测基因组特定区域 DNA 多态性，但一系列引物可使检测区域扩大到整个基因组。因此，扩增片段的多态性便反映了基因组相应区域的 DNA 多态性。RAPD 标记的优点是操作简单、应用方便、检测快速，多态性丰富，不需要预先知道待检验基因组的序列；试验技术只是建立在 PCR 的基础上，不需要分子杂交技术；所用 DNA 量少，成本低。但 RAPD 存在重复性差的缺点，所以在品种鉴定时，应该严格按照规程操作，以确保 RAPD 的稳定性和重复性。

Rom 等（1995）成功使用 RAPD 标记在番茄杂交种生产中区分出杂交种子和母本。

Hulya（2003）用 12 个引物对 5 个辣椒品种进行分析，发现 9 个引物扩增出了 14 条多态性条带，而且还发现了其中 3 个品种的 4 条特异性条带。1998 年，刘富中等（2002）从 80 个随机引物中选出 5 个可进行 3 个甜瓜杂交种纯度鉴定的引物，发现其中一条引物 OPM17 可同时用于 3 个甜瓜杂交种的纯度鉴定，建立了 3 个杂交种的特有指纹图谱。宋丰顺等（2004）从 80 个 RAPD 引物中筛选的 12 个随机引物，可鉴定梨树的品种类型。

（3）SSR 和 ISSR 技术　SSR 是一类由几个（一般为 1～5 个）核苷酸为重复单位组成的长达几十个核苷酸的串联重复序列。同一类的微卫星可分布于整个基因组的不同位置上，每个座位上重复单位的数目及其重复单位的序列都有可能不完全相同，因而造成了每个座位上的多态性。这种多态性的信息量比较高。由于每个微卫星 DNA 两端的序列多是相对保守的单拷贝序列，因而可根据其两端的序列设计 1 对特异引物，通过扩增而获得多态性片段。SSR 的多态性丰富，重复性好，属于共显性标记，在基因组中分散分布，是目前极受欢迎的指纹图谱技术，但是由于这种方法必须针对每个染色体座位的微卫星，发现其两端的单拷贝序列才能设计引物，因而给微卫星标记的开发带来一定困难。

ISSR 是在 SSR 技术的基础上发展起来的一种新的分子标记技术，由于在引物设计时不需要了解 SSR 的序列顺序，免去了 DNA 测序和引物设计等复杂环节，而且具有普适性，锚定碱基更避免了 SSR 在基因组上的滑动，大大提高了 PCR 扩增的稳定性和可重复性，又可以揭示比 RFLP、RAPD、SSR 更多的多态性，已被广泛应用于 DNA 指纹图谱的建立及作物品种鉴定等。

Cheng 等（2001）应用 46 个 SSR 标记来评估 IITA（国际热带农业协会）培育的 90 个豇豆品系，其中的 88 个只需用 5 对多态性微卫星引物就可以鉴定出来。Weising（1999）发现用微卫星 DNA（GATA）作探针，可以检测出 15 个栽培番茄品种间的差异。Feingold 等（2005）从马铃薯基因组研究中心得到了马铃薯相关基因序列，设计了 94 对引物（其中有 61 对有用的 SSR 标记位于已存在的遗传图谱上），建立了 30 个来自南美洲、北美洲、欧洲以及它们杂交种的指纹图。郑铁琪（2003）构建 SSR 指纹图谱区别猕猴桃品种。Carriero 等（2002）将 SSR 技术应用于橄榄品种的鉴别中，从 42 对引物中筛选 20 对引物对 6 个橄榄品种进行 DNA 指纹分析。

Prevost 等（1999）用 4 个 ISSR 引物即可对 34 个马铃薯品种进行鉴定，其中有 2 个引物单独使用即可区分出所有品种，4 个引物中任何 2 个引物组合，扩增结果也呈现出品种特异性。Kuznetsova 等（2005）应用 ISSR 对豌豆品种进行了分析。

（4）AFLP 技术　AFLP 技术的基本原理是选择性扩增基因组 DNA 的限制性酶切片段，即将基因组 DNA 经限制性内切酶双酶切后，形成分子大小不等的限制性酶切片段，酶切后的 DNA 片段连上接头形成带接头的特异片段，作为 PCR 扩增的模板；特异性片段经 PCR 扩增，只有那些与引物的选择性碱基严格配对的 DNA 片段才能被扩增出来；扩增产物经聚丙烯酰胺凝胶电泳将特异的限制性片段分离。

AFLP 结合了 RFLP 和 RAPD 各自的优点，多态性高，重复性强。利用放射性标记在变性的聚丙烯酰胺凝胶上可检测到 100～150 个扩增产物，因而非常适合于绘制品种的指纹图谱及进行分类研究。虽然 AFLP 具有效率高、可靠性强、稳定性好等优点，但也存在一些缺点，如费用昂贵，需要同位素或非同位素标记引物；AFLP 对 DNA 纯度和内切酶的质量要求较高，基因组 DNA 酶切不完全会影响试验结果等。

宋顺华等（2005）采用 AFLP 技术，研究了 90 份来自 7 个不同栽培地区的大白菜品种材料，共筛选了 20 对引物，通过这些引物组合，能将 90 个品种全部区分开来。Che 等（2003）用 AFLP 4 个引物组合得到 15 个条谱带的指纹图谱，可区分 30 份西瓜种质。祝军等（2000）用 4 对引物中的任一对即可将所有 25 个供试苹果种区分开。Aranzana 等（2003）对桃的 210 个品种作 AFLP 分析，47 个 AFLP 标记可区分 196 个品种，利用 3 对AFLP 引物组合即可区分 187 个桃的品种。

第三节　种子田间检验技术

田间检验首先是在作物生长期间，直接到种子繁殖田按照一定的要求和程序对种子真实性和纯度进行检验，其次是检验异作物、杂草、病虫害感染情况、生育状况等。因此，田间检验是保证种子质量和大田生产不受损失的重要措施。与室内检验相比，田间检验具有可操作性好且鉴定结果可靠等特点，是种子质量检验控制的重要环节。

一、田间检验的内容

（一）田间检验的内容

检验内容因作物而异。常规种检验的项目包括：①证实种子田符合生产该类种子的要求；②播种的种子批与标签名副其实；③从整体上应属于被检的该园艺植物的栽培品种（即品种的真实性），并检测品种纯度；④鉴定杂草和其他植物种子，特别是那些难以通过加工分离的种子；⑤隔离应符合要求；⑥种子田的总体状况（倒伏、病虫害情况等）。

虽然杂交种的品种纯度只能在收获后的种子经过小区种植才能进行鉴定，但可以通过以下规定要求的田间检验，最大限度地保证杂交种的品种纯度。检验项目有：①对于有花粉污染源的地方要有适宜的隔离距离；②雄性不育或自交不亲和程度很高；③父本花粉转移给母本植株的理想条件；④父母本自交系纯度高；⑤在母本收获前先收获父本。

（二）对田间检验员的要求

田间检验员应具备下列条件：①检验员必须经过培训，通过田间检验原理和程序知识的书面考核、田间检验技能的实践考核；②必须熟悉田间检验方法和田间标准、品种特征特性、种子生产的方法和程序等方面的知识；③必须具备能依据品种特征特性证实品种的真实性，能鉴别种子田混杂株并使之量化的能力；④对被检品种有丰富的知识，熟悉被检品种间差异的特征特性；⑤检验员应独立地根据检验结果报告田间状况并作出评价，结果对检查机构负责。

二、田间检验的次数及时期

鉴定时间可按苗期（返青期）、开花期、成熟期 3 个不同发育期分多次进行。如果条件不允许时，也可在品种特征特性表现最充分的时期（如杂交制种田的开花期，蔬菜植物的食用器官成熟期）进行一次检验。主要蔬菜植物品种纯度田间检验时期见表 4-6。

表4-6　主要蔬菜植物品种纯度田间检验时期

蔬菜种类	检验时期							
	第1期		第2期		第3期		第4期	
	时期	要求	时期	要求	时期	要求	时期	要求
大白菜	苗期	定苗期后	成株期	收获前	结球期	收获剥除外叶	种株花期	抽薹至开花时期
番茄	苗期	定植前	结果初期	第1花序开花至第1穗果坐果期	结果中期	第1至第3穗果成熟		
黄瓜	苗期	真叶出现至四五片真叶止	成株期	第1雌花开花	结果期	第1至第3果商品成熟		
辣(甜)椒	苗期	定植前	开花至坐果期		结果期			
萝卜	苗期	2片子叶张开时	成株期	收获期	种株期	收获后		
甘蓝	苗期	定植前	成株期	收获期	叶球期	收获后	种株期	抽薹开花

引自张春庆，2005。

三、田间检验的一般程序

（一）了解情况和检查种子标签

应全面掌握检验品种的特征特性，同时需了解种子田编号、申请者姓名、植物、品种、类别（等级）、农户姓名和联系方法、种子田位置、田块号码、面积、前茬植物详情（档案）、种子批号等。此外，为了核实品种的真实性，必须核查标签，了解种子来源情况。为此，生产者至少应保留种子批的两个标签，一个立在田间，一个留用备查；对于杂交种必须保留其父母本的种子标签备查。

（二）检查种子田隔离情况和种子批的总体状况

1. 检查隔离条件　检验员根据生产者提供的种子田和周边田块的分布图，检查隔离情况，尤其是种子田周边田块的地块，必须核查隔离情况，对于由风媒或虫媒传粉杂交的植物种，隔离距离应达到规定的最低距离。此外，检验员还要特别注意种子田中杂草、种传病害和花粉污染源的隔离情况，保证种子田与其他已污染种传病害植物的隔离。

2. 检查种子田状况　对种子田的整体状况检查后，检验员应该对种子田及四周进行更详细的检查。当发现播种有不同的种子或可能已经发生严重倒伏、由于病虫害或其他原因导致生长受阻或生长不良的种子田应予以淘汰，不对其进行品种纯度的评定。最后对种子田进行总体评价，决定是否要进行品种纯度的详细检查。

（三）品种的真实性和纯度的检验

1. 品种的真实性　检验员通常绕种子田走一圈，应检查不少于100株，确保其与给定描述的品种特征特性一致。

2. 品种纯度的检验

（1）划区设点　同一品种、同一来源、同一繁殖世代设置一个检验区，一个检验区的最大面积为33hm²。一个代表地的面积不应少于检验区面积的5%，代表地的样点应分布均匀，以保证检验结果的正确性。一些蔬菜植物品种纯度的田间检测取样点数和取样株数见表4-7。

（2）取样方式　要做到检验结果具有较高的代表性，必须使取样点均匀合理地分布于田块上。常见的取样方式有以下5种：①梅花形取样，在田块中央和4个角处共设5个点，这种方式适用于较小的正方形或长方形地块；②对角线取样方式，即取样点均匀、等距离分布于田块的一条或两条对角线上，适用于方形或长方形地块；③棋盘式取样，在田块上纵横每隔一定距离设一个点，这种方式适用于不规则的地块；④大垄取样，这种方式适用于垄作或高垄畦栽培的园艺植物，按一定间隔垄数或畦数设点，各垄取样点应错开不在一条直线上（图4-7）。

表4-7　蔬菜品种纯度田间检验取样点数及取样株数

面积（hm²）	取样点数	每点最低株数
0.33 以下	5	80～100
0.4～1	9～14	80～100
1 以上	每增加 0.67hm² 增加一点	80～100

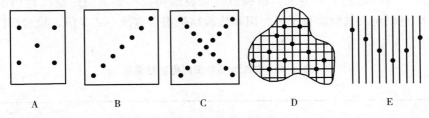

图4-7　田间取样方式
A. 梅花形　B. 单对角线　C. 双对角线　D. 棋盘式　E. 大垄取样
（张春庆，2005）

（3）分析检查　设点取样后，以被检验品种主要性状的典型特征为标准，逐点、逐株、逐个性状进行分析鉴定。检验员应沿着样区的行长进行，以背光行走为宜，避免阳光直射影响视觉。一般田间检验以朝露未干时为好，此时品种性状和色素比较明显，必要时可将样品带回实验室分析鉴定。田间分析的主要项目有：异品种的植株数、异种作物的植株数、杂草植株数、病虫害感染率和感染程度（病情指数）等。

（4）结果计算　根据调查、分析、记载的数据，按下列公式计算检验项目的结果。

$$品种纯度 = \frac{本品种株（穗）数}{供检本作物总株（穗）数} \times 100\%$$

$$异作物百分率 = \frac{异作物株（穗）数}{供检本作物总株（穗）数 + 异作物株（穗）数} \times 100\%$$

$$杂草百分率 = \frac{杂草株（穗）数}{供检本作物总株（穗）数 + 杂草株（穗）数} \times 100\%$$

$$病（虫）感染百分率 = \frac{感染病（虫）株（穗）数}{供检本作物总株（穗）数} \times 100\%$$

杂交制种田，应计算父母本散粉杂株及母本散粉株。

$$母本散粉株百分率 = \frac{母本散粉株数}{供检母本总株数} \times 100\%$$

$$父（母）本散粉杂株百分率 = \frac{父（母）本散粉杂株数}{供检父（母）本总株数} \times 100\%$$

四、田间检验报告

检验完毕，将各点检验结果汇总，检验员应按规定格式撰写田间检验报告，填写田间检验结果单（表4-8，表4-9），检验报告包括以下3个方面的内容。

1. 基本情况　主要包括种子田编号、申请者姓名、作物、品种、类别（等级）、农户姓名和电话、种子田的位置、田块号码、面积、前作详情、种子批号。

2. 检验结果　根据作物的不同，填报前作、隔离条件、品种纯度和真实性、异作物和杂草以及总体情况。

3. 田间检验员签署意见　如果田间检验的所有要求如隔离条件、品种纯度等都符合标准的要求，田间检验建议被检种子田符合要求。如果田间检验中有部分要求未达到标准并且通过整改措施，可以达到标准要求，检验员签署整改协议。如果通过整改后仍不能达到标准，检验员应建议淘汰被检验种子田。田间检验结果报告应该一式3份，检验部门1份，繁种单位2份。

表4-8　农作物品种田间检验结果单

字第　　号

繁种单位			
作物名称		品种名称	
繁种面积		隔离情况	
取样点数		取样总株（穗）数	
田间检验结果	品种纯度（%）	杂草（%）	
	异品种（%）	病虫感染（%）	
	异作物（%）		
田间检验结果建议或意见			

检验单位（盖章）：　　　　　　　　检验员：

检验日期：　　年　月　日

表4-9　杂交种田间检验结果单

字第　　号

繁种单位			
作物名称		品种（组合）名称	
繁种面积		隔离情况	
取样点数		取样总株（穗）数	
田间检验结果	父本杂株率（%）	母本杂株率（%）	
	母本散粉株率（%）	异作物（%）	
	杂草（%）	病虫感染（%）	
田间检验结果建议或意见			

检验单位（盖章）：　　　　　　　　检验员：

检验日期：　　年　月　日

第四节 检验结果与签证

一、种子质量评定与分级

（一）种子质量的内容

种子质量即种子品质，从广义上讲，种子品质应包括两个方面，一是品种品质，二是播种品质。种子的品种品质，是指种子的内在价值，包括品种的真实性和品种的纯度。品种的真实性是指种子真实可靠的程度。品种纯度是指品种典型一致的程度；种子的播种品质，是指种子的外在价值，通常指种子的净度、发芽力（生活力）、活力、千粒重、病虫感染率、含水量和健康度等指标。其中种子纯度、净度、发芽率、水分 4 项指标必须达到现行有效规定的最低要求。

（二）种子质量评定

1. 品种品质的评定

（1）品种品质评定的一般原则　品种品质的评定以田间检验和室内纯度检验的结果为依据，当两者结果不一致时，应以低的结果为准。当田间检验和室内检验结果难以确定时，应以小区鉴定为准。

（2）杂交种品种品质的评定　杂交种品种品质的优劣受多种因素的影响。首先，双亲品种品质的优劣直接影响杂交种子的品种品质；其次，杂交制种过程中各个环节也影响杂交种子的品种品质，如隔离区、去雄等技术环节。因此，杂交种品种品质的评定时，首先看田间检验结果是否符合要求，包括父本杂株率、母本杂株率、父本杂株散粉率、母本散粉株率等，若符合要求，再依据室内检验或小区鉴定结果进行评定，评定方法与常规种相同。

2. 播种品质的评定

（1）发芽率　发芽率是评定种子播种品质的主要指标之一，如果种子发芽率低，且已通过休眠，达不到国家种子质量分级标准最低指标的种子，不宜作为种用。对存在休眠的种子，应根据采用预措处理后的发芽率判断种子品质的好坏。

（2）种子净度　种子净度是评定种子播种质量的又一项指标。种子净度高，表明种子中的杂质含量少，可利用的种子数量多。种子净度的测定结果是确定种子加工和处理措施的主要依据，当净度达不到国家种子质量分级最低标准时，需要进行清选加工以提高净度。

（3）种子水分　种子水分低，有利于种子的安全贮藏和保持种子的发芽力和活力。因此，种子水分与种子播种品质密切相关。适宜的种子含水量应低于当地条件下种子贮藏的安全水分，当种子的含水量高于规定水分或安全水分时，应干燥处理后方可收购、入仓或调运。

（4）种子千粒重　种子千粒重高表明种子中贮藏物质丰富，则播种后有利于种子发芽和形成壮苗。因此，同一品种应选千粒重高的种子作为播种材料。由于每种作物种子的千粒重变化很大，因此，千粒重不作为种子质量分级指标，但必须符合品种标准。

（5）健康度　健康的种子应无病虫害感染，虽然健康度不作为种子质量分级指标，但必须满足无检疫性病虫害的要求。对本地区已有的病虫害，种子感染较为严重时，不能作为种用。

（三）种子质量的分级

种子经过检验后，根据种子质量分级标准确定种子等级，这也是种子标准化的具体表现。我国种子质量分级标准是以品种纯度为中心的质量分级制，即以纯度定级，净度、发芽率、水分采用最低标准，即任何一项指标不符合规定等级的标准都不能作为相应等级的合格种子。分级时将常规品种、亲本种子分为原种和良种两级，杂交种分为一级和二级两个级别。我国主要园艺植物种子质量标准见附表7。

二、种子签证

（一）国际种子检验证书

国际种子检验证书是由国际种子检验协会印制的、发给其授权的检验站用于填报结果的证书，包括种子批证书和种子样品证书。

1. 种子批证书　适用于在授权成员站的监督下，按规定的程序从种子批中扦取样品而签发的国际种子检验证书表格。这种证书有两种类型。

（1）橙色国际种子批证书　适用于种子批由同一个国际种子检验协会（ISTA）认可的检验站按规定的程序进行扦样和检验时所签发的证书，证书的颜色为橙色。

（2）绿色国际种子批证书　适用于种子批由一个ISTA认可的检验站按规定的程序进行扦样，而由另一国家的ISTA认可的检验站进行检验时所签发的证书，证书的颜色为绿色。

2. 种子样品证书　适用于ISTA认可的检验站只负责对种子样本的检验，不对样品与任何种子批之间的关系负责，证书的颜色为蓝色。

（二）国内种子检验证书

根据我国种子检验工作的实际，我国种子检验报告一般分成单个参数测定结果报告和检测结果综合报告，《农作物种子检验技术规程》（GB/T 3543.1—1995）中的种子检验报告单主要在企业内部及非认证的检验实验室使用。根据国家有关规定，认证的检测中心出具的检验报告和综合检验报告至少要包含以下信息：①标题；②检验机构的名称和地址；③受检单位名称和地址；④扦样及封缄单位的名称；⑤报告的唯一识别编号；⑥种子批号及封缄；⑦来样数量、代表数量（即批重）；⑧扦样时期；⑨接收样品时期；⑩样品编号；⑪检验时期；⑫检验项目和结果；⑬有关检验方法的说明；⑭对检验结论的说明；⑮报告编制、审核、批准人的签字及签发日期；⑯未经质检站批准，不得部分复制检验报告的声明。

第五节　种子标准化

一、种子标准化的概念

种子标准化（seed standardization）是指通过现代的科学研究成果与传统的种子生产实践经验的结合，对优良品种的特征特性、种子质量、种子生产加工、种子检验方法及种子包装、运输、贮存等方面，制定出一系列先进、可行的技术标准，并在生产、使用、管理过程中加以贯彻执行，进而确保生产用种的质量。简单地说，它包括品种标准化和种子质量标准化。品种标准化是指大田所用的农作物优良品种符合品种标准（即保持本品种的优良遗传特征特性）。种子质量标准化是指大田所用的农作物优良品种的种子质量基本达到国家规定的质量标准。

二、种子标准化的内容

1. 优良品种标准　优良品种应具有一定的特征特性和良好的生态适应性。优良品种标准就是对其植物学特征、生物学特性及生产、栽培技术要点按规定作出真实、详细的描述，为引种、选育、品种真实性鉴定、种子生产、生产布局及田间管理提供依据。目前国际上和我国正在开展的品种 DUS 测定，即特异性、一致性和稳定性测定，对品种的标准要求作了具体的规定。

2. 原（良）种生产技术规程　根据不同农作物对外界环境条件的不同要求和不同的繁殖方式、授粉方式和繁殖系数等，制订出不同作物的原（良）种生产技术（操作）规程，供繁种单位遵照执行。只有符合规程所生产的种子，质量才有保证。因此，这是克服农作物优良品种退化变劣、提高种子质量的有效措施，并且制订的种子清选、分级、干燥和包衣等技术标准，可确保加工过程不会伤害种子质量，而且能提高种子质量。

3. 种子质量分级标准　种子质量分级标准是种子标准化的最重要和最基本的内容，也是种子执法部门用来衡量种子生产、亲本繁殖及加工包装、经营与贮藏保管的考核管理标准，又是贯彻商品种子按质论价、优质优价政策的依据。种子质量分级标准主要依据是种子的净度、纯度、发芽率、水分等指标，质量状况确定相应等级。种子分为育种家种子、原（原）种、良种 3 个等级。不同等级的种子对品种纯度、净度、发芽率、水分等质量有不同的要求。

4. 种子检验规程　为了使种子检验结果一致并能获得普遍认可，就要制定一个统一的经多次科学验证可靠的检验方法、检验技术规程。目前中国推行的是国家技术监督局 1995 年颁布的《农作物种子检验技术规程》，它等效采用了 ISTA 1993 年《国际种子检验技术规程》修订版，力求在种子贸易流通中能实现一次检测、一份报告、全球认可的效果。

5. 种子包装、运输与贮藏标准　种子收获后至播种前必然经过贮藏阶段，种子销售、交换或保存时，必然有包装和运输过程。为保证此阶段种子的质量，防止机械混杂，方便销售，必须制订种子包装运输和贮藏的技术标准，并在包装、运输、贮藏过程中实行。

三、种子标准化的重要意义

1. 促进农业稳产高产　标准化是农业增产简单有效的途径。试验证明，在同样的生态、生产条件下，选用增产潜力大的良种，一般可增产 20%～30%。优良品种在农业技术进步中的地位和作用是任何其他技术措施无法替代的。严格按照种子标准生产、经营、销售达到国家标准的优良种子，不仅可以提高单位面积产量，增强抗逆性、适应性和丰产性，还有利于耕作制度改革，提高复种指数。

2. 促进种子质量提高　种子标准化的中心是种子质量标准化。实践证明，凡是按原（良）种生产技术规程生产的种子质量明显提高。随着我国加入 WTO 和《种子法》的实施，种子的进出口贸易将不断增加，对种子的质量要求也更加严格，这就要求种子检验工作更加规范化、标准化和现代化。种子标准化实施以来，我国的种子质量明显提高，为园艺植物种子出口创汇和承担国内外制种任务提供了质量保证。

3. 促进农产品质量提高　农产品质量的优劣与种子质量密切有关。对园艺植物来说，品质的重要性远远超过产量。果品、蔬菜、花卉由于外观品质、食用品质、加工品质、贮运品质方面的差异，市场价格相差几倍到几十倍。高质量的种子将体现高产、优质、多抗等优良品种的特征特性，如武汉市萝卜质量调查表明供应的品种纯度较高的品种，其萝卜的质量也高，一级萝卜占 69.6%，而自留种子品种混杂，一级萝卜仅为 55.0%。

◈ 复习思考题

1. 解释名词术语：种子检验，扦样，种子净度，种子生活力，种子真实性，品种纯度，种子标准化。

2. 试述种子检验的一般程序和内容。

3. 试述扦样的意义，如何才能扦取到有代表性的样品？

4. 发芽床有几种类型，各有何要求和特点？试述标准发芽试验法的一般步骤。

5. 试述种子净度分析的意义、方法和标准。

6. 种子生活力测定的常用方法有哪些？分别说明其测定原理？

7. 简述种子水分测定的方法和步骤。

8. 种子纯度的室内鉴定方法有哪些？各有何特点？

9. 试述分子检测技术在园艺植物种子检验中的应用现状和前景。

10. 试述田间检验的一般程序。

11. 简述种子标准化的内容和重要意义。

◈ 推荐读物

马缘生编著 . 2000. 怎样检验和识别农作物种子的质量 . 北京：金盾出版社 .

孙守钧主编 . 2007. 种子市场营销学 . 北京：中国农业出版社 .

罗尼·魏努力（Ronnie Vernooy）. 2003. 种子带来的生机：参与式植物育种 . 北京：中国农业出版社 .

郑光华主编 . 2004. 种子生理研究 . 北京：科学出版社 .

第五章　园艺植物种子的加工与包装

【本章要点】本章应重点掌握种子干燥的方法，种子处理的方法与包衣技术；理解种子清选与干燥的原理；了解种子加工的概念及作用，种子清选的设备，种子干燥特性，种子包装材料和包装技术。教学难点是种子干燥的方法与种子包衣技术。

种子加工是实现种子标准化、商品化和现代化的重要手段，是提高种子质量的重要途径。通过对园艺植物种子干燥、脱粒、精选、分级、包衣、计量包装等工艺过程，可明显提高种子净度、千粒重，以及种子用价和种子商品性。

第一节　种子加工的概念及其在农业生产中的作用

一、种子加工的概念

种子加工是指从收获到播种前对种子所采取的各种处理，是把新收获的种子加工成为商品种子的工艺过程，它包括种子清选、干燥、精选分级，种子包衣、定量或定数包装等一系列工序。种子通过加工，可提高种子净度、发芽率、品种纯度、种子活力，降低种子水分，提高种子的耐藏性、抗逆性、种子用价，以及种子的商品价值。

二、种子加工在农业生产中的作用

种子加工是园艺植物产业化的重要技术环节。园艺植物种子加工的作用主要表现以下五个方面：①可以提高园艺植物单位面积产量和经济效益，加工后的种子出苗整齐、苗壮，一般可增产 5%～10%；②可减少播种量，种子经加工后，净度可提高 2%～3%，发芽率提高5%～10%，种子质量明显提高，可减少播种量；③可提供不同级别的商品种子，有效防止劣质种子的流通，通过种子加工，可按不同的用途及销售市场，分级加工成不同等级要求的种子，并实行标准化包装销售，提高种子的商品性，防止伪劣种子流通；④加工后的种子适用于田间机械化作业，提高劳动效率，减轻劳动强度，种子加工处理后，子粒饱满，大小均匀，适用于机械化播种，且可减少田间杂草，植物生长整齐，成熟一致，大大减少田间管理劳动量，利于机械化作业；⑤减少农药和肥料的污染，促进农业的可持续发展，种子加工时，剔除了含病虫害的子粒，且在种子包衣过程中，溶入药肥于包衣剂中，缓慢释放，为幼苗生长提供了良好条件，因此可减少化肥和农药的施用量，这种用肥方式相当于由外向型施药转向内向型施药，有利于环境保护和不断促进农业的可持续发展。此外，种子加工不仅对农业生产发展具有十分重要的意义，而且对于确保种子的安全贮藏、运输，保证较高的种子活力，都具有不可低估的作用。

第二节　种子的清选分级

一、种子清选的目的意义

种子从收获至干燥、包装和贮藏前，必须进行有效的清选和精选分级。种子清选的目的主要是清除混入种子中的茎、叶、穗和损伤的种子、杂草种子、泥沙、石块、空瘪种子等掺杂物，以提高种子纯、净度，为种子安全干燥、包装和贮藏做好准备。种子精选分级的目的主要是剔除混入的异作物或异品种的种子以及不饱满的、虫蛀或劣变的种子，以提高种子的精度级别和利用率，通过精选分级可提高种子的纯度、发芽率和种子活力。

二、种子清选的原理

种子清选、精选主要是根据种子大小、比重、空气动力学特性、表面特性、颜色和静电特性的差异等对种子进行分离。

（一）根据种子的外形参数清选

在清选中，根据种子和杂物的长度、宽度和厚度 3 个基本外形参数，用不同的筛子把种子分开。

1. 筛子的类型　目前常用的清选用筛子按照其制造方法不同，可分为冲孔筛、编织筛和鱼鳞筛等种类（图 5-1）。

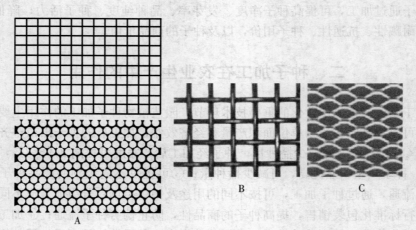

图 5-1　筛的种类
A. 冲孔筛　B. 编织筛　C. 可调鱼鳞筛

（1）冲孔筛（perforated screen）　在镀锌板上冲出排列有规律的、有一定大小与形状的筛孔，筛孔的形状有圆孔、长孔、鱼鳞孔等，也有冲三角孔的。筛板的厚度一般取决于筛孔的大小，筛孔小的薄一些，筛孔大的厚一些，以保持筛面的刚性强度。但若筛面的镀锌板过厚，筛时筛孔易于堵塞，一般使用的厚度为 0.3～2.0mm。冲孔筛面具有坚固、耐磨、不易变形的特点，适用于清理大型杂质及种粒分级，但筛面的有效筛理面积较小。

（2）编织筛（woven screen） 由坚实的钢丝编织而成，其筛孔的形状有方形、长方形、菱形 3 种。编织筛钢丝的粗细根据筛孔大小而定，直径一般在 0.3～0.7mm 之间。编织筛面因钢丝易于移动，筛孔容易变形，筛面坚固性较差，但有效筛理面积大，杂质容易穿过，适于清理细小杂质。菱形孔的编织筛主要用在进料斗上，作过滤防护网使用。编织筛也可用于圆筛和溜筛。

（3）可调鱼鳞筛（adjustable louver sieve） 用薄镀锌板制成，在清选机上应用较多。鱼鳞筛孔可调，使用方便，但精度不高。

2. 不同形状筛孔的分离原理和分离用途 根据种子形状和大小，可选用筛孔类型和规格不同的筛子把种子与夹杂物分开，也可把不同长短和大小的种子进行精选分级。

（1）圆孔筛 按种子的宽度分离可选择圆孔筛。圆孔筛的筛孔只有一个量度，即直径，它应小于种子的长度，大于种子的厚度。因为筛面上的种子层有一定的厚度，当筛子运动时有垂直方向的分向量，种子可以竖起来通过筛孔，这说明筛孔对种子的长度不起限制作用。所以对圆孔筛来说，它只能限制种子的宽度。种子宽度大于筛孔直径的，留在筛面上；宽度小于筛孔直径的，则通过筛孔落下。

（2）长孔筛 按种子的厚度分离可选用长孔筛。长孔筛的筛孔有长和宽两个量度，由于筛孔的长度大于种子的长度（大两倍左右），所以只有筛孔宽度起限制作用。种子厚度大于筛孔宽度的留在筛面上，小于筛孔宽度的落于筛下。这种筛子工作时，只需使种子侧立，不需竖起；种子做平移运动即可。因此，这种筛子可用于不同饱满度种子的分离。

（3）三角形筛 三角形筛可用于三角形种子的分离。在园艺植物和杂草种子中存在三角形种子，如萝卜和小酸模种子。

（4）窝眼筒（indent cylinder） 依据种子的长度进行分选。窝眼筒的窝眼有钻成和冲压两类。钻成的窝眼形状有圆柱形和圆锥形两种，而冲压的窝眼可制成不同规格的形状。

喂入到筒内的种子，其长度小于窝眼口径的，就落入圆窝内，并随圆筒旋转上升到一定高度后落入分离槽中，随即被搅龙运走。长度大于窝眼口径的种子不能落入窝眼，沿窝眼筒的轴间从另一端流出。这样，就可按种子长短进行分离。

3. 筛孔尺寸的选择 筛孔尺寸的选择，对大杂、小杂的除净率和种子的获选率有着极大的影响。应根据种子、杂质的尺寸分布，种子净度要求及获选率要求进行选择。通常底筛让小杂质通过，用于除去小杂，而让好种子留在筛面上。底筛筛孔尺寸大，小杂除去量多，有利于质量的提高，但小种子淘汰量也相应增加。中筛主要用于除去大杂，让好种子通过筛孔，而大杂留在筛面上到尾部排出。中筛孔越小，大杂除净率越高，有利于种子质量的提高，但获选率会相应下降。上筛主要用于除去特大杂质，便于种子流动和筛面均匀分布。

根据杂质的特性，同一层筛可采用一种孔形或几种孔形，如加工大豆用的下筛，若以半粒豆杂质为主，可改用长孔筛或长孔和圆孔筛组合使用更为理想。

种子尺寸越接近筛孔尺寸，其通过的机会越小，二者尺寸相等时，实际上不能通过。因此，确定筛孔尺寸时，应比被筛物分界尺寸稍大些才可以。

（二）按种子空气动力学特性清选

种子和各种杂物在气流中的漂浮特性是不同的，其影响因素主要是种子的重量及其迎风面积的大小。重力大而迎风面小的，气流产生的阻力就小，反之则大。目前利用空气动力分离种子的方式有以下几种。

1. 垂直气流分选 一般配合筛子进行。当种子沿筛面下滑时，受到气流的作用，轻种子和轻杂物的临界速度小于气流速度，便随气流一起上升到气道上端。断面扩大，气流速度变小，轻种子和轻杂物落入沉积室中，而重量较大的种子则沿筛面下滑，起到分离作用。

2. 平行气流分选 目前农村使用的木风车就属此类。它一般只能用作清理轻杂物和瘪种子，不能起到种子分级的作用。

3. 倾斜气流分选 根据种子本身的重力和所受气流压力的大小而将种子分离在同一气流压力作用下，轻种子和轻杂物被吹得较远，重的种子就近落下。

4. 抛扔种子进行分选 目前使用的带式扬场机属于这类分选机械。当种子从喂料斗中下落到传动带上时，种子借助惯性向前抛出，轻质种子或迎风面大的杂物，因所受气流阻力较大，落在近处；重质和迎风面小的种子，则因受气流阻力较小，落在远处。这种分选也只能作初步分级，不能达到精选的目的。

（三）空气筛

空气筛是利用种子的空气动力学特性和种子尺寸特性，将空气流和筛子组合在一起的种子清选装置，这是目前使用最广泛的清选机。

空气筛选机有多种类型，从1个风扇、单筛的小型机器，到多个风扇、6个或8个筛子并有几个气室的大型机器。如4个筛子的工作流程是，种子从漏斗中喂入，靠重量从喂料斗自行流入喂送器，喂送器定时地把（喂入的）混合物送入气流中，气流先去除轻的颖糠类物质，剩下的种子散布在最上层的筛子上，通过此筛将大块状的物质除去。从最上层筛子落下的种子在第二层筛上流动，在此筛上种子将按大小进行粗分级。接着，第二层筛的种子又转移到第三层筛上，第三层筛又一次对种子进行精筛选，并使种子落到第四层，以供最后一次分级。种子流过第四层筛后，便通过一股气流，重的、好的种子掉落下来，而轻的种子及颖糠被升举而除去。

（四）按种子的表面特性分选

1. 种子表面特性 利用种子表面特性分选的方法是根据种子表面形状、表面粗糙程度，以及对摩擦系数的差异进行分选的。一粒种子放置在斜面上，受到重力和摩擦力的作用，当种子重力在斜面方向上的分力大于种子与斜面间的摩擦力时，种子下滑；反之，则种子向上移动。这样就可将表面粗糙的种子与光滑的种子分离开。种子表面的光滑程度不一样，摩擦角也不相同。表面粗糙的摩擦角大，表面光滑的摩擦角小。

2. 分离机具和方法 目前最常用的种子表面特性分离机具是帆布滚筒。它可以剔除杂草种子。使用时通常把种子倾倒在一张向上移动的布上，随着布的向上转动，杂草种子被向上带，而光滑的种子向倾斜方向滚落到底部。另外，应根据分选的要求和被分离物的状况采用不同性质的斜面。对形状不同的种子，可选择光滑的斜面；对表面状况不同的种子，可采用粗糙程度不同的斜面。斜面的角度与分选效果密切相关，被分选的物质自流角与种子的自流角差异越显著，分离效果越好。

此外，也可利用磁力分选机进行分选。一般表面粗糙种子可吸附磁粉，当用磁力分选机清选时，磁粉和种子混合物一起经过磁性滚筒，光滑的种子不黏或少黏磁粉，可自由地落下，而杂质或粗糙种子黏有磁粉则被吸收在滚筒表面，随滚筒转到下方时被刷子刷落。这种清选机一般都装有 2～3 个滚筒，以提高清选效果。

（五）按种子色泽进行分选

根据种子颜色明亮或灰暗的特征分选种子，是将要分选的种子通过一段照明的光亮区域，将每粒种子的反射光与事先在背景上选择好的标准光色进行比较，当种子的反射光不同于标准光色时，产生电脉冲信号，这些种子就从混合群体中被排斥落入另一管道而分选。

各种类型的色泽分选器在某些机械性能上有所不同，但基本原理是相同的。有的分离机械在输送种子进入光照区域的方式不同，可以由真空管带入、引力流导入种子或快速气流吹出种子。在引力流导入种子的类型中，种子从圆锥体的四周落下。另一种是种子在管道内平面槽中鱼贯地移动，经过光照区域，若有不同色泽种子，即被快速气流吹出。在所有的情况下，种子都是被一个或多个光电管的光束单独鉴别的，不直接影响邻近的种子。目前这种光电色泽分选机已被广泛使用。

（六）按种子比重进行分选

种子的比重因植物种类、饱满度、含水量以及受病虫害程度的不同而有差异，种子的比重差异越大，其分选效果越显著。

1. 比重分选　比重分选主要是按种子密度或比重的差异进行分离的，其分离过程基本上通过两个步骤来实现。第一步，使种子混合物形成若干层密度不同的水平层，然后使这些层彼此滑移，互相分选。这种分选的关键构件是一块多气孔的平板（盖板）、一个使空气通过平板的风扇以及能使平板倾斜的装置。分离器运转时，种子混合物均匀地引到平板的后部，平板既可从后向前下倾斜，也可从左向右上倾斜，低压空气通过平板后，渗入到种子堆中去，使种子堆形成不同的流动层。低密度的种子浮起来形成顶层，而高密度的种子沉入与平板相接触的底层，中等密度的种子就处于中间层的位置。第二步，平板的振动使高密度种子顺着斜面向上做侧向移动，同时悬浮着的低密度种子在自身重力影响下向下做侧向移动。当种子混合物由平板的喂入处传送到卸种处时，连续不断的分级便发生了。低密度种子在平板的较低一侧分离，高密度种子在平板的较高一侧分离。这种振动分级器就可根据要求分选出许多档不同密度的种子。

尽管种子的密度是影响分选的主要因素，但种子的大小也是一个重要的因素。为使密度不同的颗粒能恰当地分层，种子混合物必须预先筛选，以使所有的种子能达到大小一致。考虑到大小、密度因素，便可得出应用在比重分选器上的 3 条一般规则：①大小相同、密度不同的种子可按密度分选；②密度相同、大小不同的种子可按大小分选；③密度、大小均不相同的种子，不容易获得分选。

2. 根据种子比重差异进行液体分离　利用种子在液体中的浮力不同进行分选也是常用的方法之一。当种子的比重大于液体的比重时，种子就下沉；反之则浮起，然后将浮起部分捞去，即可将轻重不同的种子分选开。一般浮力分选所用的液体可以是水、盐水、黄泥水等。这是静止液体的分选法。此外还可利用流动液体分离。在流动液体中，种子的下降速度与液体流速的关系决定种子流送距离的远近，即种子比重大的流送得近，比重小的则被送得远。一般所用的液体流速约为 50cm/s。用液体分离出来的种子，如生产上不是立即用来播种，则应洗净、干燥。

（七）按种子的弹力特性进行分选

这种分离方法是利用不同种子的弹力和表面形状的差异进行分选的。当混合物沿着弹力螺旋分离器滑道下流时，球形种子跳跃到外面滑道，进入弹力大的部分种子盛接盘，而非球形种子跳跃入内滑道，滑入弹力小的部分盛接盘。这样，混合种子得以分离。

（八）利用种子负电性分选

一般种子不带负电，当种子劣变后，种子负电荷增加，因此负电荷数高的种子活力低，而不带负电或带负电少的种子活力高。现已设计成种子静电分离器，当种子混合样品通过电场时，凡是带负电的种子被正极吸引到一边而落下，低活力种子就被剔除，达到选出高活力种子的目的。

（九）利用种子孔洞分选

有些种子，如豌豆、绿豆和蚕豆等种子，容易遭受豆象蛀食，在种子表面出现孔洞。这些带有孔洞的种子，一般胚受到严重损伤，以致不能长成正常幼苗，已失去种用价值，因此有必要将这些带孔洞种子除去。采用针式滚筒，可以除去这些带蛀孔的种子。针式滚筒内壁满布一定间隔的尖针，当无蛀孔和有蛀孔种子喂入滚筒进入底部，在滚筒转动时，有蛀孔种子的蛀孔套入针尖，随滚筒转动带上升，当升到一定高度，因种子的自重和金属丝刷刷下而落入集料槽内，并被槽内搅龙排出；无蛀孔种子则沿滚筒内移向另一端流出，得以分离。

三、种子清选的设备及要求

种子清选最常用的机器有空气筛、带式扬场机等，如 5X-4.0 型精选机。种子精选通常采用的精选机械有窝眼筒、比重精选机、帆布滚筒分离器、光电色泽分离机、静电分离器等机械，如 5XZ-3.0 型正压式重力分选机、5XP-3.0 型平面筛种子分级机、5XW-3.0 型窝眼筒精选机、5XY-2.0 型圆筒筛清选机、5XZ-1.0 型重力式精选机、5XF-1.3A 复式精选机、5XF-3.0 型组合式大豆螺旋分离机等。

为了提高清选和精选的效果和生产率，必须在清选、精选前了解其分离目的、被选种子的组成和分离特性；分离时正确选用分离机械，合理调整机器运转，及时检查分离效果。

（1）明确分离目的　在种子分选前，首先应明确其目的，即是清选还是精选，要求达到的等级标准如何，以便正确选择分离机型。

（2）了解欲选种子的组成　在选用分离机械前，必须分析欲选种子大小、比重、色泽等特性及混杂物的特性，并明确获选种子要求，以便正确选用清选、精选机械以及正确选择清选用筛规格大小、窝眼筒窝眼直径大小等技术参数。

（3）熟悉机械性能，合理调节运转数据　不同清选、精选机械均按不同分离目的设计制造，只有完全掌握机械性能，选用正确分离机件，合理调节运转参数，才能获得最佳效果。

（4）及时检查分离效果　在分离过程中，应及时了解清选、精选的效果，以便及时改进和调节机器运转参数，以获得最佳分离效果。

第三节 种子的干燥

一、种子干燥的目的

一般新收获的种子水分高达 25%～45%。高水分种子在贮藏期间一般有很多危害：①呼吸强度大，放出的热量和水分多，种子易发热霉变；②呼吸作用很快耗尽种子堆中的氧气而因厌氧呼吸产生酒精致使种子受到毒害；③高水分种子遇到零下低温易受冻害而死亡；④种子水分在 40%～60%以上时，种子将发芽；⑤种子水分高，仓虫活动繁殖，为害种子等。因此，种子收获后，必须及时干燥，将其水分降低到安全包装和安全贮藏水平，以保持种子旺盛的生命力和活力，提高种子质量，使种子安全经过从收获到播种的贮藏阶段。此外，在种子包衣和种子处理过程中，使种子吸水回潮而增加水分，会使种子呼吸强度增加，而且药液还会伤害种子胚根，影响种子正常发芽和成苗。因此，在种子包衣和种子处理后也应进行种子干燥。

二、干燥特性

（一）种子水分

种子中所含的水分包括自由水和束缚水。自由水主要存在于细胞内和细胞间隙及毛细管中，具有普通水的性质。如 0℃会结冰，100℃会汽化蒸发等。束缚水是以化学键与种子大分子（蛋白质、胶体碳水化合物等）牢固结合、性质稳定、不易扩散的水分。当种子水分增加到一定程度后，会出现自由水。一般各类种子水分达 14%～15%后，细胞内开始出现自由水。随着自由水增加到 15%～16%，开始出现毛细管水，而含水大于 18%～19%时，毛细管水增加得更多。这种水分很不稳定，容易散失。种子干燥主要是除掉自由水和毛细管水，以降低种子的生命活动。

（二）种子水分的表示方式

目前种子水分有以下两种表示方式。

1. 以种子湿重为基数的水分百分率 种子中所含水分的重量占种子总重量的百分率，称为种子的湿基水分。

$$种子湿基水分 = \frac{种子水分重量（W）}{种子总重量（G）} \times 100\%$$

这种水分表示法，通常用于种子贮藏换算，常说的种子水分，在不加说明的情况下就是指湿基水分。

2. 以种子干重为基数的水分百分率 种子中的水分含量与种子干物质的重量之比，称为种子的干基水分。

$$种子干基水分 = \frac{种子水分重量（W）}{种子中干物质重量（G）} \times 100\%$$

干燥过程中，种子中的干物质重量不变，种子干基水分大小，只随着种子中的水分多少而变化。这种表示法多用于科学试验，采用此法水分后面需注明"干基"二字。

（三）种子的平衡水分

种子处于一定温度和湿度环境中，它与空气要相互作用。种子的吸湿性使种子水分发生增减变化，吸湿则水分增加，散湿则水分减少。种子内部水分含量并不是固定不变的，不论是哪一种情况，经过一段时间之后，种子内部水汽压力和空气中的水汽压力要逐渐趋于平衡，即吸湿与散湿处于相对平衡状态，这时种子中的水分含量称为种子的平衡水分。

种子平衡水分的高低意味着种子吸收和放出水分的难易。平衡水分低者较易放出水汽，平衡水分高者较易吸附水汽，它的高低又随着环境的温度、湿度而变化。根据种子的这一特性，在种子贮藏过程中应充分注意周围空气的温、湿度变化，同时也为研究干燥方法提供了依据。

（四）种子的传湿力

种子是一种吸湿的生物胶体。种子在低温潮湿的环境中能吸收水汽，在高温干燥的环境中能散出（解吸）水汽，种子这种吸收或散出水汽的能力称为种子传湿力。种子传湿力的强弱主要决定于种子本身的化学组成和细胞结构及外界温度。如果种子内部结构疏松，毛细管较粗，细胞间隙较大，种子含淀粉多或外界温度高时，传湿力就强，反之则弱。传湿力强的种子，干燥起来就比较容易；相反，传湿力弱的种子，干燥起来就比较困难。在干燥过程中，一定要根据种子的传湿力强弱来选择干燥条件。传湿力强的种子可选择较高的温度干燥，干燥介质的相对湿度要低些，并可进行较大风量鼓风。传湿力弱的种子则与此相反。

（五）种子干燥的介质

1. 种子干燥介质　要使种子干燥，必须使种子受热，将种子中的水汽化后排走，从而达到干燥的目的。单靠种子本身是不能完成这一过程的。需要一种物质与种子接触，把热量带给种子，使种子受热，并带走种子中汽化出来的水分，这种物质称为干燥介质。常用的干燥介质有空气、加热空气、煤气（烟道气和空气的混合体）。

2. 干燥介质对水分的影响　影响种子干燥的条件是介质的温度、相对湿度和介质流动速度。种子中的水分以液态和气态存在，液态水分排走必须经过汽化，汽化所需的热量和排走汽化的水分，需要介质与种子接触来完成。在干燥中，介质与种子接触的时候，将热量传给种子，使种子升温，促使其水分汽化，然后将部分水分带走。干燥介质在这里起着载热体和载湿体的双重作用。

种子水分在汽化过程中，其表面形成蒸汽层。若围绕种粒表面的气体介质是静止不动的，则该蒸汽层逐渐达到该温度下的饱和状态，汽化作用停止。如使围绕种子表面的气体介质流动，新鲜的气体可将已被饱和的原气体介质逐渐驱走，而取代其位置，继续承受由种子中水分所形成的蒸汽，则汽化作用继续进行。因此，要想使种粒干燥，降低水分，与其接触的气体介质应该是流动的，并需设法提高该气体介质的载湿能力，即提高它达到饱和状态时的水汽含量。

在一定的气压下，一定体积空气内水蒸气最高含量与温度有关，温度越高则饱和湿度（饱和水汽量）越大。因为温度提高，气体体积增大，所以它继续承受水蒸气的量也加大。温度升高以后，由于绝对湿度不变，饱和湿度加大后，则空气相对湿度变小。一般情况下，空气温度每增高 $1℃$，相对湿度可下降 $4\%\sim5\%$，同时种子中空气的平衡湿度也要降低。相对湿度小，为种子水分汽化创造了条件；饱和湿度增大，增加了空气接受水分的能力，更能促使种子中水分迅速汽化。

因此，提高介质的温度，是降低种子水分的重要手段。可以说用任何方法加热空气，空气原有的含水量虽然没变，但持水能力却逐渐增加，热风干燥就是利用空气的这一特性，加速干燥进程，提高干燥效果。

（六）空气在种子干燥过程中的作用

种子干燥过程中，一方面对种子进行加热，促进其自由水汽化；另一方面要将汽化的水蒸气排走，这一过程需要用空气作介质进行传热和带走水蒸气。利用对流原理对种子进行干燥时，空气介质起着载热体和载湿体的作用；利用传导和辐射原理进行干燥时，空气介质起载湿体作用。掌握空气与种子干燥有关的性能，对保证种子干燥质量有重要意义。

1. 空气的重度与比容　单位体积空气的重量（质量）称为重度，用符号 γ（kg/m^3）表示。单位重量（质量）空气所占有的体积称为比容，用符号 U（m^3/kg）表示。空气的重度与比容互为倒数。即 $\gamma = 1/U$。

$$\gamma（重度）= \frac{空气重量（G）}{空气体积（V）}$$

$$U（比容）= \frac{空气体积（V）}{空气重量（G）}$$

2. 空气的压力　空气作用于单位面积上的垂直力称为压强。在工程上，习惯将压强简称为压力。在干燥风机和气力输送中，一般所说的"压力"均指在单位面积上承受的力而言。空气的总压力等于干空气和水蒸气分压力之和，即 $P = P_g + P_s$。式中 P_g 为干空气的分压力，P_s 为水蒸气的分压力。

空气中的水蒸气占有与空气相同的体积，水蒸气的温度等于空气的温度。空气中水蒸气含量越多，其分压力也越大；反过来，水蒸气分压力的大小也直接反映了水蒸气数量的多少，它是衡量空气湿度的一个指标。种子干燥中，要经常用到这个参数。种子干燥是在大气压下工作的。空气的一些性质随大气压力的变化而变化，种子干燥时应注意大气压变化的影响。

3. 空气湿度　自然界中的空气总是含有水蒸气的，从烘干技术角度来看，空气是气体和水蒸气的机械混合物，称为湿气体。湿度是表明空气中含有水蒸气多少的一个状态参数，空气湿度用绝对湿度和相对湿度来表示。

每立方米空气中所含水蒸气的质量即空气的绝对湿度，常用 kg/m^3 或 g/m^3 表示，这个数值越大，说明单位体积内水蒸气越多，湿度也越大。

空气中能够容纳的水汽量随着温度的升高而加大，但在一定温度下，一定体积空气中所能容纳的水汽量是有限度的。水汽含量达到最大值时，称为饱和水汽量，又称做"饱和湿度"。

绝对湿度是单位体积内水蒸气多少的一个标志，但不能直接地表示空气的潮湿程度。如单位体积内水蒸气的含量即绝对湿度相同时，在夏天人感到干燥，在秋季人感到潮湿，这与空气中的水蒸气距饱和状态的远近有关。温度高时，水蒸气距饱和状态远，人感到干燥；温度低时，水蒸气距饱和状态近，人感到潮湿。这种现象需要用相对湿度的概念来解释。

空气的相对湿度，就是在一定条件下，空气的绝对湿度与相同条件下该空气达到饱和状态时的水汽量之比，它表示空气中水汽含量接近饱和状态的程度。相对湿度可以直接表示空气的干湿程度。相对湿度越低，表示空气越干燥；相对湿度越高，表示空气越潮湿。一般习惯用湿度这个名词表示相对湿度。

$$相对湿度 = \frac{绝对湿度}{饱和湿度} \times 100\%$$

相对湿度越低越有利于种子干燥。从上式中可以看出相对湿度小时，绝对湿度小，或者饱和湿度大。这两种情况都表明达到饱和程度还差很远，还有很大的"潜力"承受从外界来的水蒸气，这对研究干燥种子的空气介质来说，是一个很重要的参数。干燥种子时，干燥介质的相对湿度不能超过 60%。

影响相对湿度变化的因素一是空气中实际含水汽量（绝对湿度）的多少，二是温度的高低，温度越高，相对湿度越低（温度高、饱和湿度大）。

三、干燥的原理和过程

（一）种子的干燥原理

种子干燥是通过干燥介质给种子加热，利用种子内部水分不断向表面扩散和表面水分不断蒸发来实现的。种子在一定条件下，会吸湿和解吸。当空气中的水蒸气分压超过种子所含水分的蒸汽压时，种子就向空气中吸收水分，直到种子所含水分的蒸汽压与该条件下空气中的水蒸气分压达到平衡时，种子水分才不再增加，此时种子所含的水分称为平衡水分。反之，当空气相对湿度低于种子平衡水分时，种子便向空气中释放水分，直到种子水分与该条件下的空气相对湿度达到新的平衡时，种子水分才不再降低。暴露在空气中的种子，其所含水分与空气中的水蒸气分压相等时，种子水分不发生增减，处在吸附和解吸的平衡状态中，不能起到干燥作用。只有当种子水分高于当时的平衡值时，水分才会从种子内部不断散发出来，使种子逐渐失去水分而干燥。种子所含水分的蒸汽压超过空气的水蒸气分压越大，干燥作用越明显。种子干燥就是不断降低空气水蒸气分压，使种子内部水分不断向外散发的过程。

种子子粒内部水分的移动现象，称为内扩散。内扩散又分为湿扩散和热扩散。前者是指在种子干燥过程中，表面水分蒸发，破坏了种子水分平衡，使其表面含水率小于内部含水率，形成了湿度梯度，而引起水分向含水率低的方向移动的现象；后者是指在种子受热后，表面温度高于内部温度，使水分随热源方向由高温处移向低温处的现象。

温度梯度与湿度梯度方向一致时，种子中水分热扩散与湿扩散方向一致，加速种子干燥而不影响干燥效果和质量。如温度梯度和湿度梯度方向相反，使种子中水分热扩散和湿扩散也以相反方向移动时，影响干燥速度。加热温度较低时，种子体积较小，对水分向外移动影响不大；当温度较高，热扩散比湿扩散进行得强烈时，往往种子内部水分向外移动的速度低于种子表面水分蒸发的速度，从而影响干燥质量，严重时种子内部的水分不但不能扩散到种子表面，反而把水分往内迁移，形成种子表面裂纹等现象。

（二）影响种子干燥的因素

影响种子干燥的主要因素有相对湿度、温度、气流速度以及种子本身的生理状态和化学成分。

（1）相对湿度 在温度不变的条件下，干燥环境中的相对湿度决定了种子的干燥速度和失水量，如空气的相对湿度小，对含水量一定的种子来说，其干燥的推动力大，干燥速度和失水量大；反之则小。同时空气的相对湿度也决定了干燥后种子的最终含水量。

（2）温度 温度是影响种子干燥的主要因素之一。干燥环境的温度高，一方面具有降低空气相对湿度、增加持水能力的作用，另一方面能使种子水分迅速蒸发。在相同的相对湿度情况下，温度高时干燥的潜能大。在气温较高、相对湿度较大的天气对种子进行干燥，要比同样湿度但气温较低的天气进行干燥，有较高的干燥潜能。所以应尽量避免在气温较低的情况下对种子进行干燥。

（3）气流速度 种子干燥过程中，存在吸附于种子表面的浮游状气膜层，阻止种子表面水分的蒸发。所以必须用流动的空气将其逐走，使种子表面水分继续蒸发。空气的流速高，则种子的干燥速度快，干燥时间缩短。但空气流速过高，会加大风机功率和热能的损耗。所以在提高气流速度的同时，要考虑热能的充分利用和风机功率保持在合理的范围，降低种子干燥成本。

种子的干燥条件中，温度、相对湿度和气流速度之间存在着一定关系。温度越高，相对湿度越低，气流速度越高，则干燥效果越好；在相反的情况下，干燥效果就差。应当指出，种子干燥时必须确保种子的生命力，否则即使种子能达到干燥，但也失去了种子干燥的意义。

（4）种子本身生理状态和化学成分 刚收获的种子含水量较高，新陈代谢旺盛，进行干燥时宜缓慢，或先低温后高温进行两次干燥。如果采用高温快速一次干燥，反而会破坏种子内的毛细管结构，引起种子表面硬化，内部水分不能通过毛细管向外蒸发。在这种情况下，种子持续处在高温中，会使种子体积膨胀或胚乳变得松软，丧失种子生活力。

种子的化学成分不同，其组织结构差异很大，因此，干燥时也应区别对待：①粉质种子如甜玉米种子，胚乳由淀粉组成，组织结构较疏松，子粒内毛细管粗大，传湿力较强，因此容易干燥。可以采用较严的干燥条件，干燥效果也较明显。②蛋白质种子如菜豆种子，肥厚子叶中含有大量的蛋白质，其组织结构较致密，毛细管较细，传湿力较弱，但种皮却很疏松，易失去水分。如果放在高温、快气流的条件下进行干燥，子叶内的水分蒸发缓慢，种皮内的水分蒸发很快，很易使种皮破裂，影响种子生活力。因此，这类种子必须采用低温慢气流进行干燥。③油质种子如甘蓝种子，含有大量的脂肪，为不亲水性物质。相对来讲，这类种子的水分比前两类种子容易散发，可高温快速干燥。

除生理状态和化学成分外，种子子粒大小不同，吸热量也不一致，大粒种子需热量多，小粒则少。

四、干燥的方法及所需设备

种子干燥方法可分为自然干燥、通风干燥、加热干燥、干燥剂干燥及冷冻干燥等方法。

（一）自然干燥

自然干燥就是利用日光、风等自然条件，或部分人工条件，使种子的含水量降低，达到或接近种子安全贮藏水分标准。一般情况下，多数园艺植物种子采取自然干燥可以达到安全水分。自然干燥可以降低能源消耗，防止种子未烘干前受冻而降低发芽率；可以加快种子降水速度，促进种子早日收贮入库，同时也降低种子的加工成本。

1. 自然干燥的作用 在我国北方秋冬干燥季节，大气相对湿度很低，一般在5％以下。由于刚收获的种子水分在25％～35％以上，其平衡水分大大高于野外空气的相对湿度，种子水分就会不断向外扩散失水而达到干燥的目的。但这种干燥方法的干燥时间较长，受外界大气湿度、温度和风速等因素的影响，并还应防止秋冬寒潮的冻害。

2. 自然干燥方法 种子自然干燥分脱粒前和脱粒后自然干燥。

（1）脱粒前的自然干燥 脱粒前的种子干燥可以在田间进行，也可在场院、晾晒棚、晒架、挂藏室等处，利用日光曝晒或自然风干等办法降低种子的含水量。田间晾晒的优点是场地宽广，处理得当会使作物充分受到日光和流动空气（风）的作用降低水分。对一些暂时不能脱粒或数量较少又无人工干燥条件的种子，也可采用搭晾晒棚、挂藏室、搭晾晒架等方法。

（2）脱粒后的自然干燥 脱粒后的自然干燥就是子粒的自然晾晒，这种方法古老简单，日光中紫外线有杀菌作用，此外晾种还可以促进种子的成熟、提高发芽率。晾晒种子是在晴天有太阳光时将种子堆放在晒场（场院）上。晒场四周通风状况对晾晒种子降低水分的效果有很大影响。晒场常见的有土晒场和水泥晒场两种，水泥晒场由于场面较干燥和场面温度易于升高，晒种的速度快，容易清理，晾晒效果优于土晒场。水泥晒场面积一般根据晒种子数量大小而定，晒种子经验数值是每 $15m^2$ 1t。水泥晒场一般可按一定距离（面积）修成鱼脊形，中间高两边低，晒场四周应设排水沟，以免积存雨水影响晒种，并应防止高温伤种。

（二）通风干燥

对新收获的较高水分种子，因遇到天气阴雨或没有热空气干燥机械时，可利用送风机将外界冷凉干燥空气吹入种子堆中。把种子堆间隙的水汽和呼吸热带走，避免热量积聚导致种子发热变质，达到使种子变干和降温的目的。这是一种暂时防止潮湿种子发热变质、抑制微生物生长的干燥方法。

通风干燥是利用外界的空气作为干燥介质，因此，种子降水程度受外界空气相对湿度所影响。一般只有当外界相对湿度低于70%时，采用通风干燥才是经济和有效的方法。但在南方潮湿地区或北方雨天，因为外界大气湿度较高，因而不能将种子水分降低到当时大气相对湿度的平衡水分。当种子的持水力与空气的吸水力达到平衡时，种子既不向空气中散发水分，也不从空气中吸收水分。假设种子水分是17%，这时种子水分与相对湿度为78%、温度为4.5℃的空气相平衡。如果这时空气的相对湿度超过78%，就不能进行干燥（表5-1）。此外，达到平衡的相对湿度随种子水分的减少而变低。因此，当种子水分为15%时，空气的相对湿度必须低于68%，否则无法进行干燥。

表5-1 不同水分含量的种子在不同温度下的平衡相对湿度

温度（℃）	平衡相对湿度（%）					
	种子水分（%）					
	17	16	15	14	13	12
4.5	78	73	68	61	54	47
15.5	83	79	74	68	61	53
25.0	85	81	77	71	65	58

引自颜启传，2001。

种子水分与空气相对湿度的平衡关系表明，自然风干燥常常需要辅之以人工加热才能有效降低种子水分。所以，采用自然风干燥使种子水分下降到15%左右时可以暂停鼓风，等空气相对湿度低于70%时再鼓风，使种子得到进一步干燥。在自然风干燥的常用温度下，水分含量为15%的种子达到平衡水分时的相对湿度为70%。如果相对湿度超过70%，开动鼓风机不仅起不到干燥作用，反而会使种子从空气中吸收水分。所以，这种方法只用于刚采收的潮湿种子暂时安全保存的通风干燥。

（三）加热干燥

这是一种利用加热空气作为干燥介质（热空气）直接通过种子层，使种子水分汽化带走，从而干燥种子的方法。在温暖潮湿的热带、亚热带地区，特别是大规模种子生产单位或长期贮藏的园艺植物种子，需利用加热干燥方法。

在加热干燥时对介质进行加温，以降低介质的相对湿度，提高介质的持水能力，并使介质作为载热体向种粒提供蒸发水分所需的热量。根据加温程度和作业快慢可分为以下两种。

1. 低温慢速干燥法　所用的气流温度一般仅高于大气温度 8℃以下，采用较低的气流流量。干燥时间较长，多用于仓内干燥。

2. 高温快速干燥法　用较高的温度和较大的气流量对种子进行干燥。可分为加热气体对静止种子层干燥和对移动种子层干燥两种。气流对静止种子层干燥，加热气体通过静止的种子层以对流方式进行干燥，用这种方法加热气体温度不宜太高。根据干燥机类型、种子原始水分和不同季节，温度一般可高于大气温度 11～25℃，但加热的气流最高温度不宜超过 43℃。属于这种形式的干燥设备有袋式干燥机、箱式干燥机和热气流烘干室等。加热气体对移动的种子层干燥，可使种子均匀受热，提高生产率和节约燃料。根据加热气流流动方向与种子移动方向匹配的方式，可分为顺流式干燥、对流式干燥和错流式干燥 3 种形式，烘干设备有滚筒式干燥机、百叶窗式干燥机、风槽式干燥机和输送带式干燥机。除此以外，还有远红外、太阳能作热源的干燥方法等。

（四）干燥剂干燥

这是一种将种子与干燥剂按一定比例封入密闭容器内，利用干燥剂的吸湿能力，不断吸收种子扩散出来的水分，使种子变干，直至达到平衡水分为止的干燥方法。其主要特点为：①干燥安全，只要干燥剂用量比例合理，完全可以人为地控制种子干燥的水分程度，确保种子活力；②人为控制干燥水平，按照不同干燥剂的吸水能力，可人为按预定的干燥后水分水平，并根据不同干燥剂的吸水能力，正确计算种子与干燥剂的比例，以达到种子干燥水平；③适用于少量种子的干燥。

当前使用的干燥剂有氯化锂、变色硅胶、氯化钙、活性氧化铝、生石灰和五氧化二磷等。

（1）氯化锂（LiCl）　中性盐类，固体，吸湿能力很强。化学稳定性好，一般不分解、不蒸发，可回收再生，重复使用，对人体无毒害。氯化锂一般用于大规模除湿机装置，将其微粒保持与气流充分接触来干燥空气，每小时可输送17 000m³ 以上的干燥空气。可使干燥室内相对湿度最低降到30％以下的平衡水分，能达到低温低湿干燥的要求。

（2）变色硅胶（$SiO_2 \cdot nH_2O$）　玻璃状半透明颗粒，无味、无臭、无害、无腐蚀性，不会燃烧。化学性质稳定，不溶解于水，直接接触水便成碎粒不再吸湿。硅胶的吸湿能力随空气相对湿度而不同，最大吸湿量可达自身重量的 40％。硅胶吸湿后在 150～200℃条件下加热干燥，吸湿性能仍可复原而可重复使用，但烘干温度超过 250℃时，硅胶破裂并粉碎，丧失吸湿能力。

一般的硅胶不能辨别其是否还有吸湿能力，使用不便。需在普通硅胶内掺入氯化锂或氯化钴使其成为变色硅胶。干燥的变色硅胶呈深蓝色，随着逐渐吸湿而呈粉红色，当相对湿度达到 40％～50％时就会变色。

（3）生石灰（CaO）　通常是固体，吸湿后分解成粉末状的氢氧化钙而失去吸湿作用。

但是生石灰价廉，容易取材，吸湿能力较硅胶强。生石灰的吸湿能力因品质不同而不同，使用时需要注意。

（4）氯化钙（$CaCl_2$） 通常是白色片剂或粉末。吸湿后呈疏松多孔的块状或粉末。吸湿性能稍超过生石灰。

（5）五氧化二磷（P_2O_5） 一种白色粉末，吸湿性能极强，很快潮解。有腐蚀作用。潮解的五氧化二磷通过干燥，蒸发其中的水分，仍可重复使用。

（五）冷冻干燥

冷冻干燥也称冰冻干燥，具体做法是使种子在冰点以下的温度发生冻结，通过升华作用除去水分以达到干燥的目的。

1. 冷冻干燥设备 冷冻干燥装置因干燥的规模和要求，有大型和小型之分，小型冷冻干燥装置由以下几部分构成。

（1）干燥室 为放置种子进行干燥的部分，其下部为一加热器，基部有管道通向真空系统。干燥室温度通常保持在 $-10 \sim -30℃$，压强为 133.322Pa 左右。也有在加热器及干燥处之间设置冷冻装置的。

（2）真空排气系统 由于冷冻干燥过程中，需保持系统中残留空气压在 1.333Pa 左右，故必须有真空泵及排气管路设备。真空泵一般采用油封回转泵。

（3）低温集水密封装置 为了捕集冷冻干燥过程中所发生的蒸汽，需要设置密封的集水装置，一般情况下采用低温的集水密封装置，并需要有 $-40℃$ 以下冷却能力的冷冻机。

（4）附属机器 在冷冻干燥装置的系统中还必须有真空计、温度计、流量计等有关仪器。

2. 冷冻干燥的方法 通常有两种方法。一种是常规冷冻干燥法，将种子放在涂有聚四氟乙烯的铝盒内，铝盒体积为 254mm×38mm×25mm。然后将置有种子的铝盒放在预冷到 $-10 \sim -20℃$ 的冷冻架上。另一种是快速冷冻干燥法，首先将种子放在液态氮中冷冻，再放在盘中，置于 $-10 \sim -20℃$ 的架上，再将箱内压强降至 40Pa 左右，然后将架子温度升高到 $25 \sim 30℃$ 给种子微微加热，由于压强减小，种子内部的冰通过升华作用慢慢变少。升华作用是一个吸热过程，需要供给少许热量。如果箱内压强维持在冰的水蒸气压以下，则升华的水汽会结冰，并阻碍种子中冰的融解。随着种子中冰量减少，升华作用也减弱，种子堆的温度逐渐升高到与架子相同的温度。

此外还有热能照射干燥法，如红外线和远红外线干燥，以及利用太阳能加热的种子干燥装置。

第四节　种子处理和包衣

一、种子处理和包衣的目的和意义

（一）目的意义

种子处理和包衣是指在种子收获后到播种前，采用各种有效的处理，包括杀菌消毒、温汤浸种、肥料浸拌种、微量元素浸拌种、低温层积、生长调节剂处理和包衣等强化方法。其主要目的有：①防止种子携带和土壤中的病虫害，保护种子正常发芽和出苗生长；②提高种子对不利土壤和气候条件的抗逆能力，如提高种子的抗旱、抗寒、抗潮湿等特性，增加成苗率；③提高种子的耐藏性，防止种子劣变；④改变种子大小和形状，便于机械播种；⑤增强种子活力，促进全苗、壮苗，提高园艺植物产量和改善产品质量。

由此可见，种子处理和包衣是种子加工工作的重要环节，也是提高种子质量、商品性和经济效益，防止假冒种子的重要措施。

（二）种子处理方法分类

一般种子处理是以单一目的而进行种子处理的方法。虽然种子包衣也类似种子处理，但它可以单一目的或多种目的设计种衣剂配方，并且其技术也较为复杂。为了便于介绍，这里将种子处理方法分为两类：普通种子处理和种子包衣。

二、普通种子的处理方法

种子处理的方法很多，包括用化学物质、生长调节物质及物理因素处理等。处理方法不同，其作用和效果也不尽相同。主要方法有以下几种。

1. 晒种　播前晒种，能促进种子的后熟，增加种子酶的活性，同时能降低水分、提高种子发芽势和发芽率，还可以杀虫灭菌，减轻病虫害的发生。其方法是选择晴天晒种 $2\sim3d$ 即可。晒种时注意不要在柏油路上翻晒，以免温度过高烫伤种子，降低发芽率。

2. 温汤浸种　温汤浸种是根据种子的耐热能力常比病菌耐热能力强的特点，用较高温度杀死种子表面和潜伏在种子内部的病菌，并兼有促进种子萌发的作用。进行温汤浸种，应根据各种植物种子的生理特点，严格掌握浸种的温度和时间。

3. 药剂浸（拌）种　药剂浸种是指用药剂浸种或拌种防治病虫。不同植物的种子上所带病菌不同，因此处理时应合理选用药物，并严格把握药剂浓度和处理时间。

4. 生长调节剂处理种子　一般通过休眠期的植物种子，在一定的水分、温度和空气条件下，就可以萌发。但由于各种因素的干扰，往往影响种子的发芽，而植物生长调节剂正是通过激发种子内部酶的活性和某些内源激素来抵御这种干扰，促进种子发芽、生根，达到苗齐苗壮。

（1）赤霉素（GA₃）　许多种子经 GA₃ 处理后可提早萌发出苗，并有不同程度的增产效果。赤霉素处理种子的浓度一般为 $10\sim250mg/L$，时间以 $12\sim24h$ 为宜。

（2）生长素　常用的生长素有吲哚乙酸（IAA）、萘乙酸（NAA）、2,4-D，用 $5\sim10mg/L$ 浓度浸种效果最好。

（3）矮壮素（CCC）和胡敏酸钠　播前将浸泡过的种子喷洒矮壮素后闷种 12h 可提高产量。用 $1\sim10mg/L$ 胡敏酸钠溶液浸种 $13\sim14h$，能够加快种子萌发出苗，并提早成熟。

（4）三十烷醇（triacontanol，TRIA）　TRIA 是一种新型的植物生长调节剂，用 $0.01\sim0.1mg/L$ 的溶液浸种 $12\sim24h$，能促使种子萌发，提高发芽势和发芽率。

5. 肥料浸（拌）种

（1）菌肥处理　常用的有根瘤菌、固氮菌处理。利用人工对根瘤菌、固氮菌进行培养，制成粉剂拌种。如大豆用根瘤菌粉剂拌种，能促进根瘤菌较快形成。其方法是：播前选用优良菌种，制成粉剂，倒在清洁的容器中，稀释成泥浆状,然后与种子均匀拌和,摊开晾干立即播种,避免阳光直射把根瘤菌杀死,同时也不要晾得太干燥,以免影响根瘤菌的生长繁殖。使用根瘤菌拌种的种子不能再用其他菌剂拌种。菌种用量一般为 $4.5\times10^{10}\sim6.0\times10^{10}$ U/hm²。

（2）人尿浸种　陈尿（经充分发酵后的人尿）浸种，在我国应用的历史悠久。人尿中含有较多的氮素和少量的磷、钾肥，以及微量元素、生长激素等，增产效果显著。处理时应严格控制浸种时间，一般以 2～4h 为宜。

（3）肥料拌种　常用的肥料主要有硫酸铵、过磷酸钙、骨粉等。肥料拌种可促进幼苗生长，增强抗寒能力。

6. 微量元素处理　园艺植物正常生长发育需要多种微量元素。在不同地区的不同土壤中，常缺少这种或那种微量元素，利用微量元素浸种或拌种，不仅能补偿土壤养分的不平衡，而且使用方法简便，经济有效，因而日益受到人们的重视。在土壤普查的基础上，对缺乏微量元素的土壤，采用种子播前微肥处理可获得显著的增产效益。目前世界农业中广泛施用的微肥有硼、铜、锌、锰和钼元素。微肥元素浓度的高低直接影响处理效果。不同种子对浸种时间长短要求不一。因此，微肥处理时应事先做好预备试验，确定处理的最佳浓度和时间。

7. 物理因素处理　物理因素包括温度、电场、磁场、射线等处理，简单易行。

（1）射线处理　用 γ、β、α、X 射线等低剂量（0.025 8～0.258 C/kg）照射种子，有促进种子萌芽、增加产量等作用；用 0.129～0.258 C/kg 的剂量，可使种子提早发芽和提早成熟。低功率激光照射种子，也有提高种子发芽率、促进幼苗生长、早熟和增产的作用。

（2）高频电流处理　这是将浸种水作为通电介质，处理后种被透水性和酶活性均增强，发芽出苗迅速，根系发达。高频电场处理可达到杀虫灭菌、促进发芽的目的，在许多作物上有明显的增产效果。高频电场处理需用 16～20MHz 来处理种子几十秒。场强的大小和处理的时间长短因植物不同而有所差别。

（3）红外线处理　利用光波中波长 7.7×10^{-7} m 以上肉眼不可见的光波，如红外线等，照射已萌动的种子 10～20h，能使种皮、果皮的通透性改善，因而能促使提早出苗，苗期生长健壮。

（4）紫外线　光波长 4.0×10^{-7} m 以下，肉眼不可见的光波，穿透力强，照射种子 2～10min，能使酶活化，提高种子发芽率。

（5）磁场和磁化水处理　用磁场来处理种子是一项新技术。在番茄、菜豆等种子上的试验表明，磁场处理后可大大提高发芽势和发芽率，并有刺激生根和提高根系活力作用。分析表明，这与种子呼吸强度的提高有关。用磁化水浸种比清水浸种表现出明显的优势。

（6）低温层积　低温层积的做法是将种子放在湿润而通气良好的基质（通常用沙）里，保持低温（通常 3～5℃）一段时间。不同植物种子层积时间差异很大。如杏种子需 150d，而苹果种子只需 60d。低温处理可有效地打破植物种子的胚休眠。研究表明，种子在低温层积期间，胚轴的细胞数、胚轴干重及总长度等均有增加，同时胚的吸氧量也增加。此外，脂肪酶、蛋白酶等的活性提高，种子中可溶性物质增多，这些都为种子萌发做好了物质及能量上的准备。

三、种子包衣技术

（一）种子包衣方法的分类

种子包衣（seed coating），是指利用黏着剂或成膜剂，将杀菌剂、杀虫剂、微肥、植物生长调节剂、着色剂或填充剂等非种子材料包裹在种子外面，以达到使种子成球形或基本保持原有形状而适于播种，并起到防病、防虫，提高抗寒、抗旱、抗潮特性，促进出苗，增加产量和改善产品质量综合作用的种子加工新技术。目前种子包衣方法主要有以下两类。

（1）种子丸化（seed pelleting） 利用黏着剂，将杀菌剂、杀虫剂、染料、填充剂等非种子物质黏着在种子外面。通常做成在大小和形状上没有明显差异的球形单粒种子单位。这种包衣方法主要适用于蔬菜、花卉等小粒植物种子，以利精量播种。因为这种包衣方法在包衣时，加入了填充剂（如滑石粉）等惰性材料，所以种子的体积和重量都有增加，子粒重也随着增加。

（2）种子包膜（seed encrusting） 利用成膜剂，将杀菌剂、杀虫剂、微肥、染料等非种子物质包裹在种子外面，形成一层薄膜。经包膜后，基本上像原来种子形状的种子单位。但其大小和重量的变化范围，因种衣剂类型有所变化。一般这种包衣方法适用于大粒和中粒种子。

（二）种衣剂的类型及性能

种衣剂是一种用于种子包衣的新制剂，主要由杀虫剂、杀菌剂、复合肥料、微量元素、植物生长调节剂、缓释剂和成膜剂或黏着剂等加工制成的药肥复合型种子包衣新产品。种衣剂以种子为载体，借助于成膜剂或黏着剂黏附在种子上，很快固化为均匀的一层药膜，不易脱落。播种后种衣剂对种子形成一个保护屏障，吸水后膨胀，不会马上被溶解，随种子萌动、发芽、出苗成长，有效成分逐渐被植株根系吸收，传导到幼苗植株各部位，使幼苗植株对种子带菌、土壤带菌及地上地下害虫起到防病治虫的作用，促进幼苗生长，增加植物产量。尤其在寒冷条件下播种，包衣能防止种子吸胀损伤。

目前种衣剂按其组成成分和性能的不同，可分为农药型、复合型、生物型和特异型等类型。

（1）农药型 这种类型种衣剂应用的主要目的是防治种子和土壤病害。种衣剂中主要成分是农药，大量应用这种种衣剂会污染土壤和造成人畜中毒，因此应尽可能选用高效低毒的农药加入种衣剂中。

（2）复合型 这种种衣剂是为防病、提高抗性和促进生长等多种目的而设计的复合配方类型。因此种衣剂中的化学成分包括有农药、微肥、植物生长调节剂或抗性物质等。

（3）生物型 这是一种新型种衣剂。根据生物菌类之间颉颃原理，筛选有益的颉颃根菌，以抵抗有害病菌的繁殖、侵害而达到防病的目的。美国为防止农药污染土壤，开发了根菌类生物型包衣剂。如防治十字花科种子黑腐病、芹菜斑枯病、番茄与辣椒疮痂病等生物型包衣剂。从环保角度看，开发天然、无毒、不污染土壤的生物型包衣剂是一个发展趋势。

（4）特异型 特异型种衣剂是根据不同植物和目的而专门设计的种衣剂类型。如提高冷湿土壤植物发芽率的过氧化钙包衣剂，高吸水树脂抗旱种衣剂，浸种催芽型种衣剂等。

（三）种衣剂配合成分和理化特性

1. 种衣剂配合成分 目前使用的种衣剂成分主要有以下两类。

（1）有效活性成分 有效活性成分是指对种子和植物生长发育起作用的主要成分。如杀菌剂主要用于杀死种子上的病菌和土壤病菌，保护幼苗健康生长。目前我国应用于种衣剂的农药有呋喃丹、辛硫磷、多菌灵、五氯硝基苯、粉锈宁等。微肥主要用于促进种子发芽和幼苗植株发育；植物生长调节剂主要用于促进幼苗发根和生长；用于潮湿寒冷土地播种时，种衣剂中加入苯乙烯（styrene）可防止冰冻伤害；种衣剂中加入半透性纤维素类可防止种子过快吸胀损伤；靠近种子的内层加入活性炭、滑石粉和肥土粉，可防止农药和除草剂的伤害。在种衣剂中加入过氧化钙，种子吸水后放出氧气，可促进幼苗发根和生长。

（2）非活性成分　种衣剂除有效活性成分外，还需要有其他配用助剂，以保持种衣剂的理化特性。这些助剂包括有包膜种子用的成膜剂、悬浮剂、抗冻剂、防腐剂、酸度调整剂、胶体保护剂、渗透剂、黏度稳定剂、扩散剂和警戒色染料等。丸化种子用黏着剂、填充剂和染料等化学药品。

种子包膜用的成膜剂种类较多。如用于大豆种子的成膜剂为己基纤维素、甜菜种子的包膜剂为聚吡咯烷酮等。种子包膜是将农药、微肥、激素等材料溶解和混入成膜剂而制成种衣剂，为乳糊状的剂型。

2. 种衣剂理化特性　优良包膜型种衣剂的理化特性应达到如下的要求：①合理的细度，细度是成膜性好坏的基础，种衣剂细度以 $2\sim4\mu m$ 为适，要求 $\leqslant2\mu m$ 的粒子在 92% 以上，$\leqslant4\mu m$ 的粒子在 95% 以上；②适当的黏度，黏度是种衣剂黏着在种子上牢度的关键，黏度低，分层沉淀严重，黏度大，展开性差，包衣效果不好，不同种子因表面平滑度不同，其动力黏度也有所不同，一般在 $150\sim400mPa\cdot s$ 之间；③适宜的酸度，酸度影响种子发芽和贮藏期的稳定性，要求种衣剂为微酸性至中性，一般 pH6.8～7.2 为宜；④高纯度，纯度是指所用原料的纯度，要求有效成分含量要高；⑤良好的成膜性，成膜性是种衣剂的又一关键特性，要求能迅速固化成膜，种子不粘连，不结块；⑥种衣牢固度，种子包衣后，膜光滑，不易脱落，种衣剂中农药有效成分含量和包衣种子的药种比应符合产品标准规定；⑦良好的缓解性，种衣剂能透气、透水，有再湿性，播种后吸水很快膨胀，但不立即溶于水，缓慢释放药效，药效一般维持 45～60d；⑧良好的贮藏稳定性，冬季不结冰，夏季有效成分不分解，一般可贮藏 2 年；⑨对种子的高度安全性和对防治对象有较高的生物活性，种子经包衣后的发芽率和出苗率应与未包衣的种子相同，对病虫害的防治效果应较高。

（四）种子包衣机械的性能和分类

种子加工技术先进的国家，为了有效地进行种子包衣，设计有各种型号的种子包衣机械。其包衣机的主要性能是能将经精选的种子进行均匀和有效的包衣，并进行烘干和降温，使种子水分降低到安全水平，以致包衣过程不影响种子活力。

根据种子包衣方法的不同，可将种子包衣机械分为种子丸化包衣机、种子包膜包衣机和多用途包衣机等。

（五）种子包衣机械与包衣技术

1. 种子包衣技术及其对包衣机械的要求　种子包衣作业是把种子放入包衣机内，通过机械的作用把种衣剂均匀地包裹在种子表面的过程。种子包衣属于批量连续式生产，种子被一斗一斗定量地计量，同时药液也被一勺一勺定时地计量。计量后的种子和药液同时下落，下落的药液在雾化装置中被雾化后喷洒在下落的种子上，使种子丸化或包膜，最后搅拌排出。

种子包衣时，对机械具有以下几点要求：①密闭性，为了保证操作人员不受药害，包衣机械在作业时必须保证完全密闭，即拌粉剂药物时，药粉不能散扬到空气中，或抛洒在地面上，拌液剂药物时，药液不可随意滴落到容器外，以免污染作业环境；②混拌包衣均匀，在机具性能上应能适用粉剂、液剂或粉剂、液剂同时使用，要保证种子和药剂能按比例进行混拌包衣，比例能根据需要调整，调整方法要简单易行，包衣时，要保证药液能均匀地黏附在种子表面或丸化；③经济性，机具生产要效率高、造价低，构造要简单，与药物接触的零部件要采用防腐材料或采取防腐措施，以提高机具的使用寿命。

2. 包衣机的结构和工作原理　不同类型的包衣机的结构与工作原理不相同，以下简要介绍丸粒化包衣机和膜剂包衣机的主要结构及工作原理。

丸粒化包衣机是对种子进行丸化处理的一种机械，主要由丸化锅体、液状物料输送系统、粉状物料输送系统、干燥系统、排风系统、种子筛选分级装置、机架和电气控制系统组成。其主要工作原理是，电机带动丸化锅体以一定的速度转动，种子被锅壁与种子之间和种子与种子之间摩擦力带动随锅体转动，转到一定高度后，在重力的作用下脱离锅壁下落，到锅的下部时又被带动，这样周而复始地在锅内不停翻转运动。液料（甲基纤维素、营养液、药剂）定时地经电动高压无气喷枪呈雾状均匀喷射到种子表面，当粉状填充物料从料斗中落入锅中后，即被胶悬液黏附于种子表面，如此不断往复，使种子逐渐包裹变大，并最终成丸化种子。

膜剂包衣机是对种子进行包膜处理的一种机械，主要由贮药桶、供药系统、供料装置、雾化装置、搅拌部分、基架和电器等组成。其主要工作原理是经过精选的种子送入接料口，由供料装置将种子送入滚筒，同时经药泵输入药箱的药液，通过雾化装置均匀地雾化喷在种子上，然后在滚筒内通过对种子和药液进行充分均匀的混合搅拌完成整个包衣过程。

3. 包衣前准备　包衣作业开始前应做好机具的准备、药剂的准备和种子的准备。

（1）选择包衣机　根据种子种类和包衣方式，选择适用的包衣机。

（2）准备机具　首先要检查包衣机的技术状态是否良好，如安装是否稳固、水平，各紧固螺栓是否有松动，转动部分是否有卡阻，以及机具中是否有遗留工具或异物；然后应进行试运转，检查电机旋转方向是否正确，各转动部分旋转是否平稳；搬动配料斗轴摆动，观察供粉装置和供液装置能否正常工作。试运转时还应注意听，是否有异常声音。当发现问题时，应逐一认真解决，妥善处理，确认机具技术状态良好后即可投入作业。

（3）准备药剂　首先应根据不同种子对种衣剂的不同要求，选择不同类型的种衣剂，还应根据加工种子的数量、配比，准备足够量的药物。

对于液剂药物的准备，主要是根据不同药物的不同要求配制好混合液。一般液剂药物的使用说明中都会详细指出药物和水的混合比例，可按说明书中的比例进行配制。混合时一定要搅动，使药液混合均匀。对于初次进行包衣的操作者来讲，最好能在有经验的农艺师、工程师指导下做好药物的准备工作。

（4）准备种子　凡进行包衣的种子必须是经过精选加工后的种子，种子水分也在安全贮藏水分之内。对于种子加工线来讲，包衣作业是最后一项工序，包衣机械都置于加工线的最末端。根据我国当前的生产习惯，包衣作业是在播种前进行，即加工后的种子先贮藏过冬，到来年春天播种时再包衣。在包衣前对种子进行一次检查，确认种子的净度、发芽率、含水率都合乎要求时，方可进行包衣作业。

（5）发芽试验　任何植物种子在采用种衣剂机械包衣处理前，都必须做发芽试验，只有发芽率较高的种子才能进行种衣剂包衣处理。经过种衣剂包衣处理的每批种子，也都要做发芽试验，以检验包衣处理种子的发芽率。

（六）使用种衣剂包衣种子的注意事项

1. 安全贮存保管种衣剂 种衣剂应装在容器内，贴上标签，存放在单一的库内或阴凉处，严禁和粮食、食品等保存在同一个地方；搬动时，严禁吸烟、吃东西、喝水；存放种衣剂的地方，必须加锁，有专人严加保管，严禁儿童或闲人进入玩耍、触摸，并要备有肥皂、碱性液体物质，以备发生意外时使用。

2. 安全处理种子 在使用种衣剂包衣处理种子时必须注意以下几点：①种子部门严禁在无技术人员指导下，将种衣剂零售给农民自己使用；②种子部门出售的必须是采用包衣机具包衣的包衣种子；③进行种子包衣的人员，严禁徒手接触种衣剂，或用手直接包衣，必须采用包衣机或其他器皿进行种子包衣；④负责包衣处理种子的人员在包衣种子时必须采取防护措施，如穿工作服、戴口罩及乳胶手套，严防种衣剂接触皮肤，操作结束时立即脱去防护用具；⑤工作中不准吸烟、喝水、吃东西，工作结束时用肥皂彻底清洗裸露的脸、手后再进食、喝水；⑥包衣处理种子的地方严禁闲人、儿童进入玩耍；⑦包衣后的种子要保管好，严防畜禽进入场地吃食包衣的种子；⑧包衣后必须晾干成膜后再播种，不能在地头边包衣边播种，以防药未固化成膜而脱落；⑨使用种衣剂时，不能另外加水使用；⑩播种时不需浸种。

3. 安全使用种衣剂 应注意以下几点：①种衣剂不能同敌稗等除草剂同时使用，否则容易发生药害或降低种衣剂的效果。如使用种衣剂种子，需播种 30d 后才能使用除草剂，如若先使用敌稗，需 3d 后才能播种包衣种子。②种衣剂在水中会逐渐水解，水解速度随 pH 及温度升高而加快，所以不要和碱性农药、肥料同时使用，也不能在盐碱化较重的地方使用，否则容易分解失效。③在搬运种子时，检查包装有无破损、漏洞，严防种衣剂处理的种子被儿童或禽畜误吃后中毒。④使用包衣后的种子，播种人员要穿防护服，戴手套，播种时不能吃东西、喝水或徒手擦脸、眼，以防中毒。工作结束后用肥皂洗净手脸后再进食。⑤装过包衣种子的口袋，严防误装粮食及其他食物、饲料，将袋深埋或烧掉以防中毒。⑥盛过包衣种子的盆、篮子等，必须用清水洗净后，再作他用，严禁再盛食物。洗盆和篮子的水严禁倒在河流、水塘、井池边，可以将水倒在树根、田间，以防人或畜、禽、鱼中毒。⑦出苗后，严禁用间下来的苗喂牲畜；严防使用种衣剂后的死虫、死鸟被家禽、家畜吃后发生二次中毒。⑧凡含有呋喃丹成分的各型号种衣剂，严禁在瓜、果、蔬菜上使用，尤其叶菜类绝对禁用，这是因为呋喃丹为内吸性毒药，残效期长，菜类生育期短，用后对人有害。⑨严禁用喷雾器将含有呋喃丹的种衣剂用水稀释后向植物喷施，因呋喃丹的分子较轻，喷施污染空气，对人类造成危害。

第五节 种子包装

种子包装是种子流通的重要条件，它有利于提高种子的使用价值和经营者的效益。经清选干燥和精选加工的种子，加以合理包装，不仅能够保护种子，避免和减少种子在流通过程中的损坏、散落和变质，防止品种混杂和感染病虫害，以及保持种子旺盛活力，还便于安全运输贮藏。此外，通过销售包装还能宣传种子，方便用户，促进销售。

种子包装工作的要求包括：①防湿包装的种子必须达到包装所要求的种子含水量和净度等标准，确保种子在贮藏和运输过程中不变质，保持原有的质量和活力；②包装容器必须防湿、清洁、无毒、不易破裂且重量较轻；③按不同种类、播种量、不同生产面积等因素，确定适合的包装数量，以利使用或销售；④保存时间长的，则要求包装种子水分更低，包装材料更好；⑤在低湿干燥气候地区，对包装条件要求较低，而在潮湿温暖地区，则要求严格。

一、包装材料的选用

种子在贮藏、运输和销售过程中，绝大多数情况下需经过包装。包装材料的种类很多，其性能差异很大。现代的包装材料常采用黄麻、棉、塑料、金属及各种塑料的组合物（叠层），有的防湿性能较好，有的防湿性能较差。不同的包装材料适用于不同的情况，如根据植物种类（种子的耐藏性、种子的大小、种子表面的光滑程度）、种子的贮藏量、贮藏目的、预定贮藏期的长短等，还需考虑机械损伤的程度，气候条件的影响，在运输、贮藏和销售等过程中可能遭到的危险，以及考虑材料的来源、经济费用和销售时的外观吸引力等问题。

选择包装材料首先取决于分装的单位容量。对于较大量的种子来说，黄麻、棉、纸、塑料和各种材料的组合物均可适用，选用时主要根据种子的大小和种子的经济价值。少量名贵的蔬菜、花卉植物种子，其分装的单位容量在 $0.5\sim2.5kg$ 的，最好采用防湿性强的罐装或用聚乙烯铝箔片包装。

在多孔纸袋或针织物袋中贮藏的种子，只有在短期贮藏或是低温、干燥条件下贮藏，才能保证安全，否则种子容易发生劣变。在热带条件下如不进行严密防潮，就会很快丧失生活力。实践表明，优质纸＋铝箔（$7\mu m$）＋聚乙烯（$20\mu m$）复合袋和玻璃纸＋聚乙烯（$13\mu m$）＋铝箔（$15\mu m$）＋聚乙烯（$30\mu m$）复合袋的防湿性非常好，对种子的保护性能要比纸袋和低密度聚乙烯袋强得多。

二、包装材料的性能

目前应用比较普遍的包装材料主要有麻袋、多层纸袋、铁皮罐和聚乙烯铝箔复合袋及聚乙烯袋等。

（1）麻袋　强度好，但容易透湿，防湿、防虫和防鼠性能差。

（2）金属罐　强度高，防湿、防光、防淹水、防有害烟气、防虫和防鼠性能好，并适于快速自动包装和封口，是较适宜的种子包装容器之一。

（3）聚乙烯铝箔复合袋　强度适当，透湿率极低，也是适宜的防湿材料。复合袋由数层组成，因为铝箔有微小孔隙，最内及最外层的聚乙烯薄膜有充分的防湿效果，用这种复合袋装种子一般一年内种子含水量不会发生变化。

（4）聚乙烯和聚氯乙烯等多孔型塑料　是用途最广的热塑性薄膜。通常可分为低密度型（密度 $0.914\sim0.925g/cm^3$）、中密度型（密度 $0.930\sim0.940g/cm^3$）与高密度型（密度 $0.950\sim0.960g/cm^3$）。这 3 种聚乙烯薄膜均为微孔材料，对水汽和其他气体的通透性因密度的不同而有差异。用这种材料制成的袋和容器，密封在里面的干燥种子会慢慢地吸湿。这种防湿包装只有一年左右的有效期。

（5）铝箔　其厚度小于 $0.0381mm$，虽有许多微孔，但水汽透过率仍很低。

（6）纸袋　多用漂白亚硫酸盐纸或牛皮纸制作，其表面覆上一层洁白陶土以便印刷。许多纸质种子袋系多层结构，由几层光滑纸或皱纹纸制成。多层纸袋因用途不同而有不同结构。普通多层纸袋的抗破力差，防湿、防虫、防鼠性能差，在非常干燥时会干化，易破损，不能保护种子生活力。

（7）纸板盒和纸板罐（筒） 广泛用于种子包装。多层牛皮纸能保护种子的大多数物理品质，并适合于自动包装和封口设备。

三、种子的包装和封口

（一）种子包装类型与方法

种子包装分为运输包装和销售包装。运输包装又称为外包装或大包装，其作用是保护种子，同时方便种子的运输、装卸和贮存。运输包装的包装材料要求对种子无害、耐磨；便于装卸、包装量可统一标准，费用低。一般运输包装材料多采用标准麻袋。销售包装又称内包装或小包装，它主要是增强种子对用户的吸引力，便于用户识别、选购、携带和使用，便于种子陈列展销。销售包装的包装材料要求必须防湿、清洁、无毒、不易破裂、重量轻。目前销售包装材料主要有铁皮罐、铝箔复合袋及聚乙烯塑料袋等。进行种子销售包装时还应注意种子要达到规定的含水量和净度标准；按照植物种类，播种量，不同生产面积等因素，确定适合的包装量，便于销售和使用；包装材料上图案、文字应增加使用者的信任感，回答用种者最关心的问题，消除购买的疑虑，如写明植物和品种名称，采种年月，种子品质指标和配套栽培技术要点等，并最好有醒目的名副其实的照片。

按照不同的计量方式，种子包装主要有按照种子重量包装和种子粒数包装两种方法，一般采用重量包装。每个包装重量，按照生产规模、播种面积和用种量进行包装。如蔬菜种子常有 10g，15g，20g，100g，200g 等不同的包装，随着种子质量的提高和精量播种的需要，对比较昂贵的蔬菜和花卉种子有采用粒数包装的，如 100 粒、200 粒等袋装。

（二）种子包装的工艺流程

种子包装主要包括种子从散装仓库输送到加料箱→称量或计数→装袋（或容器）→封口（或风口）→贴（或挂）标签等程序。

需要包装的种子要送往自动或半自动装填机的加料箱中，或者进行手工装填。多数包装设备中都装备有种子度量工具，当种子达到预定的重量或体积时，可以切断种子流。种子流在注入容器前，需注意对准包装设备。输送机可将每个容器自动安置在适当的位置。

包装材料的封口方法取决于包装的种类，麻袋或棉布袋一般均用缝合法，大多采用机缝，但亦有手工缝合的。聚乙烯和其他热塑塑料通常将薄膜加压并加热至 93.3～204.4℃，经一定时间即可封固。在以上温度范围内，各种不同厚度的材料都要求一定的温度、时间和压力，以便于适当地封口（表 5-2）。

热封设备有小型的手工操作的滚筒或棒条，也有复杂的自动包装和封包机。有些封口设备控制滚筒或棒条使之保持恒温，也有用高强度短时间的热脉冲进行封口。

非金属或玻璃之类的非硬质或硬质容器，常用冷胶或热胶通过手工和机器进行封口，封口前需先将盖子盖紧。金属罐的封口可以人工操作或采用半自动、全自动操作。

种子在密封前，务必将种子水分降低至一定的标准，这是种子安全贮藏的关键。美国联邦种子法中的规程和条例（美国农业部，1968）规定，密封容器中蔬菜种子的水分不得超过表 5-3 的标准。

表 5 - 2 几种热塑塑料的热封要求近似值

材料类型	材　料	温度（℃）	时间（s）	压力（Pa）
薄膜	低密度聚乙烯	120～205		
	中密度聚乙烯	150～205		
	高密度聚乙烯	120～220		
	聚酯 6.35μm	150～205	0.2～2	961～1912
	硬化聚酯 6.35μm	135～205	0.2～2	961～1912
制品薄片	棉麻布/聚乙烯/金属箔/聚乙烯	275	3	
	纸/树脂/聚乙烯	160	1	
	牛皮纸/聚乙烯/1.27μm金属箔/聚乙烯	190	7	

引自毕辛华，1993。

表 5 - 3 蔬菜种子安全贮藏水分百分率标准

品名	含水量（%）	品名	含水量（%）	品名	含水量（%）
菜豆	7.0	番茄	5.5	甘蓝	5.0
利马豆	7.0	辣椒	4.5	抱子甘蓝	5.0
豌豆	7.0	茄子	6.0	羽衣甘蓝	5.0
菠菜	8.0	黄瓜	6.0	硬花甘蓝	5.0
莴苣	5.5	南瓜	6.0	芜菁甘蓝	5.0
甜芹	7.0	西瓜	6.5	球茎甘蓝	5.0
皱叶欧芹	6.5	甜瓜		花椰菜	
块根芹	7.0	西葫芦	6.0	芜菁	
欧洲防风	6.0	韭菜	6.5	白菜	5.0
胡萝卜	7.0	洋葱	6.5	萝卜	5.0
甜菜	7.5	葱	6.5	芥菜	5.0
甜玉米	8.0	细香葱	6.5		

引自毕辛华，1993。

四、密封容器中干燥剂的应用

密封容器中封入氧化钙、氯化钙或硅胶等干燥剂，可以在贮藏期间进一步降低种子水分，延长种子寿命。据支巨振等（1988）报道，小白菜种子在密封容器中加入干燥剂贮藏，对于延长寿命十分有利，但种子水分的降低超过一定限度，就会产生不利的影响。这种临界水分因植物种类而不同，如小白菜为 1.5%。

在密封容器中加入的干燥剂种类和干燥剂数量（种子与干燥剂的重量比），对贮藏效果有很大的影响。氧化钙和氯化钙的吸湿力强，种子失水迅速，如果用量过大，可能会降低种子的生活力，不能达到预期的效果。硅胶的吸湿力较弱，种子失水缓慢，即使用量较高，亦不致有不良作用，但硅胶吸湿过慢，效果受到限制。

大多数的试验证明用干燥剂密封贮藏比不用干燥剂的密封贮藏明显优越，但干燥剂将增加费用，而且要求较大的容器，再者如果包装一经打开，干燥剂就很快失效。因此干燥剂的使用一般仅限于需要长期贮藏的少量种子和某些短命种子，而生产上贮藏的大量种子，仅需贮藏至下一播种季节，在通常情况下不必采用这项措施。

◆ 复习思考题

1. 种子加工有何意义？内容有哪些？

2. 什么是种子清选？什么是种子精选？各有哪些主要方法和要求？

3. 常用的种子清选、精选机械有哪些？

4. 哪些因素影响园艺植物种子的干燥？常用的种子干燥方法有哪些？

5. 种子处理的方法有哪些？什么是种子包衣？

6. 一般种衣剂的成分包括哪些？要求具备什么样的理化特性？

7. 种子包衣方法有哪些？使用种衣剂包衣种子应注意哪些问题？

8. 种子包装的目的和要求是什么？如何选择包装材料和容器？

9. 种子包装的材料有哪些？各有何特点？

◆ 推荐读物

农业部人事劳动司，农业职业技能培训教材编审委员会组织编写.2007.种子加工员.北京：中国农业出版社.

蔡国友.2008.种子销售技巧与实战.北京：化学工业出版社.

康玉凡，金文林.2007.种子经营管理学.北京：高等教育出版社.

第六章　园艺植物种子的贮藏

【本章要点】本章应重点掌握园艺植物种子常温贮藏技术，低温贮藏技术以及适宜园艺植物种子贮藏的其他方法；理解种子的生命活动特性与种子贮藏管理的关系；了解园艺植物种子贮藏的原理，顽拗性园艺植物种子的贮藏特性和贮藏方法，主要园艺植物种子贮藏技术。教学难点是园艺植物种子的低温贮藏技术。

种子贮藏（seed storage）是园艺生产的最后一个环节，同时也是最初一个环节，它在园艺生产上占有重要的位置。从收获到播种，种子一般都要经过一定的贮藏时间，种子贮藏的任务就是采用合理的贮藏设备和先进科学的贮藏技术，人为地控制贮藏条件，使种子劣变降低到最低限度，最有效地保持较高的种子发芽力和活力，从而确保种子的播种价值。种子贮藏期间，不仅应保持种子数量，更重要的是要保证种子的播种品质。

第一节　园艺植物种子贮藏原理

种子是活的有机体，种子在贮藏期间的各种生理代谢活动直接影响着种子的活力和播种品质，而种子的各种生理代谢活动与贮藏环境条件密切相关。因此，掌握种子在一定环境条件下的新陈代谢规律，对创造适宜的贮藏条件、制订正确的贮藏技术措施有重要的意义。

一、贮藏种子的生命活动及代谢变化

（一）种子的呼吸作用

1. 种子呼吸的概念与类型　种子呼吸（seed respiration）是种子内活的组织在酶和氧的参与下将本身的贮藏物质进行一系列的氧化还原反应，最后放出二氧化碳和水，同时释放能量的过程。呼吸作用是种子贮藏期间生命活动的主要表现，因为贮藏期间不存在同化过程，而主要进行分解作用和劣变过程。在种子贮藏工作中既要求种子有一定的呼吸作用以保证各种生命活动的正常进行，又要求将种子因呼吸而消耗的营养物质降到最低水平。

种子呼吸可分为有氧呼吸和无氧呼吸两种类型。有氧呼吸是指在空气中氧气的参与下，种子中的营养物质（特别是糖类和脂肪）被彻底氧化分解为二氧化碳和水，同时释放出能量的过程。无氧呼吸是指种子在缺氧条件下，种子中营养物质的氧化分解所需要的氧从自身的含氧物质得来，生成氧化不彻底的产物，释放的能量也比较少。无氧呼吸产生的醇、醛、酸等对种胚细胞有毒害作用。

事实上，从单粒种子或整个种子堆来看，种子的有氧呼吸和无氧呼吸同时存在。种子处在通风情况下虽以有氧呼吸为主，但在它的组织深处仍可能发生无氧呼吸。就整堆种子来说，种堆外围主要进行有氧呼吸，而种堆内部以无氧呼吸为主，特别是大堆散装的种堆更为明显。含水量较高的种子堆，由于呼吸旺盛，堆内种温升高，反过来又进一步促进种子的呼吸作用，使种子的品质急剧变坏。

2. 呼吸对种子贮藏的影响　呼吸作用对种子贮藏有两方面的影响。一方面可以促进种子的后熟作用。另一方面是在贮藏期间种子呼吸强度过高会引起许多问题：①旺盛的种子呼吸会消耗大量的贮藏物质，影响种子的重量和种子活力。②种子堆水分增加，呼吸作用能产生水，在有氧呼吸时，1分子的葡萄糖产生6分子的水，这些水汽散发在种子堆中，就增加了种堆内的水分，特别是未通过后熟的种子，由于合成和呼吸都会放出水分，严重时会造成种子的"出汗"现象。③种子呼吸是吸收氧气放出二氧化碳气体的过程，在种子呼吸强度大而又通风不良时，种堆的中下层将严重缺氧，使种子被迫转向无氧呼吸，产生有毒物质。④呼吸作用产生的热能，除极少部分用于种子的生命活动外，绝大部分散发到种堆中，使种温增高，易造成种子发热霉变。⑤种子呼吸释放的水汽和热量，使仓虫和微生物活动加强，加剧了对种子的取食和危害。仓虫、微生物生命活动又释放出大量的热能和水汽，又间接地促进了种子呼吸强度的增高。

因此，种子收获、脱粒、清选、干燥、仓房、种子品质、环境条件和管理制度都应围绕降低种子呼吸强度和减缓劣变进程来进行。同时，在种子贮藏期间若把种子的呼吸作用控制在最低限度，就能有效地延长种子的寿命，保持种子的活力。

（二）种子的后熟作用

1. 种子后熟作用的定义　种子成熟应该包括两方面的意义，即种子形态上的成熟和生理上的成熟，只具备其中一个条件时，都不能称为真正的成熟。种子形态成熟后被收获，并与母株脱离，但种子内部的生理生化过程仍然继续进行，直到生理成熟。这段时期的变化实质上是成熟过程的延续，又是在收获后进行的，所以称为后熟（after ripening）。种子从形态成熟到生理成熟过程中发生的变化活动或对生理生化产生的影响，称为种子后熟作用。

种子后熟特性主要由植物的遗传特性决定。蔬菜植物由于长期人工选择而无需后熟或只需短暂时间后熟，而部分果树及花卉种子后熟特性明显，表现出休眠现象。种子后熟在生理机制上分为两类：①种子的胚还未完全成熟，在适宜的条件下，即使剥去种（果）皮，也不能萌发。这类种子一般需要在低温和潮湿的条件下经过几周至数月之后才能萌发生长，如繁枝苋、菊、矮牵牛、香豌豆、四季樱草、三色堇、一品红、楼斗菜等，一般落叶果树的种子在采收后要在低温、潮湿的环境条件下经历一个冬季，到翌年春天才能发芽，如板栗、苹果、梨、毛樱桃等。②种子在采收时已表现出成熟的形态特征，但其胚尚未分化完善，种胚还很小，需要在适宜的条件下继续完成器官分化（一般需4～5个月后熟期），如银杏、兰花、冬青、毛茛、水曲柳、白蜡树、野蔷薇、卫矛等。

2. 种子后熟的生物学意义　种子后熟是种子内部发生生理生化变化准备发芽的过程。后熟期间种子内部的贮藏物质的总量变化很微小，只减少而不增加，其主要变化是各类物质组成的比例和分子结构的繁简及存在状态等。变化方面和成熟期基本一致，即物质的合成作用占优势。随着后熟作用逐渐完成，可溶性化合物不断减少，而淀粉、蛋白质和脂肪等高分子的贮藏物质不断积累，种子水分含量下降；另一方面，种子内酶的活性（其中包括淀粉酶、脂肪酶和脱氢酶）由强变弱，种胚细胞的呼吸强度降低。当种子通过了后熟期，其生理状态即进入一个新阶段，酶的主要作用是在适宜条件下开始逆转，使水解作用趋向活跃，发芽力由弱转强，即发芽势和发芽率开始提高，适于生产上作播种材料。种子未通过后熟作用就播种，会出现发芽率低、出苗不整齐等问题。

3. 种子后熟与贮藏　种子后熟作用也与外界条件有密切关系，其中温度和湿度的影响最大。对于无休眠或短休眠期的种子，高温、干燥可以促进种子的后熟，因此，种子贮藏时采用日光曝晒，空气干燥，趁热入仓，或对仓库中的种子进行热空气处理。这种方法促进种子后熟的主要原因是改善了种皮的透气性。而对需用层积处理来解除休眠的种子，则需要将其置于低温、湿润的环境条件下保存一段时间。

新入库的园艺植物种子由于后熟作用尚在进行中，细胞内部的代谢作用仍然比较旺盛，其结果使种子水分逐渐增多，一部分蒸发成为水汽，充满种堆间隙，一旦达到饱和状态，就凝结成微小水滴，附在种子颗粒表面，形成种子"出汗"现象。因此，贮藏刚收获的种子，在含水量较高且未完成后熟的情况下，必须采取有效措施，如摊晾、曝晒、通风等防止积聚过多的水分。

（三）种子的劣变

参见第一章第六节有关内容。

二、贮藏条件对种子的影响

尽管种子劣变是贮藏过程中不可避免的自然过程，但合理的贮藏可以延长种子的寿命。顽拗型和中间型种子不耐脱水及低温，在常温和保持种子含水量的条件下可短期贮藏。所有正常型种子都可以在低温、干燥的条件下长期贮藏，其保持种子活力的时间长短，依赖于种子的贮藏环境因子。

1. 水分　水分是种子贮藏中的一个关键因素，包括种子水分及空气的相对湿度。

种子水分太高，呼吸旺盛，种子贮藏物质消耗快，同时呼吸产生热量，反过来又促进呼吸增强，种子因贮藏物质消耗而活力降低；种子含水量高时，如有氧气存在，微生物及仓虫繁殖迅速，并产生大量的热。在种子水分含量超过一定值后，种子呼吸急剧增强，形成一个十分明显的转折点。这个转折点在种子贮藏上很重要，种子含水量在转折点以下时基本上可以安全贮藏，当种子含水量上升到转折点以上时，就会引起种子发热、霉变。在实际工作中将这个转折点称为安全水分。安全水分的具体数值与种子的成分有关，但同时受温度影响，温度越高，安全水分越低。因此，对于相同植物种子，我国北方地区的种子安全水分可以略高于南方。

干燥有利于种子的贮藏。Harrington（1973）提出种子含水量在 5％～14％范围内，每增加 1％，种子的寿命就缩短 1/3。长期以来受种子干燥技术的限制，很难将种子的含水量降到 5％（油质种子）～7％（粉质种子）以下，因此 5％～7％被认为是种子安全含水量的下限。

种子的含水量会受贮藏环境中空气相对湿度的影响。空气干燥，种子会散失水分，空气相对湿度大，则种子会从空气中吸收水分。在贮藏一定的时间后，种子水分和环境湿度会达到一个动态平衡。因此，贮藏环境中空气干燥对保持种子的活力是十分必要的。合适的相对湿度是根据实际需要和可能而定的。种质资源保存时间较长，种子干燥，要求空气相对湿度也低，一般控制在 30％左右；大田生产用种贮藏时间相对较短，要求相对湿度不是很低，只要达到与种子安全水分平衡的相对湿度即可，大致在 60％～70％之间。从种子的安全水分标准和目前的实际情况考虑，贮藏环境的相对湿度一般控制在 65％以下为宜。

2. 温度 种子的生命活动与温度有着密切的关系。一般种子处在低温条件下，呼吸作用弱，随着温度升高，呼吸强度不断增强，尤其在种子水分增高的情况下，呼吸强度随着温度升高而发生显著变化。温度过高，则酶和原生质遭受损害，使生理作用减弱或停止。降低种子贮藏环境的温度，可以减缓种子的生理活动，从而延长种子的寿命，Harrington（1973）提出 0～50℃范围内，种子贮藏温度每下降 5～6℃，种子的寿命延长 1 倍。一般种子贮藏的适宜温度是 0～5℃。

水分和温度都是影响呼吸作用的重要因素，两者互相制约。干燥的种子即使在较高温度的条件下，其呼吸强度要比潮湿的种子在同样温度下低得多；同样，潮湿种子在低温条件下的呼吸强度比在高温下低得多。因此，干燥和低温在种子贮藏中通常结合使用。如大范围控制环境温度有困难，或为了降低费用，则可考虑主要通过降低种子含水量的方法保存种子。1985 年国际植物遗传资源委员会提出了种子超干贮藏的设想。李鑫（2005）报道，大葱种子经超干处理后能显著延长其贮藏寿命。超干贮藏 18 个月的大葱种子（含水量 3.5％），其发芽率、发芽指数与活力指数均无明显变化；而未超干种子（含水量 8.4％）活力显著下降。

种子贮藏时应该维持仓库温度相对稳定，温度波动太大对种子寿命有不利影响。常温贮藏库中种子的温度不可避免会随气温发生季节性变化，有时种温和气温相差悬殊时，会引起种子堆内水分的转移，甚至发生"结露"现象，造成局部种子的劣变。

3. 通气状况 空气中含有氧气、水汽和热量等。如果种子长期贮藏在通气条件下，由于吸湿增温使其生命活动由弱变强，很快会丧失活力。干燥种子以贮藏在密闭条件下较为有利，密闭是为了隔绝氧气，抑制种子的生命活动，减少物质消耗，保持其生命的潜在能力。同时密闭也是为了防止外界的水汽和热量进入仓内。但也不是绝对的，当仓内温、湿度大于仓外时，就应该打开门窗进行通气，必要时采用机械鼓风加速空气流通，使仓内温、湿度尽快下降。

4. 仓虫和微生物 如果贮藏种子感染了仓虫和微生物，一旦条件适宜时便大量繁殖，由于仓虫、微生物生命活动的结果放出大量的热能和水汽，间接地促进了种子呼吸强度的增高。同时，种子、仓库害虫、微生物三者的呼吸构成种子堆的总呼吸，会消耗大量的氧气，放出大量的二氧化碳，也间接地影响种子呼吸方式。据试验，昆虫的氧气消耗量为等量谷物的 130 000 倍。栖息密度越高，则其氧气消耗量越大。在有仓虫的场合，氧气随着温度增高而快速减少。随着仓内二氧化碳的积累，仓虫会窒息死亡。但有的仓虫能忍耐 60％的二氧化碳。虽然二氧化碳浓度的提高会导致仓虫的死亡，但仓虫死亡的真正原因是氧气的减少。当氧气浓度减少到 2％～2.5％时，就会阻碍仓虫和霉菌的发生。在密封条件下，由于仓虫本身的呼吸，使氧气浓度自动降低，而阻碍仓虫继续发生，即所谓自动驱除，这就是密封贮藏的一个原理。

影响种子生命力的贮藏条件是多方面的，而且是互相影响、互相制约的。但种子含水量常常是影响贮藏效果的主导因素。因此，在贮藏时必须对种子本身的性质及各种环境条件进行综合的研究分析,采用最适宜的贮藏方法,才能更好地保持种子的活力。

第二节 种子常温贮藏技术

种子常温贮藏常指在室温下利用种子库进行种子的保存,其主要技术环节包括入库前准备、种子入库与种子贮藏期的管理。

一、入库前的准备

入库前的准备工作包括种子品质检验,种子的干燥和清选分级,仓房维修和清仓消毒等。概括讲是两个方面的准备,即种子的准备和仓库的准备。

(一)种子的准备

1. 种子入库的标准 园艺植物种子种类繁多,种属各异,含水量有高有低,而且种子子粒小、重量轻,极易黏附和混入菌核、虫卵、杂草子等有生命杂质以及残叶、碎果种皮、碎秸秆等无生命杂质。这样的种子在贮藏期间很容易吸湿回潮,还会传播病虫杂草。因此,在种子入库前必须对其进行清选,去除杂质。破损粒或成熟度差的种子,由于呼吸强度大,在含水量较高时,很易受微生物及仓虫为害,种子活力极易丧失,这类种子也必须严格加以清选剔除。由于种子水分是影响种子贮藏寿命的主要因素,因此,种子入库前要充分晾晒,达到种子的安全水分,种子入库时必须逐袋、逐批抽样进行检查。可用电子测定仪器快速测定种子水分,有经验的人员也可以凭五官检验,通过眼看、手摸、牙咬、鼻闻、耳听来判别种子水分的高低。

凡不符合入仓标准的种子,都不应急于进仓,必须重新处理(清选或干燥),经检验合格以后,才能进仓贮藏。特别是对精包装销售种子,包装后无法对种子进行调制或水分调节,因此要求包装的种子含水量、净度、发芽率等应严格符合标准。

2. 种子入库前的分批 种子在进仓以前,不但要按不同品种严格分开,还应根据产地、收获季节、水分及纯净度等情况分别堆放和处理。种子入库前的这种分批,对保证种子播种品质和长期安全贮藏十分重要。

通常不同的种子都存在着一些差异,如差异显著,就应分别堆放,或者进行重新整理,使其标准达到基本一致时,才能并堆,否则就会影响种子的品质。如纯净度低的种子混入纯净度高的种子堆,不仅会降低后者在生产上的使用价值,而且还会影响种子在贮藏期间的稳定性。纯净度低的种子,容易吸湿回潮。同样,把水分悬殊太大的不同批的种子,混放在一起,会造成种子堆内水分的转移,致使种子发霉变质。又如种子感病状况、成熟不一时,均宜分批堆放。同批种子数量较多时也以分开为宜。入库时注意,做到"五分开",即新、陈种子,干、湿种子,有虫、无虫种子及不同种类和不同纯净度的种子分开贮藏,以提高其贮藏的稳定性。

(二)仓库的准备

1. 仓库全面检查 仓库使用前应该全面检查,确定仓库是否安全,是否漏水渗水、门窗是否齐全、关闭是否灵便、紧密,防鼠、防雀设备是否完好。库内不准堆放易燃易爆、化肥、农药等与种子无关的物资。此外,仓库应配备消防器材(灭火器械和水源)。

2. 清仓与消毒　做好清仓和消毒工作，是防止品种混杂和病虫滋生的基础，特别是那些长期贮藏种子而又年久失修（包括改造仓）的仓库更为重要。

清仓工作包括清理仓库与仓内外整洁两方面。清理仓库不仅是将仓内的异品种种子、杂质、垃圾等全部清除，而且还要清理仓具，剔刮虫窝，修补墙面，嵌缝粉刷。仓外应经常铲除杂草，排去污水，使仓外环境保持清洁。具体任务是：①采用剔、刮、敲、打、洗、刷、曝晒、药剂熏蒸和开水煮烫等方法，清理和消毒竹席、箩筐、麻袋等器具，彻底清除仓库内嵌着的残留种子和潜匿的害虫；②仓内所有的梁柱、仓壁、地板必须进行全面剔刮，剔刮出来的种子等杂物应予清理，虫尸及时焚毁，以防感染；③仓内外因年久失修发生壁灰脱落等情况，都应及时补修，防止害虫藏匿；④经过剔刮虫窝之后，仓内不论大小缝隙，都应该用纸筋石灰嵌缝，并进行粉刷。

消毒必须在补修墙面及嵌缝粉刷之前进行，特别要在全面粉刷之前完成。因为新粉刷的石灰，在没有干燥前碱性很强，容易使药物分解失效。

空仓消毒可用敌百虫或敌敌畏等药剂处理。用敌百虫消毒，可将敌百虫原液稀释至 0.5%～1%，充分搅拌后，用喷雾器均匀喷布，用药量为 3kg 的 0.5%～1% 水溶液可喷雾 100m²。也可用 1% 的敌百虫水溶液浸渍锯木屑，晒干后制成烟剂进行烟熏杀虫。用药后关闭门窗不少于 72h，以达到杀虫目的。用敌敌畏消毒，每立方米仓容用 80% 乳油 100～200mg。施药用以下方法：①用 80% 敌敌畏乳油 1～2g 对水 1kg，配成 0.1%～0.2% 的稀释液即可喷雾；②将在 80% 敌敌畏乳油中浸过的宽布条或纸条，挂在仓房空中，行距约 2m，条距 2～3m，任其自行挥发杀虫。上述两法，施药后门窗必须密闭 72h，才能有效。消毒后需通风 24h，种子才能进仓，以保障人体安全。也可以用磷化铝熏蒸消毒。仓库消毒后，存放种子前一定要经过清扫。

二、种子入库

种子入库是在清选、干燥和包装的基础上进行的。入库前需做好标签和卡片，注明植物、品种、等级及经营单位等内容。标签可以放在种子袋里、挂在袋外，或将印好的标签贴在容器上或直接将内容印刷在容器上，或插放在种子堆内。使用活动标签时，袋里、袋外都要放置，以防袋外标签在搬运过程中丢失。入库时，必须随即过磅登记，按种子类别和级别分别堆放，防止混杂。有条件的单位，应按种子类别不同分仓堆放。堆放的形式可分为袋装贮藏、散装贮藏、精包装贮藏 3 种。

1. 袋装堆放　袋装堆放是指用麻袋、布袋等装种子，然后堆垛贮藏。袋装堆放适用于多品种种子，并能防止品种间的混杂，有利于通风，便于管理。袋装堆垛形式依仓房条件、贮藏目的、种子品质、入库季节和气温高低等情况灵活运用。为了管理和检查方便起见，堆垛时应距离墙壁 0.5m，垛与垛之间相距 0.6m 留作操作道（实垛例外）。垛高和垛宽根据种子干燥程度和种子状况而增减。含水量较高的种子，垛宽越窄越好，便于通风散去种子内的潮气和热量；干燥种子可垛得宽些。堆垛的方法应与库房的门窗相平行，如门窗是南北对开，则垛向应从南到北，这样便于管理，打开门窗时，有利空气流通。堆装时袋口要朝里，以免感染虫害和防止散口倒堆。一般包装种子，底部有垫仓板，离地约 20cm，利于通气。

2. 散装堆放　种子数量多，仓容不足或包装工具缺乏时，多半采用散装堆放。堆高一般为 2m 左右。散堆数量大，必须严格掌握种子入库标准，平时加强管理，尤其要注意表层种子的结露或"出汗"等不正常现象。因此，适宜存放充分干燥、净度高的种子。

3. 精包装贮藏　蔬菜、花卉种子销售时一般进行精包装，包装材料一般为铁皮罐、聚乙烯铝箔复合袋、聚乙烯袋等，具有防湿的功能。包装好的种子只需放置在仓库或室内阴凉的地方保存即可，有条件的地方放于冷库，可以较长时间保持种子的活力。小包装一般都放在纸箱或板箱中，再堆垛存放，垛与垛之间留 0.6m 的操作道，垛高以纸箱的承重能力及取放种子时操作的难易而定。

三、种子贮藏期间的管理

种子贮藏期间的管理工作十分重要，应该根据具体情况建立各项制度，提出措施，勤加检查，以便及时发现和解决问题，避免种子的损失。

（一）管理制度和管理工作

种子入库后，建立和健全管理制度十分必要。管理制度通常包括生产岗位责任制度、安全保卫制度、清洁卫生制度、检查和评比制度、建立档案制度和财务会计制度等。管理工作应围绕管理制度，主要抓好以下工作：①种子进出仓库时，种子包装袋内外均要有标签，严防混杂，尤其是散装种子更要防止人为的混杂，以及啮齿动物造成的混杂；②根据不同季节，做好仓库的密闭工作，还要进行合理的通风，以降温降湿；③作好治虫防霉工作；④种子贮藏期间，要预防鼠、雀造成种子数量损失，以及引起散装种子的混杂；⑤贮藏期间要防止发生火灾、水淹、盗窃、错收错发和不能说明原因的损耗等仓储事故；⑥定期进行查仓工作，根据检查结果，进行分析，针对问题，及时处理或提出解决的方法。

（二）预防种子结露

预防种子结露，是贮藏期间管理上的一项经常性工作。当热空气遇到冷种子后，温度降低，使空气的饱和含水量减小，相对湿度变大。当温度降低到空气饱和含水量等于当时空气的绝对湿度时，相对湿度达到 100%，此时在种子表面开始结露。如果温度再下降，相对湿度超过 100%，空气中的水汽不能以水汽状态存在，在种子上的结露现象就更明显。种子结露是一种物理现象，在一年四季都有可能发生，只要当空气与种子之间存在温差，并达到露点就会发生结露现象；空气湿度越大，也越容易引起结露；种子水分越高，结露的温差变小，反之，种子越干燥，结露的温差变大，种子不易结露。种子结露以后，含水量急剧增加，种子生理活动随之增强，导致发芽、发热、虫害、霉变等情况发生。

防止种子结露的方法，关键在于缩小种子与空气、接触物之间的温差，具体措施如下：①干燥种子能抑制种子生理活动及虫、霉危害，也能使结露的温差增大，在一般的温差条件下，不至于立即发生结露；②季节转换时期，气温变化大，这时要密闭门窗，对缝隙要糊2~3 层纸条，尽可能少出入仓库，以利隔绝外界湿热空气进入仓内，可预防结露；③春季在种子堆表面覆盖 1~2 层麻袋片，结露会发生在麻袋片上，到天晴时再将麻袋片移置仓外晒干冷却再使用，可防种子表面结露；④秋末冬初气温下降，经常扒动种子面层深至 20~30cm，必要时可扒深沟散热，可防止上层结露；⑤经曝晒或烘干的种子，除热处理之外，都应冷却入库，可防地坪结露；⑥有柱子的仓库，可将柱子整体用一层麻袋包扎，或用报纸4~5 层包扎，可防柱子周围的种子结露；⑦气温下降后，如果种子堆内温度过高，可采用机械通风方法降温，使之降至与气温接近，可防止上层结露；⑧将门窗密封，在仓内用电灯照明，可使仓内增温，提高空气持湿能力，减少温差，可防上层结露；⑨冷藏种子在高温季节出库，需进行逐步增温或通过过渡间，使之与外界气温相接近，可防结露，但每次增温温差不宜超过5℃。

种子结露预防失误时，应及时采取措施加以补救。补救措施主要是降低种子水分，以防进一步发展。通常的处理方法是倒仓曝晒或烘干，也可以根据结露部位的大小进行处理。如果仅是表面层结露，可将结露部分种子深至50 cm的一层揭去曝晒。结露发生在深层，则可采用机械通风排湿。当曝晒受到气候影响，也无烘干通风设备时，可根据结露部位采用就仓吸湿的办法，也可收到较好的效果。即采用装有生石灰的麻袋，平埋在结露部位，让其吸湿降水，经过4～5d取出。如果种子水分仍达不到安全标准，可更换石灰再埋入，直至达到安全水分为止。

（三）预防种子发热

在正常情况下，种温随着气温、仓温的升降而变化。如果种温不符合这种变化规律，发生异常高温时，这种现象称为发热。种子发热主要由以下原因引起：①种子在贮藏期间新陈代谢旺盛，释放出大量的热能，积聚在种子堆内；②种子本身呼吸热和微生物活动共同导致种子发热；③仓虫大量聚集在一起，其呼吸和活动摩擦会产生热量；④种子堆各层之间或局部与整体之间温差较大，造成水分转移、结露等情况，也能引起种子发热；⑤仓房条件差或管理不当，往往也会引起种子发热。总之，发热是种子本身的生理生化特点、环境条件和管理措施等综合造成的结果。

预防发热常采用的措施有以下几点。

（1）严格掌握种子入库的质量　种子入库前必须严格进行清选、干燥和分级，不达到标准，不能入库，对长期贮藏的种子，要求更加严格。入库时，种子必须经过冷却（热进仓处理的除外）。这些都是防止种子发热、确保安全贮藏的基础。

（2）做好清仓消毒，改善仓储条件　贮藏条件的好坏直接影响种子的安全状况。仓房必须具备通风、密闭、隔湿、防热等条件，以便在气候剧变阶段和梅雨季节做好密闭工作；而当仓内温湿度高于仓外时，又能及时通风，使种子长期处在干燥、低温、密闭的条件下，确保安全贮藏。

（3）加强管理，勤于检查　应根据气候变化规律和种子生理状况，订出具体的管理措施，及时检查，及早发现问题，采取对策，加以制止。种子发热后，应根据种子结露发热的严重情况，采用翻耙、开沟、扒塘等措施排除热量，必要时采取翻仓、摊晾和通风等办法降温散湿。发过热的种子必须经过发芽试验，凡已丧失生活力的种子，即应改作他用。

（四）合理通风

种子入库以后，无论是进行长期贮藏还是短期贮藏，甚至是刚入库的种子，都需要在适当的时候进行通风。通风是种子在贮藏期间的一项重要管理措施。通风可以降低温度和水分，使种子在较长时间内保持干燥和低温，有利于抑制种子生理活动和害虫、霉菌的为害；也可以维持种子堆内温度的均衡性，不至于因有温差而发生水分转移；促使种子堆内的气体对流，排除种子本身代谢作用产生的有害物质和药剂熏蒸后的有毒气体等；对于有发热症状或经过机械烘干的种子，则更需要通风散热。

仓库内外温度和湿度的差异，是合理通风的主要依据。其主要原则是：①当大气温湿度都低于仓内时，应及时通风。这不仅能创造低温干燥的贮种环境条件，而且能降低种子堆的温湿度；反之，应进行密闭，以保持低温干燥状态。②当仓内外温度相同，而仓外相对湿度低于仓内时，应及时通风散湿。③当仓内外相对湿度相同，而仓外温度低于仓内时，应及时通风降温。④当仓外温度高于仓内，而相对湿度低于仓内；或仓外温度低于仓内，而相对湿度高于仓内时，是否能通风，应计算当时的绝对湿度。在通常情况下，仓外绝对湿度低于仓内，应通风换气，以散湿降温；反之，应进行密闭，以保持低温干燥状态。

此外，在冬季遇寒流侵袭时应密闭，以免因仓内外温度相差悬殊，而造成种子堆表面结露；在夏季对新入仓的种子、含水量较大的种子或开始发热的种子因呼吸旺盛，放出水分和热量较多，应及时通风，散湿降温。仓库熏蒸后，也应及时通风换气等。

1. 通风时间　合理通风的时间，主要根据气候变化而定，但也应考虑种子仓库和贮藏种子的具体情况。在一年中，温度下降季节，应以通风为主；温度上升季节，应以密闭为主。秋季气温下降，而且降水量减少，大气湿度低，这时应开始以通风为主。一方面能防止仓库内外温度相差悬殊，而造成种子堆表面出现结露现象；另一方面能充分利用低温干燥的气候条件，使贮种降温散湿。春季气温开始上升，降水量增加，大气湿度也增大，这时应开始以密闭为主，以减轻大气温湿度对贮种的影响，以保持低温干燥状态，特别是"密闭压盖"，必须在春季气温回升以前进行。

在一天中，上午或傍晚应以通风为主，午后或午夜后应以密闭为主。日出前温度最低，湿度最高；日出后，气温逐渐升高，湿度逐渐降低，至 14：00 左右，温度升至最高，湿度降至最低，以后温度又逐渐降低，湿度又逐渐升高。所以，在一日中，应在温、湿度较高时进行密闭，在温、湿度较低时进行通风。

2. 通风的方法　通风的方法有自然通风和机械通风两种，可根据仓房的设备条件和需要选择进行。

（1）自然通风法　根据仓房内外温、湿度状况，选择有利于降温降湿的时机，打开门窗让空气进行自然交流达到仓内降温散湿。自然通风法的效果与温差、风速和种子堆装方式有关。当仓外温度比仓内低时，便产生了仓房内外空气的压力差，空气就会自然交流，冷空气进入仓内，热空气被排出仓外。温差越大，内外空气交换量越多，通风效果越好，风速大则风压大，空气流量也多，通风效果好；仓内包装堆放的通风效果比散装堆放为好，而包装小堆又比大堆的通风效果为好。

（2）机械通风法　机械通风是自然通风的辅助措施，多半用于散装种子。种子是热的不良导体，而且孔隙间阻力较大，给自然通风降温散湿带来困难，特别是每年秋凉后，气温下降快，种温下降慢，相对之下形成高温种子。而在种子堆深层与表层之间温度也相差悬殊，这是造成种子堆表层结露，以至发热霉变的重要因素之一。如采用机械通风，由于时间短，降温快而均衡，对防止秋后种子堆结露比自然通风效果好。

（五）贮种种情检查

1. 种情检查的目的　贮种种情检查是指根据规定的检查制度和要求，对贮藏的温度、含水量、发芽率、病虫害和种质变化等情况以及安危程度进行检测、化验、记录、分析及处理意见等一系列工作。种情检查的目的，在于摸清种子在贮藏期间的变化，及时发现和处理问题。要建立健全以种子堆垛为单位的种情检查记录簿（卡），将检查结果逐项做好原始记录，作为研究防治措施的科学依据。

2. 种情检查的内容及检查方法

（1）种子含水量　在贮藏期间，种子含水量受环境条件的影响不断发生变化，应根据种子安全贮藏水分标准和有关要求进行检测。分析方法可先用感观法——看、摸、闻、咬鉴定。对于那些感觉上有怀疑的种子，则应用仪器复验。

（2）种子温度　种温变化不仅受外界温度的影响，还受种子本身生理活动放出热量的影响，种温是贮种安危情况的指标之一。种温检查使用温度计或遥测温度仪，简便易行，反映结果比较准确。

（3）种子品质　种子在贮藏过程中，由于自身的生命活动和外界环境条件的影响，其品质在不断发生变化。其中有些变化是在正常情况下的必然现象，如后熟、陈化等，但更多的是由于高温、高湿以及虫霉危害而引起的不正常变化，如发热、生霉及结块等。不论发生什么变化，早期总会有与正常种子不同的异常现象，如色泽、气味、酸度、硬度等变化。这是种子安危情况的依据之一。

（4）种子虫害　种子发生虫害，不仅造成数量损失，也能引起质量变化。应深入细致地检查虫害情况，不仅检查种子，还应对仓库、包装、器材等进行检查，以掌握情况，预防虫害，确保贮种安全。种子虫害检查一般采用筛检法，经一定目数的筛子振动筛理，把虫子筛下来；在缺少筛子的情况下，可以把检查样品平摊在白纸上，仔细找出虫子。检查蛾类害虫，一般不用筛检法，因蛾类害虫善飞，受震动后就会飞逃，不易筛理。可用撒种看蛾飞目测统计，即用手抓一把种子抛撒，种子落下时震动种堆表面后，蛾类害虫就会飞起来，然后观察虫口密度计数。

（5）种子发芽率　种子在贮藏期内，其发芽率因贮藏条件和贮藏时间不同而发生变化。在良好的条件下贮藏时间较短的，种子发芽率几乎不会降低。对于一些有生理休眠的种子，经过一段时间贮藏，则能提高发芽率。所以，对种子定期进行发芽试验十分必要。发芽率的检测按照国家标准规定的方法进行，不同植物发芽的具体方法不同。

（6）鼠、雀危害　查鼠、雀是观察仓内有否鼠、雀粪便和活动留下的足迹，平时应将种子堆表面整平以便发现足迹。

3. 种情检查规范化　种情检查要经常化与制度化，做到定时检查与临时检查相结合、定点检查与机动检查相结合、仪器检查与感官检查相结合，以及日常检查和全面普查相结合。

第三节　种子低温贮藏技术

低温仓库采用机械降温的方法使库内的温度保持在 15℃ 以下，相对湿度控制在 65% 左右，从而能延长种子寿命和保持较高的发芽率。低温仓库需配有成套的降温机械，其造价及运行成本比一般房式仓高，因此建造低温库时要考虑到本地区的实际需要和可能，以免造成浪费。低温低湿种子库的建筑结构、设备配置、温湿度控制要求、监测技术和种子管理等技术都与常温库有所不同，这里简要介绍一下其特点和管理要求。

一、种子低温仓库的基本要求

低温库是依靠人工制冷降低库内温度的，如果不能隔绝外来气温的影响，低温效能就差，制冷费用也大。一座良好的低温库必须具备以下条件。

1. 隔热保冷 这是低温库最基本的要求，库内的隔热保冷性能直接关系到制冷设备的工作时间、耗能及费用等方面的问题。为此，仓库的墙壁、天花板及地坪的建造，都应选用较好的隔热材料。隔热材料的性能与它的导热系数有关，导热系数越小，导热能力越差，隔热则越好。选材时应尽可能应用导热系数小的隔热材料，国内常用硬质聚氨酯、聚苯乙烯、膨胀珍珠岩等材料。

2. 隔汽防潮 按照国家冷库建设标准，仓库内外两侧的温度差等于或大于5℃时，应在温度较高的一侧设置隔汽层。这是因为内外两侧温度不同，会造成水蒸气的分压差，伴随着热量由外向内传递，还发生湿气流移动，或叫做水蒸气的渗透。这些蒸汽会在隔热材料的空隙和缝隙中凝结成水珠或冰晶，使隔热材料受潮而降低隔热性能，严重时还会破坏隔热层。实践证明，隔热层受潮后，它的隔热性能下降1/2～2/3，制冷量增加10%～30%。不仅影响隔热保冷的效果，还要增加运行费用，因此墙壁、屋顶和地坪隔热层的表面都需有防潮层，以提高隔热层的功能。常用防潮材料有沥青和油毛毡及其他防水涂料如聚氨酯防潮漆（即氰凝）等，可根据实际需要选用。

3. 结构严密 仓库结构的严密程度，与防止外界热、湿空气影响以及提高隔热保冷功能有密切的关系。结构越严密，隔热保冷功能越好。

低温库不能设窗，以免外界温、湿透过玻璃和窗框缝隙传入库内，有时因库内外温差过大，会在玻璃上凝结水而滴入种子堆。库门必须能很好地隔热和密封，门上衬上密封橡胶层。低温库最好设两道门，两道门中间有拐弯，以减少热量和水汽的进入，有条件的可以设立缓冲间，防止高温季节种子出库时结露。对开启频繁的大门可以安装风幕，避免外界的热空气进入仓内。

库房面积不宜过大，也不能太高，通常建造一个单独的大低温库，还不如将其隔成几个小库更为适宜。当只有少量种子贮藏时，只需要将一两个小库制冷，而不必使整个大仓库降温，这样可显著降低运行费用。

二、低温种子库的基本结构

低温种子库的基本结构包括库房、围护结构、制冷系统和辅助设施等部分。

1. 低温库房 低温种子库的主要组成部分。容量依用途和入库种子量而定，高2.4～4.0m。部分库内置放固定式或活动式种子架，架上可分层放密封的种子盒或已经包装的种子袋，适合少量种子放置。种子架与地面、墙壁、屋顶之间的最小通风空隙分别是10～20cm、20cm和50cm。通风空隙不能太小，以免产生局部温差。部分库内不放置任何种子架，以利于堆放大包的种子。

2. 围护结构 包括保温层、隔汽层、护墙板和库门。

3. 制冷系统 低温种质库的心脏，包括制冷设备、恒温控制器和高温报警器。它使库房内温度维持在设定范围内，上下温差为±1℃。每个冷库要安装两套独立的制冷系统，每台最大的设计负荷为每天工作16h，以月为期轮换使用。

4. 辅助设施 包括低温库房门外的缓冲室、种子接收分发室、种子清选室、熏蒸室、数据处理室、发芽室、种子干燥室、种子包装室、种子临时贮存库等，可根据实际需要及场地大小选择设置。

三、低温贮藏的管理特点

1. 设备维护管理　库内主机及其附属设备，是创造低温低湿条件的重要设施。因此，设备管理是低温仓库管理的主要内容。通常要做好下列工作：①加强对机房值班工人的技术培训，使其熟练掌握制冷原理与制冷设备操作，熟悉种子保管业务，并具备"三好"（管好、用好、修好）、"四会"（会使用、会保养、会检查、会排除故障）；②健全机器设备的检查、维修和保养制度，做好每年冬季停机对设备检修工作；③为了满足检修、维修和保养的需要，要随时储备一定品种与数量的备件；④精心管好智能温湿度仪器；⑤建立机房岗位责任制，及时、如实记好机房工作日志。

2. 仓储管理制度

（1）严格消毒或熏蒸　低温库使用敌敌畏空仓消毒较好，磷化铝、磷化锌、磷化钙、氯化苦等熏蒸剂都有不同程度的腐蚀性，对制冷机有腐蚀作用，不宜在低温库中使用。消毒后开机1~2d，排出库内废气，保证库内空气清新。开机通风时，检查风口有无阻塞，保证风口畅通无阻。

（2）把好入库前种子质量关　种子入库前搞好翻晒，精选与熏蒸；种子含水量达到国家规定标准以下，无质量合格证的种子不准入库；种子进库时间安排在清晨或晚间；中午不宜种子入库，若室外温度或种温较高，宜将种子先存放缓冲室，然后再安排入库。如在贮藏期间发现种子有虫，应将种子包搬至普通仓库熏蒸杀虫再转入低温库贮藏。

（3）提高仓库空间利用率　种子垛底必须配备有可移动的透气木质（或塑料）垫架，高度一般以20cm为宜。垛的周围离墙体50cm左右，两垛间留80cm过道，以利采样、检查、防潮和库内冷气回旋。每个堆垛高度以最高点不超过风口为宜，垛宽不超过5m。种子堆放好后，每个堆垛必须标明品种、数量，并绘制好库内种子堆放平面图，以防混杂。

（4）库室密封门尽量少开　即使要查库，亦要多项事宜统筹进行，减少开门次数。

（5）节省能耗　适时启动制冷系统，是经济高效运行的关键。冬季温度较低，可以关机，春季来临时气温、湿度回升，要适时开机。我国地域跨度大，气候迥异，开机时间的确定应以当地库内外温、湿度而定。开机过早，浪费能源，增加成本；开机过迟往往又会影响贮种效果。种子进低温库不能马上开机降温，应先通风降低湿度，否则降温过快，达到露点，造成结露。

（6）严格控制库房温湿度　库内温度控制在15℃以下，相对湿度控制在65%左右，并保持温、湿度稳定。

（7）安全保卫制度　加强防火工作，配备必要的消防用具，注意用电安全。

3. 收集与贮存主要种子信息　主要包括：①按照国家颁发的种子检验操作规程，获取每批种子入库时初始的发芽率、发芽势、含水量及主要性状的检验资料；②种子存贮日期、重量和位置（库室编号及位点编号）；③为寄贮单位存贮种子，双方共同封存样品资料。

4. 收集与贮存主要监测信息　主要包括：①种子贮藏期间，本地自然气温、相对湿度、雨量等重要气象资料；②库内每天定时、定层次、定位点的温度及相对湿度资料；③种子贮藏过程中，种子质量检验的有关监测数据。

5. 技术档案管理　低温低湿库的技术档案，包括工艺规程、装备图纸、机房工作日志、种子入库出库清单、库内温湿度测定记录、种子质量检验资料以及有关试验研究资料等。这些档案是低温库技术成果的记录和进行生产技术活动的依据和条件。每个保管季节结束以后，必须做好工作总结，并将资料归档、分类与编号，由专职人员保管，不得丢失。

第四节　园艺植物种子的其他贮藏技术

一、园艺植物种子的其他贮藏方法

种子贮藏可分为种质资源的长期保存及生产、销售、研究中的短期临时贮存，前者贮藏环境条件要求高，而后者要求的环境条件较低。温度、水分是影响种子生命力的两个主要因素，园艺植物种子的常用贮藏方法，有的是单独调控一个因素，有的是综合调控两个因素，来达到理想的贮藏效果。

1. 种质资源长期保存　有低温种质库和超低温保存两种形式。前者又可分为长期、中期和短期库。不同低温库的库温与空气湿度（库温低，湿度也小，一般小于 60%）要求不同，在低温库中保存的种子预期寿命可达 2~5 年至 50~100 年。这类种子库如建于干燥、寒冷地区，可以减少能量消耗和对电力供应的依赖。国际种子库建于距北极点约 1 000km 的挪威斯瓦尔巴群岛的一座砂岩山下大约 121.92m 的地方，之所以选择这里，一方面是该地处于永冻土地带，另一方面发生天灾人祸的机会小，即使出现电力中断也可以利用自然低温保证种子的安全。超低温贮存是将种子脱水到一定含水量，直接或采用相关的生物技术存入液氮中长期保存。

2. 生产中少量种子的贮藏　主要有下列几种方法。

（1）带荚整株挂藏　对于成熟后不自行开裂的容易干缩的蔬菜、花卉种子可以整株拔起；对于豆科蔬菜如菜豆、刀豆、豌豆等连荚拔下，捆扎成捆，挂在阴凉通风干燥处，用时采摘脱粒。这种挂藏方法简便，适合农村自家园田留种。

（2）石灰贮藏　用石灰缸贮藏种子，简易、安全、成本低，也是一种普遍采用的方法。具体方法是先在缸内放入容量 1/3 的生石灰块，块灰上垫一层纸或麻袋，然后将种子袋放入，封好缸口，将缸放于阴凉干燥处。一般块灰的吸水量为 21%，如果发现块灰变成粉灰，说明已吸足了水分，不能再继续使用，必须及时更换。采用这种方法，一般可存放种子 2~3 年。

（3）干燥器贮藏　主要用于贮藏一些原种和杂交亲本的种子。在干燥器内放入容积 1/4~1/3 的干燥剂（如硅胶），种子用袋装好（一般为纸袋或布袋）放于硅胶上，容器口涂上凡士林密封。有色硅胶吸水量为 32%，如果发现有色硅胶由蓝色变为粉红色，说明硅胶已吸足水分了，必须将硅胶取出脱水处理，方法是在 80℃ 的烘箱内烘烤 6h 或在太阳下曝晒，使之转变为蓝色后再利用。无色硅胶吸水量为 70%，但它吸水后不变色，无法辨别，因此无色硅胶要和有色硅胶混合使用。

（4）氯化钙贮藏　在密闭的种子贮藏仓内，上层放种子，下层放氯化钙。氯化钙吸水能力较强，一般为 97% 左右。但氯化钙吸水后会从固体变成液体，因此盛放氯化钙的容器不能漏水。发现大部分氯化钙变为液体时，可将液体放入锅内加热脱水，使之成为固体后再利用。氯化钙的脱水较困难，因此一般基层单位较少应用。

（5）冷湿层积处理　部分果树、花卉种子在播种前需要层积处理，贮藏温度为0～10℃，环境的相对湿度达80%～90%，一般贮存在能保持高湿度的容器内，或与含水量大的物质（如细沙、锯木屑等）混合贮藏。为防止种子发霉，可预先将种子进行杀菌处理。层积处理期间经常检查，细沙干燥时要洒水，并注意防止鼠害。层积处理期要与播种期相适应，必须掌握种子的层积处理天数，否则容易造成未到播种期而种子大量发芽的被动局面。层积处理也可在室外选地势高、干燥、排水良好、背风阴凉处挖土坑沙藏。

（6）冰箱贮藏　正常性种子包装好后可以放于家用冰箱冷藏室保存，也可选用种子低温低湿贮藏柜。如果种子充分干燥（含水量3%～8%），可以将种子密封包装，放于冰箱的冰冻室，这种方法可以长期保存种子。小型的育种单位可以使用冰柜长期保存种质资源或育种亲本材料，但需要注意当地的电力供应状况，不要经常停电，否则温度的剧烈变化反而会缩短种子的寿命。

（7）超干常温密闭贮藏　种子超干贮藏（ultradry seed storage）是指将种子含水量降至5%以下，密封后置于室温条件下或稍微降温的条件下贮藏种子的一种方法，常用于种质资源保存和育种材料的保存。干燥方法有干燥剂吸湿、烘箱烘干、冷冻干燥等方法。干燥剂吸湿方法较常用，将种子装于布（纸）袋中，放在盛有变色硅胶或氧化钙的干燥器内（种子、干燥剂的比例为1∶10），通过控制干燥时间可使种子含水量降至5%以下不同水平。为防止萌发时产生吸胀伤害，播种前需进行种子回湿处理，将超干种子依次放在盛有氯化镁饱和溶液的干燥器中1d，饱和氯化钠溶液中2d，水中3d，达到水分平衡后再萌发。该法与传统的低温贮存相比，可以节约能源、减少经费，而贮藏效果相同或者更好。多数正常型种子可以进行超干贮藏，但各类植物的种子存在不同的超低水分临界值，当种子水分低于某含水量，种子寿命便不再延长，甚至会出现干燥损伤。

3. 生产中大量种子的贮藏　种子公司或一些科研单位需要对种子进行大量贮藏，这时需要专门的种子仓库。种子仓库有不控制温、湿度的常温贮藏库和控制温度的低温贮藏库。常温种子库中贮藏种子的活力保持取决于当地的气候条件，干燥、寒冷地区的贮藏条件较为适宜，我国北方地区种子库贮藏种子的寿命比南方地区种子库贮藏的种子寿命要长。

二、主要园艺植物种子贮藏技术要点

（一）蔬菜种子

蔬菜种子种类繁多，种属各异，种子的形态特征和生理特征很不一致，对贮藏条件的要求也各不相同。蔬菜种子的寿命长短不一，除少数水生蔬菜（菱、茭白）的种子属顽拗型种子外，其他种子都是正常型种子，都可以采用干燥、低温的方式进行贮藏。蔬菜种子的安全水分随种子类别不同，一般以保持在8%～12%为宜，水分过高，生活力下降很快。

从遗传特性来说，伞形科、百合科、十字花科、禾本科的种子寿命较短，葫芦科、唇形科的种子较长，豆科、锦葵科、睡莲科种子的寿命最长。但种子的寿命随贮藏环境的变化而发生改变。因此，了解不同贮藏环境对不同植物种子寿命的影响是十分必要的。

1. 十字花科植物种子　十字花科蔬菜植物种类比较多，种植面积较大、种子需求量较多的种类有大白菜、小白菜、结球甘蓝、菜心、花椰菜、紫菜薹和萝卜等。大多数十字花科蔬菜种子子粒小，皮薄质软，与空气接触面积大，收获时正值梅雨季节很容易吸收潮气。其含油量高，传热慢，不易散热失水，在贮藏中极易生芽、发热、霉变。加之呼吸强度较高，因此常会快速酸败。如水分在 13% 以上，往往仅一昼夜，就可全部霉变，温度上升到 50℃ 以上，粒面全部被菌落覆盖而成灰白色，使品质大为降低。因此，种子在入库前要充分晒干，使水分控制在 8% 以下。种子入库时，必须按水分大小、净度高低分别堆放。一般水分在 9% 以下、杂质不超过 5% 的种子，适于长期贮存，可散堆 1.5～2m 高，包装 12 包高；水分在 10%～12% 的种子，散堆 1m 高，包装 6～8 包高，并且只能短期贮藏；水分 12% 以上的种子作为危险种子处理，每天要进行检查，发现问题，应及时抓紧处理，否则随时都可能发热霉变。

含油量大的种子适宜贮藏在容量不大的仓库中，以预防它们自行发热。贮藏期间要对种温按季节严加控制，夏季不宜超过 28℃，春、秋季不宜超过 13℃，冬季不宜超过 6℃。贮藏期间的主要害虫是螨类，螨类在种子水分较高时繁殖迅速，引起种子发热，只有保持种子干燥才能防止螨类危害。

十字花科植物种子适合使用超干贮藏。经超干处理的大白菜种子常温贮藏 3 年不会影响种子生活力。

2. 番茄种子　番茄种子比较耐贮藏，室温纸袋内贮藏 4 年，发芽率仍可达 92.7%。生产中一般将种子晒干，含水量下降至 8% 左右时，冷却后装入布袋、麻袋或缸里进行贮藏，要扎紧袋口或盖严缸口，然后放入通风、干燥、低温处库房贮藏。育种者常将种子放于装有硅胶的干燥器中，室温下放置在阴凉干燥处，硅胶变色后注意及时烘干更换，可保存 20 年以上。将番茄种子用氧化钙作为干燥剂快速干燥至 3.8% 含水量，再密封在室温下超干贮藏 6 个月，不经过回湿处理，发芽情况与贮藏时含水量为 6.9%、10.7% 的种子没有显著差异，说明超干贮藏种子不易出现干燥和吸胀损伤。

3. 辣椒种子　辣椒种子贮存的营养物质少，种子表面凸凹不平，附着较多营养物质，易生霉菌；室温下开放贮藏，种子极易吸潮，为霉菌生长创造良好条件（特别在南方地区），因而种子一般条件下不耐贮藏。在广州的气候条件下，当年收获的种子开放贮藏 6 个月后，发芽率下降到 20%，丧失经济价值；而室温超干（种子含水量 3.82%）贮藏的种子发芽率几乎不受影响，说明辣椒种子贮藏控湿是关键。在湖南室温条件下，即使用两层聚乙烯薄膜袋包装种子，如不放干燥剂，1 年后发芽率、出苗率分别为 83.4%、70%，2 年后分别为 76%、30.5%，3 年后分别为 54%、5%。北方气候干燥，农户有用悬挂法缓慢风干果实的传统，让种子宿存保留在果实内，利用果皮蜡质密封防潮防霉，种子可来年使用。

在我国南方，辣椒种子采用室温干燥贮藏法，可达到与低温干燥贮藏相当的效果，最长安全贮藏时间可达 5 年，而且贮藏成本低，便于管理和加工操作。具体作法有以下几种。

（1）加硅胶密封包装　将干燥的种子装入双层聚乙烯高密度薄膜袋（规格为 64cm×100cm）内，每袋种子重 12kg 以下，再将 2～3kg 纱网袋装的变色硅胶埋入种子中，如果种子含水量超过 7%，应适当多放一些硅胶。在尽量排除袋内空气后，用绳子扎紧袋口。

（2）仓储时合理堆放　种子堆放时要平整，两袋相对平行放置。垛高不超过 10 层，垛距墙壁 50cm 左右，垛间距离 100cm 左右，垛向要有利于通风，一般采用南北向。堆垛时不要过于集中，留有一定的空地作以后翻仓、更换硅胶用。

（3）定期检查，适当翻仓　定期检查仓库内的温度、空气湿度及种子含水量。夏季温度高，要采取措施降温，如加强深夜通风，将室内温度控制在 30℃ 以下。春夏交替正是梅雨季节，空气湿度大，要尽量通风降低湿度，防止薄膜袋外积水。定期检查种子含水量，通过更换硅胶，控制袋内相对湿度在 40% 左右，含水量在 7%～8% 之间。入库前含水量较高的种子，可适当增加埋入硅胶的数量和更换硅胶的次数。含水量在 9% 以下的种子，贮藏 1 年的必须翻仓 2～3 次，以保证种子正常呼吸。

4. 西瓜种子 西瓜种子在一般条件下不耐贮藏。当年收获的西瓜种子，发芽率为100%，广州室温下开放贮藏 12 个月后，发芽率下降到 10%。郑州室温下纸袋及塑料包装的种子，3 年后发芽率降为 21.5%、51.4%，4 年时发芽率都降为 0；而相同包装的种子放入冰箱（8℃）或干燥器中，4 年后发芽率在 84% 以上。说明低温和低含水量有利于西瓜种子的贮藏。

合肥市种子公司发现，西瓜种子在低温、低水分和密封包装情况下，具有较好的耐贮性。15℃低温库比常温库好；铝箔袋包装比塑料袋好；低温库中，若种子含水量≤5%可安全贮藏 6 年以上，含水量≤7%可安全贮藏 6 年，含水量≤8%可安全贮藏 5 年，含水量≥9%，仅能贮藏 1 年。

在常温、超干条件下，1 年后发芽率几乎无变化，但种子含水量并非越低越好，胡伟民（2002）报道最佳水分为 3.73% 左右，水分过高或过低均不利于室温下长期贮藏。

5. 黄瓜种子 高温高湿不利于种子贮藏。在相对湿度 82%、20～30℃ 条件下贮藏 3 个月，种子不能萌发。黄瓜种子经过超干贮藏 1 年后，活力保持得比较好，发芽率为 89%，对照为 20%。种子含水量在 2.4%～7.2% 之间，随着种子含水量的降低，种子的发芽率升高。

6. 苦瓜种子 苦瓜种子在一般条件下不耐贮藏。新收获的种子发芽率为 93%，活力指数为 8.11；室温开放贮藏 12 个月以后，发芽率下降到 30%，活力指数下降到 0.73。适度低温和种子干燥有利于苦瓜种子的贮藏，发芽率下降不明显；但不适合在 0℃ 以下的低温下贮藏。在常温超干条件下，苦瓜种子活力保持最好，经 1 年后发芽率为 79%，对照为 32%。少量的苦瓜种子，可装在干燥器内于 10℃ 下贮藏。大量的商品种子，应尽量将种子干燥，及时将干燥的种子以铝箔袋密封包装，可以在室温下安全贮藏 25 个月以上，如在低温库贮藏，温度应控制在 10℃ 左右为宜。

7. 菜豆种子 菜豆种子在常温下贮藏，生命力会很快丧失，广州室温开放条件下贮藏 8 个月后，发芽率降为 20%。将初始发芽率为 96%，含水量分别为 10.76%、7.44%、5.56% 和 4.55% 的菜豆种子，在广州室温条件下密闭保存，经 1 年后测定，发芽率分别为73.3%、86.0%、59.7%、50.0%。说明适度干燥有利于延长菜豆种子的贮藏寿命，但不能太干，因此，菜豆种子不适宜进行超干贮藏。

低温有利于延长种子寿命。在相对湿度为 75% 的环境中，30℃ 条件下 4 个月发芽率降为 21%，而在 10℃ 条件下发芽率仍高达 91%。-20℃ 下包装在塑料袋中的种子可保存 11年。温度对贮藏种子的颜色也有影响，25℃ 下贮藏的种子颜色比 7℃ 下的种子明显偏暗，在1℃ 下基本保持原种子的色泽。

8. 莴苣种子 莴苣种子在一般条件下不耐贮藏。有冷库条件的可采用布袋包装贮藏，这有利于降低种子的含水量；如在温室下贮藏，则需将种子的含水量降低。采用铝箔袋包装，可使种子保持恒定的低含水量。为节省费用，可先将莴苣种子以布袋包装，藏于冷库一段时间后，再分批干燥，然后用铝箔袋包装置于室温下贮藏 16 个月，仍可基本保持起始贮藏时的发芽率。

9. 洋葱、大葱及韭菜种子　这是一些短命的正常性种子，在自然环境下只能保存 1 年。低温、干燥条件下保存可以延长种子寿命。

一般而言，洋葱种子在 25℃、相对湿度 80％的环境中，仅有 55～65d 的寿命。在 25℃ 密封条件下，当种子含水量大于 9％时，种子很快会丧失商品性和发芽力，含水量为 15％的种子贮存 6 个月左右即丧失发芽力；当含水量小于 9％时，随着含水量的减少，种子寿命呈直线上升，含水量为 7.5％的种子贮存 10 年以上仍具有发芽力。据 Brown（1939）报道，含水量为 6.4％的洋葱种子密封后放在 5～10℃的条件下贮存 13 年以后，发芽率仅降低 4％。将种子密封包装，用二氧化碳或氮气替代包装中的氧气，也有助于延长种子寿命。

韭菜种子的含水量控制在 9％以下，贮温控制在 10～15℃时，种子的使用期限可延长到 18 个月；种子的含水量控制在 7％以下，贮温控制在 0～4℃时，种子的使用期限可延长至 24 个月。用硅胶或 50℃加温对韭菜种子进行超干处理，将种子水分降到 4％以下后密封贮藏，在室温下种子寿命可保持 8 年以上。

大葱种子在低水（5.85％）、低温（0～−10℃）的贮藏条件下，铁罐、塑料袋或纸袋包装对种子的发芽率影响不大，2 年后发芽率都可达 85％以上；在低水、4～8℃和常温的贮藏条件下，铁罐、塑料袋包装效果好，纸袋包装的种子发芽率下降了 40.5％。超干含水量（2.8％）的大葱种子在 20℃条件下密封贮存 11 年后，种子发芽率没有明显降低，2.8％和 5.3％含水量的大葱种子在 0℃条件下密封贮存 13 年后，也具有一定的种子发芽率，而 7.4％和 2.6％的大葱种子活力全部丧失，说明种子水分太低（2.6％）可能会引起干燥或吸胀伤害。

这类种子在没有低温库可利用的情况下，可采用恒温密封法。在种子收获以后，通过晾晒、精选，使种子保持在国标一级标准，进行袋装临时存放，第二年早春室外气温−5～−10℃时把种子拿到室外通风散晒一天，再用塑料袋包装并将袋口捆绑二次封口，最后外面再套一标准麻袋，防止搬运过程中损坏塑料袋，在常温种子库内存放。山东省淄博市种子公司应用此法将大葱种子保存了一个繁育周期（2～3 年），种子发芽率最初为 90％，使用时为 70％。

（二）果树种子

1. 柑橘种子　柑橘种子为中间型种子，干燥及低温的协同效应会对种子造成伤害。种子在开放条件下只能短期生存，室温下放置 2d，种子水分从 50.9％下降到 12.2％，发芽率从 95％迅速下降到 65％，发芽率的迅速下降主要由干燥伤害引起。高温高湿条件会增强种子呼吸及微生物危害，郑光华（1980）研究表明，在保湿条件下，控制柑橘种子生命力的关键在于控制微生物的生长，同时提供一个 2～4℃的低温条件。未经过杀菌剂处理的种子在低温条件下，经 3 个月贮藏后仍能保持 85％的发芽率（而在室温条件下仅 40％的发芽率），但随着时间推移，霉菌不断繁殖生长，不到 8 个月发霉率已达 77％，种子发芽率下降到 7％的水平；而经过 1％HQS（8-羟基喹啉-5-磺酸）处理的种子同期没有一点发霉现象，发芽率保持在 100％的原有水平。另外，种子在果实中不取出，将果实保存在 15℃条件下 120d，果实及种子的质量都不受影响。

2. 苹果和梨种子　苹果和梨种子为正常型种子。新鲜采集的种子不能立即萌发，必须经历一段休眠期。常用打破休眠的方法是将种子与湿沙混合后在 5℃ 左右低温条件下层积，层积时间约为 6 个月。种子层积的基质一般选用湿滤纸、消毒的细沙或细沙与珍珠岩的混合物，应注意埋种深度，最好不要超过 1cm。为了防止种子受病菌侵染，可将种子用低浓度的杀菌剂浸泡 3～6h。

在空气相对湿度较低的情况下，苹果和梨的种子极易风干，风干的种子在湿润条件下保存 1 年不易发芽，但在干燥条件下保存，仍有理想的萌发率。层积后的种子风干会诱发二次休眠使萌发率下降，而风干后的种子再经层积，即可以全部萌发。长期贮藏种子一般条件为：在 0～17℃ 条件下风干种子到含水量小于 5%，再密封包装，贮藏于 2～10℃，2 年后种子发芽率在 90% 以上；如贮藏于 -3～-5℃，种子寿命可达 7 年。

3. 桃、李、杏种子　桃、李、杏种子为正常型种子，干燥、低温条件可延长种子的寿命。由于种子具有坚硬的种壳（内果皮），对周围不良环境的抵抗力强，收获的种子晒干后装袋，置阴凉干燥处即可安全越冬。由于这些都具有休眠特性，生产中常用低温层积处理越冬以打破休眠，在 0～10℃ 层积处理 60～90d 可明显促进萌发。

长期贮藏需要将种子水分降低到 4%～6%。由于种壳限制，种子干燥比较困难，可小心用机械方法将种壳破开再进行干燥。干燥的种子经防湿包装在 -20℃ 可长期贮藏。

4. 番木瓜种子　番木瓜种子是中间型种子。新收获的种子立即播种发芽率低，因为种子外黏附的果胶中有发芽抑制物，种子适当干燥、贮藏可提高萌发率。种子取出后可放在通风处晾干（切忌阳光直接曝晒），干透后装塑料袋密封，室温下可保存 1 年，开放贮藏只可保存 3 个月，用硅胶作干燥剂可保存种子 4 年。干燥种子用布袋或纸袋包装在 10℃ 及 50% 相对湿度下可保存 2 年，5℃ 条件下种子发芽率显著降低，说明低温对种子有伤害。

5. 枇杷种子　枇杷种子不耐贮藏，属顽拗型种子。枇杷种子的含水量为 59%，没有休眠期，宜随采随播，发芽率高。如需贮藏，可用干沙与种子混合，置阴凉干燥处，贮藏 6 个月发芽率仍可达 60%。种子含水量高，呼吸作用强，最怕堆放发热和阳光直晒。陈俊松等（1998）报道，部分脱水至含水量为 51% 在 15℃ 湿藏 330d 后，发芽率仍能保持 95% 以上，在 5℃ 湿藏易出现低温伤害，而部分脱水使含水量低于 46% 也不利于种子活力的保持。

6. 荔枝、龙眼种子　荔枝、龙眼种子属顽拗型种子，种子收获时含水量 40% 左右，含水量降至 33% 时，发芽率在 50% 以下，自然风干 4d 后，含水量下降至 21%，种子完全丧失生活力。将荔枝种子贮于含水量 20% 的珍珠岩中及加入 5% 百菌清，装入聚乙烯袋中，15℃ 贮藏，经 280d 仍有 70% 发芽率；龙眼种子在相同条件下经 250d 可保持 67% 的发芽率。

（三）花卉种子

一二年生草本花卉主要用种子繁殖，其他很多花卉多采用无性繁殖，只有在进行有性杂交育种时才采用种子繁殖。

1. 一二年生草本花卉种子

（1）种子清洁精选　去除果皮、果肉及各种附属物。花卉种子子粒小，重量轻，有的种皮带有茸毛短刺，易黏附或混入菌核、虫瘿、虫卵及杂草种子等有生命杂质和残叶、泥沙等无生命杂质。

（2）合理干燥　可用整株、采果或种子晾晒，种子放在帆布、苇席、竹垫上，不要直接置于水泥晒场上或放在金属容器中于阳光下曝晒。一般草本花卉种子的安全水分含量为 7% 以下。有的种子怕光，可采用室内自然风干法。少数种类如三色堇、勿忘草等种子，在强烈日光下干燥时，常使发芽率降低，此类种子也应风干。

（3）选择正确的包装方法　花卉种子一般数量较少，寿命短且价格昂贵，市场销售的种子常采用聚乙烯铝箔复合薄膜袋密封包装，外套纸质种子袋。含芳香油的花卉种子宜装在金属罐、木盒或有色玻璃瓶中贮藏。罐装、铝箔袋在封口时还可抽成真空或半真空状态，以减少容器中的氧气量。

（4）低温防潮贮藏　在干燥、密封、低温（2～5℃）条件下保存。种子袋或罐要放在距离地面约50cm的架子或台上，切忌种子袋直接接触地面，以防止受潮。少量的种子可贮于干燥器内。干燥器可采用玻璃瓶、小口有盖的罐瓮、塑料桶等，底部盛放生石灰、硅胶、干燥的草木灰、木炭等作干燥剂，上放种子袋，然后加以密闭，放置于低温干燥处。

常温条件下，一些草本花卉种子的贮藏寿命见表6-1。

表 6-1　花卉种子不同贮藏年数与其发芽率

花卉名称	最初发芽率（%）	贮藏年数	贮藏期末发芽率（%）	
			实际发芽率（%）	为最初发芽率的百分数（%）
杂种飞燕草 Delphinium	71.50	1	25.00	34.97
唇花飞燕草 Delphinium cheilanthum var. formosum	49.50	1	11.50	23.24
屈曲花 Iberis umbellata	47.00	1	19.00	40.43
翠菊 Callistephus chinensis	83.50	2	68.00	81.44
麦秆菊 Helichrysum monstrosum	72.00	2	58.00	80.55
扫帚草 Kochia trichophylla	83.00	2	63.50	76.51
香豌豆 Lathyrus odoratus	71.50	2	56.50	79.02
翠菊 Callistephus chinensis	62.50	3	37.50	60.00
白色矢车菊 Centaurea candidissima	50.00	3	4.50	90.00
福禄考 Phlox drummondii	48.00	3	26.00	54.17
美女樱 Verbena sp.	53.50	3	38.00	71.03
飞燕草 Delphinium sp.	71.00	4	43.50	61.83
蜂室花 Iberis sp.	94.00	4	58.50	62.23
灰毛菊 Arctotis grandis	80.00	5	47.00	58.75
牛眼菊 Chrysanthemum leucanthemum	71.00	5	39.00	54.93
波斯菊（大型种）Cosmos sp.	80.50	5	69.00	85.71
波斯菊（冠型种）Cosmos sp.	72.50	5	51.50	71.03
香豌豆 Lathyrus odoratus	85.50	5	67.50	87.95
黑种草 Nigella damascena	43.00	5	23.50	51.98
矮牵牛 Petunia hybrida	81.75	5	73.50	89.91
轮蜂菊 Scabiosa grandiflcra	86.50	5	48.50	56.07
万寿菊 Tagetes erecta	72.50	5	53.50	73.79
孔雀草 Tagetes patula	74.00	5	45.00	60.81
三色堇 Viola sp.	81.50	5	45.00	52.76
蛇目菊 Coreopsis sp.（矮种）	67.50	6	34.00	50.37
蛇目菊 Coreopsis sp.（高种）	84.00	6	65.00	77.38
裸果矢车菊 Centaurea gymnocarpa	56.50	7	38.00	67.26
王矢车菊 Centaurea imperialis	32.00	7	19.00	59.38
美女樱 Verbena	20.50	7	15.50	75.61
庭荠 Alyssum maritimum	60.00	8	34.50	57.50
锦团石竹 Dianthus chinensis var. heddewigi	90.50	8	57.50	63.54
小百日草 Zinnia haageana	88.00	8	58.50	66.48

（续）

花卉名称	最初发芽率（%）	贮藏年数	贮藏期末发芽率（%）	
			实际发芽率（%）	为最初发芽率的百分数（%）
蜀葵 *Althea rosea*	91.00	9	66.50	73.08
金盏菊 *Calendula*	83.50	9	54.00	64.67
矢车菊 *Centaurea cyanus*	80.50	9	52.50	65.22
花环菊 *Chrysanthemum carinatam*	58.50	9	44.50	76.07
紫罗兰（一年生品种）*Matthiola* sp.	94.00	9	48.50	51.60
王矢车菊 *Centaurea imperialis*	17.50	10	11.00	62.86
王矢车菊 *Centaurea imperialis*	44.50	10	24.00	53.93
珍珠菊 *Chrysanthemum segetum*	12.50	10	10.50	84.00
香石竹 *Dianthus caryophyllus*	84.50	10	47.00	56.21
花菱草 *Eschscholtzia california*	44.50	10	22.50	50.56
球吉利 *Gilia capitata*	95.50	10	58.50	61.26
紫罗兰 *Matthiola* sp.	90.00	10	53.50	59.44
罂粟 *Papaver* sp.	90.25	10	53.00	58.73
智利喇叭花 *Salpiglossis* sp.	91.00	10	69.50	76.37
蝴蝶花 *Schizanthus wisetonensis*	90.50	10	60.00	66.30
旱金莲 *Tropaeolum majus*（矮生种）	78.00	10	54.00	69.23
旱金莲 *Tropaeolum majus*（高生种）	91.00	10	61.00	67.03
百日草 *Zinnia grandiflora robusta* sp.	81.50	10	48.00	58.90
百日菊 *Zinnia* 矮生种 *Z.* sp.	96.50	10	82.50	85.49
百日菊 *Zinnia* sp.	91.00	10	63.50	69.78
百日菊 *Zinnia* 大花重瓣 *Z.* sp.	96.00	10	56.50	58.85
百日菊 *Zinnia* 大丽花型 *Z.* sp.	87.00	10	57.00	65.52

引自北京林业大学《花卉学》，1988。

2. 蔷薇属种子 栽培上玫瑰（*Rosa rugosa*）一般采用无性繁殖。玫瑰一般结子数较少，种子质量也较差，但表现为正常型种子的贮藏特性，常温贮藏就可保持玫瑰种子良好活力。不同种的玫瑰种子常温下劣变都较慢，因为种子具一定程度的内在休眠，需要一定的后熟过程才能萌发。在干燥条件下玫瑰种子能保存 2～4 年，玫瑰在贮藏 3 年后发芽更好，野蔷薇（*Rosa multiflora*）在贮藏 3 年后发芽率从 72.5% 下降到 48.4%，刚毛蔷薇（*Rosa setigera*）在贮藏 2 年后发芽率从 53.4% 下降到 35.6%。收种时要将种子放在清水中彻底清洗，洗去附着在种子上的果肉，之后将种子干燥到含水量为 5%～6%，再存放于 15℃、相对湿度为 10% 的条件下，可安全、长期贮藏。如果用防湿的容器包装，则更能保持种子的活力。

3. 兰花种子 兰花可以有性及无性繁殖。有性繁殖导致许多性状的变异，因而很少用于商业生产中，只在有性杂交育种及种质资源保存中应用。兰花种子细小，一个蒴果内一般包含数万至百万粒种子，在自然条件下萌发率极低。兰花种子只有被合适的真菌侵染时才能萌发，因为兰花种子缺乏胚乳，真菌为种子的萌发提供营养。

兰花种子的贮藏表现为正常型种子特性。兰花种子在没有干燥时于室温下很快丧失生活力，新鲜种子的发芽率低，发芽后生长也慢。种子干燥后，6℃贮藏 10 周发芽率高达 90%，而在 45℃贮藏时只有 40%；如果不干燥，6℃和 45℃贮藏 10 周后的发芽率降为 73% 和 25%，说明干燥是兰花种子贮藏的必要条件。其原因可能与兰花种子的胚分化不完全、种子几乎没有贮藏营养物质有关，高湿度时种子呼吸旺盛，胚中少量营养物质很快消耗完而死亡。Shoushtari（1994）建议将兰花种子包好置于氯化钙上在4℃条件下可保持生命力10～20年。

4. 仙人掌类种子　仙人掌类植物用无性繁殖和有性繁殖均可。仙人掌类种子表现为正常型种子的贮藏特性，需要干燥、冷凉条件，但不宜贮藏过久，一般将秋天成熟的种子贮藏到翌春播种。天轮柱（*Cereus peruvianus*）、白云锦（*Oreocereus trollii*）的种子在室温下很快丧失生命力，而在2℃时能保持较高的生命力。

（四）茶树种子

一般认为茶树种子为顽拗型种子。茶种子含水率低于20％时，发芽率约降低一半；低于7％时，胚全部变性失去发芽率；即使贮藏得当，其发芽率也只能维持1年左右。但据王立等（1999）研究，茶子不属于顽拗型种子之列，自然晾干脱水，短期内对其发芽率影响不明显，即使达到自然干燥的最低含水量5.69％，其发芽率仍能保持在90％。经自然晾干的茶子，在6～7℃贮藏条件下，含水率在17％时，并未影响其发芽率，但随着茶子含水率的再降低，其发芽率即急剧下降；在−30～−33℃贮藏时，除含水率7.7％的茶子还保持10％的发芽率，含水量9.7％及17％的种子均失去生活力。将茶子干燥至8.8％含水率，在−196℃液氮中贮藏2个月，其发芽率没有变化。

在生产上，采收后当年如不播种，必须进行贮藏。一般进行室内沙藏，最适宜的贮藏条件为：温度1～5℃，相对湿度60％～65％，茶种子含水量保持在25％～30％。

◆ 复习思考题

1. 园艺植物种子后熟的生物学意义是什么？
2. 根据种子的贮藏行为，园艺植物可以分为几类？其贮藏技术上有什么明显不同？
3. 影响种子贮藏寿命的因素有哪些？哪些是主导因素？
4. 常温种子贮藏库如何控制种子的温、湿度？
5. 建造种子低温仓库的基本要求有哪些？
6. 园艺植物种子的其他贮藏方法有哪些？

◆ 推荐读物

吴志行.1993.蔬菜种子大全.南京：江苏科学技术出版社.

胡晋.2001.种子贮藏加工.北京：中国农业大学出版社.

颜启传.2001.种子学.北京：中国农业出版社.

Doijode，S. D.．2001.Seed storage of horticultural crops.New York：Food Products Press.

第七章 种子法规与管理

~~~~~~

【本章要点】 本章应重点掌握我国种质资源保护制度，品种保护和品种审定制度，种子生产许可制度，种子经营管理制度，种子质量监督制度和植物检疫制度；了解种子生产许可证、种子（种苗）经营许可证、种子质量合格证与植物检疫登记证申请的程序与方法，种子标签的标注方法，以及种子企业的工商登记和种子经营的税务登记的方法。教学难点是我国种子管理的法规体系及主要法律制度。

~~~~~~

种子管理是农业部门进行农业管理工作的重要组成部分，涵盖种质资源管理、品种管理、质量管理、生产经营许可管理等内容，贯穿于种子产业发展的各个阶段和环节。对种子生产及经营制定相应的法律、法规，加强种子管理工作，既是维护品种选育者、种子生产者、经营者、使用者合法权益的需要，也是加快新品种推广步伐，改善农产品质量安全状况，建设新型种业体系，实现农业增效、农民增收的需要。

第一节 我国种子管理体制和法规体系

一、种子管理机构

我国的种子管理机构是与种子工作方针相适应的。种子工作方针从 20 世纪 50 年代的"四自一辅"，70 年代的"四化一供"，到 90 年代的种子产业化都要由种子管理机构去组织实施。同时，种子管理机构也经历了由纯行政职能的种子管理站到"行政、技术、经营"三位一体的种子公司，再到现在的"种子管理站与种子公司分设"的 3 个阶段。

我国在新中国成立初期就建立了各级政府的种子管理站，主要担负着本区域内的种子繁育、审验与调拨等行政管理职能。1978年，各省（直辖市、自治区）均成立了行政、技术、经营三位一体的种子公司，这是计划经济体制的典型产物。随着社会主义市场经济体制的确立，这种既是种子执法者又是种子经营者的种子公司已远不能适应市场经济发展对种子工作的要求，影响了种子管理的公正性，进而直接影响农业生产的可持续发展。2000年7月，九届人大第十六次会议通过《中华人民共和国种子法》（简称《种子法》），使我国的种子管理进入新的历史阶段。

二、种子管理机构的职责

根据《种子法》，从中央到地方都要成立种子管理机构。中央的种子管理机构为农业部种植业管理司种子与植物检疫处，地方各级的种子管理机构为各级的种子管理站。各级种子管理站的主要职责有以下 11 个方面：①贯彻执行国家和省（直辖市、自治区）有关种子的法律、法规、规章和方针政策；②研究提出并组织种子发展建设规划和年度计划；③承担新品种和引进品种试种、试验示范和推广；④承办品种审定的日常事务，如报审品种的试验安排、组织考评、数据汇总等；⑤核发、管理种子生产、经营许可证，查处违法生产、经营种子的单位和个人；⑥承担种子质量检验、监督和调解种子质量纠纷；⑦组织起草有关种子生产、贮运包装、仪器设备、加工精选等技术规程和标准，检查各项技术规程和标准的实施；⑧负责种子行业的统计及种业信息网的建设和维护；⑨组织开展种子科技研究、经验交流，不断提高和改进种子技术水平；⑩组织落实救灾备荒种子贮备任务；⑪负责与种子有关的工作人员上岗培训工作。此外，向主管部门和有关领导反映和提供良种种植，新品种推广，新技术应用情况、问题及建议，调查农民在良种使用中的意见，为领导决策服务，为农民增产增收服务。

三、我国种子管理的法规体系及主要法律制度

自从改革开放以来，我国先后颁布了《种子管理条例》、《种子管理条例农作物种子实施细则》、《农作物种子质量标准》、《农作物种子检验规程》、《植物新品种保护条例》和《农作物品种审定工作条例》、《农作物种子生产经营管理暂行办法》、《农作物种子检验管理办法（试行）》和《关于惩治生产销售伪劣商品犯罪的决定》以及《关于加强肥料、农药、种子市场管理的通知》等法规和文件，已形成种子质量管理比较完整的体系。

为进一步完善种子管理体制，使种子管理工作走向正规化、科学化、法制化，2000 年12 月 1 日实施了《种子法》。《种子法》实施后，农业部又制定了配套规章制度。如《主要农作物品种审定办法》、《农作物种子生产经营许可证管理办法》、《农作物种子标签管理办法》、《农作物商品种子加工包装规定》、《主要农作物范围规定》等，以及农业部 1992 年颁布的《植物检疫条例》和 1995 年发布的《植物检疫条例实施细则》（农业部分）等，构成了我国种子管理的较为完善的法规。《种子法》是我国种子管理的基本大法。一些省（直辖市、自治区）为更好地贯彻和执行《种子法》，根据各自的实际情况，制定了相应的实施细则或种子管理条例。如广西制定了《广西壮族自治区农作物种子管理条例》。现将《种子法》和相应的种子管理法规的主要内容分述如下。

（一）《种子法》立法指导思想及原则

1.《种子法》立法指导思想 保护和合理利用种质资源，规范品种选育和种子生产、经营、使用行为，维护品种选育者和种子生产者、经营者、使用者的合法权益，提高种子质量水平，推动种子产业化，促进种植业和林业的发展。

2.《种子法》立法原则 有以下几点：①符合国家大政方针的原则；②符合市场经济的原则；③符合种子产业发展的原则；④从国情出发与国外立法成功经验相结合原则；⑤保持立法连续性原则；⑥增强法律的针对性和可操作性原则。

（二）《种子法》确定的法律制度及其配套的规章制度

1. 种质资源保护制度

（1）种质资源保护 国家依法保护种质资源，任何单位和个人不得侵占和破坏种质资

源。禁止采集或采伐国家重点保护的天然种质资源。因科研或特殊情况需要的，需经省级以上农业行政主管部门同意。

对种质资源的管理，在不同的国家有不同的规定。美国、加拿大等发达国家认为种质资源是人类共有财富，各国可以自由获得和利用，可以共享。而发展中国家认为其对种质资源拥有主权，获得资源必须是有条件的。我国是发展中国家，实行种质资源保护制度。《种子法》第十条规定：国家对种质资源享有主权。这从两个方面来理解：一是享有主权，是对种质资源的有力保护；二是国家主权，是针对外交而言的，不影响各科研单位对自己拥有资源的所有权。

（2）种质资源的开发和利用 国家扶持种质资源保护工作和选育、生产、更新、推广使用良种。《种子法》第九条规定：国家有计划地收集、整理、鉴定、登记、保存、交流、利用种质资源，定期公布可供利用的种质资源目录。鼓励单位和个人搜集农作物种质资源。搜集者可无偿使用其按规定送交保存的种质资源。

（3）种质资源的对外交流交换 依照《种子法》和《植物检疫条例》等有关规定，在对外交流时应遵守以下两点：第一，从境外引进种质资源的，要防止境外有危险性的病、虫、杂草以及其他有害生物传入，必须办理引种申报、审批、报检手续，并进行隔离检疫试种，还要将适量种子及其说明送所在地的省（直辖市、自治区）农业行政主管部门授权的农业科研、教学单位登记和保存；第二，向境外提供（包括交换、出售、赠送、援助）农作物种质资源的，应按国务院农业行政主管部门的有关规定办理报批手续。主要分三类：一类是有重大科研价值的，属重点保护，不能交换；二类是较有价值，可以互换互利；三类是除以上两类以外的可以交换。凡是进行交换的种质资源，都须经所在地的省（直辖市、自治区）农业行政主管部门审核，经中国农业科学院品种资源所确认，报农业部审批。

2. 品种保护和品种审定制度

（1）品种保护制度 有两方面内容：①国家实行植物新品种保护制度：《种子法》第十二条规定：对经过人工培育的或者发现的野生植物加以开发的植物品种，具备新颖性、特异性、一致性和稳定性的，授予植物新品种权，保护植物新品种权人的合法权益。国家鼓励和支持单位和个人从事良种选育和开发，选育的品种得到推广应用的，育种者依法获得相应的经济利益。这充分体现了对知识产权的保护，新品种权实际上就是一种物化了的知识产权。②国家对转基因植物品种施行安全性控制：《种子法》第十四条规定："转基因植物品种的选育、试验、审定和推广应当进行安全性评价，并采取严格的安全控制措施。"

转基因植物品种虽然在增强抗性、改善品质、提高产量等方面有许多优点，但可能对人类健康、生态环境造成危害。因此，国家对转基因品种进行安全性控制。具体地说，要求转基因品种研究开发时，进行风险评估和安全性评价，包括科学研究、中间试验、环境释放和商品化生产的安全性评价。到目前为止，我国已批准转基因棉花、番茄、甜椒和矮牵牛4种植物进行商品化生产。

（2）品种审定制度 品种审定制度包括品种审定的范围、品种审定机构、报审品种应当具备的条件、品种审定的程序等。农业部根据《种子法》制定了《主要农作物品种审定办法》。

3. 种子生产许可制度

（1）主要农作物商品种子生产实行许可证制度 我国种子生产实行许可证制度，根据农业部颁布的《主要农作物范围规定》，除《种子法》规定的水稻、小麦、玉米、棉花、大豆为主要农作物外，农业部确定油菜、马铃薯为主要农作物。另外，各省（直辖市、自治区）农业行政部门可以根据本地区的实际情况，确定1～2种农作物为主要农作物。如广西确定甘蔗、西瓜为主要农作物，这些主要农作物种子的生产（含组培苗生产）要办理生产许可证。

《种子法》规定：主要农作物杂交种子及其亲本种子、常规种原种种子的种子生产许可证，由生产所在地县级人民政府农业行政主管部门审核，省（直辖市、自治区）人民政府农业行政主管部门核发；其他种子的生产许可证，由生产所在地县级以上地方人民政府农业行政主管部门核发。《种子法》还规定了领取种子生产许可证应当具备的条件、种子生产许可证的申请和发放程序、许可证的效力及相关管理条例等。

（2）种子生产行为规范 按照《种子法》有关规定：商品种子生产应当执行种子生产技术规程和种子检验、检疫规程；商品种子生产者应当建立种子生产档案，说明生产地点、生产地块环境、前茬植物、亲本种子来源和质量、技术负责人、田间检验记录、产地气象记录、种子流向等内容。

4. 种子经营管理制度

（1）种子经营许可证制度 我国种子经营实行种子经营许可证制度。《种子法》规定，所有种子经营者必须先取得种子经营许可证，并凭种子经营许可证向工商行政管理机关申请办理或者变更营业执照后，方可经营种子。但4种特例除外：①具有经营许可证的种子经营者在许可证规定的有效区域设立分支机构的；②受具有经营许可证的种子经营者以书面委托代销其种子的；③种子经营者专门经营不再分装的包装种子的；④农民出售自繁自用剩余的常规种子。

种子经营许可证实行分级审批发放制度，由种子经营者所在地县级以上地方人民政府农业行政主管部门核发。主要农作物杂交种子及其亲本种子、常规种原种种子的种子经营许可证，由种子经营者所在地县级人民政府农业行政主管部门审核，省（直辖市、自治区）人民政府农业行政主管部门核发。实行选育、生产、经营相结合并达到国务院农业行政主管部门规定的注册资本金额的种子公司和从事种子进出口业务的公司的种子经营许可证，由省（直辖市、自治区）人民政府农业行政主管部门审核，国务院农业行政主管部门核发。

申请种子经营许可证的单位或个人应当具备《种子法》规定的相关条件，并按规定的程序申请。

（2）种子经营行为规范 有以下几点行为规范：①销售的种子应当加工、分级、包装：《种子法》及有关法规规定：销售的种子应当加工、分级、包装。但是，不能加工、包装的除外。大包装或者进口种子可以分装；实行分装的，应当注明分装单位，并对种子质量负责。有性繁殖植物的子粒、果实，包括颖果、荚果、蒴果、核果以及马铃薯微型脱毒种薯等应当加工、包装后销售；但无性繁殖的器官和组织，包括根（块根）、茎（块茎、鳞茎、球茎、根茎）、枝、叶、芽、细胞以及苗和苗木（蔬菜苗、果树苗木、茶树苗木、桑树苗木、花卉苗木）等可以不经加工、包装进行销售。种子加工、包装应当符合有关国家标准或者行业标准。②销售的种子应附标签：标签是指固定在种子包装物表面及内外的特定图案及文字说明。对于可以不经加工包装进行销售的种子，标签是指种子经营者在销售种子时向种子使用者提供的特定图案及文字说明。农作物种子标签应当标注作物种类、种子类别、品种名称、产地、种子经营许可证编号、质量指标、检疫证明编号、净含量、生产年月、生产商名称、地址及联系方式。③应当建立种子经营档案：种子经营者应当建立种子经营档案，注明种子来源、加工、贮藏、运输和质量检测各环节的简要说明及责任人、销售去向等内容。一年生农作物种子的经营档案应当保存至种子销售后 2 年，多年生农作物种子经营档案的保存期限由国务院农业行政主管部门规定。④种子广告及调运、邮寄规范：《种子法》规定：种子广告的内容应当符合本法和有关广告的法律、法规的规定，主要性状描述应当与审定公告一致。调运或者邮寄出具的种子应当附有检疫证书。

（3）种子经营者的权利和义务 任何单位和个人不得非法干预种子经营者的自主经营权。行政管理领导不能干预种子公司的经营，否则是违法行为。同时，种子经营者应尽如下义务：①遵守有关法律、法规的规定，向种子使用者提供种子的简要性状、主要栽培措施、使用条件的说明和有关咨询服务，并对种子质量负责；②因种子质量问题给种子使用者造成损失的应予赔偿；③不能销售假、劣种子。

5. 种子质量监督制度 《种子法》对种子质量监督与种子质量检验作了明确规定：①种子的生产、加工、包装、检验、贮藏等质量管理办法和行业标准，由国务院农业行政主管部门制定。同时，农业行政主管部门负责对种子质量的监督。②农业行政主管部门可以委托种子质量检验机构对种子质量进行检验。这个机构首先是通过计量认证部门认证的机构，其次是通过有关行政主管部门认证的检验机构才是合法的。企业的检验机构只能实行内检。

种子质量检验机构应当具备以下条件：①具备承担种子质量检验相应的检测条件和能力，并经省级以上人民政府农业行政主管部门考核合格；②配备合格的种子检验员。合格的种子检验员应具有相关专业中等专业技术学校毕业以上文化水平；从事种子检验技术工作 3 年以上并经省级以上人民政府农业行政主管部门考核合格。种子检验员必须严格按种子检验规程要求检验种子质量并对种子质量检验结果负责。

此外，《种子法》明确规定，禁止生产、经营假、劣种子。

6. 植物检疫制度 植物检疫制度是人类在与植物病虫害长期斗争的实践中，形成的保护农业生产安全的一种重要制度，其目的在于通过对流通的植物种子、种苗、繁殖材料以及应检疫的植物产品进行必要的检疫检验，防止危险性病、虫、杂草传播。我国有较为完备的植物检疫法律、法规和规章，例如《中华人民共和国进出境动植物检疫法》、《植物检疫条例实施细则（农业部分）》和《植物检疫规程》等。在《种子法》中也对植物检疫有明确规定，如在种子经营中要求标签应标注检疫证明编号；调运或者邮寄的种子应当附有检疫证书。在种子质量方面规定：禁止任何单位和个人在种子生产基地从事病虫害接种试验；种子生产基地要得到检疫部门的确定等。

对种子工作而言，植物检疫制度更主要地表现在"种子进出口和对外合作"中。《种子法》明确规定：由农业部或省级农业行政主管部门审批进口的一般性种子及其他繁殖材料，不论是什么种子，也不论以何种方式进口，都应当通过检疫部门审批。进口国家禁止进口的植物种子，即特殊审批材料，由国家质量监督检验检疫总局负责审批。按国家检疫要求，对入境种子进行检疫，合格的签发检疫合格证书；不合格的，签发检疫处理通知单；从境外引进农作物试验用种，应当隔离栽培，收获物也不得作为商品种子销售。

7. 种子的行政管理 《种子法》明确农业行政主管部门是种子行政执法机关，是种子行政执法的主体。作为种子行政执法的主体，有为实施《种子法》进行现场检查的权利，同时也有管好种子市场，确保农业生产安全，维护种子生产者、经营者、使用者的合法权益的义务。为此，《种子法》又规定：农业行政主管部门及其工作人员不得参与和从事种子生产、经营活动；种子生产经营机构不得参与和从事种子行政管理工作。种子的行政主管部门与生产经营机构在人员和财务上必须分开，以体现行政执法主体的地位。

在种子的行政管理方面，《种子法》还对异地繁育管理和依法收取工本费作了规定：国务院农业、林业行政主管部门和异地繁育种子所在地的省（直辖市、自治区）人民政府应当加强对异地繁育种子工作的管理和协调，交通运输部门应当优先保证种子的运输；农业、林业行政主管部门在依照本法实施有关证照的核发工作中，除收取所发证照的工本费外，不得收取其他费用。但不包括审定、质量检测等一些事业性的收费。

8. 《种子法》界定的违法行为及其法律责任　违反《种子法》的行为，包括实施了法律禁止的行为和没有实施法律所规定的义务两个方面。根据《种子法》第十章"法律责任"，经细化，共有 34 个方面的行为是违法行为：①无证或未按许可证规定生产主要农作物商品种子的；②伪造、变造、买卖、租借种子生产许可证生产种子的；③不执行生产技术规程的；④不建立和健全生产档案或不按要求保存的；⑤生产假劣种子的；⑥未经品种权人同意，生产具有新品种权的品种的；⑦伪造、变造、买卖、租借种子经营许可证进行种子经营的；⑧无证或不按许可证规定经营种子的；⑨销售种子不向使用者提供种子的简要性状、主要栽培措施、使用条件的说明与有关咨询服务的；⑩销售种子不经加工、包装的（不宜包装除外）；⑪实行种子分装不注明分装单位和分装时间的；⑫销售种子无标签或标签与实际不符的；⑬销售进口种子无中文标签的；⑭种子经营不建立档案和不按规定保存的；⑮未经核准广告或广告宣传与审核的内容不一致的；⑯该审定的品种未经审定而发布广告、经营、推广的；⑰专营再不分装的包装种子者而私自分装的；⑱在有效区域外委托代销种子的；⑲办了分支机构不按规定向当地农业主管部门备案的；⑳销售不达标的种子又未经批准的；㉑销售假冒伪劣种子的；㉒调运种子无检疫证的；㉓超委托范围代销种子的；㉔种子经营者参与行政管理工作的；㉕未经批准进口种子的；㉖向境外出售国家规定不准出口的种子及种质资源的；㉗引进试种试验品种的收获物作商品种子销售的；㉘为境外制种在国内销售的；㉙种子站与种子公司不分，管理人员从事生产经营活动的；㉚干预自主经营或强迫农民购种的；㉛越权发证或不按条件发证的；㉜执法不出示其证件的；㉝乱收取其他费用的；㉞出具虚假检验证明的。

以上①～㉘为生产经营方面的违法行为；第㉙～㉞为种子行政主管部门的违法行为。无论是种子行政主管部门还是种子生产经营者，只要认真学习和贯彻执行《种子法》及与其配套的有关规章，就能避免违法行为的发生。

违反《种子法》应负的法律责任有三种：行政责任、民事责任和刑事责任。

（1）**行政责任**　实施了一般违法行为，按法律法规所承担的行政法律后果。它包括：①行政处分，机关企事业单位对内部职工的处罚；②行政处罚，国家行政机关对实施一般违法行为的单位和个人进行追究行政法律责任，主要包括警告、罚款、没收违法所得、没收财物、吊扣证照等。

（2）**民事责任**　指以民事义务（包括当事人自己约定的和法律法规直接规定的）为基础的行为，当事人如果不履行都要承担民事法律责任。民事责任主要是承担财产责任（如赔偿损失），还包括消除影响、恢复名誉、赔礼道歉等。民事责任的承担要有几个要件：第一，发生了损害事实，如农民减产；第二，民事违法行为；第三，损害事实与违法行为之间存在因果关系；第四，主观上要有过错，过错是指行为人对自己行为的损害后果的一种主观态度，它包括故意和过失两种。例如，卖假冒伪劣种子就是一种故意，因为他明知道这些种子是假冒伪劣的。过失是指行为人对自己的行为后果应当预见到而未预见到，或者已经预见到但存在一种侥幸心理认为这种后果不会发生，如种子检验机构检验假冒伪劣种子时就存在两种可能，一种可能是它为了某种不正当的利益故意不检验出来；另一种可能就是过失，凭着它的条件是可以检测出这批种子是假冒伪劣种子，因某种原因它却没有检验出来，这在法律上是一种过失行为，也要承担相应的民事责任。

（3）刑事责任　指违法犯罪行为应承担的法律后果，由国家的司法机关来实施。

第二节　种子的市场准入与经营

随着种子市场的放开，经营主体增多，制售假劣种子和不规范经营行为时有发生，为了进一步整顿和规范种子市场，促进农业及农村经济的健康发展，使种子管理工作真正纳入法制化轨道，国家对种子生产经营实行专项许可证制度，经营单位和经营者必须依法进行种子经营，切实保护农民利益。

一、种子生产许可证

凡从事农作物商品种子生产的单位和个人，必须到农业行政主管部门申请领取生产许可证，持证进行生产。申请领取种子生产许可证的单位和个人，应当根据《种子法》规定的条件按相关程序申请，生产许可证实行分级审批制度并由相应的人民政府农业、林业行政主管部门核发。

1. 领取种子生产许可证应当具备的条件　①具有繁殖种子的隔离和培育条件；②具有无检疫性病虫害的种子生产地点；③具有与种子生产相适应的资金和生产、检验设施；④具有相应的专业种子生产和检验技术人员；⑤符合法律、法规规定的其他条件。此外，申请领取具有植物新品种权的种子生产许可证的，应当征得品种权人的书面同意。

根据农业部制定的《农作物种子生产经营许可证管理办法》第六条规定，申请领取种子生产许可证，除具备上述条件外，还需达到如下要求：①生产常规种子（含原种）和杂交亲本种子的，注册资本 100 万元以上，或生产杂交种子的，注册资本 500 万元以上；②有种子晒场 500 m^2 以上或者有种子烘干设备；③有必要的仓储设施；④经省级以上农业行政主管部门考核合格的种子检验人员 2 名以上，专业种子生产技术人员 3 名以上。

2. 种子生产许可证的申请和发放　申请种子生产许可证应提交下列文件：①主要农作物种子生产许可证申请表，需要保密的由申请单位或个人注明；②种子质量检验人员和种子生产技术人员资格证明；③注册资本证明材料；④检验设施和仪器设备清单、照片及产权证明；⑤种子晒场情况介绍或种子烘干设备照片及产权证明；⑥种子仓储设施照片及产权证明；⑦种子生产地点的检疫证明和情况介绍；⑧生产品种介绍。品种为授权品种的，还应提供品种权人同意的书面证明或品种转让合同；生产种子是转基因品种的，还应当提供农业转基因生物安全证书；⑨种子生产质量保证制度。

申请种子生产许可证的程序为：①由申请者向生产所在地县级农业行政主管部门的种子管理机构提出申请；②县级农业行政主管部门种子管理机构接到申请后 30d 内，完成对种子生产地点、晾晒烘干设施、仓储设施、检验设施和仪器设备的实地考察，签署意见，呈农业行政主管部门审核、审批，审核不予通过的，书面通知申请者并说明原因；③审批机关在接到申请后 30d 内完成审批工作，符合条件的，收取证照工本费，发给生产许可证，不符合条件的，退回审核机关并说明原因，审核机关应将不予批准的原因书面通知申请人，审批机关认为有必要的，可进行实地审查。

3. 种子生产许可证的效力 种子生产许可证应当注明许可证编号、生产者名称、生产者住所、法定代表人、发证机关、发证时间，生产种子的作物种类、品种、地点、有效期限等项目。

在种子生产许可证有效期限内，许可证注明项目变更的，应当根据《农作物种子生产经营许可证管理办法》第八条规定的程序，办理变更手续，并提供相应证明材料。

4. 种子生产许可证的管理 《种子法》规定：禁止伪造、变造、买卖、租借种子生产许可证；禁止任何单位和个人无证或者未按照许可证的规定生产种子；不按规范的行为生产种子的，责令限期改正；生产假冒种子的依法吊销生产许可证。

二、种子（种苗）经营许可证

《种子法》规定，凡从事商品种子经营的单位和个人（规定的特例除外）均必须分别向农业行政主管部门、林业行政主管部门的种子管理机构申请办理种子（种苗）经营许可证，然后凭此证到当地工商行政管理部门办理登记注册，并领取营业执照后，方可按照核定的经营范围、方式、地点，开展营销活动。种子（种苗）经营许可证分正本和副本。正本应挂在营业场所的明显处，副本由领证单位（个人）妥善保存备查。一店一证，亮证经营，有效期为一年。一年验证一次，没有有效期、超出有效期或到期未验证的视为无效。

种子经营许可证实行分级审批发放制度，由相应农业、林业行政主管部门核发，种子经营许可证的有效区域由发证机关在其管辖范围内确定。种子经营者按照经营许可证规定的有效区域设立分支机构的，可以不再办理种子经营许可证，但应当在办理或者变更营业执照后 15d 内，向当地农业、林业行政主管部门和原发证机关备案。种子经营许可证应当注明种子经营范围、经营方式及有效期限、有效区域等项目。种子经营者应当遵守有关法律、法规的规定，向种子使用者提供种子的简要性状、主要栽培措施、使用条件的说明与有关咨询服务，并对种子质量负责。种子经营者还应当建立种子经营档案，载明种子来源、加工、贮藏、运输和质量检测各环节的简要说明及责任人、销售去向等内容。

1. 种子经营许可证应当具备的条件 根据《种子法》及其配套规章《农作物种子生产经营许可证管理办法》，领取种子经营许可证应分别具备以下条件：①具有与经营种子种类和数量相适应的资金及独立承担民事责任的能力；②具有能够正确识别所经营的种子、检验种子质量、掌握种子贮藏、保管技术的人员；③具有与经营种子的种类、数量相适应的营业场所及加工、包装、贮藏保管设施和检验种子质量的仪器设备；④具备法律、法规规定的其他条件。

除符合以上规定条件外，还要达到以下要求：①申请注册资本 500 万元以上；②有能够满足种子检验需要的检验室，仪器达到一般种子质量检验机构的标准，有 2 名以上经省级以上农业行政主管部门考核合格的种子检验人员；③有成套的种子加工设备和1名以上种子加工技术人员。

申请主要农作物杂交种子以外的种子经营许可证的单位和个人，应当具备以下要求：①申请注册资本100万元以上；②有能够满足种子检验需要的检验室和必要的检验仪器，有1名以上经省级以上农业行政主管部门考核合格的检验人员。

申请从事种子进出口业务的许可证，其申请注册资本须达到1 000万元以上。

实行选育、生产、经营相结合，向农业部申请种子经营许可证的种子公司，应当具备《农作物种子生产经营许可证管理办法》第十五条规定的条件。

2. 种子经营许可证的申请和发放　申请种子经营许可证应向审核机关提交以下材料：①农作物种子经营许可证申请表；②种子检验人员、贮藏保管人员、加工技术人员资格证明；③种子检验仪器、加工设备、仓储设施清单、照片及产权证明；④种子经营场所照片。

实行选育、生产、经营相结合，向农业部申请种子经营许可证的，还应向审核机关提交下列材料：①育种机构、销售网络、繁育基地照片或说明；②自有品种的证明；③育种条件、检验室条件、生产经营情况的说明。

申请种子经营许可证按以下程序进行：①由经营者向当地县级以上农业行政主管部门种子管理机构提出申请；②县级农业行政主管部门种子管理机构收到申请后30d内完成对经营地点、加工仓储设施、种子检验设施和仪器的实地考察工作；并签署意见，呈农业行政主管部门审核、审批，审核不予通过的，书面通知申请人并说明原因；③审批机关在接到申请后30d内完成审批工作，认为符合条件的收取许可证工本费，发给种子经营许可证，不符合条件的，退回审核机关并说明原因，审核机关应将不予批准的原因书面通知申请人，审批机关认为有必要的，可进行实地审查。

3. 种子经营许可证应注明的事项　种子经营许可证应当注明许可证编号、经营者名称、经营者住所、法定代表人、申请注册资本、有效期限、有效区域、发证机关、发证时间、种子经营范围、经营方式等项目。

许可证准许经营范围按作物种类和杂交种或原种或常规种子填写，经营范围涵盖所有主要农作物或非主要农作物或农作物的，可以按主要农作物种子、非主要农作物种子、农作物种子填写；经营方式按批发、零售、进出口填写；有效期限为5年；有效区域按行政区域填写，最小至县级，最大不超过审批机关管辖范围，由审批机关决定。

4. 种子经营许可证的管理　在种子经营许可证有效期限内，许可证注明项目变更的，应当根据《农作物种子生产经营许可证管理办法》规定的程序，办理变更手续，并提供相应证明材料。种子经营许可证期满后需申领新证的，种子经营者应在期满前3个月，持原证重新申请。重新申请的程序和原申请的程序相同。具有种子经营许可证的种子经营者书面委托其他单位和个人代销其种子的，应当在其种子经营许可证的有效区域内委托。

此外，根据《种子法》规定：禁止伪造、变造、买卖、租借种子经营许可证；禁止任何单位和个人无证或者未按照许可证的规定经营种子。

三、种子质量合格证

种子质量合格证或种子检验结果单必须根据田间和室内检验结果，由生产经营单位持有省（直辖市、自治区）人民政府农业或林业行政主管部门核发的种子检验员资格证的检验员签发，并加盖种子检验专用章。

生产、经营、储备的商品种子（种苗）必须进行检验，达到国家或地方规定的质量标准。经营的种子应经过精选加工、分级、包装（不能加工、包装的除外），在包装内外附有标签。每批种子应有植物检疫证和持证检验员签发的"种子质量合格证"。经营进口种子应附有中文说明；包装标示和内外标签，必须载明品种名称、品种特征特性（含栽培要点）、质量、数量、适宜范围、生产日期、销售单位等事项，并与包装内的种子相符，进口商品种子质量应当达到国家标准或者行业标准。没有国家标准或者行业标准的，可以按照合同约定的标准执行。销售转基因植物品种种子的，必须用明显的文字标注，并应当提示使用时的安全控制措施。经营种子的单位和个人，对经销的每批种子，均需保留样品，以备复检和仲裁使用，所留样品保存到该批种子用于生产收获之后。严禁生产、经营假、劣种子。

假种子是指：①以非种子冒充种子或者以此种品种种子冒充他种品种种子的；②种子种类、品种、产地与标签标注的内容不符的。

劣种子是指：①质量低于国家规定的种用标准的；②质量低于标签标注指标的；③因变质不能作种子使用的；④杂草种子的比率超过规定的；⑤带有国家规定检疫对象的有害生物的。

由于不可抗力原因，为生产需要必须使用低于国家或者地方规定的种用标准的农作物种子的，应当经用种地县级以上地方人民政府批准；林木种子应当经用种地省（自治区、直辖市）人民政府批准。

四、种子标签

种子标签制度是许多国家种子法律制度的主要内容之一，其实质是要求经营者真实标明其产品的质量，给使用者充分的选择权利。农作物种子标签，不但是明示种子质量信息的重要载体，也是明确种子质量责任的主要证据。为了规范种子的销售行为，明示质量信息、明确质量责任，加强质量监督，保护种子使用者和种子生产者、销售者的合法权益，规范种子市场秩序，《中华人民共和国种子法》确立了种子标签真实制度，并先后出台了《农作物种子标签管理办法》、《农作物种子标签通则》（GB 20464—2006）等配套办法、标准。

（一）标注原则

种子标签标注的原则应当真实、合法、规范。真实是指种子标签标注内容应真实有效，与销售的农作物商品种子相符。合法是指种子标签标注内容应符合国家法律法规的规定，满足相应技术规范的强制性要求。规范是指种子标签标注内容表述应准确、科学与规范，规定标注内容应在标签上描述完整。标注所用文字应为中文，除注册商标外，使用国家语言文字工作委员会公布的规范汉字，可以同时使用有严密对应关系的汉语拼音或其他文字，但字体应小于相应的中文。除进口种子的生产商名称和地址外，不应标注与中文无对应关系的外文。种子标签制作形式符合规定的要求，印刷清晰易辨，警示标志醒目。

（二）标注内容

标注内容包括应标注内容、应加注内容和宜加注内容。

1. 应标注内容

（1）作物种类与种子类别　作物种类名称标注，应符合下列规定：①按植物分类学上所确定的种或亚种或变种进行标注，宜采用 GB/T 3543.2 和 GB/T 2930.1 以及其他国家标准或行业标准所确定的作物种类名称；②在不引起误解或混淆的情况下，个别作物种类可采用常用名称或俗名，如"结球白菜"可标注为"大白菜"；③需要特别说明用途或其他情况的，应在作物种类名称前附加相应的词，如"饲用西瓜"和"子用西瓜"。

种子类别的标注，应同时符合下列规定：①按常规种和杂交种进行标注，其中常规种可以不具体标注，常规种按育种家种子、原种、大田用种进行标注，其中大田用种可以不具体标注；②杂交亲本种子应标注杂交亲本种子的类型，如"三系"干制杂交辣椒的亲本种子，应明确至不育系或保持系或恢复系，或直接标明杂交亲本种子，如辣椒亲本原原种。

此外，作物种类与种子类别可以联合标注，如黄瓜原种、黄瓜杂交种、大白菜不育系原种、大白菜不育系。

（2）品种名称　属于授权品种或审定通过的品种，应标注批准的品种名称；不属于授权品种或无需进行审定的品种，宜标注品种持有者（或育种者）确定的品种名称。标注的品种名称应适宜，不应含有下列情形之一：①仅以数字组成的，如 88-8-8；②违反国家法规或者社会公德或者带有民族歧视性的；③以国家名称命名的，如中国 1 号；④以县级以上行政区划的地名或公众知晓的外国地名命名的，如湖南辣椒、天津黄瓜；⑤同政府间国际组织或其他国际国内知名组织及标志名称相同或者近似的，如 FAO、UPOV、国徽、红十字；⑥对植物新品种的特征、特性或者育种者的身份或来源等容易引起误解的，如彩色白菜、李氏南瓜、美豆王；⑦属于相同或相近植物属或者种的已知名称的；⑧夸大宣传并带有欺骗性的。

（3）生产商、进口商名称及地址　国内生产的种子应标注：生产商名称、生产商地址以及联系方式。生产商名称、地址，按农作物种子经营许可证注明的进行标注；联系方式，标注生产商的电话号码或传真号码。有下列情形之一的，按照下列规定相应予以标注：①集团公司生产的种子，标集团公司的名称和地址，集团公司子公司生产的种子，标子公司（也可同时标集团公司）的名称和地址；②集团公司的分公司或其生产基地，对其生产的种子，标集团公司（也可同时标分公司或生产基地）的名称和地址；③代制种或代加工且不负责外销的种子，标委托者的名称和地址。

进口种子应标注：进口商名称、进口商地址以及联系方式、生产商名称。进口商名称、地址，按农作物种子经营许可证注明的进行标注；联系方式，标注进口商的电话号码或传真号码；生产商名称，标注种子原产国或地区能承担种子质量责任的种子供应商的名称。

（4）质量指标　已发布种子质量国家或行业技术规范强制性要求的农作物种子，其质量指标的标注项目应按规定进行标注。如果已发布种子质量地方性技术规范强制性要求的农作物种子，并在该地方辖区内进行种子经营的，可按该技术规范的规定进行标注。质量指标的标注值按生产商或进口商或分装单位承诺的进行标注，但不应低于技术规范强制性要求已明确的规定值。

对于未制定技术规范强制性要求的农作物种子，其质量指标的标注项目应执行下列规定：①瓜菜种子、饲料和绿肥种子的质量指标的标注项目应包括品种纯度、净度、发芽率和水分；②无性繁殖材料（苗木）、热带作物种子和种苗、草种、花卉种子和种苗的指标宜参照推荐性国家标准或行业标准或地方标准（适用于该地方辖区的经营种子）已规定的质量指标的标注项目进行标注；未制定推荐性国家标准或行业标准或地方标准的，按备案的企业标准规定或企业承诺的质量指标的标注项目进行标注；③脱毒繁殖材料的质量指标宜参照推荐性国家标准或行业标准或地方标准（适用于该地方辖区的经营种子）已规定的质量指标的标注项目进行标注；未制定推荐性国家标准或行业标准或地方标准的，按备案的企业标准规定或企业承诺的质量指标的标注项目进行标注，但至少应标注品种纯度、病毒状况和脱毒扩繁代数。质量指标的标注值按生产商或进口商或分装单位承诺的进行标注，包括品种纯度、净度（净种子）、水分百分率（保留一位小数）和发芽率。

（5）产地　国内生产种子的产地，应标注种子繁育或生产的所在地，按照行政区域最大标注至省级。

进口种子的原产地，按照《中华人民共和国海关关于进口货物原产地的暂行规定》进行认定，标注种子原产地的国家或地区（指中国香港、澳门、台湾）名称。

（6）生产年月　生产年月标注种子收获或种苗出圃的日期，采用 GB/T 7408—2005 中规定的基本格式：YYYY‐MM。如种子于 2009 年 9 月收获的，生产年月标注为"2009‐09"。

（7）种子经营许可证编号和检疫证明编号　标注生产商或进口商或分装单位的农作物种子经营许可证编号。标注检疫证明编号，应采用下列方式之一：①产地检疫合格证编号（适用于国内生产种子）；②植物检疫证书编号（适用于国内生产种子）；③引进种子、苗木检疫审批单编号（适用于进口种子）。

2. 应加注内容

（1）主要农作物种子　国内生产的主要农作物种子应加注主要农作物种子生产许可证编号及主要农作物品种审定编号。

（2）进口种子　应加注：①进出口企业资格证书或对外贸易经营者备案登记表编号；②进口种子审批文号。

（3）转基因种子　应加注：①标明"转基因"或"转基因种子"；②农业转基因生物安全证书编号；③转基因农作物种子生产许可证编号；④转基因品种审定编号；⑤有特殊销售范围要求的需标注销售范围，可表示为"仅限于××销售（生产、使用）"；⑥转基因品种安全控制措施，按农业转基因生物安全证书上所载明的进行标注。

（4）药剂处理种子　应加注：①药剂名称、有效成分及含量；②依据药剂毒性大小（以大鼠半数致死量表示，缩写为 LD_{50}。若 $LD_{50} < 50mg/kg$，标明"高毒"，并附骷髅警示标志；若 $LD_{50} = 50 \sim 500mg/kg$，标明"中等毒"，并附十字骨警示标志；若 $LD_{50} > 500mg/kg$，标明"低毒"）进行标注；③药剂中毒所引起的症状、可使用的解毒药剂的建议等注意事项。

（5）分装种子　应加注：①分装单位名称和地址，按农作物种子经营许可证注明的进行标注；②分装日期。

（6）混合种子　应加注：①标明"混合种子"；②每一类种子的名称（包括作物种类、种子类别和品种名称）及质量分数；③产地、检疫证明编号、农作物种子经营许可证编号、生产年月、质量指标等（只要存在着差异，就应标注至每一类）；④如果属于同一品种不同生产方式、不同加工处理方式的种子混合物，应予注明。

（7）净含量　净含量的标注由"净含量"（中文）、数字、法定计量单位（kg 或 g）或数量单位（粒或株）3个部分组成。使用法定计量单位时，净含量小于1 000g的，以g（克）表示，大于或等于1 000g的，以kg（千克）表示。

（8）杂草种子　农作物商品种子批中不应存在检疫性有害杂草种子；其他杂草种子依据作物种类的不同，不应超过技术规范强制性要求所规定的允许含量。

如果种子批中含有低于或等于技术规范强制性要求所规定的含量，应加注杂草种子的种类和含量。杂草种子种类应按植物分类学上所确定的种（不能准确确定所属种时，允许标注至属）进行标注，含量表示为"××粒/kg"。

（9）认证标志　以质量认证种子进行销售的种子批，其标签应附有认证标志。

3. 宜加注内容

（1）种子批号　种子批号是质量信息可靠性、溯源性以及质量监督的重要依据之一。应当包装销售的农作物种子，宜在标签上标注由生产商或进口商或分装单位自行确定的种子批号。

（2）品种说明　有关品种主要性状、主要栽培措施、使用条件的说明，宜在标签上标注。主要性状可包括种性、生育期、果形、株形、株高、花形、抗病性、单产、品质以及其他典型性状，主要栽培措施可包括播期、播量、施肥方式、灌水、病虫防治等，使用条件可包括适宜种植的生态区和生产条件。

对于主要农作物种子，品种说明应与审定公告一致；对于非主要农作物种子，品种说明应有试验验证的依据。

（三）制作要求

1. 形式　对于包装销售的农作物种子，应当包装销售的农作物种子的标注内容可采用下列一种或多种形式：①直接印制在包装物表面；②固定在包装物外面的印刷品；③放置在包装物内的印刷品。这3种形式应包括规定标注内容，但是下列标注内容应直接印制在包装物表面或者制成印刷品固定在包装物外面：①作物种类与种子类别；②品种名称；③生产商或进口商或分装单位名称与地址；④质量指标；⑤净含量；⑥生产年月；⑦农作物种子经营许可证编号；⑧警示标志；⑨标明"转基因"或"转基因种子"。

对于不经包装销售的农作物种子，其标注内容，应制成印刷品。

2. 作为标签的印刷品的制作要求　对其形状、材料与颜色的要求如下：①固定在包装物外面的或作为可以不经包装销售的农作物种子标签的印刷品应为长方形，长与宽大小不应小于12cm×8cm；②印刷品的制作材料应有足够的强度，特别是固定在包装物外面的应不易在流通环节中变得模糊甚至脱落；③固定在包装物外面的或作为可以不经包装销售的农作物种子标签的印刷品宜制作不同颜色以示区别。育种家种子使用白色并有左上角至右下角的紫色单对角条纹，原种使用蓝色，大田用种使用白色或者蓝红以外的单一颜色，亲本种子使用红色。

3. 印刷要求　印刷字体、图案应与基底形成明显的反差，清晰易辨。使用的汉字、数字、字母的字体高度不应小于1.8mm，定量包装种子净含量标注字符高度应符合表7-1的要求；警示标志和说明应醒目，"高毒"、"中等毒"或"低毒"以红色字体印制；生产年月标示采用见包装物某部位的方式，应标示所在包装的具体部位。

（四）标签使用监督

1. 检查适用范围　直接销售给种子使用者的销售包装或不再分割的种子包装，其标签标注的内容应符合本章种子标签标注的规定。生产商供应且不是最终销售的种子包装，其标签可只标注作物种类、品种名称、生产商名称或进口商名称、质量指标、净含量、农作物种子经营许可证编号、生产年月、警示标志、"转基因"，并符合种子标签标注的规定。

表 7 - 1　定量包装种子净含量标注字符高度

标注净含量（Q_n）	字符的最小高度（mm）
$Q_n \leqslant 50g$	2
$50g < Q_n \leqslant 200g$	3
$200g < Q_n \leqslant 1\,000g$	4
$Q_n > 1\,000g$	6

2. 检查内容　监督检查内容包括：①标注内容的真实性和合法性；②标注内容的完整性和规范性；③种子标签的制作要求。

3. 质量判定规则　对种子标签标注内容进行质量判定时，应同时符合下列规则：①作物种类、品种名称、产地与种子标签标注内容不符的，判为假种子；②质量检测值任一项达不到相应标注值的，判为劣种子；③质量标注值任一项达不到技术规范强制性要求所明确的相应规定值的，判为劣种子；④质量标注值任一项达不到已声明符合推荐性国家标准（或行业标准或地方标准）、企业标准所明确的相应规定值的，判为劣种子。

质量指标的检验方法，应执行下列原则：①采用农作物种子质量技术规范或标准中的方法或其规范性引用文件的方法；②尚未制定农作物种子质量技术规范或标准的，宜采用《农作物种子检验规程》（GB/T 2930）、《牧草种子检验规程》（GB/T 3543）规定的方法；GB/T 2930、GB/T 3543 未作规定的，可采用国际种子检验协会公布的《国际种子检验规程》所规定的方法。

对于质量符合性检验，在进行质量判定时，检测值与标注值允许执行下列的容许误差：①净度的容许误差见 GB/T 3543.3；②发芽率的容许误差见 GB/T 3543.4；③对于不密封包装种子袋，种子水分允许有 0.5% 的容许误差；对于密封包装种子袋，水分不允许采用容许误差；④品种纯度的容许误差见 GB/T 3543.5。

（五）种子标签标注质量不真实和标注信息不规范的含义与法律责任

1. 种子标签标注质量不真实　种子标签标注质量不真实的特征是"以假充真"，本质是以不具有某种农业栽培使用价值冒充或不真实承诺具有该种农业栽培使用价值的种子的行为。这种不真实无论是故意（冒充）还是过失（承诺不真实），最终的结果是一致的，都为假种子。《种子法》第四十六条第二款规定，假种子包括以下 5 种：①以非种子冒充种子的；②以此种种子冒充他种种子的；③种子类别与标签标注不符的；④品种与标签标注不符的；⑤产地与标签标注不符的。种子标签标注质量不真实的法律责任形式，包括《种子法》第四十一条规定的民事赔偿责任，以及《种子法》第五十九条规定的行政责任和刑事责任。

2. 种子标签标注信息不规范　标签标注不规范的特征是标签标注不符合《种子法》、《标签管理办法》和《标签通则》等有关农作物种子标签标注规范的规定，标注虽有瑕疵但不虚假。经营的种子标签标注内容不符合《种子法》第三十五条和《标签管理办法》第四条、第五条、第六条以及《标签通则》规定的，属于种子标签标注不规范，标签标注不规范包括下列 5 种：①经营的种子没有标签的；②种子标签标注内容、制作要求不符合《种子法》第三十五条和第七十四条规定的；③伪造、涂改种子标签的；④伪造、涂改种子标签的试验、检验数据的；⑤违反《农业转基因生物安全管理条例》关于农业转基因生物标识管理规定的。种子标签标注信息不规范的，应当依据《种子法》第六十二条第一款第（二）项和第（三）项的规定承担行政法律责任。

种子是具有生活力的特殊产品。《种子法》和《产品质量法》都规范产品包括种子质量的法律。《产品质量法》是规范产品质量的普通法，《种子法》是规范种子质量的特别法。处理种子质量问题，优先适用《种子法》；《种子法》没有规定的，适用《产品质量法》。依据《种子法》的规定，种子标签标注信息不规范和标注质量不真实的性质和法律责任不同。依据《产品质量法》的规定，标识标注不规范和利用标识进行质量欺诈也是两种不同性质的行为。《国家质量技术监督局关于实施〈中华人民共和国产品质量法〉若干问题的意见》〔质技监局政发（2001）43 号〕规定："要严格区分标识标注不规范和利用标识进行质量欺诈两种不同性质的行为，防止对标识标注不规范问题的处罚随意性。"据此规定，不能随意要求种子标签标注不规范的种子经营者承担标注质量不真实的法律责任。

五、种子检疫

为了进一步落实《植物检疫条例》，加强农作物种子生产、经营的植物检疫管理，防止危险性病虫害的传播，根据国务院发布的《植物检疫条例》、《中华人民共和国种子管理条例》，凡生产、经营农作物种子的单位，在依法领取种子生产许可证、种子经营许可证、营业执照的同时，应立即向当地县级（含县）以上农业行政部门的植物检疫机关申报植物检疫登记，由注册的植物检疫机关核发植物检疫登记证，凭种子生产许可证、植物检疫登记证生产农作物种子。经营的种子每批都应附有种子质量合格证和植物检疫证书或种苗产地检疫合格证。

植物检疫登记证由省植物检疫站统一制作，任何单位和个人不得伪造、转让和涂改。植物检疫登记证的有效期限等同于种子生产许可证和种子经营许可证。种子生产、经营单位必须严格遵守植物检疫等有关法规。经营的种子来源于当地的必须凭种子质量合格证和种苗产地检疫合格证收贮；来源于外地和调往外地的必须办理植物检疫证书和种子质量合格证。生产种子要严格执行产地检疫规程。国外引进的种子必须事先办理国外引种检疫审批。拒不申报办理植物检疫登记证和未设置报检员的单位，对生产者生产的种子不予实施产地检疫，经营单位不得收贮；对经营者查封种子，停办一切检疫手续。

六、种子企业的工商登记

在我国，种子行业是实行专营的。经营种子（种苗）要凭种子（种苗）经营许可证，到当地工商行政管理部门申请登记，经核准后领取营业执照方可经营。同时，种子企业必须接受工商行政管理部门对其经营活动进行的监督管理。种子企业的工商登记包括受理、审查、核准、发照、公告等程序。

1. 受理 登记主管机关接受种子企业提出的办理登记申请，即为受理。主要是对种子企业提交的文件、证件是否齐备进行初步审查，并发给申请登记表，由企业认真如实填写。

2. 审查　对种子企业提交的文件的有效性、真实性与合法性进行审查。同时还要实地考察企业住所、经营场所、设备设施、资金、从业人员、法定代表人资格和环境条件等。

3. 核准　经过审查和实地核实后，登记机关经办人提出审查意见，并由主管领导签字予以核准。对经核准的企业发给核准通知，并指令期限办理领取执照手续。

4. 发照　对核准登记的企业，应按期及时发给营业执照。核发执照时，要编制注册号，办理法定代表人或负责人签字备案手续。种子企业就可凭执照刻制公章，开出银行账户，并向登记机关备案，即可按执照核准登记事项从事种子（种苗）营销活动。

5. 公告　对核准登记注册的企业法人，由国家工商行政管理和省级工商行政管理局依法统一组织，发布企业法人登记公告。

七、种子经营的税务登记

凡从事种子（种苗）经营的单位或个人，应当自领取营业执照之日起 30d 内，向当地税务机关书面申请办理税务登记，填写税务登记表，并提供下列有关证件、资料：①营业执照；②有关合同、章程、协议书；③银行账号证明；④居民身份证或其他合法证件；⑤税务机关要求提供的其他有关证件、资料。

税务机关对申请登记单位（个人）填报的税务登记表，提供的证件和资料，应当自收到之日起 30d 内审核完毕。符合规定的予以登记，并发给税务登记证。税务登记证的内容包括：纳税人名称、地址、所有制形式、隶属关系、经营方式、经营范围和其他有关事项。税务登记证不得转借、涂改、损毁、买卖或伪造。税务机关对税务登记证实行定期验证和换证制度。纳税人应当在规定的期限内持有关证件到主管税务机关办理验证或换证手续。

种子经营是农业的一个特殊行业，国家为了扶持这一行业，给予了一定的优惠政策。自种子（种苗）进行商品经营以来到目前是暂时实行免税的。种子经营虽然暂时实行免纳税，但仍必须进行税务登记。

◆ **复习思考题**

1. 目前我国的种子管理机构是怎样设置的？其主要职责有哪些？
2. 目前我国的种子管理法规有哪些？为什么说《种子法》是我国种子管理的基本大法？
3. 我国某公司要生产和经营主要农作物种子，其必须具备哪些条件？
4. 哪几种类型的种子经营者可以不办理种子经营许可证？
5. 国家如何保护种质资源？
6. 商品种子生产者应当建立种子生产档案，档案应当载明哪些内容？
7. 种子标签应标注的内容有哪些？其制作形式有哪几种？

◆ **推荐读物**

国家技术监督局 . 1996. 农作物种子质量标准 . 北京：中国标准出版社 .

种业导刊编辑部 . 2008. 农作物法规知识问答 . 种业导刊（7）：39 - 42.

徐泽涛 . 2006. 种子市场与种子管理 . 现代农业科技（6）：10 - 11.

第八章 主要蔬菜种子生产技术

【本章要点】本章应重点掌握番茄、辣（甜）椒、黄瓜、西瓜、大白菜、甘蓝、萝卜的常规种子与杂交种子生产技术；了解茄子、甜瓜、小白菜、胡萝卜、菠菜、生菜、茼蒿、芹菜、菜豆、豇豆、豌豆，以及樱桃番茄、球茎茴香、宝塔花菜、抱子甘蓝、樱桃萝卜、食用大黄、番杏、娃娃菜等稀特菜的种子生产技术。教学难点是辣（甜）椒、大白菜和萝卜利用雄性不育系，大白菜、甘蓝利用自交不亲和系，黄瓜利用雌性系，以及菠菜利用雌株系生产杂种一代技术。

有性繁殖蔬菜种子生产可分为常规品种种子生产和杂种种子生产。杂种种子生产又可分为人工杂交制种，及利用化学去雄剂、雄性不育系、自交不亲和系、雌性系和雌株系制种。蔬菜种类繁多，特性各异，不同蔬菜适宜的一代杂种种子生产方法可能不同，同一蔬菜可利用多种不同的方法生产一代杂种种子。马铃薯等无性繁殖蔬菜则常采用脱毒技术生产原原种。因此，学习和掌握不同蔬菜种子的生产技术是提高蔬菜种子的质量和产量的基础。

第一节 茄果类种子生产技术

茄果类蔬菜是指茄科植物中以浆果供食用的蔬菜，主要有番茄、茄子、辣椒和甜椒。茄果类蔬菜原产于热带，同属茄科，习性相近，在生物学特性及栽培方面有共同特点。喜温怕冷，遇霜冻即死。也不耐 30～35℃以上高温，开花结果对光周期要求不严格，氮肥偏多茎叶徒长，病害较多，杂种优势显著。

一、番茄种子生产技术

番茄为茄科茄属中以成熟浆果为产品的草本植物。原产于中南美洲，喜温，生长发育适温为 15～29℃，对日照长短和光照强度的要求不甚严格，但光照充足有利于开花结实。根据栽培品种的生长和开花结果习性，番茄分为有限生长型和无限生长型。有限生长型植株相对矮小，也称小架番茄或矮秧番茄；无限生长型植株高大，又称为高架番茄或大架番茄。

（一）番茄的开花结实习性

番茄花为完全花，花序为聚伞花序或总状花序，开花顺序是基部的花先开，依次向花序上部开放。每个花序上有 6～10 朵小花，多的达 20～30 朵。子房内着生多胚珠，单果可产生多粒种子。

番茄为雌雄同花的自花授粉植物，番茄花在一天当中无定时地开放，以上午开放的较多，下午开放的较少，从花冠外露到萎缩历时 3～4d。雌蕊的受精能力一般可保持 4～8d，以开花当天的受精结实率最高，种子也多。花粉萌发最适温度是 23～26℃。当温度低于 15℃或高于 35℃时，花粉萌发不良。番茄开花授粉后，子房膨大形成果实，从开花到果实成熟需 40～60d。

（二）番茄的种子生产

番茄的种子生产分为常规品种种子的生产和一代杂种种子的生产两类。两类种子的生产方式是不同的，一定要区别对待。

1. 常规品种种子生产　常规品种的遗传性相对稳定，经济性状优良一致。在采种上要严格保持品种的遗传稳定性和经济性状的一致性，因此，采种过程中要注意对番茄种株的选择。根据对品种纯度和性状特征要求的不同，常规品种种子生产又分为原原种、原种和良种的生产。

（1）原原种和原种的生产　番茄属于自花授粉蔬菜，但在自然条件下也会发生异交现象，异交或机械混杂会导致品种整齐度下降。此外，番茄品种在长期栽培繁殖过程中，也在积累各种基因突变，如不注意选择，也会发生品种混杂和退化。因此，选择应贯穿于原原种生产始终。

原原种的生产要进行单株选择，具体方法是在原原种圃里选择优良单株，混合留种。选择一般可分 3 次进行：①植株生长期间选择符合品种特性、生长健壮、无病虫害、抗性强的植株，注意叶片形状与颜色、顶芽生长类型、花序节位、坐果数是否和该品种相符。并进行观察记载，发现不符合品种特性的植株及时淘汰；②结果盛期，在第一次入选株内淘汰果形、果色、挂果数和挂果集中等性状不符合要求的单株；③果实成熟时，在第二次入选的植株内进一步淘汰丰产性、品质和抗病性、抗逆性较差的单株。入选的单株选留种果以第 2、第 3 穗果为宜，选留的种果要求形状整齐、圆整光滑、蒂部无裂纹、无果疤、着色均匀、符合本品种特征。畸形果、裂果及病虫果均不宜留种。经过三次选择后入选的单株混合留种。

番茄虽是自花授粉植物，但仍有 0.2%～4% 的天然杂交率。在单繁原原种时，与其他番茄品种间的隔离距离应保持在 500m 以上。另外原原种圃要设在与选择自交系相同的环境中，并对其典型特征特性进行选择。原原种一次生产量要大，尽量减少繁种的世代数。原原种入库要在包装袋内外注明生产者、生产日期、自交系来源等，最好做到图片和文字同时记载原原种的性状。入库后还要进行质量检验，质量合格才能进行原种生产。

原种的生产可由原育种单位生产，也可委托技术力量雄厚的种子公司生产。在进行原种生产时，将育种单位提供的原原种种植于原种生产田内，注意隔离，隔离距离应为 300～500m，注意加强田间管理。原种生产也要进行选择，选择方法与原原种基本相同。原种留种入库后，必须进行室内和田间检验，测定其发芽率、发芽势、含水量、千粒重、净度和纯度。纯度必须达到 99% 以上，才可作为原种，用于良种的生产。

原种入库要做好档案工作。档案内容包括原原种来源、生产单位、生产日期、纯度、发芽率等，同时做好图片和文字记载，以备查阅。

（2）良种的生产　良种生产时，如果繁殖两个以上的番茄品种，或周围有番茄栽培，应保持 100～300m 的空间隔离，以防串花，保持种子纯度。选择有良好的肥力水平，排灌方便、地势平坦、土层深厚、保水保肥力强的田块为采种田，前茬为小麦、豆类、棉花、绿肥等更好。

育苗及定植技术与商品生产基本相同，需要注意的是田间管理中要及时去杂。田间去杂是保证番茄良种纯度的一项关键性工作，应分 3 次进行田间去杂：①苗期去杂，结合定植，对生长势过旺，茎秆和叶片的颜色、形状、有无茸毛等表现出与本品种特征特性有差异的植株进行拔除；②花期去杂，在开花期，对开花异常的植株进行拔除，可从开花时间、开花习性、花的颜色等方面鉴别；③成熟期去杂，此时去杂是非常关键的一个环节，如果去杂不彻底，将直接影响种子纯度，可从果实的形状、颜色、果实数量、植株的结果习性、植株形状、果实成熟情况等进行鉴别，把异形果实的植株拔除。

种果达到完熟期时采收，此时采摘的果实其种子最饱满。采果时要严格按照选种的有关要求，采摘达到标准的果实。不同品种的果实要分别堆放，做好标记，严防机械混杂。果实采收后，可后熟 1~2d 再取种。

刚从果实中取出的种子外围包有一层胶状黏液，必须将这些带胶状黏液的种子收集在容器中自然发酵。发酵可用木器、陶瓷、玻璃容器、缸等，切勿用金属容器，否则种子颜色不佳。在发酵过程中，不要在浆液中加水或让雨水进入，否则会降低种子发芽率。发酵时间与温度相关，温度高，发酵时间短；温度低，发酵时间较长。在 25~30℃ 条件下，挖子后发酵需 2~3d，整果发酵需 5d 左右。发酵过程中，要搅动 2~3 次，使其发酵均匀。当果胶和种子分离时，去掉上浮污物，用清水冲洗除去果皮、果肉等杂物。

种子漂洗干净后放入纱布中，尽量挤出多余水分，随后立即摊在帆布、炕席、筛子或麻袋上晾晒，若是少量种子可直接装入尼龙网袋晾晒，应避免将种子直接摊在水泥地上让阳光直接曝晒，以防损伤种子、降低种子发芽率。

发酵适度的种子晒干后，表面灰黄色，有一层茸毛，具光泽，稍加揉搓，种子即可分开，互不粘连。若天气连续阴雨，有条件的可将漂洗干净的种子置于鼓风干燥箱中，控制40℃ 左右进行干燥。晒干的种子（水分含量＜7%）装袋后，放入缸内，并将缸口封严，进行妥善保管，避免混杂。种子的库房要通风干燥，贮存过程中要定期检查，防止种子霉烂。若发现种子返潮时，应及时翻包，继续晾晒。

采种时，在采收果实、剖种、发酵、清洗、晾晒、装袋等环节中，要严防机械混杂。在多个品种采种时，更应小心，每个环节都要标好标签、注明种类、品种名称、种子重量、采种时间和地点等内容。生产用种也可一次繁种，多次使用。

2. 一代杂种种子生产 优良一代杂种种子的生产已成为番茄高产、优质、抗病、早熟栽培的一项基本技术措施。其中，亲本保存与繁殖与常规品种相同。番茄杂交种子的生产途径目前多采用人工杂交和雄性不育系杂交。种子生产中，在隔离、育苗、田间管理和采种技术等方面与常规品种良种生产的要求基本相同。

（1）人工杂交制种 采用人工杂交生产杂交一代杂种时，要注意以下几个技术环节。

①亲本的播种期和种植比例：播种早晚可决定父母本花期是否相遇和能否在适宜季节去雄授粉。原则上以父本比母本开花早 5d 为宜，这样便于采集花粉。如果父、母本花期基本一致，则可同期播种育苗，或将父本提前几天播种育苗；如果双亲始花期有明显的差异，则可通过调整育苗期、控制温度条件、肥水促进或控制等办法，促成双亲花期相遇。

番茄杂交制种父、母本的行比因品种而异。如果父本是有限生长型的品种，父母本行比应为 1:4~5；如果父本是无限生长型的品种，则为 1:7~8。如父本品种花多或花粉多，父母本比例可适当减小。总的原则是保证父本花粉够用。父本一般不进行整枝打杈，任其生长，以增加花粉量。

②去杂及植株清理：父本田在定植缓苗后及杂交前集中两次检查亲本的纯度，及时拔除杂株和可疑株；母本田生长期间随时去杂，采收前再彻底清理一次。授粉结束后拔除父本，母本在授粉结束后去掉基部病老叶片，彻底清除未授粉的花、蕾及自交果，标记不清的按自交果处理。采收前再认真清理一遍自交果。

③采集父本花粉：提供足够的、生活力强的花粉是制种的关键。每天 18：00～20：00 采集父本花粉，应采集花瓣鲜黄、雄蕊金黄、花粉未散出、成熟盛开的隔离花朵取花药，将取出的花药在常温荫蔽处摊开晾晒 15h 左右，约九成干时用花粉筛筛出花粉，装入干净瓶内备用。阴雨天可采用生石灰干燥法，干燥时间为 10～15h。

④适时去雄：去雄最迟应在花粉成熟前 24h 进行，最好在花瓣伸长期的后期，花冠稍超出萼片、颜色由绿变黄，而花瓣尚未展开最适宜。去雄过早，花朵尚未成熟，坐果率低或根本不坐果；过晚则有自交的可能性，成为假杂种。去雄时用左手拇指与食指或中指轻轻夹持花的基部，用镊子夹住花药筒的中上部，向侧上方将花药从基部全部摘除，注意不要碰伤花柱和子房。为防止天然杂交，去雄后应立即套袋。去雄之前必须摘除植株上已开和开过的花朵以及畸形花和小花。注意去雄要彻底。

⑤授粉：去雄套袋的花蕾经过 1～2d，花瓣已盛开呈鲜黄色，柱头油亮有黏液，即可授粉。可采用授粉器授粉，也可用铅笔的橡皮头蘸取少量花粉，轻轻、均匀地涂在已去雄的母本柱头上。大量杂交制种时，可将花粉装入带有胶囊的玻璃滴管内，滴管的尖端对准柱头，手压胶囊使花粉喷落在柱头上。授粉要充分，注意不要碰伤花柱和子房。授粉后剪去两萼片作为杂交标记。授粉时间一般在 8：00～10：00，18：00 以后或第二天上午可重复授粉一次。重复授粉可提高坐果率，增加种子数。授粉最适的平均气温为 20～25℃，当气温低于 15℃或超过 30℃应暂停授粉。授粉后应做好标记。授粉工作全部结束后，应对制种株进行 2～3 次检查，及时摘除多余的或新萌发的侧枝及未去雄的花朵或幼果。

（2）雄性不育系制种　目前番茄利用的雄性不育系都是由细胞核基因控制的。雄性不育系制种法就是利用番茄雄性不育的品种作母本，采用不去雄授粉的方法生产一代杂种种子。

番茄雄性不育系有功能型、长花柱型、有雄蕊花粉不育型以及雄蕊退化不育型等。功能性不育型表现为雄蕊和花粉都很正常，但花粉不能正常开裂散粉，因而不能自花授粉，此种不育性不仅雄蕊本身粘连，而且花冠也被粘连紧闭，给人工授粉带来不便，因而在杂交制种方面难以利用。长花柱型表现为雌雄蕊发育都正常，只是雌蕊的花柱特长，露出药筒之上，在杂交制种中如用做母本，也可采用不去雄授粉法。如北京农科院蔬菜中心从日本引进的'大型福寿'品种中分离出长花柱系'9·6·23'，已用于杂交制种。有雄蕊花粉不育型表现为无花粉、花药畸形、花粉皱缩无生活力或花粉量少。青岛农科院从'早粉二号'中分离出'721·1'少粉系与'6613'杂交，采用不去雄授粉，F₁表现良好；雄蕊退化不育型表现为雄蕊退化，在杂交制种中作母本，花期授粉比较方便。

二、辣（甜）椒种子生产技术

辣椒为茄科辣椒属一年生草本植物，在热带也可为多年生灌木。目前世界各地普遍栽培的是一年生草本辣椒。

（一）辣（甜）椒的开花结实习性

辣椒为常异交授粉植物，虫媒花，天然异交率较高，一般为5%～10%，有的品种高达30%。雌蕊在开花前2d及开花后2d均有一定的受精能力，但以开花当天受精能力最强。花粉以开花当天生活力最强。辣椒适宜的授粉时间一般在10：30以前或15：00以后。授粉后8h左右开始受精，24h后完成受精过程。一般情况下，辣椒从开花到种子成熟需50～60d。

辣椒的分枝习性有无限分枝型和有限分枝型。辣（甜）椒的花为雌雄同花的完全花，其中甜椒的花蕾较大而圆，辣椒的花蕾较小而长。

（二）辣（甜）椒的种子生产

1. 常规品种种子生产 采种辣椒的栽培技术与商品辣椒栽培技术基本相同。需要特别注意的是采种应专设采种田，加强肥水管理。不同品种采种田之间要隔离500～1 000m。注意选种。坐果初期，主要选择株形、叶形、叶色、第一果着生节位、幼果颜色、抗病性等符合原品种标准的植株，淘汰杂株、病株；果实商品成熟期，主要选择植株生长类型、抗病性、果实大小、果形、果色、果柄着向、不同层次果实整齐度、坐果率高低等均符合原品种标准的植株；种果红熟期，主要选择熟性、抗病性、果实大小、果形、果色、心室数符合原品种特性的植株及果实留种。

辣椒的留种部位，以"对椒"和"四母斗"留作种椒为好。其采种量大，种子质量好。在繁种中，都应疏去第一花或果，以促使种株发秧，并能使上部种椒充分发育，提高种子产量和质量。当种椒基本红熟时，即可分别采收。采收种果后不需再经后熟，可直接剖种。剖开辣椒取出种子后，应放置在通风处的凉席或尼龙纱筛上晾晒，切忌放在水泥地或金属皿中曝晒，否则将严重影响种子的发芽率和色泽，降低种子质量。剖开后的种子，不必用水洗，因经水洗晾晒后的种子，色泽多呈白灰色，且遇连阴天时种子不易晒干，还易发霉变质。通常的做法是连同胎座一起晾晒，待胎座充分干燥时，在晒盘中用木板搓擦，使种子与胎座分开，然后过筛，筛出种子。

2. 一代杂种种子生产 杂交辣椒的产量比传统的常规品种增产30%～50%，有的甚至更高。辣椒杂交制种有人工杂交和雄性不育系杂交2种。

（1）**人工杂交制种** 人工杂交制种的技术要点有：①调整育苗播种期，确保亲本株的花期相遇。父母本的适当种植比例为1：4～6（株比），分片种植。②隔离距离要求在500m以上。③杂交时期一般安排在日最低温度15℃以上、日最高温度30℃以下、日平均温度19～24℃的季节。一般应注意选择晴天进行杂交。④于授粉前1d 10：00～12：00，将要开放的父本大花蕾，取粉备用。⑤去雄和授粉可同时进行，也可在开花前1d下午去雄，第二天早上授粉。去雄要彻底，切不可触伤柱头。重复授粉，授粉后作授粉标记。⑥授粉以后，应将母本植株整个清理一遍。若发现有未杂交的花、蕾和无标记的果实，应立即全部摘除。⑦种子采收及保存与常规种的要求基本相同，需要注意的是采收前清除一次田间自交果、标记不清、脱落果。种椒充分成熟时，只采收有标记的果实，无标记者以及虽有标记但发育畸形的果实一律淘汰。

（2）**雄性不育系制种** 辣（甜）椒具有明显的杂种优势，但人工去雄授粉制种，费时费工，且一代杂种的纯度难保证。选育并利用雄性不育系生产一代杂种种子，可简化制种工序，节省工本，并能确保一代杂种的种子纯度。

雄性不育系包括雄性不育两用系和核质互作雄性不育系（简称"三系"）。前者在生产一代杂种中，需对母本雄性不育系中的可育株去雄，父本可选配合力高的辣椒品系充当；后者主要是应用雄蕊退化不育类型的辣椒作母本，选取一个雄蕊发育正常且配合力高的辣椒品种（恢复系）作父本，采用人工不去雄而直接授粉的方法来生产一代杂种种子。整个操作方法与人工去雄、人工授粉方法相同，只是以从不育株上收获的种子为一代杂种。在授粉前，必须严格地检查，将母本中雄蕊正常、有花粉的植株尽早拔除，以免产生自交种子。

三、茄子种子生产技术

茄子为茄科茄属一年生草本植物，是我国广泛栽培的蔬菜之一。

（一）茄子的开花结实习性

茄子的花为两性花，花冠白色至紫色，果实为浆果。茄子以自花授粉为主，异交率在10％以下。茄子开花结果期间的生育适温为 25～30℃，温度过高或过低均易使其开花结实不良。茄子是喜温性蔬菜，最适生长温度为 20～30℃，当温度低于 20℃时，果实发育不良，在 17℃以下时，生育缓慢，花芽分化迟，花粉管的伸长速度迟滞，受精不良，容易引起落花，10℃以下，造成新陈代谢失调，5℃以下出现冷害，但温度高于 35℃时，也会使茄子花器发育不良，产量降低。

大多数茄子的花在上午开放，花粉在开花前 1d 至开花后 2d 均有发芽能力，雌蕊从开花前 2d 至花后 3d 都有受精能力，但以开花当天授粉受精结实率最高，单果种子数也最多。茄子从开花到种子成熟通常需 50～60d。

（二）茄子的种子生产

1. 常规品种种子生产　采种茄子的育苗、定植、田间管理技术与商品生产基本相似。但也存在差异。首先茄子虽为自花授粉植物，但仍有一定的异交率，为保证种子的纯度，采种田应与其他茄子品种隔离一定的距离，原种田的隔离距离要求 200m 以上，良种繁殖田为50m 以上；其次生长期间进行 2～3 次去杂去劣，选择生长健壮具有本品种特征特性的植株作种株。在种株上选留第 2、3 层果作种果，可摘除门花，待"对茄"和"四母斗"两层果基本坐住之后，每株选留 3～5 个果，把其余的果实和花蕾全部摘除，过分茂密的枝叶及下部老黄叶及时摘掉，以利通风透光。

当茄子种果果皮变成黄褐色时采收，注意淘汰感染病害的和腐烂的种果，成熟一批采收一批。种果采收后经 7～10d 后熟，可提高种子发芽率。茄子种子提取方法有 2 种：一种是湿取法，即把经后熟的种果切成数块，经过发酵变成果浆，使种子与果肉分离，再用水清洗，去掉果皮、果肉和秕子，收集种子，晒种时要避免在烈日下暴晒，否则影响发芽率；另一种是干取法，即把种果曝晒直到果实萎缩发软，用木棒敲打，然后用手揉搓，使果肉和种子分离，将果实切开，手工挖取种子。将所取种子摊成薄层在凉席或筛子上晾晒，当其含水量降至 8％以下时可装袋贮藏。

2. 一代杂种种子生产　茄子杂交制种一般采用人工去雄授粉的方法。茄子一代杂种生产过程中的亲本保存和繁殖与常规品种相同，父母本的定植行比一般为 1：4～8。人工杂交制种的具体步骤包括去雄、花粉采集、授粉和标记等。

（1）去雄　选用"对茄"和"四母斗"花用于杂交，而把"门茄"花蕾摘除。因为"门

"茄"花的分化及发育时期多处于较低的温度，受精结实能力低；其次"门茄"花开放时植株的营养生长还不旺盛，此时结果会影响植株的生长；另外大果型或长果型的"门茄"靠近地面，容易感病。

通常选开花前 1d 的花蕾去雄。去雄时左手轻轻持住花柄，右手用镊子将花瓣拨开，镊子伸入花药基部，夹住花药去除，不要碰伤柱头和子房。去雄时注意选用长柱花，若花序上有 2 个以上花蕾，应选最强健的花蕾去雄，其余摘除。

（2）花粉采集　一般于开花前 1d 下午或开花当天 6：00～7：00 采集未散粉的花药，经晾干或干燥处理后，花药即可散出花粉，此种方法适合于较小规模制种时取粉，而且可以在每一花朵上留下 1～2 枚花药，使父本能正常结实。当大规模制种时，把采下的大花蕾放在贮粉盒中，置于干燥器或温度为 32℃ 的烘箱中烘干，也可在太阳下使其干燥，然后用镊子夹住花朵，让花药顶孔朝下，在花粉容器边沿敲击，这样便可收集较大量的花粉。收集到的花粉在避光、干燥保存条件下，可连续使用 2～3d。

（3）授粉　授粉时间以 8：00～10：00 或 15：00～17：00 为佳。选已去雄当天开放的花，用授粉器（如橡皮头、玻璃管授粉器等）将父本花粉涂满母本柱头。授粉后摘去 1～2 个萼片作为杂交果标记，也可用小金属环套在花柄上作标记。当全部授粉完毕，要仔细检查一次，把未标记的花及所结的果实全部摘除。

（4）采收　种果采收时再一次确认是否有杂交标记，把无标记的茄果去除，其他处理与常规品种要求相同。

第二节　瓜类种子生产技术

瓜类蔬菜主要包括黄瓜、南瓜、西葫芦、冬瓜、西瓜、甜瓜、节瓜、菜瓜、瓠瓜、丝瓜、苦瓜、佛手瓜等，同属葫芦科草本植物，是典型的营养生长和生殖生长并进的植物。瓜类蔬菜为雌雄异花而同株，容易自然杂交。很多瓜类蔬菜的性型具有可塑性，因此可以人为地控制其性型。

一、黄瓜种子生产技术

黄瓜为葫芦科黄瓜属一年生草本植物。生育期短，可以全年生产，在我国各地广泛栽培。

（一）黄瓜的开花结实习性

黄瓜是雌雄同株异花植物，一般先发生雄花，后发生雌花。黄瓜性别分化既受基因控制，又受环境条件的影响。温度较低和日照较短有利于雌花的形成；相反，则促进黄瓜的雄花分化。黄瓜是虫媒花，因此在温室、大棚中留种，缺少昆虫授粉，种子产量低，需要进行人工辅助授粉。黄瓜从授粉受精到种子成熟约需 40d，夏季高温仅需 25～30d。

黄瓜的主侧蔓均能结瓜，其中早熟品种以主蔓结瓜为主，中熟品种主侧蔓均结瓜，晚熟品种以侧蔓结瓜为主。黄瓜的另一重要结果习性是能够单性结实，即黄瓜雌花不经过受精，子房照样发育膨大。这种特性对黄瓜商品生产是有益的，但对采种则不利，容易引起混杂或降低种子产量和质量。

黄瓜的营养生长和生殖生长几乎同时进行，且互相影响、互相制约，生殖生长过强则抑制了植株生长，植株无足够的营养来供给种瓜。营养生长弱也容易引起化瓜，对留种不利。

（二）黄瓜的种子生产

1. 常规品种种子生产

（1）原种的生产　由于黄瓜是异花授粉虫媒花植物，因此品种很容易发生退化，所以种子生产时对隔离要求严格。如果是非保护地栽培（露地），则原种生产要求隔离距离在1 000 m以上；如果是保护地栽培（大棚），则采用网棚隔离。原种的单株选择方法是：在根瓜坐瓜后，选择具有本品种典型性状、坐瓜节位低、瓜码较密、长势良好的优良单株挂牌标记；到第二或第三雌花开花时，采集初选株上的雄花花粉，授在初选雌花的柱头上，第二天上午再重新授粉一次并挂牌标记，注明授粉日期和株号；待瓜长到商品成熟时进行一次复选，淘汰典型性差、瓜条性状不好及感病的植株。留下的优良株待瓜老熟后分别摘下，经后熟后即可分株取出种子。

（2）良种的生产　黄瓜常规品种的种子生产与商品生产基本相同，但因黄瓜为异花授粉植物，为保证种子纯度，需设置专门的留种田进行严格隔离。如果采用空间隔离任其自由授粉的方法，500m之内不得栽种其他品种的黄瓜，小面积制种时，也可采用夹花隔离。

选种时首先要根据黄瓜早、晚熟不同类型的要求选择种株。早熟种应选择第一雌花节位低而节成性强的植株留种。不管哪种类型都应该选择具有该品种原有特征的健壮植株，且瓜条端正、比较壮大的果实留种。中、晚熟品种的种瓜选留部位以第2～3果为好，部位太低，易因触地而感染病虫害；部位太高，由于植株生长后期长势弱而影响种子成熟，而且第一瓜常常形不正，长不大，种子少，不宜作种。种瓜留好后在瓜旁做上标记。每株留种瓜数，大果型品种留1～2条瓜，小果型品种留3～4条瓜。尽早除去不留种瓜的侧枝，并在种瓜留后，在种瓜以上5～6片叶处摘除生长点和其余幼瓜，使植株养分集中供应所留的种瓜。

从苗期开始注意进行去杂去劣，尤其是第一雌花坐瓜前后，进行一次严格检查，及时去除杂株。主要依据植株形态和瓜形、刺瘤、皮色、条纹等进行去杂。由于黄瓜开花授粉期相对集中，在温度较低或昆虫少的季节，应进行人工辅助授粉。开花前1d下午，将雄花和雌花的花瓣夹住，防止自然杂交，在开花当天上午，取同品种异株的雄花，将花药轻轻涂抹在雌花柱头上，或用毛笔刷取花粉后涂抹到柱头上去。人工放养蜜蜂也可。

大多数品种的种瓜需在开花后40～50d，果皮呈黄褐或黄白色，达到生理成熟标准时采收。采收前，应进行一次最后的选择淘汰，将病瓜、皮色、棱刺等不具本品种特征的瓜淘汰。种瓜采收后，最好后熟5～7d。取出的种子连同瓜瓤一起盛放在缸、瓦盆或木桶中发酵，以便洗去种皮外的黏液。注意不能用金属容器发酵，否则种皮会因金属的酸蚀氧化而变黑。在夏季高温条件下2～3d发酵即可完成，当大部分种子与黏液分离而下沉时，停止发酵。捞出种子用清水搓洗干净后放在草席或麻袋上晾干。

少量采种时，也可用机械法去除种皮上附着的黏膜，方法是将种子和瓜瓤从种瓜中掏出，去除大块瓜瓤后，将附有黏膜的种子放在固定好的纱网上揉搓，使黏膜与种子分离，然后用清水洗净。洗净后的种子在苇席上晾晒至干燥，然后贮存。

2. 一代杂种种子生产　黄瓜制种方法有3种，即人工杂交制种、化学去雄自然杂交制种和利用雌性系配制一代杂种。

（1）人工杂交制种　黄瓜人工杂交制种注意以下几点：确保父本与母本花期相遇，父母本行比以 1∶3～6 为宜；第一雌花尽快摘除，从第二雌花开始进行杂交，在开花期间每株授粉 4～6 朵雌花，最后选留 2～3 条瓜作为种瓜。在授粉期及授粉后种瓜膨大成熟期，要不断检查摘除未经授粉的以及虽经授粉但发育不良的嫩瓜；杂交前应对父母本进行一次严格的去杂去劣。

杂交前选择植株，然后授粉。授粉的具体方法是：在开花前 1d 下午用金属丝或铝线码等将父本的雄花及母本的雌花花蕾夹住，用小纸筒套上，于次日 6∶00～10∶00，摘下已隔离雄花，剥去花瓣，取出花药，在已隔离雌花柱头上轻轻摩擦。花粉涂抹要均匀、充足。授粉后的雌花要重新夹好，并作标记。同时将非人工授粉的雌花及果实全部摘除。不同品种授粉时，要用 70％酒精擦洗镊子和手指，防止造成不同品种的花粉污染。

黄瓜授粉后 40d 左右即可采种，在母本植株上采收一代杂种，采种方法同常规品种的种子生产。

（2）化学去雄制种　化学去雄制种利用黄瓜花芽分化初期性型未定的原理，利用某些化学药物抑制母本植株上的雄花形成，以减少摘除母本雄花的麻烦，降低一代杂种种子的生产成本。目前应用的化学去雄剂主要是乙烯利。制种时具体的使用方法是，北方地区在母本苗期第一片真叶达 2.5～3.0cm 时，喷施 250～300mg/L 的乙烯利，3～4 片真叶时，用 150mg/L 的浓度喷施第二次，再过 4～5d 用 100mg/L 喷施第三次；而南方地区仅用 100mg/L 喷施 1 次。喷药时间宜在早晨或傍晚，喷药量掌握在使整个植株喷湿为准。父母本常按 1∶2～4 的行比定植。经过处理的母本植株一般在 15～20 节以上着生的花基本上均为雌花，可任其与未作处理的父本自然授粉杂交，从处理母本植株上所收获的瓜即为杂交瓜，成熟后取出的种子即为杂交种子。

应用化学去雄自然杂交制种，为了提高杂交率和种子产量，需注意做好以下几项工作：①制种地周围至少 1 000m 范围内不能种植其他品种的黄瓜，否则极易造成生物学混杂；②合理确定父母本花期，为使父母本花期适时相遇，应使父本雄花先于母本雌花开放，以便提供足够的花粉；③要经常检查，摘除母本植株上出现的雄花，避免假杂种；④在授粉适期如遇连日阴雨，昆虫活动受阻，可进行人工辅助授粉，以提高一代杂种种子产量。

（3）利用雌性系配制一代杂种　利用雌性系制种时无需对雌花进行夹花隔离，所制成的一代杂种的纯度很高。利用雌性系配制一代杂种时，父母本的定植行比为 1∶3，开花前认真检查和拔除雌性系行有雄花的植株，然后任其自然授粉杂交。在开花适期，如遇阴雨，可以通过人工辅助授粉以提高种子产量，人工辅助授粉时，采父本植株上新开的雄花，去掉花冠，将花药在雌性系植株的雌花柱头上涂抹即可。由于雌性系黄瓜开花较早，为保证父母本植株花期相遇，父本系黄瓜尤其是熟性晚于雌性系母本的品种要提早 10d 左右播种。种瓜成熟后，从雌性系母本行中收得的种子即为一代杂种。

雌性系定植后会出现一些强雌株，即主茎基部有少量雄花，从第 5～6 节以上则全是雌花，对于这类植株只要能及时摘去雄花花蕾，则无需拔除。后期受温度等条件的影响，第 10 节以上也可能出现少数雄花。因此，在制种期间，应认真检查，及时摘除雌性系母本中出现的少量雄花或尽早摘顶，以免产生假杂种。

在利用雌性系黄瓜配制一代杂种时，必须进行严格隔离，保证在 1 000m 范围内不能栽植其他黄瓜品种，以防昆虫传粉导致生物学混杂。

二、西瓜种子生产技术

西瓜为葫芦科西瓜属的一年生蔓性草本植物，原产非洲，在世界各地均有栽培。

（一）西瓜的开花结实习性

西瓜花着生叶腋间，为单生花，雌雄同株异花。一般先分化出雄花，后分生出雌花。雌花在开花前子房已相当发达，虫媒花，清晨开放，午后闭合，以6：00～11：00授粉效果较好，授粉后5h花粉管可以伸达柱头的分枝点，再过5h达到柱头基部，24h花粉管即伸达胚珠，完成受精作用。

西瓜的雌蕊在开花前1～2d和开花后1～2d，都具有受精的能力，因此可进行蕾期授粉和重复授粉。但以开花当天授粉结实率最高。同样，雄花的花粉在开放前1d或后1d均有发芽能力，但仍以开花当天的花粉发芽率最高。花粉发芽的适宜温度为20～23℃，高于35℃花粉不发芽。西瓜从开花到果实成熟需30～40d。

（二）西瓜的种子生产

1. 常规品种种子生产

（1）原种的生产　应尽量选择最适宜西瓜生长发育及采种的地区制种。制种田内先选株，再选花，最后选果，将株和花具有本品种典型性状的单株进行套花自交，根据瓜的生长速度以及瓜形等进行选瓜，混合留种。原种生产田四周1 500m范围内应无西瓜栽培，花期任昆虫自由传粉。原种生产要根据该品种的发展前景，一次生产可用多年，以减少每年繁殖亲本的环节和发生混杂的机会。

（2）良种的生产　西瓜是异花授粉植物，繁种时开花坐果期如隔离不好，容易发生"串粉"。因此，在良种生产时，采取空间隔离或扎花隔离，造成人工自花授粉的条件，以防止发生生物学混杂。空间隔离，品种间应相隔1 000m以上。苗期、蕾期和开花坐果期要注意田间观察，剔除杂株，发生生物学混杂的植株坚决不能用于制种。

种瓜应采收充分成熟的瓜，最好置于室内再后熟5d左右才剖种，然后将种子置于木质或陶瓷容器内，倒入瓜汁至种子淹没，让其发酵2～3d，然后用清水反复冲洗，除去瓜肉和胶质；也可在种子内加入少量石灰和水，进行搓揉，然后用清水反复冲洗，直至种子不带碱性，也可除去胶质。种子冲洗后立即晒干贮藏。

2. 一代杂种种子生产　目前杂交种西瓜分有子西瓜和无子西瓜，其生产程序有所不同，分别介绍如下。

（1）有子西瓜杂交制种技术　西瓜杂交种子的亲本繁殖方法与常规品种原种的繁殖方法相同，都要求隔离距离在1 000m以上，并要仔细去杂去劣，防止其他亲本混入，使亲本种子具有很高的纯度，保证杂种优势的发挥。

西瓜杂交种子生产有空间隔离制种法及人工授粉制种法。空间隔离制种通常父、母本行比为1：4～5。开花授粉期间，必须把母本的雄花在开放前全部去掉，最好每天进行一次，务求干净、彻底。为了提高坐果率，除放养蜜蜂授粉外，可结合人工辅助授粉；没有空间隔离条件时，必须采用人工控制授粉。可加大母本的比例，而且常将父、母本分别集中栽培，即将父本种在母本田的一端，两者株数比例可扩大到1：10～15。开花前应去掉母本的雄花蕾。即从始花期起，每天16：00以后巡视母本田，将第二天能够开花的雌花套上纸帽或用花夹夹住。在第二天5：00左右，把即将开放的父本雄花摘下放入纸盒等容器内，等母本开花时进行人工授粉。1朵父本雄花可给2～3朵母本雌花授粉，授粉后做好标记。西瓜成熟后采收时，只收有标记的杂交瓜，经后熟再进行采种。采种时可以瓤、子一起挖出发酵，便于种子淘洗，一般常温下发酵4～6h。

（2）无子西瓜杂交制种技术　三倍体无子西瓜是由四倍体西瓜与二倍体西瓜杂交而成。由于其自身不能结子或所结种子不育，所以必须每年制种。

无子西瓜的制种程序是：首先选择采种量高的四倍体西瓜品种作母本；如果采用育苗移栽，父、母本按行比1：2～4相间种植；母本雄花于开放前摘除，一直坚持至授粉结束，以避免自交；杂交开始前要逐株检查父本，发现杂株后彻底拔除。宁可错拔绝不漏拔，然后采用人工辅助授粉或虫媒传粉使两者杂交；1朵父本雄花可授三倍体雌花3～5朵。授粉量越多，产子可能越多；授粉结束后，将多余的母本雌花、幼果、腋芽摘除，并在瓜前留5～7片叶摘心，拔除未坐住瓜的母本植株；施肥量应比普通西瓜制种田有所增加，尤其是磷、钾肥，如过磷酸钙、草木灰、饼肥等应增加30％～50％；无子西瓜的种胚发育不充实，种瓜必须充分成熟才能采摘。种瓜采收前应清除杂瓜和未授粉瓜，采种时切忌进行酸化处理，不要发酵和存放太久。

三、甜瓜种子生产技术

甜瓜为葫芦科甜瓜属一年生蔓性草本植物，原产于非洲几内亚等地。根据生态学特性，通常把甜瓜分为厚皮甜瓜与薄皮甜瓜两种。

（一）甜瓜的开花结实习性

甜瓜花腋生，单性或两性，虫媒花，花为黄色，较黄瓜花小。由于甜瓜是一种典型的虫媒植物，所以授粉必须由蜜蜂或蚂蚁等昆虫传粉后，子房才能膨大形成果实。甜瓜要求日照良好，在阳光充足时病害少，植株生长强健，结果多而种子产量高。

甜瓜是雌雄同株异花植物。雄花为单性，在主蔓第一节即可发生，单生或簇生，雌花和两性花多单生。两性花，又称结实花，正常情况下有的甜瓜品种自花授粉率在85％以上，因此甜瓜杂交制种用结实花必须去雄，避免因自交而产生的假杂种。

（二）甜瓜的种子生产

1. 常规品种种子生产　制种田的育苗，田间管理技术与商品瓜生产相似，但要注意甜瓜制种田，应与其他品种的甜瓜地隔离1 000～2 000m，以防天然杂交，降低种子品质。甜瓜留种应选早熟、丰产的健壮母株，进行人工辅助授粉，或在田间放蜂传粉。每株只留茎蔓中部的2～3个头茬瓜，摘除其余雌花。成熟后进行田间初选，收获后进行复选，随后将入选的果实种子连胎座组织放进非金属容器内，经发酵2～3d后洗净、晒干，种子晒好后要进行粒选，将白子、破子、异型子全部选出，合格种子入库贮存。

2. 一代杂种种子生产　甜瓜杂交制种，可在露地进行，也可在保护地进行，保护地内甜瓜制种不受外界条件的影响，且去雄后伤口易愈合，授粉率高，较露地制种风险少、产量高。

甜瓜杂交制种应注意以下几点：①根据品种特性，一般父本提前5～10d播种，以便能够提供充足的雄花。父本的株数要依母本的蔓数而定，父母本比例为1：10；制种田必须于定植前、授粉前、采收前根据亲本植株的特性，进行严格的去杂去劣，把不符合亲本特性的植株全部拔除。尤其是在授粉前结合田间管理进行严格检查，杂、异株要彻底清理。②一般选择 7～10 节的雌花坐果为宜，每天下午选择第二天能够开放的雌花进行去雄，去雄干净彻底，不要伤柱头，以免影响授粉结实，去雄后套上红色隔离袋，作为第二天授粉标记；8：30前将当天能开放的父本雄花采摘后集中在纸盒内，放在阴凉通风处使花粉自然脱落，作授粉用；当 9：00 左右露水基本干后进行授粉，其方法是：先将前 1d 已去雄母本雌花的隔离袋取下，在果柄处套上标记环，然后再将父本雄花花粉轻轻涂抹在母本雌花柱头上，柱头周围授粉一定要充分均匀，授粉后的雌花要继续套上隔离袋。③采收前 3d 要逐株逐瓜检查一遍，摘除那些无标志的瓜。正式采收时，应由专人负责采瓜工作，要认清每瓜是否有授粉标志，切忌在采种过程中混入没杂交的自然授粉瓜。

第三节　白菜类种子生产技术

白菜类蔬菜是指以硕大的叶球或花球、球茎、嫩叶、嫩茎、花薹等供食用的一类蔬菜。其种类较多，均属十字花科芸薹属，彼此之间的自然杂交率较高。

一、大白菜种子生产技术

大白菜又叫结球白菜，为十字花科芸薹属一二年生草本植物。大白菜分为散叶、半结球、花心和结球 4 个变种，品种繁多。大白菜耐贮存，冬季最低气温－5℃以上时，完全可以在室外堆贮安全过冬，外部叶子干燥后可以为内部保温。如果温度再低，则需要窖藏。

（一）大白菜的开花结实习性

大白菜为典型的异花授粉植物，花为完全花，主要靠昆虫来传粉，而且异交率较高。大白菜为总状花序，在主枝的叶腋生出一级分枝，一级分枝的叶腋再生二级分枝，以此类推，一般可有四级分枝。开花顺序是主花枝先开，然后是侧枝，一个花枝上的花则是由下而上陆续开放，单株花期 20～30d。授粉后 30～45d 种子成熟。

大白菜在其营养生长期需经过一定时期的春化处理后才能抽薹开花。对于大多数品种来说，在 2～10℃下需 10～15d 即可达到春化要求，春化天数愈长，花茎抽出愈快。大白菜属于种子春化型植物，即萌动的种子对低温发生感应。所以它可以在春季通过人工处理或自然低温进行春化后，不经过结球阶段，直接抽薹、开花、结实。大白菜这一生长发育特性，无论是对良种繁育还是杂交制种都有其利用价值。

（二）大白菜的种子生产

1. 常规品种种子生产　常用的大白菜留种方法有成株留种法、半成株留种法和小株留种法 3 种。

（1）成株留种法（结球母株留种法）　第一年秋季播种，栽培种株使之长成叶球，秋末冬初，将其连根挖取，移栽到采种田；在北方，则在地窖中贮藏越冬，第二年春季将种株重新栽植使之抽薹开花繁殖种子。成株采种要注意于苗期、结球期及贮藏期根据本品种性状严格选择优良种株，种株栽植距离比大田生产的要大，一般行距 60～80cm，株距 50cm。种株一般在定植前 1～2 周进行割球处理，即于接近叶球基部的四周，向上斜切 4～5 刀，使呈圆锥形，割去外层叶片，或切去叶球上部 2/3（切勿伤及顶芽）。抽薹后培土搭架，防止倒伏。以后加强种株肥水管理、病虫防治工作。现蕾和开花初期，中耕蹲苗，防止徒长倒伏。进入结荚期保证肥水供应，结荚后喷 0.2% 磷酸二氢钾 1～2 次，提高种子千粒重。种子成熟前进行最后一次田检，拔去病株、杂株。当果荚 80%～90% 发黄时，在清晨及时收获，避免荚果开裂。种株不能带根和土，收割后先在场上堆放 2～3d，进行后熟，然后再晾晒脱粒，但禁止在水泥场地上曝晒，以免影响种子发芽率。种子晒干后及时贮存。

（2）半成株留种　比成株留种晚播 7～20d，越冬前呈半结球状态，翌春定植到露地，其他管理同成株留种。

（3）小株留种法　小株留种法是让大白菜萌动的种子感应低温通过春化，然后在长日照条件下不经结球就直接抽薹开花生产种子的方式。根据不同地区生态环境的差异和采种目的的不同，大白菜小株留种法又可分为春季育苗小株留种法、春化直播小株留种法、露地越冬小株留种法 3 种方式：

①春季育苗小株留种法：具体做法是早春在阳畦播种，阳畦或大棚中分苗，露地定植。定植后，加强肥水管理，促进种株营养生长，防止过早抽薹。生长后期要防止种株早衰，其他措施与成株留种基本相似。

②春化直播小株留种法：具体做法是在早春耕作层化冻时直接播种，然后间苗、定苗，其他田间管理与春季育苗小株留种法基本相同。

③露地越冬小株留种法：适用于冬季平均最低气温高于 -1℃ 的地区。具体做法是在越冬前露地直播或育苗移栽，到翌年春季采种。为了使幼苗能正常越冬不受冻害，越冬期幼苗应维持 10 片叶左右为宜。必要时可适当覆盖稻草、土粪等物。通过一个冬天的低温，翌年春季即可正常抽薹开花，其他栽培管理措施与成株留种法基本相似，这种方式开花早、产量高、种子成熟早，有利于当年种子调运和使用。

成株留种法便于对品种优良种性的选择，但种子生产成本较高，多用于原种级种子生产。半成株留种法和小株留种法获得的种子成本较低、数量较多，其缺点是种株不能结球或刚形成小叶球，经济性状无法表现和选择，连年采种会发生品种退化。但该法占地时间较短，采种量较高，可用于大田用种生产。为了弥补不同采种方法的缺点，在采种中可用大株留种法生产原种，用半成株留种和小株留种法繁殖生产用种；或用不同方法轮换留种。

大白菜是天然异花授粉植物，留种时要与其他白菜变种、类型、品种和小白菜、紫菜薹、乌塌菜，以及芜菁、白菜型油菜等之间实行隔离，以防杂交。隔离距离应在 2 000m 以上，或在有天然屏障的地方，隔离 1 000m 以上。此外，还应注意铲除田间十字花科杂草，拔除附近麦田中的野油菜等。

2. 一代杂种种子生产　大白菜一代杂种的主要利用途径是利用自交不亲和系和雄性不育系制种。

（1）利用自交不亲和系制种　利用自交不亲和系制种，其原理是根据自交不亲和系植株雌雄花器形态、功能完全正常，仅花期自交结实不良，但是不同自交不亲和系之间仍可正常授粉结实的特性，生产一代杂种种子。

为使双亲充分杂交，提高制种产量和质量，父、母本按 1∶1 定植，可隔行种植，也可采用单株间隔种植。若父母本花期不遇，采取摘心、整枝、调节水肥等方法，促使双亲花期相遇。为了提高制种产量，花期可采取人工辅助授粉或周围放养蜜蜂等办法，增加花粉传播量。一般每公顷设置 15～30 箱蜂。人工辅助授粉的方法是将一些棉布条捆在长细木棍上，沿种植行的垂直方向来回在种株上扫动，一般在 9：00 和 16：00 左右各进行一次。此法简便易行，增产效果十分明显。

自交不亲和系亲本的繁殖采用人工蕾期自交授粉。方法是在开花前 2～5d，进行人工剥蕾授粉自交，其他同常规种子生产技术。

（2）利用雄性不育系制种　大白菜利用雄性不育制种分为利用质核互作雄性不育系制种和利用细胞核基因控制的两用系制种。

利用质核互作雄性不育系制种，应注意以下几点：

①隔离区：需要 2 个隔离区，1 个隔离区繁殖雄性不育系和保持系，1 个隔离区繁殖父本系和生产杂交种子。

②调整播期：制种时，应根据两个亲本的生育期的长短合理调整花期，使父母本花期相遇。

③行比行向：当父本生长势弱、花粉量少时，父、母本可采取 1：2 的行比；如果父母本株高和生育期相近、肥水条件好时，父、母本可采取 1：3～4 的行比。行向尽量与开花期的风向垂直，一般以南北向为好。

④去杂去劣：苗期、初花期、成熟期根据品种特征特性去杂去劣。在开花期要注意拔除个别长势特别强的植株，因这些植株很可能是天然杂种。

⑤调节花期与辅助授粉：如果碰到花期不遇的情况时，可将早开花亲本的主薹摘去，并对摘薹后的亲本偏施氮肥，这样便可使早开花的亲本延迟开花，达到花期相遇。在盛花期每隔 2～3d 进行一次人工辅助授粉。

⑥收获贮藏：种子成熟后应及时收获，父、母本分别脱粒、晾晒，防止机械混杂。

利用两用系制种，父母本一般按 1：6～8 的苗数比例种植，行距 40cm，父本株距 30～33cm，母本株距 13～16cm。母本密度要大，否则开花期拔除 50％可育株后，产种量会受到影响。进入初花期每天都要拔除母本行的可育株，一般在 9：00 左右进行，时间约 1 周。拔除可育株的同时要将早花的不育株主蔓打掉，防止母本中不育株接受同系可育株上的花粉形成假杂种。种子成熟时，父母本分开采收，一般先收父本后收母本。为保证制种质量，也可在种子采收前 25d 左右提前将父本行割掉取出。

二、甘蓝种子生产技术

甘蓝类蔬菜为十字花科芸薹属植物，原产于地中海沿岸。甘蓝类蔬菜类型较多，有结球甘蓝、抱子甘蓝、球茎甘蓝、花椰菜、芥蓝等。

（一）结球甘蓝的种子生产技术

结球甘蓝为甘蓝种中顶芽或腋芽能形成叶球的一种变种，为典型的二年生植物。

1. 结球甘蓝的开花结实习性　结球甘蓝的花为总状花序，异花授粉，甘蓝所有的变种和品种之间容易相互杂交。结球甘蓝柱头和花粉的生活力一般以开花当天最强，柱头在开花前 6d 和开花后 2～3d 都可接受花粉进行受精，开花前 2d 和开花后 1d 的花粉都有一定的生活力。受精时的适宜温度是 15～20℃，在低于 10℃ 的情况下，花粉萌发较慢，而高于 30℃时也影响受精作用的正常进行。

结球甘蓝为绿体春化型蔬菜，植株在有 8～9 片以上叶子时，或茎粗 1cm 以上时，才能感受低温而通过春化阶段。通过春化阶段的时间因品种而异，通过春化要求的低温一般为0～12℃，持续时间通常需要1个月以上。长日照和充足的阳光有利于结球甘蓝的抽薹开花。

2. 结球甘蓝的种子生产

（1）常规品种种子生产　生产中常用的有秋季成株留种、秋季半成株留种和腋芽扦插留种。

秋季成株留种又分带球留种和割球留种。带球留种是将中选的种株带完整的叶球越冬，翌年把叶球顶端用刀切成十字形，使其抽薹开花采种。割球留种是只将球的外部和外叶切去，种株带叶球的中心部分越冬，翌年采种，或是在冬前或越冬后割去全部叶球，留下老根，待老根发出侧芽抽薹开花后采种。秋季成株法南、北方均可采用。由于秋季成株法留种可按植株性状严格选种，因此种子纯度高，常用于原种级种子的生产。

秋季半成株留种法是将需要繁殖的品种于秋季适当晚播，让其在冬前长成半包心的松散叶球越冬，来年春季采种。在北方用此法繁殖一般生产用种。此法在南方因冬季气温偏高，春天不抽薹，继续包球，所以不能采种或种子产量低。

老根腋芽扦插繁殖法是在春甘蓝生产田中选择优良单株，切去叶球，留下老根和莲座叶，待腋芽长出4～6片叶时，将其连同部分老根组织切下扦插，秋季植株形成叶球，越冬后第二年春采种，此法用来繁殖春甘蓝品种。因种株经过严格选择，可保持春甘蓝良好的特性。但此法费工，成本高。春甘蓝采种也可用秋季成株和春老根腋芽扦插两种方法交替进行。

不论采用何种留种方式，都要进行采种株的选择。选择一般在苗期、叶球形成期和抽薹开花期3个时期选择。苗期选择无病、健壮及叶形、叶色、叶面蜡粉、叶柄等性状均为本品种特征特性的种苗定植，培育种株；叶球形成期选择植株生长正常、无病虫害、外叶少，叶球大而圆，外叶及叶球主要性状均符合本品种特性的植株留种，除去叶球松散、大小不一的植株；抽薹开花期选择，主要根据开花期种株高度及分枝习性、花茎及茎生叶颜色等性状进行，淘汰不符合本品种特性的植株。

种株种荚开始变黄时即可开始收获，应在上午露水未干时收获，以免种荚炸裂而造成损失。在晾晒、脱粒、清选、装袋过程中严防机械混杂。

结球甘蓝为异花授粉植物，易与甘蓝类其他植物杂交，为保证种子纯度，结球甘蓝采种田至少应与不同结球甘蓝品种及花椰菜、球茎甘蓝、芥菜、青花菜等的采种地隔离1 000～2 000m以上。

（2）一代杂种种子生产　目前，甘蓝主要采用自交不亲和系配制一代杂种。利用自交不亲和系制种的技术要点：①保证隔离条件，制种田应与球茎甘蓝、花椰菜、其他甘蓝品种的留种田隔离1 000～2 000m以上；②根据父母本熟性确定播种期，一般冬性弱的品种迟播，冬性强的品种早播，圆头型与平头型品种杂交，圆头型要比平头型推迟10d播种；③父母本按1：1～4隔行种植。自交不亲和系生长势都较一般品种弱，种株应合理密植；④结荚初期用0.2％磷酸二氢钾喷雾1～2次；⑤后期用竹竿立架，防止植株倒伏、角果霉烂；⑥在苗期、抽薹期和开花期对双亲分次进行田检，淘汰性状不符的杂株、病株和劣株；⑦制种田放蜂传粉，每667m²制种田设置1箱蜜蜂；⑧待种株果荚有1/3的种子成熟时，及时采收、晾晒、脱粒、收藏，采种过程中要严防机械混杂。

（二）花椰菜的种子生产技术

花椰菜为十字花科芸薹属甘蓝种的一二年生草本植物，其产品器官为短缩的花薹，由花枝和花蕾聚合而成，称为"花球"。花椰菜由甘蓝演化而来，原产地中海沿岸。

1. 花椰菜的开花结实习性 花椰菜是异花授粉植物，花为完全花，花黄色，复总状花序，各级花枝上的花由下而上陆续开放，整个花期大约 1 个月，从谢花到角果成熟需 20～40d。花椰菜具有雌蕊先熟的特性，其雌蕊柱头在开花前 4～5d 至开花后 2～3d 都有接受花粉而受精的能力，开花前 2d 和开花后 1d 的花粉均有较强的生活力。

花椰菜属于低温长日照和绿体春化植物。完成春化阶段发育的植株大小以及对温度的要求，因品种不同而异。春化阶段完成后植株才能由营养生长转入生殖生长。花球形成后，当温度等条件适宜时，花球逐渐松散，花茎、花梗迅速发育而伸长，花枝顶端继续分化形成正常花蕾，继而开花结实，由于花球是畸形发育，又加上组织致密，只有一部分花能正常开花，成熟后易炸裂。

2. 花椰菜的种子生产

（1）常规品种种子生产 种子生产的主要技术要点：①隔离应选择周围没有甘蓝类植物的地块，距离必须达到 1 000m 以上；②去杂、去劣，尽量做到逐株检查，确保种子纯度；③一般当花球直径长至 10～15cm 时削除花球的 1/3～1/2，削成"凸"字形状，切面涂抹百菌清可湿性粉剂，以利伤口愈合；④去除花枝后，采用农用链霉素消毒，也可使用其他防治细菌性病害的药剂；⑤灌水同时每 667m² 追施氮、磷、钾复合肥 15kg，花期叶面喷施0.1%～0.5% 硼酸液 1 次，以后每隔 10d 喷 1 次，共喷 4～6 次，交替喷施；⑥花期要加强田间管理，防止蚜虫、小菜蛾、甘蓝夜蛾的危害，一般每隔 7d 喷施敌杀死、蚜虱净等防虫农药，盛花期适当降低用药浓度，以减少药剂对花粉的危害；⑦种荚稍呈黄色时收割，采收做到随熟随收，严格实行单收、单运、单晒、单藏，包装内外均附有标签，说明品种名称、纯度、净度、发芽率、含水量、千粒重和采收年月。

（2）一代杂种种子生产 利用自交不亲和系生产一代杂种的关键技术要点：①双亲的花期要相遇，如果双亲花期不一致，可通过分期播种、分期定植、控制水肥等措施，使双亲花期相遇；②父母本栽植行比一般为 1∶1～2；③为提高制种田的产量及杂交率，花期要采用放蜂等昆虫进行传粉、必要时进行人工辅助授粉；④杂交制种田要与花椰菜不同品种的采种田及甘蓝类蔬菜种植田空间隔离 1 000m 以上，以确保一代杂交种子的纯度。其他的种株培育及田间管理与常规种繁殖方法相同。

其他甘蓝类蔬菜的制种技术可参照结球甘蓝和花椰菜的制种技术。

三、小白菜种子生产技术

小白菜为十字花科芸薹属芸薹种的异花授粉植物。小白菜在种子发芽期和幼苗期遇低温可通过春化阶段，高温长日照可促进花芽分化及抽薹开花。

小白菜留种分为大株留种和小株留种两种方法。大株留种采用秋播老根露地越冬，次年抽薹开花进行采种，冬季管理上要注意防寒，可采取培土或施用厩肥等方法保温，也可切除叶身或将叶片束起来栽植，并在霜冻前覆草保温。大株留种占地时间长，成本高，但种子纯度好。小株留种将播种期推迟半个月左右，到立冬长有 4～5 片叶时连根挖起囤积，盖土、盖草，保护越冬，次春定植采种。小株留种成本低，产量高，但不利于去杂去劣。

小白菜也可对种子进行春化处理，然后当年直播采种。当年直播采收的种子产量低，质量较差，且后代易发生未熟抽薹，不宜留作种用继续扩繁，但可利用春播易抽薹的特性淘汰抽薹早的,选留抽薹晚、冬性强的植株,再用秋播老根留种法与小株留种法相结合进行种子生产。

不论采用哪种留种方法,种子生产中都需要掌握以下几点:①留种地周围与大白菜、白菜型油菜、芜菁和其他小白菜品种应有1 000～2 000m的隔离区;②选择生长健壮、具有本品种特征、无病虫害的优良植株作种株;③分别在苗期、抽薹现蕾及采种时进行3次去杂,蕾期去杂结合定苗,去除叶色、株形不同及抽薹过早的植株,采种时去掉种荚畸形、植株贪青、长势过旺的植株,同时还应将杂草除尽;④花期需加强肥水管理,用0.3%磷酸二氢钾或高效复合肥进行叶面喷洒;⑤种荚黄熟期应适时采收。

第四节　根菜类种子生产技术

凡是以肥大的肉质直根为食用器官的蔬菜都属于根菜类,主要包括十字花科的萝卜、芜菁、芜菁甘蓝,伞形科的胡萝卜、根芹菜、美洲防风,菊科的牛蒡、菊牛蒡、婆罗门参,藜科的根甜菜等。根菜类蔬菜多在夏秋播种,播种当年获得肉质直根。在低温下通过春化阶段,长日照和较高温度下抽薹、开花、结果。根菜类蔬菜都是异花授粉植物,采种时不同变种和品种之间需注意隔离。

一、萝卜种子生产技术

萝卜为十字花科萝卜属的一二年生草本植物,原产中国等地。萝卜品种繁多,常见的有青萝卜、白萝卜、水萝卜和心里美等。

(一) 萝卜的开花结实习性

萝卜是雌雄同花但自交结实率低的异花授粉植物,复总状花序,主枝花先开,全株花期约30d,整个田块花期长达40～60d,在初花期及后期容易落花,有效开花结荚期只有20～25d。雌花受精能力可至开花后2d。连续低温、降雨天气容易造成落花。果实为角果,成熟时不易开裂。

萝卜第一年为营养生长时期,形成叶簇和肥大的肉质根,第二年进入生殖生长时期,抽薹、开花、结子。在广东,早播的也能在一年内完成整个生长周期。萝卜要开花结子需先经低温通过春化,通过春化的时期可以是种子萌动期、幼苗期、营养生长期,也可以是肉质根贮藏期。多数萝卜品种在1～10℃范围内经20～40d均能通过春化,通过春化后的萝卜,需在12h以上的长日照及较高的温度条件下才能抽薹开花及结实。

(二) 萝卜的种子生产

1. 常规品种种子生产　生产上萝卜的留种方法有3种。

(1) 成株留种法　冬前选优良种株贮藏越冬,次春采种。此法的优点是能选择种株,保持品种的优良特性。成株留种法多用于亲本的繁殖。缺点是成本高,产种量低。

(2) 半成株留种法　比成株留种晚播种10～30d。冬前收获时,肉质根未充分肥大。种株病害少。半成株留种的优点是种株的栽培播种期比成株留种播种期(或生产田)晚,占地时间短,又可加密种植。又因肉质根已膨大,种株基本成型,可以去杂去劣;采种产量较高,生产成本较大株采种低。缺点是肉质根膨大期短,种性未能充分表现,难以严格淘汰种性不良的植株。此法适合于良种的生产。

（3）小株留种法　翌年立春后直播于大田或育苗移栽，夏季采收。这种方法由于肉质根没有膨大，种株去杂困难，不能进行选种，所以种性极易退化。优点是占地时间短、省工、繁种成本低，产量也比较高。这种方法适合生产用种生产。

以上 3 种方式各有优缺点，各地可根据季节和实际情况适当选用。但不论采用哪一种留种方式，均应做到以下几点：①萝卜为异花授粉植物，采种时原种田要与其他品种间隔 2 000m 以上，生产用种田应与其他品种间隔 1 000m 以上。②制种田应选择土壤疏松、有机质含量丰富的沙壤土。③田间生长期间应于不同时期去杂去劣，选择具有本品种特征，肉质根大而叶簇相对较小，肉质根表皮光滑，根痕小，根尾细，不空心，无病虫害的植株。④种株抽薹开花时，每株旁边插一支柱，以防倒伏。⑤萝卜为无限生长花序，开花时间长，为了使花期集中和种子饱满，在盛花期应进行主侧枝摘心。⑥花期叶面喷施 1% 硼砂能防止空荚，提高结实率；生长后期喷洒磷酸二氢钾 2～3 次，对于防止倒伏、增加千粒重、保证丰产丰收极为有利。⑦茎叶及角果转黄时，种子成熟即可收割，收割时不要带土，然后晒至果皮易碎时搓出种子，将种子晒干扬净后装袋贮存。切忌收割后堆沤后熟，以免遇雨种子变黑，失去商品价值。

2. 一代杂种种子生产　萝卜的杂种优势十分明显，一代杂种在生产上应用较多。目前，我国主要利用雄性不育系配制萝卜一代杂种。一代杂种种子生产的技术要点如下：①根据萝卜的不同采种方式，适时播种。②父母本花期不遇会大幅度降低种子产量，采取分期播种、分期定植、摘主薹等方法使花期相遇。③父母本比例按行比 1∶3～5 播种定植，但有时父本花粉量较少，则可降低行比为 1∶2～3；定植时要严格按父母本分别分行栽植，切勿混杂，因为只有从母本株上收获的种子才为一代杂种。④田间生长期间应于不同时期去杂去劣，据幼苗长势、叶形、叶色、叶缘以及叶柄背面颜色等特征仔细检查，去除生长过旺和过弱的病弱杂苗，选留生长一致、具有亲本典型特征的幼苗；初花期还要逐畦检查，根据植株长势、叶形、叶色、分枝习性、花色等特征彻底拔除杂株。⑤放蜂数量以每 667m² 制种田设 1 箱蜂为宜。还可以人工辅助授粉，方法是：把两根长约 80cm、食指粗的木棍或竹竿包裹纱布，并喷水潮湿，一般于 10∶00～15∶00，在田间用手左右拨动，既能驱赶花粉，又可利用布上黏着花粉提高授粉率。⑥种荚由绿变黄、子粒成熟后于清晨潮湿时抢收，以防落荚。收割不可带根，否则种子夹杂的土粒较难清除。收获后及时晾晒。由于萝卜种荚内海绵状荚皮太厚，不易裂荚，所以要将种荚充分晾晒，并趁午间种荚干燥时脱粒。未干时不要脱粒，否则种荚被压扁更难脱粒。

二、胡萝卜种子生产技术

胡萝卜为伞形科胡萝卜属二年生草本植物，原产西亚等地。胡萝卜的品种很多，按色泽可分为红、黄、白、紫等数种。

（一）胡萝卜的开花结实习性

胡萝卜为异花授粉植物，其花序为复伞形花序，由数十至百余个小伞形花序组成，由外向内开花，主茎花序先开，侧枝花序后开。一般在种株定植 40～50d 后开花，花为虫媒花。果实为双悬果，成熟时变干破裂为两半，各含一粒种子，千粒重 1.0～1.5g。胡萝卜为典型的雄蕊先熟植物，开花后 5 枚雄蕊的花药在 1d 内依次开裂，而雌蕊是在开花后第四天花柱开始伸长，柱头分裂为二，花后第五天柱头成熟，能保持接受花粉能力 8d。

胡萝卜为绿体春化型植物，植株长到一定大小后，在 5～15℃的温度下经 40～80d 才能通过春化阶段，在通过春化阶段后，需要在每天12h以上长光照条件下通过光照阶段，然后才能抽薹开花。

（二）胡萝卜的种子生产

1. 常规品种种子生产　胡萝卜不同品种间容易杂交，不同品种采种地需隔离2 000m以上，还要清除留种田周围的野生胡萝卜，以保证种子的纯度。

胡萝卜有成株留种和半成株留种两种留种方式，一般半成株留种可较成株留种晚播15～20d。冬前收获时进行田间种株初选，应选择叶片少、叶色正、叶丛较直立，肉质根头部小、形状整齐、根尾细、色泽深、皮色鲜亮、表皮光滑、无裂口、无分叉；无病虫侵染，符合本品种典型性状的优良单株作为种株。晾晒1～2d后埋藏，翌年春天土壤化冻后取出进行复选。选择没有腐烂和病虫害，顶芽生长苗壮的种株定植。最好是从窖中随取种株随定植；出窖后暂时不栽的种株可用湿土覆盖，防止肉质根萎缩。如肉质根过长，可切去复选种株不超过根长1/3的根尾部，选髓部细小、色泽好的种株定植，为防止切开处伤口发病，用5.5%的高锰酸钾将伤口浸一下即取出，然后放在阴凉通风处风干后定植。

种株的各个生长阶段，应根据需要及时进行浇水追肥，一般在花序抽出高达15～20cm时，每公顷施氮、磷、钾复合肥225～300kg，并浇水，开花期不能缺水，否则严重降低种子产量，宜保持畦面见干见湿。盛花期可追施硫铵150～225kg/hm² 一次，可随水冲施。抽薹后，将田间株形、叶色明显不一致的植株、病株拔除。

胡萝卜种株如不进行整枝，主枝及一、二、三等各级分枝依次开花，参差不齐，种子成熟度很不一致，成熟也慢。为使养分集中，种子充实饱满和成熟一致，必须采用整枝技术调整种株的株形。生产实践证明，繁殖生产用种采用留下主茎和3～4个健壮侧枝，其余侧枝全部去掉这种方法最为适宜。整枝一般当种株株高达40～50cm时进行，此时外界气温逐渐升高，侧枝大量抽生，需及时进行整枝。种株开花后，为防止倒伏，可于种株基部培土或支架绑缚。大面积制种时应放蜂或进行人工辅助授粉。

胡萝卜种子陆续黄熟时及时分期分批采收，注意防雨，收获后挂晾于通风、避雨的干燥处后熟7～8d，然后脱粒、精选、晾晒、检验合格后入库。

2. 一代杂种种子生产　胡萝卜利用雄性不育系配制一代杂种的技术要点如下：①不育系、保持系与父本系的繁殖按常规种子生产技术进行；②在制种田内，不育系与父本系一般按4∶1的行比种植；③父本系不整枝，以充分提供杂交用花粉；④花期自然授粉或放蜂促进授粉；⑤采种时要严格按行收获，从不育系植株上收获的种子为一代杂种种子；⑥制种田与其他品种采种田隔离距离不小于2 000m。

第五节　绿叶菜类种子生产技术

绿叶菜类是指主要以鲜嫩的绿叶、叶柄或嫩茎为产品的速生性蔬菜，主要有菠菜、生菜、茼蒿、芹菜、苋菜、莴苣、芫荽等，它们分属不同的科、属、种。

一、菠菜种子生产技术

菠菜为藜科菠菜属一二年生草本植物，以绿叶及嫩茎为主要产品器官。菠菜原产伊朗，耐寒性蔬菜，长日植物。

（一）菠菜的开花结实习性

菠菜的雄花着生于花茎顶端及叶腋，呈穗状或复总状花序，雌花簇生于叶腋。菠菜是异花授粉植物，风媒花，花粉的释放时间很长，柱头接受花粉的有效期也长，可持续保持授粉能力达2~3周。菠菜胚珠受精发育成种子的同时，胞片硬化成为整个果实的外壳，果实和种子不分离，每果实中内含1粒桃子状的种子，种皮棕色，皮上密布皱纹。菠菜花芽分化所需要的温度和光照范围都很广，在自然条件下，日照10~14.8h，日平均温度0.2~24.9℃，均可分化花芽。

菠菜一般为雌雄异株，但也存在少数的雌雄同株。菠菜植株按其性别的表现通常可分为以下4种：①绝对雄株，植株只有雄花而无雌花，花枝叶片少，花的数量极多，抽薹开花早，长势弱，在田中极易识别，采种田中应尽早拔除；②营养雄株，植株虽然也只有雄花，但花枝上叶片大，开花较迟，是良种繁育时花粉的主要供给者；③纯雌株，植株仅生雌花，丛生叶发达，植株较大；④雌雄同株，植株既有雄花又有雌花，能结子，丛生叶与茎生叶发育良好，依雌花和雄花的比例又有几种情况，雄花较多或雌花较多，或者两类花数相近，也有早期发生雌花后期发生少数雄花的植株。

（二）菠菜的种子生产

1. 常规品种种子生产　菠菜种子生产方式有3种，即秋播老根采种、冬播埋头采种和春播当年采种。秋播老根采种是秋季播种，以幼苗状态在露地越冬，翌春抽薹、开花、结子；冬播埋头采种于土壤早晚结冻、中午化冻时播种，以种子状态在土壤中越冬，翌春出苗、抽薹、开花、结子；春播当年采种是春季播种，当年采收种子，其种株的营养体小，花薹细弱，分枝很少，甚至没有分枝，开花结子少，种子不饱满，发芽率低。

菠菜种子生产的技术要点：①菠菜是异花授粉植物，风媒传粉，自然杂交率高，要求良种制种田与其他菠菜品种的繁种地隔离1000m以上，原种繁殖时应隔离1500m以上，以防发生天然杂交；②采种田要施用充足的优质基肥，保证植株必须具备良好的营养生长基础；③播种量要比生产鲜菠菜适当减少，并要及时间苗，结合间苗，早春应及早地把绝对雄株、抽薹早的雌株、杂种植株及病株、弱株全部拔去；④留部分与雌株同时开花的营养雄株作授粉用，等雌株上的种子结成后，再把所有的营养雄株也拔掉，加强通风透光以利种子发育。种株抽薹以前要控制营养生长，抽薹期及盛花期，及时追施肥料促进生殖生长。

掌握种株的适宜收割时期和采收种子的方法。种子脱粒可采用晒打或捂打。晒打是将割下的种株摊在场上晒3~4d，充分干燥后打场脱粒。晒打后种子色泽好，发芽率高，但不易打净。捂打则是把植株堆起来，5~7d后再打场脱粒。此方法易脱粒，但种子发芽率低，色泽不好。种子脱粒后要晾晒3~4d，然后收藏起来备用。

2. 一代杂种种子生产　菠菜主要利用雌株系生产一代杂种种子。雌株系的育种目标是雌株占95%以上的品种。杂交制种时，在隔离条件下，只需将5%以下的雄株或两性株拔除，与另一个优良父本天然杂交，就可以获得纯度高的杂一代种子，可以大大降低劳动强度，减少用工量，降低生产成本。雌株系的繁殖可利用本身的雌雄两性株或少量雄株，在隔离条件下留种。

生产一代杂种种子的技术要点：①要求繁种田与其他菠菜生产田相隔1500m以上，或在制种菠菜开花期割除其他菠菜，以防止发生天然杂交；②父、母本按1∶3~5的行比相间条播；③翌年春季在母本行中雌株开花以前，将所有能产生花粉的绝对雄株、营养雄株及雌雄同株彻底拔除干净，仅保留雌株；④将父本行内绝对雄株拔除干净，只保留雌株、雌雄同株和营养雄株，以后任其自由传粉。种子成熟后，由母本行的植株上采集的种子是杂一代种子，由父本行植株上采集的种子则是父本种子。生产杂一代的母本，需要另设隔离区单独采种。其他采种技术与常规品种相同。

二、生菜种子生产技术

生菜为菊科莴苣属一二年生草本植物。原产欧洲地中海沿岸。生菜按叶片的色泽区分有绿生菜、紫生菜两种；按叶的生长状态区分，则有散叶生菜、结球生菜两种，前者叶片散生，后者叶片抱合成球状。

（一）生菜的开花结实习性

生菜花序为圆锥形头状花序，黄色或白色，一个花序上有花 20 朵左右。生菜为自花授粉植物，有时可发生少量异花授粉。开花结实的适温为 22～29℃，温度愈高从开花到种子成熟所需要的天数愈少。开花后 10～15d 种子成熟。生产上所用的种子为植物学上的瘦果，黑褐色或灰白色，顶端具伞状冠毛，易随风飞散。生菜在 2～5℃ 的温度条件下，10～15d 就可以通过春化阶段，在长日照下通过春化阶段的速度加快。

（二）生菜的种子生产

播种季节一般在春季，广东、广西则于秋季留种。可直播，也可育苗移栽。不同变种和品种间应有 50～100m 的空间隔离距离。生菜花期如遇阴雨天气，对授粉极为不利，采取分期播种，可促进授粉，提高结实。一般在播种后间隔 7～8d 再播一次。从发棵期到抽薹期，可根据叶色、叶形、叶片皱褶程度，叶缘类型，进行去杂去劣，选抽薹晚、无病虫危害、典型性状一致的植株作种株，淘汰其他杂劣株。

开花前施一次复合肥，提高种子产量。种株有 5～6 层花序结子时摘心，以促使养分供应种子发育。生菜采种过程中，注意中后期霜霉病与红蜘蛛的防治。开花后及时打掉下部老叶，促进通风。田间不可过湿，以免发生霜霉病。种子成熟时有冠毛出现，应及时采收。但种子的成熟期长，成熟不一致，应分期采收，采收后放在通风处阴干，晒后脱粒贮藏。

对结球生菜，由于叶球叠抱，不易抽出花薹，特别需要人工辅助扒开叶球。具体方法是选晴朗天气，将外叶扒除，只剩叶球，同时用刀将叶球切成十字形，切球深度以不损伤生长点为原则。在对每株生菜切球前，要用酒精擦洗刀面进行消毒。

结球生菜除了利用母株采种外，也可采用小株采种。小株采种是在苗期经赤霉素处理，植株不经结球直接抽薹开花结子。具体做法是在 5cm 的土层温度稳定在 5℃ 以上时播种，当植株 5～6 片真叶时定植，定植缓苗后，用 30mg/L 的赤霉素喷叶或滴心，相隔 5～7d 后进行第二次处理。其他管理措施同母株采种法。小株采种种子纯度不及母株采种，适宜于生产用种的生产。

三、茼蒿种子生产技术

茼蒿为菊科菊属中的一二年生草本植物，原产我国。对光照要求不严格，较耐弱光。头状花序，花黄色，每一花序有花 20 朵左右，种子为植物学上的瘦果，浅褐色。在较高的温度和短日照条件下抽薹开花，自花授粉。

种子生产一般春季播种，也可秋季播种。采用育苗移栽采种法要比露地直播采种法好，其种子质量及产量均高。春播时间尽量提早，使种株生长粗壮，花期提早，最好提前 1 个月，于早春在阳畦或温室育苗。播种前浸种催芽，待种子露白时播种。定植后要控水蹲苗，促使幼苗生长健壮。当主枝和侧枝初显花蕾时，分别浇水追肥，并适当增施速效性磷、钾肥。同时在主枝显蕾时摘心，促进侧枝发育。终花期停止浇水，使植株的营养向种子输送，提高种子的饱满度。种子成熟时应及时收获，待花盘基本干燥时敲打脱粒，清除杂质，再晾晒干燥，收袋贮存。

四、芹菜种子生产技术

芹菜为伞形科芹属一二年生草本植物，原产于地中海沿岸的沼泽地。耐寒性强，其生长发育要求较冷凉湿润的环境，在高温干旱条件下生长不良。

（一）芹菜的开花结实习性

芹菜为复伞形花序，每个复伞形花序由 10～18 个小伞形花序组成，每个小伞形花序上有 12～18 朵花，花小，两性完全花。芹菜为异花授粉植物，虫媒花，但自交可结实。果为双悬果，圆球形，每果内含种子 2 粒，成熟时沿中缝开裂。

芹菜为植株低温感应型蔬菜，3～4 片叶时才能感受低温进行花芽分化。一般花芽分化需要 10℃以下的低温，经 10～20d 完成春化过程。幼苗在低温下所处的时间愈长，抽薹率越高。通过春化的芹菜，在长日照下才能抽薹开花。芹菜一般为二年生，秋播完成营养阶段的生长，第二年春栽后抽薹开花。芹菜早春播种的幼苗，感受较低温度后，当年即可开花结实，表现为一年生植物，但种子不够饱满。

（二）芹菜的种子生产

1. 常规品种种子生产　芹菜为昆虫传粉的异花授粉植物。在良种繁育时需要保持 1 000m 以上的自然隔离距离，以防止不同品种留种植株的传粉混杂。少量留种也可在罩有防虫网的大棚内进行，但需要人工辅助授粉。

芹菜的种子生产有老根留种和小株留种两种方法。老根留种是在秋芹菜冬季收获时，选择具有该品种特征特性的健壮植株作种株，栽植于露地或阳畦中，冬季注意防寒。露地不能越冬的地区，可将种株窖藏越冬，次春定植采种。第二年春季淘汰抽薹过早、染病等劣株，注意加强水肥管理，大部分花序结子时摘心，使种子饱满。注意病虫害防治，特别是蚜虫的危害较为严重，可选用 50%辟蚜雾可湿性粉剂防治。芹菜的花期长，种子成熟期不一致，应分期采收。老根留种，种株可严格选择，选优提纯，种子饱满，产量较高。缺点是种株贮藏较费工，如果贮藏期受热或受冻，定植后成活率低。

小株留种技术是一般在 8 月份播种，直播或育苗后栽植，栽培管理同越冬芹菜，不能露地越冬的地区，冬季收获小株，囤藏在阳畦或菜窖里，次春栽培采种。管理技术与老根采种相同。小株留种因为没有严格的选择条件，连年采用会引起品种退化，可与老根采种交替进行，才能保持优良种性。此法适宜于生产用种的生产。

2. 一代杂种种子生产　常利用雄性不育两用系生产一代杂种。该方法利用由核隐性基因控制的雄性不育两用系中的不育株为母本，选择另一芹菜自交系为父本配制杂交组合。开花之初，识别雄性不育两用系中的可育株并彻底拔除，授粉结束后，再将父本植株全部拔除，从母本株上采收的种子即为杂交种。

第六节 豆类种子生产技术

豆类蔬菜是指豆科一年生或二年生的草本植物。豆类蔬菜的种类较多，主要有菜豆、豇豆、豌豆、蚕豆、刀豆、扁豆等。豆类蔬菜的花为典型的蝶形花，多数自花授粉，有一定异交率，其中蚕豆有相当高的异交率。

一、菜豆种子生产技术

菜豆为豆科菜豆属一年生草本，原产中、南美洲。根据茎的生长习性，分为蔓生和矮生2类；根据其用途可分为荚用种、子用种和两用种3类。

（一）菜豆的开花结实习性

菜豆花为典型的蝶形花，总状花序，每花序有花数朵至十余朵。菜豆的花粉粒少，开花前1d的花粉即具有发芽力，以开花前10h至盛开时较高，开花后5～6h丧失发芽能力。菜豆的雌蕊在花前3d就可以接受花粉而受精，以开花前1d授粉结实率最高。菜豆为自花授粉蔬菜，但也可能发生少量异花授粉。开花后30d左右完成种子发育，种子的大小差异很大。

（二）菜豆的种子生产

1. 原种的生产 菜豆属于严格的自花授粉植物，但在晴天中午或高温时节也有一定的自然杂交，一般异交率在0.2%～10%，为确保品种纯度，原种圃隔离距离需在200m以上。蔓生菜豆应选植株中下部的荚留种，矮生菜豆留中上部荚作种，种荚以外的豆荚应及早采摘。在植株开花结荚以前，要注意中耕、保墒，控制水分，进行蹲苗。否则，这一时期的水分过于充足，容易引起茎叶徒长，影响花芽分化，降低结荚率。

第一花序结荚以后，为提高种子饱满度和成熟度，追肥应配合适当的磷、钾肥。蔓生菜豆当节间伸长迅速并开始抽蔓时要及时插架，否则植株就会匍匐在地，茎蔓相互缠绕，整理既费工又易损伤生长点。

原种生产可在3个时期进行去杂去劣：①开花时除去病株、畸形株、生长不良株和在花、叶、茎等方面不符合本品种性状的异型株；②第一批豆荚达到商品采收成熟度时，根据豆荚性状除去非本品种的植株和其他不良株；③种子采收时，根据成熟荚性状和豆粒性状等淘汰混杂或异株，并根据后期感染病害情况淘汰其他不良株。

豆荚干枯，即可摘荚，分批采收。再将采得的豆荚风干后熟、晒干、脱粒、贮存。后熟能明显提高种子的发芽力，如开花后25d收的种子，收后立即播种的发芽率远远低于后熟5d播种的种子。

2. 良种的生产 制种田与其他品种生产田应保持50m以上的隔离距离。采种可在春季也可在秋季，但以秋季采收的种子较充实饱满。种子生产时，还要分别在开花期、结荚期、种子成熟期根据原有品种的特征特性进行去杂去劣。当种荚颜色变为黄色时，可及时采收。蔓生菜豆通常分期分批采收，矮生菜豆当全株有一半以上果荚干燥时，将留种的种荚全部摘下，然后经 1 周后熟后即可脱粒。脱粒后的种子经风选过筛后，在竹垫上再晒 2～3d，待种子含水量降至 12% 左右时即可装袋贮藏。

二、豇豆种子生产技术

豇豆为豆科豇豆属一年生植物。原产于非洲东北部和印度。食用的豇豆品种很多，根据荚的皮色不同分成白皮豇豆、青皮豇豆、花皮豇豆、红皮豇豆等。

（一）豇豆的开花结实习性

豇豆的花序为总状花序，花是典型的蝶形花，每一花序着生 1～3 对花，主蔓第一花序的抽生节位通常为第 4～7 节，以后每节皆可出现花序，直至植株的顶部。豇豆雌雄同花，是较严格的自花授粉植物。在豇豆整个生长发育周期中，大部分时间是营养生长与生殖生长同时进行。开花前 1d 21：00 左右，花药开始开裂散粉，在次日上午柱头黏液增多后，完成授粉过程。经过授粉受精后，子房发育为荚果。

（二）豇豆的种子生产

豇豆的制种栽培通常以春、秋两季为主，一般春播在 4 月下旬至 5 月上旬播种；秋播在 7 月中下旬播种。从气候情况分析，秋季雨水相对少，结荚温度适中，繁殖条件比春季理想。夏季不适宜制种，因在炎热的夏季，豇豆能够结荚的有效花序数减少，若此时留种，种子产量偏低，种子质量较差。

豇豆虽为较严格的自花授粉蔬菜，但有时仍会通过蚜虫、蓟马、蜜蜂等的传粉而发生自然杂交的现象。为保证种子纯度，不同品种的种株，应相隔一定的距离，原种圃在 200m 以上，良种圃则相隔 50m 以上。

选择土壤肥力水平中等以上、排灌方便的地块作为制种田。播种前要进行粒选，选择子粒饱满、无机械损伤、未感染病虫害且具有本品种典型性状的种子。在栽培中除施足有机肥外，应注意增施磷、钾肥。为了促进结荚后期植株体内养分向果荚运转，可在结荚盛期喷 0.2% 磷酸二氢钾 2～3 次。

生长期间进行株选和荚选。株选要求选择具有该品种特征、特性、健壮无病的植株作种株。荚选要求选择节间紧凑、花序密，在同一花序上的两个荚之大小、长短一致，富有光泽，子粒排列整齐的豆荚留种。淘汰病株、杂株和劣株。制种田多去掉上部和基部花序所结荚条，留第 2～5 花序上发育完全的荚果作种。

蔓生豇豆属无限生长型，开花有先有后，所以种子成熟也不一致。一般在种荚变黄后即可采收，成熟一批采收一批。收下果荚晒干后及时脱粒，脱粒经风选后再晾晒 2～3d 即可贮藏。生产上也可把豆荚采收后晒干，不进行脱粒，而直接挂在通风、阴凉、干燥的地方，翌年播种时取出脱粒，晒种后播种，这种方法适宜用种量较少的用户自留种子。

三、豌豆种子生产技术

豌豆为豆科豌豆属的一年生缠绕草本植物，起源于亚洲西部、地中海地区和埃塞俄比亚、小亚细亚西部。豌豆种子的形状因品种不同而有所不同，大多为圆球形，还有椭圆、扁圆、凹圆、皱缩等形状。颜色有黄白、绿、红、玫瑰、褐、黑等颜色。

（一）豌豆的开花结实习性

豌豆花序为总状花序，着生在叶腋处，有花柄。每一花序上一般着生 2 朵花。花冠白色、紫色或粉红色，呈蝶形。豌豆属于较严格的自花授粉植物，通常在小花开放前，花药已开裂，完成自花授粉过程。在开花结荚期内，茎蔓继续生长。

（二）豌豆的种子生产

豌豆采种栽培与商品栽培基本相同。我国南方地区多秋季播种，北方地区多春季播种。因豌豆的子叶不出土，播种可比菜豆稍深，一般播种后覆土 3～4cm。

豌豆虽属较严格的自花授粉植物，但在自然条件下，仍存在 3%～4% 的异交率，所以，在选择留种田时，周围 50m 以内不能种植其他豌豆品种，以防造成生物学混杂。同时在开花结荚后，依各品种特性注意拔除杂株、劣株。对于蔓生豌豆，当茎蔓长至 20～30cm 时，需要设立支柱，以免植株倒伏造成减产。

当植株上的种荚呈黄色或干缩时，即可采收。因豌豆是自下而上依次成熟，所以应分期分批采收种荚。待种荚晒干后进行种子的脱粒、清选，然后装袋贮存。豌豆的脱粒、清选等方法与菜豆相同。

第七节　马铃薯种薯生产技术

马铃薯为茄科茄属的一年生草本植物，原产于南美洲的安第斯山区，多用块茎繁殖。马铃薯适宜凉、冷、干燥的气候，在湿热地区虽然也能生长，但种性很快退化，需要经常从寒冷地区引种。病毒病的侵染和累积是导致其种性下降的主要原因。根据病毒在植株体内分布不均和茎尖分生组织带毒少的原理，结合使用钝化病毒的热处理方法，通过剥取茎尖分生组织进行培养并结合病毒检测进行马铃薯脱毒获得脱毒植株，进而生产脱毒种薯用于生产，可有效地防止种薯退化，大幅度提高马铃薯产量。

一、茎尖培养生产脱毒种薯技术

（一）脱毒材料选择

马铃薯茎尖脱毒效果与材料的选择关系很大。实践证明，同一品种个体之间在产量上或病毒感染度上都有很大的差异。进行组织培养之前，应于生育期选择具有该品种典型性状、生长健壮的单株，结合产量情况和病毒检测，选择高产、病少的单株作为茎尖脱毒的基础材料，以提高脱毒效果。

（二）茎尖组织培养

1. 取材和消毒　剥取茎尖可用植株分枝或腋芽，但大多采用块茎发出的嫩芽。将欲脱毒的品种块茎催芽，待芽长 4～5cm、幼叶未展开时，剪取上段 2cm 长的茎尖，并剥去外叶，放入烧杯，用纱布封口，在自来水下冲洗 30min，然后在超净工作台上进行严格的消毒。消毒方法是先用 75% 酒精浸 15s，无菌水洗 2 次，再用 5% 次氯酸钙浸泡 15～20min，然后用无菌水冲洗 3～5 次，放在灭过菌的培养皿中待用。

2. 茎尖剥离和接种　在超净工作台上，将消毒好的芽置于 30～40 倍的解剖镜下，用解剖针小心地剥除顶芽的小叶片，直到露出 1～2 个叶原基的生长锥后，用解剖针切取 0.1～0.3mm、带 1～2 个叶原基的茎尖生长点，迅速接种到预先做好的培养基上。一般采用 MS 培养基。接种前，培养基要经过高压灭菌。茎尖剥离和接种所用一切器具均应进行严格的消毒。

3. 茎尖培养　接种后置于培养室内培养，培养温度 20～25℃，光照度 2 000～3 000lx，每天光照时间 16h。条件适宜的情况下，30～40d 后即可看到伸长的小茎，叶原基形成可见的小叶，此时及时将其转入无生长调节剂的培养基中，4～5 个月后即能发育成具 3～4 片叶的小苗。待小苗长到 4～5 节时，即可单节切段进行快繁，以备病毒检测。

4. 病毒检测　病毒检测是茎尖脱毒不可缺少的步骤，病毒在马铃薯体内只是在很小的分生组织部分才不存在，但实际切取时，茎尖往往过大，可能带有病毒，因此必须经过鉴定，才能确定病毒脱除与否。以单株为系进行扩繁，苗数达到 150～200 株时，随机抽取 3～4 个样本，每个样本为 10～15 株，进行病毒检测。常用的病毒检测方法有指示植物检测、抗血清法、酶联免疫吸附法（ELISA）、免疫吸附电子显微镜检测和现代分子生物学技术检测等方法。通过鉴定把带有病毒的植株淘汰掉，不带病毒的植株转入基础苗的扩繁，供生产脱毒微型薯使用。

（三）脱毒快繁技术

茎尖培养只能得到数量有限的脱毒材料，如何把这些无病毒的试管苗迅速、大量地繁殖，然后将这些脱毒苗生产的无病毒种薯用于大面积生产，是脱毒种薯生产的重要环节。常用的快速繁殖方法有以下几种。

1. 试管苗切段组培　在无菌条件下，将经过病毒检测的无毒茎尖苗按单节切段，每节带 1～2 个叶片，将切段接种于培养瓶的培养基上，置于培养室内进行继代培养。培养温度 20～25℃，光照度 2 000～3 000lx，每天光照时间 16h。2～3d 内，切段就能从叶腋处长出新芽和根，3～4 周即可长成一株小苗。该方法繁殖速度很快，繁育率高，不受季节的限制，当培养条件适宜时，一株小苗一年可繁殖上亿株脱毒试管苗。

2. 脱毒苗无土扦插繁殖　将试管苗移栽到防蚜温室或防蚜网室内，成活后以其为基础苗，按叶节切取新的茎段，扦插成活后定植到 40 目以上网室进行微型薯的生产。该方法的优点是简便，成本低，但在操作时要严防蚜虫。

目前多数采用基质栽培。在基质栽培中，适宜移栽脱毒苗的基质要疏松，透气良好，一般用草炭、蛭石、泥炭土、珍珠岩、森林土、无菌细沙，并在高温消毒后使用。实际生产中，大规模使用蛭石最安全，运输强度小，易操作，也能再次利用，因而得到广泛应用。为了补充基质中的养分，在制备时可掺入必要的营养元素，如三元复合肥等，必要时还可喷施磷酸二氢钾，以及铁、镁、硼等元素。

试管苗移栽时，应将根部带的培养基洗掉，以防霉菌寄生危害。基础苗扦插密度较高，生产田的扦插密度较低，一般以 400～800 株/m² 较合适。扦插时将苗轻压并用水浇透，然后盖塑料薄膜保湿，1 周后扦插苗生根，随即撤膜，并使棚内温度不超过 25℃。

在温网室内用无土栽培生产微型薯不受季节限制，可实现集约化、工厂化，加速了脱毒马铃薯的生产。

3. 试管薯诱导法　在二季作地区，夏季高温高湿时期，温（网）室的温度常在 30℃ 以上，不适宜试管脱毒苗扦插繁殖微型薯，但可以由快速繁育脱毒试管苗的方法获得健壮植株。在无菌条件下转入诱导培养基或者在原瓶中加入一定量的诱导培养基，置于有利于结薯的低温（18～20℃）、黑暗或短光照条件下培养，1～2周后，匍匐茎尖端开始膨大，并陆续形成小块茎，继续培养30～90d，试管苗就结出大小不等的试管薯。试管薯虽小，但可以取代脱毒苗的移栽。这样就可以把脱毒苗培育和试管薯生产结合起来，一年四季不断生产脱毒苗和试管薯。

马铃薯脱毒试管薯，其重量一般为60～90mg，外观与绿豆或黄豆一样大小，可周年进行繁殖，与脱毒试管苗相比，更易于运输和种植成活。但是用试管诱导方法生产脱毒微型薯的设备条件要求较高，技术要求较复杂，生产成本较高，因此该技术仅使用于有一定设备条件的科研院所，用来生产原原种种薯，而生产用于大面积推广繁殖的脱毒微型薯，则以无土栽培生产为宜。

二、建立良种生产体系

"脱毒种薯"是指马铃薯种薯经过一系列物理、化学、生物或其他技术措施清除薯块体内的病毒后，获得的经检测无病毒或极少有病毒侵染的种薯。脱毒种薯是马铃薯脱毒快繁及种薯生产体系中，各种级别种薯的通称。用脱毒试管苗在试管中诱导生产的薯块称为"脱毒试管薯"，在人工控制的防虫网室中用试管苗移栽、试管薯栽培或脱毒苗扦插等技术生产的小薯块称为"脱毒微型薯"。一般在防虫网室中生产"脱毒原原种"，在天然和相对隔离条件下生产"脱毒原种"和"脱毒良种种薯"等。

脱毒种薯生产不同于一般的种子繁育，它要求有严格的生产规程。马铃薯的脱毒及种薯生产模式，根据各地的地理和气候条件不同而有所不同，但基本的脱毒、快繁和种薯生产程序是相同的。主要包括材料的脱毒，脱毒试管苗、试管薯、微型薯的工厂化生产快繁，脱毒原原种、脱毒原种、脱毒良种种薯繁育等三大部分。为确保脱毒马铃薯大面积生产和形成规模效应，各地要有计划地组织生产，建立各自的良种生产体系。马铃薯良种繁育体系的任务，除防止良种机械混杂、保持原种的纯度外，更重要的是在繁育各级种薯的过程中，采取防止病毒再侵染的措施，源源不断地为生产提供优质种薯。

良种繁育体系可按无病毒苗木四级种子生产程序（图3-10）进行。从气候条件来分，马铃薯良种繁育体系大致可分为北方一季作区和中原两季作区两种类型。北方一季作区是我国重要种薯生产基地，其良种繁育体系一般为5年五级制。首先利用网棚进行脱毒苗扦插生产微型薯，一般由育种单位繁殖；然后由原种繁殖场利用网棚生产原原种、原种；再通过相应的体系，逐级扩大繁殖合格种薯用于生产。在原种和各级良种生产过程中，采用种薯催芽、生育早期拔除病株、根据有翅蚜迁飞测报早拉秧或早收获等措施，防止病毒的再侵染，以及密植结合早收生产小种薯，进行整薯播种，杜绝切刀传病和节省用种量，提高种薯利用率。

中原两季作区由于无霜期短，可以利用春、秋两季进行种薯繁殖。一般有两种繁殖模式：一种是春季生产微型薯，秋季生产原原种的2年4代繁育模式；另一种是秋季生产微型薯，第二年春季生产原原种的3年5代的繁育模式。应当强调的是，在中原两季作区繁育体系中，原原种的繁育要严格在40目网室中生产，在原种和各级种薯繁殖过程中，为了保证种薯质量，根据蚜虫迁飞规律，春季应采用催大芽、地膜覆盖、加盖小拱棚等措施早播早收，避开蚜虫迁飞高峰，秋季适当晚播，避开高温多雨天气，同时制定严格的防蚜防病和拔除杂株等规程，防止病毒的再侵染，确保种薯质量。

第八节　稀特菜种子生产技术

稀特菜是指在一定地区、一定时期内生产面积较小、消费不多的蔬菜种类。稀特菜是对非本土、非本季节种植以及某些珍稀蔬菜的一种统称，是由洋菜中种、南菜北种（北菜南种）、夏菜冬种（冬菜夏种）、野菜家种形成的。本节简要介绍几种稀特菜的种子生产技术。

1. 樱桃番茄　樱桃番茄为茄科番茄属的一个变种，起源于美洲安第斯山一带，经人工不断培育而成，因外形像红樱桃而得名。形状多为长椭圆形，也有比较圆的。

樱桃番茄的种子生产包括常规种子生产和杂交种子生产。常规种子生产比较简单，可利用性状优良的常规品种与其他番茄品种相隔 200m 左右种植，在果实红熟时采收取种即可，田间管理和取种方法与普通鲜食番茄基本相同。

樱桃番茄的杂交种子生产也基本相同于普通鲜食番茄，其技术要点是一般情况下，父母本按 1∶3～5 行占比定植。母本按正常生产上的栽培密度定植即可，父本可加倍密植。通常多采用春季露地制种。田间管理与樱桃番茄的生产管理基本相同，不同之处在于母本的第一花序要摘除，从第二花序开始进行授粉。父本一般不进行搭架和整枝，使其任意生长，多开花，在授粉结束时及时拔除。待父本花开放，母本第二花序即将开花以前开始授粉。由于樱桃番茄的花朵小，采粉时可将盛开的花朵从父本植株上采下进行采粉。在母本花朵微开、雄蕊筒呈黄绿色时为去雄适期。去除雄蕊的翌日授粉，或当天授粉后翌日再重复授粉，授粉后可掐掉一萼片做记号。此外，将所有未进行杂交的花和花蕾全部摘除，并要勤检查，发现新生的侧枝或有新开的花，要及时摘除，以防影响制种纯度。取种方法和常规种子生产的方法相同。

2. 球茎茴香　球茎茴香为伞形科茴香属茴香种的一个变种，原产于意大利南部。它的叶片等部分和普通的茴香较相似，只是叶鞘基部膨大、相互抱合形成一个扁球形或圆球形的球茎。

球茎茴香是异花授粉植物，虫媒花。种子生产时，要注意采种田与大茴香、小茴香和其他球茎茴香品种的隔离，隔离距离为 1 000～2 000m。球茎茴香为二年生植物，第一年营养生长形成叶丛和肥大叶鞘，第二年转入生殖生长抽薹开花结实。

种子生产中根据越冬具体设施条件选择适宜的播种时间，一般种株用小拱棚越冬的播种期在 7 月中旬，温室栽培种株的播种期在 7 月底至 8 月初。3 月下旬将达标的越冬种株（球茎质量 300g 左右）定植于露地进行采种。注意在冬前种株球茎形成时和冬后定植时的两个关键时段，依照原品种典型性状标准，去掉不符合原品种特征球形的种株和劣株。

开花期酌情控水，防止因徒长造成空瘪粒增多，影响产量和质量。由于开花先后不同，种子成熟不一致，种子采收可分批进行。一般 7 月下旬至 8 月上旬种子陆续完熟，成熟变黄时用剪子或镰刀采收晾晒，勤加翻动，散湿散热，加快风干，以免发霉降低发芽率。晾晒至八九成干后脱粒清选。

3. 宝塔花菜　宝塔花菜为十字花科芸薹属甘蓝类的以花球为产品的一个变种，一二年生草本植物，属绿花菜型。原产于欧洲意大利、法国等地。

生产用的宝塔花菜多为一代杂种，由优良的自交不亲和系杂交而成。主要技术措施是首先根据其熟性的早晚，选择适当的播期，这是宝塔花菜采种能否成功的关键。播种过早，会造成冬前过早形成花球，容易遭受冻害；播种过晚，会因植株较小即通过春化，出现早花或开花结荚期遇到高温多雨而不能正常开花结实的现象，严重影响种子的产量和质量。定植时要注意清除杂株，在种株基本长成后要清除一遍杂株。授粉采用蕾期人工授粉，在花期结束时，应喷硼肥、磷酸二氢钾等叶面肥料，以提高种子饱满度。

种子生产中，一般情况下采用网罩隔离，空间隔离时不同品种间的距离不小于2 000m。种子采收分批进行，成熟一批，采收一批。收于网袋内在通风处后熟2d，晒干后采集种子，并标明名称，然后贮藏备用。

4. 抱子甘蓝　抱子甘蓝为十字花科芸薹属甘蓝种中腋芽能形成小叶球的变种，二年生草本植物。原产地中海沿岸，由甘蓝进化而来。

种子生产时可在秋播的抱子甘蓝中，选择生长适应性强、小叶球多而整齐一致的植株，不摘顶芽，集中种植于采种圃。采种圃要设在日光节能温室中，冬季要经常放风，使温度处于1～5℃范围内。春季气温转暖时，把温室裙部塑料薄膜拆下，换上防蚜纱网，抽薹后进行蕾期授粉。6月中旬种子成熟即行收获，并于秋季播种栽培。若群体整齐，无杂异株，小叶球保持优良性状时，可再选择单株作种株，株系间异花授粉，扩大繁殖。

5. 樱桃萝卜　樱桃萝卜是一种小型萝卜，为十字花科萝卜属一二年生草本蔬菜。种子生产可从冬、春保护地栽培的樱桃萝卜中选择外形端正、色泽好的植株作种株，严格隔离采种，采收的种子经过试种，如产品整齐、品质好，可于第二年早春用小株采种法扩大采种量。

6. 食用大黄　食用大黄为蓼科大黄属中以叶柄供食的栽培种，多年生草本植物。按叶柄颜色分为红色和绿色两个类型。原产于中国内蒙古。

种子生产时选品种纯正、生长发育健壮而无病虫害的三年生优良品种植株作留种母株。于5～6月抽薹前在株旁立一支柱，用塑料绳轻轻捆住，避免折断。当7月中下旬大部分种子呈黑褐色时，剪取花梗，置通风阴凉处使其后熟。数日后收集种子，然后阴干储藏。

7. 番杏　番杏为番杏科番杏属一年生半蔓性肉质草本植物，原产澳大利亚、东南亚及智利等地。

番杏的种子生产比较简单，不必专门留采种田，可在生产田采收2～3次嫩尖后，选健壮植株任其生长，或直接在生产田保留部分侧蔓，不再采收，保留茎尖，任其生长，开花结实，果实成熟后，分批采收，先黄先收，晒干保存。如不及时收获，则种子很容易脱落。种子可保存4～5年，仍有较高的发芽率。

8. 娃娃菜　娃娃菜是一种袖珍型小株白菜，属于十字花科芸薹属白菜亚种。

生产中多用一代杂种种子。种子的生产技术与普通大白菜杂交中的生产技术基本相同，常利用自交不亲和系制种，制种中要注意隔离，制种田与其他白菜制种田及油菜、芜菁、菜薹、乌塌菜等采种田要隔离2 000m以上，保证一代杂种种子的纯度。严格去杂，定植、莲座期和初花期要根据原品种的特征特性拔除杂株。

◆ **复习思考题**

1. 茄果类中的番茄、辣椒（甜椒）、茄子开花授粉习性有何异同？在种子生产过程中应掌握哪些关键技术要点？

2. 黄瓜的一代杂种种子生产主要有哪些方法？并简述其优缺点。

3. 结合课外读物试简述无子西瓜种子的生产技术要点？

4. 何谓大白菜的大株采种、半成株采种、小株采种？各有何优缺点？

5. 简述根菜类种子生产的关键技术要点。

6. 菠菜的株型分为哪几类？其种子生产过程中应该注意哪些问题？

7. 马铃薯种薯的脱毒生产如何进行？简述马铃薯生产中存在的主要问题。

◆ **推荐读物**

巩振辉，张菊平.2005.茄果类蔬菜制种技术.北京：金盾出版社.

李可夫.2007.主要蔬菜制种技术.西安：陕西科学技术出版社.

沈火林，李昌伟.2004.根菜类蔬菜制种技术.北京：金盾出版社.

第九章　主要观赏植物种子（种苗）生产技术

【本章要点】本章应重点掌握一二年生花卉品种的混杂退化原因及防止措施，百合种球生产技术，一串红、宿根福禄考、草坪草常规品种种子和杂种种子生产与种苗繁殖技术，木本观赏植物种苗的出圃标准；了解球根花卉、一二年生花卉、宿根花卉与草坪草的类型，万寿菊、郁金香、水仙、地被菊种子生产技术，落叶乔木、落叶灌木、常绿乔木、常绿灌木大苗培育技术；教学难点是球根花卉种球繁殖技术。

随着社会文明的不断进步，以及人们环境意识的增强，花卉的生产和应用在整个园艺植物生产中所占的比重越来越大。目前，我国花卉植物种子（种苗）的生产还处于初级阶段，对进口花卉种源（含品种、种子、种苗、种条、种球）的过分依赖，已成为制约国产花卉产品占领国内外市场的瓶颈，民族花卉种业基础薄弱已经成为影响花卉产业持续稳定发展的最大隐患。因此，学习与掌握观赏植物种子（种苗）生产技术对促进我国观赏植物种业产业化发展具有重要的现实意义。

第一节　一二年生花卉种子生产技术

凡属于当年春季播种、当年夏秋开花结实或当年秋季播种次年春夏开花结实，然后整株死亡的草本花卉统称为一二年生花卉。一二年生花卉主要的繁殖方式是种子繁殖。

一、一二年生花卉的类型

1. 一年生花卉（annual）　通常包括两类花卉。

（1）**典型的一年生花卉**　指在一个生长季内完成全部生活史的花卉。花卉从播种到开花、死亡都在当年内完成，一般春天播种，夏秋开花，冬天来临时死亡，因此又称为春播花卉，如鸡冠花、翠菊、凤仙花、千日红、牵牛花等。

（2）**多年生作一年生栽培的花卉**　虽在原产地为多年生花卉，但在异地栽培时由于当地露地环境不适宜作多年生栽培，对气候表现出不适应，怕冷、怕热等反应，表现出生长不良或两年后生长状况变差，观赏效果明显下降。同时，它们具有容易结实、当年播种当年即可开花的特点，因而在当地露地环境下作一年生栽培，如美女樱、一串红、长春花、矮牵牛、花烟草等。

2. 二年生花卉（biennial）　通常包括两类。

（1）**典型的二年生花卉**　这类花卉在两个生长季内完成其全部生活史，花卉从播种、开花到死亡经历了两个年头。第一年主要进行营养生长，经过冬季后，第二年春季或初夏时开花、结实，炎热的夏季来临时死亡。一般秋季播种，所以又称为秋播花卉，如金盏菊、羽衣甘蓝、飞燕草等。真正的二年生花卉要求必须经历严格的春化作用，但种类不多，常见的如紫罗兰、须苞石竹、毛地黄等。

（2）**多年生作二年生栽培的花卉**　这类花卉虽为多年生，但其性喜冷凉气候，具有一定的耐寒性，怕热，在当地露地环境条件中进行多年生栽培时往往因为对气候不适应而表现出生长不良或两年后生长状况变差，观赏性明显下降，同时，它们也具有容易结实，当年播种当年即可开花的特点，花卉栽培中的二年生花卉大多数种类属于这种情况，如雏菊、三色堇、金鱼草、旱金莲等。

3. 既可以作一年生栽培也可以作二年生栽培的花卉　一般情况下，这类花卉均具有较强的抗性，如既有一定的耐寒性，又有一定的耐热性。在露地栽培中，究竟是作一年生栽培，还是作二年生栽培，还要根据其本身所具有的耐寒性和耐热性及栽培地的气候条件特点所决定。

二、一二年生花卉品种的混杂退化及防止措施

花卉植物在新品种选育、良种繁殖、配套栽培技术研究上与蔬菜、果树相比存在着很大差异。多数一二年生花卉种子生产尚未按种子生产规程进行，而进行自繁留种，后代分离严重，整齐度、色泽均出现分离退化，种子纯度、品质很差。一二年生花卉品种退化的原因很多，概括为以下几个方面。

1. 品种退化的原因

（1）**机械混杂**　花卉植物在播种、育苗、移栽、定植、采种、晒种、贮藏、包装等栽培繁育过程中处理不当，把一个品种的种子或种苗，机械地混入了另一个品种之中，从而降低了品种的纯度和品质。

（2）**生物学混杂**　由于品种间和种间一定程度的天然杂交造成的一种品种（种）的遗传组成内混入了另一些品种（种）的遗传物质，使原品种（种）不能表现固有特性，这种混杂主要是由于在良种繁育过程中，未将同一品种（种）与其他品种（种）进行适当的隔离，发生天然杂交造成的。这种混杂大大降低了品种的纯度和典型性。如矮万寿菊与普通（高株）万寿菊之间的生物学混杂会造成极不良的退化现象，使矮万寿菊株矮、色鲜、花朵大小一致的优良品质完全消失，产生一些不良的中间特性；在常异交的植物中如翠菊发生生物混杂，退化株表现出重瓣性降低（露心）、花瓣小等特征。由于生物学混杂的发生，会大大降低观赏植物的观赏价值。

（3）**良种自身遗传性发生变化和突变**　尽管良种是一个纯系，但各株之间的遗传性都或多或少地存在差异，由于这些内在因素的作用，加之环境条件、栽培技术等外界因素的影响，在繁育过程中，繁殖材料本身不断发生变化，由量变过渡到质变会使良种失去原有的优良性状。如大花重瓣金盏菊退化成小花单瓣金盏菊、鸡冠花的红色花冠变为黄色花冠等便是这种情况。

（4）栽培技术和环境条件不适合品种种性要求　优良品种都是直接或间接地来源于野生种，当环境条件与栽培方法不适应品种种性要求时，优良的种性就会被潜伏的野生性状所代替，品种因此而退化。如大花雏菊、翠菊和重瓣菊花品种在栽培条件不良或环境条件恶劣时，都表现出明显的大花变小、花瓣变短、重瓣率下降等退化现象。

2. 品种退化的防止措施

（1）防止混杂　防止机械混杂应专人负责及时采种，宁缺毋滥，标清品名、时间，装种用品必须干净，无杂质。播种前种子处理（选种、浸种），必须做到不同品种分别处理，用具干净；不在同一苗床内播种相似品种；播种后应及时插上标牌，并记下播种位置和数量；尽量避免重茬，应合理轮作。移植时最容易使品种混杂，移植前要认真核对，并且按品种逐个进行；移植后，及时画出品种小区分布图。在移苗、定植、初花、盛花期和末花期等不同时期严格进行去杂，这项工作是防止机械混杂的有效措施。

防止生物混杂一是采用空间隔离。异花授粉的观赏植物生物混杂主要媒介是昆虫和风。因此，隔离时应综合考虑到本地区风向情况、风力大小以及不同品种花粉易飞散程度、花粉量、天然杂交率、繁殖地面积等多种情况，决定适宜的隔离距离。此外也和天然杂交率高低有关。一般花粉量多的种类之间隔离间距要大，重瓣程度小的隔离间距大，天然杂交率高的隔离间距大，反之亦然。如波斯菊、金莲花、万寿菊、金盏花等的最小隔离距离为 400m，蜀葵、石竹为 350m，矮牵牛、金鱼草、百日草等约 200m，一串红、半支莲、翠菊、香豌豆等为 50m，三色堇和飞燕草 30m 就可以有效隔离。在实际生产中完全依靠空间隔离往往是不可能的，因此应利用建筑物和一些辅助（如防虫网、遮阳网等）设施来加以隔离。二是时间隔离，又可分为花期隔离和跨年度隔离两种方式。花期隔离就是把同一品种在一年的不同时间播种，使它们的花期自然错开，这种方法主要适合于对光周期不敏感的植物，如翠菊。跨年度隔离就是将易发生混杂的品种，在不同的年份播种繁殖，这种方法只适用于种子寿命较长的品种。

（2）控制性状表现　提供良好栽培条件和栽培制度，控制并促使优良性状表现出来，主要有以下几点：①土壤排水良好，土质疏松；②合理施肥，多用复合肥料，并适当增加磷钾肥；③加大株行距，增加营养面积；④及时修剪和捆扎支架，合理轮作。

（3）去杂去劣，加强选择　选择具有原品种固有特性的单株，单株采种，将不良性状植株加以淘汰。品种典型性高的花序的选择：通常最先开的花，能产生较好的种子后代，如花较大、花期早（如选育晚开花品种，应将先开的花去掉，然后留种）。在具有两色花的植物中，应选择最符合人们要求的花朵和花序留种，如五色鸡冠。品种典型性高的种子的选择：在同一花序上的不同部位的种子，它们的后代也有所不同，如金盏菊、翠菊等。

（4）改变生活条件，增加内部矛盾，提高生活力　①改变播种期：使植物在幼苗阶段和其他发育时期遇到与原来不同的生活条件，如孔雀草、三色堇等春播品种，在温室条件允许的情况下，可改在秋播，香豌豆一般可改在春播。②不同地区换种：由于不同地区气候条件不同，同种植物在不同地区遇到了不同的条件，增强了植物克服困难而生存的能力，从而提高了生活力。③特殊技术处理：低温锻炼幼苗和种子，高温和高盐碱处理种子，用萌动的种子进行干燥处理等，都能够在一定程度上提高品种的抗逆性和生活力。

（5）利用有性杂交技术，提高生活力　①品种内杂交：在自花授粉植物同一品种不同植株间进行杂交，品种类型差异显著的杂交效果好，这种后代的优势能保持 4～5 代。②品种间杂交：在特别优选出的组合中进行异花授粉，可以利用一代杂种的杂种优势，整齐一致，提早开花，提高生活力，改善花卉品质和增强抗逆性。

（6）按良种繁育体系生产种子　在良种繁育体系中，对于有推广价值，且预期使用年限较长的品种，繁殖所用的原原种应由育种单位，或特约原种场生产；如果是从国外、国内其他地区引进推广的优良品种，可由引进单位自己或委托其他公司和苗圃繁育生产，然后推广应用，以克服"种出多门"，甚至偏离标准性状的弊病，尽量减少混杂。

三、一二年生花卉种子的生产技术

一二年生花卉种子生产可参照育种家种子、原原种、原种和良种的四级繁育程序进行（图 3-1）。各级种子只能重复繁殖 1 次，确保种子质量。一二年生花卉常规种子生产可参照第八章蔬菜常规种子的生产，本节主要以一串红和万寿菊为例说明一二年生花卉一代杂种种子的生产技术。

1. 一串红一代杂种种子生产　一串红的杂交制种可以在保护地进行，也可以在露地进行，主要采用人工去雄的方法生产杂交种。

（1）定植　根据品种特性，一般父本比母本提前 10～15d 播种、定植，父、母本比例为 1：1，定植密度为每 667m² 栽植 5 500～6 000 株。

（2）去杂、去劣　去杂、去劣是保证一串红杂交种纯度的主要措施。应于定植、开花前、开花后，根据品种典型特征特性，分 3 次集中去杂、去劣。植株定植 2 个月以后开始开花，授粉之前对不符亲本性状的不良株、变异株和可疑株要全部拔除，在整个生长季内要反复进行除杂工作。

（3）整枝　一串红开花期长，花序多，花期需要营养量大，如果枝条留得过多，花序多，花期养分不足，则每序结果少，且每花的种子不饱满。因此，必须在开花期及时疏去部分花枝。方法是：选择晴天，每株选留 5～6 条分布均匀、粗壮的一级分枝，割去分布过密的分枝；10d 以后，在上次选留的一级分枝中选留 2～3 条二级分枝；并摘去花穗末端的小花及花蕾。

（4）去雄　在母本植株每朵小花开花前剪掉花萼的 1/2，挑开柱状花冠，剪掉雄蕊，注意用力适度，不能伤及雌蕊。

（5）采粉、授粉　常采用一边采花粉一边授粉的方法。最佳授粉时间在 10：00 前和 16：00 后。当已去雄的母本花柱头发亮（内有分泌液）时，即可授粉。采下父本即将盛开的花朵，剪开花冠，将花粉轻轻授在母本的柱头上，一般一朵雄花授一朵雌花。如果雄花多，可用两朵雄花授一朵雌花，这样可提高坐果率及果实内种子的数量。

（6）种子采收　授粉后 20～25d 受精胚珠发育成为成熟的种子，一串红种子成熟期不一，采收过早，种子成熟度差，瘪粒多；太晚种子弹出花萼，要掌握采收时期。成熟的果实花萼为白色，种子（坚果）外皮由绿白色变为黑（黄）褐色，即可采收。将花萼采下后，阴干收集种子，去掉秕粒、杂质，装入布袋中置于通风干燥处贮存。

2. 万寿菊一代杂种种子生产　万寿菊一代杂种种子多采用雄性不育系生产。雄性不育系包括雄性不育两用系和核质互作雄性不育系（简称"三系"），在万寿菊一代杂种的生产中，主要是利用雄性不育两用系制种。即以原种体系形成的雄性不育两用系作母本，用筛选出的优良自交系作父本。

（1）定植　在制种田内，父本与母本定植株数之比为2∶1。按父母本配置比例采取直线定植，父本比母本早定植15d。

（2）去杂　开花期根据形态标记，拔除母本中的全部可育株，保持父本与母本株数比为4∶1。同时还要去除不符合亲本性状的不良株、变异株和可疑株。

（3）授粉　当母本花外围的一层舌状花和数层管状花开3～4层，柱头呈"Y"形时即可授粉。父本的花粉从管状的外层自内成熟，授粉时先把带花粉的父本花剪下或掐下，用肉眼看到管状花顶端有花粉，用父本花对准母本花的柱头授粉，可轻轻地蘸，也可围绕母本花蕊抖动父本花，使花粉尽可能地撒落在柱头上，一般每朵母本花需连续授粉3次。花粉少的时候，为增加花粉量，可以把用过的父本花粉放在阳光下晒1～2d，一部分花粉还可利用。授粉后花蕾膨大，母本的柱头顶端凸起，说明授粉已成功。

（4）采收　万寿菊从授粉到种子成熟，不同品种和在不同的环境条件下成熟时间也有差异，当授粉花苞由绿变黄、变褐，柱头黑褐色时，扒开花苞检查变黑即为成熟。不要等花苞完成干燥再采，要适时采种，早采种子还未成熟，过晚种子在花苞内易发霉、出芽，会影响种子的质量和产量。成熟的花苞随熟随采，采后放在遮阴处晾干，采下的花苞用剪刀剪去柱头顶端2～3cm，留种子以上0.5～1.0cm，扒开晾干的花苞，剔除花萼、花座、腐烂物及杂质，晒干后将合格成熟种子统一包装封样。

第二节　球根花卉繁殖技术

球根花卉是指一些多年生草本植物在不良环境条件下，其地上部茎叶在枯死之前，于地下部或地表层形成肥大的贮藏器官，当生育环境恢复之时，再重新生长发育成植株的植物种类。由于这些地下贮藏器官大都呈球体状，因此，习惯上凡是具有圆球状肥大贮藏根茎的植物总称为球根类。种球繁殖是球根花卉的主要繁殖方式。

一、球根花卉的种类

球根花卉根据其植物肥大贮藏器官的形态特征和种类分为鳞茎、球茎、根茎、块茎和块根等类别。

1. 鳞茎类（bulb）　鳞茎是变态的枝叶，其地下茎短缩，呈圆盘状的鳞茎盘（bulbous plate），其上着生多数肉质膨大的变态叶——鳞片（scale），整体呈球形。鳞茎盘的顶端为生长点（顶芽），鳞片多由叶基或叶鞘基肥大而成，简单的鳞茎如朱顶红的鳞片全部由叶基特化而成，郁金香的鳞片则全部由叶鞘基特化而来，水仙的鳞片则由叶基与叶鞘基共同特化而成。成年鳞茎的顶芽可分化花芽，幼年鳞茎的顶芽为营养芽。鳞茎盘上鳞片的腋内分生组织形成腋芽，进一步发育成茎、叶或子鳞茎（bulblet）。

2. 球茎类（corm）　地下茎短缩膨大呈实心球状或扁球形，其上着生环状的节，节上着生叶鞘和叶的变态体，呈膜质包被于球体上。顶端有顶芽，节上有侧芽，顶芽和侧芽萌发生长形成新的花茎和叶，茎基则膨大形成下一代新球，母球由于养分耗尽而萎缩，在新球茎发育的同时，其基部发生的根状茎先端膨大形成多数小球茎（cormel）。球茎有两种根：一种是母球茎底部发生的须根，其主要功能是吸收营养与水分；另一种是在新球茎形成初期，于新球茎基部发生粗壮的牵引根或称收缩根（contractile root），其功能是牵引新球茎不远离母体，并使之不露出地面。常见的球茎花卉如唐菖蒲、小苍兰、荷兰鸢尾、番红花、秋水仙、观音兰、虎眼万年青等。

3. 块茎类（tuber） 地下茎变态膨大呈不规则的块状或球状，但块茎外无皮膜包被。根据膨大变态的部位不同可分为两类：一种由地下根状茎顶端膨大而成，上面具有明显的呈螺旋状排列的芽眼，在其块茎上不能直接产生根，主要靠形成的新块茎进行繁殖，如花叶芋；另一种由种子下胚轴和少部分上胚轴及主根基部膨大而成，其芽着生于块状茎的顶部，须根则着生于块状茎的下部或中部，能连续多年生长并膨大，但不能分生小块茎，因此需用种子繁殖或人工方法繁殖，如仙客来、球根秋海棠、大岩桐等。

4. 块根类（tuberous root） 块根是由于根肥大成为贮藏和繁殖器官而得名，如大丽花和花毛茛等。它们之中有像甘薯一样在接近茎部的根组织上着生不定芽，即使没有茎基部也能够发芽的种类；也有块根部位不分化不定芽，而在茎部存在不定芽的种类。大丽花的球根是由不定根肥大而成，肥大的方式属于木质部肥大型。由于木质部还能分化出形成层而使木质部容易肥大。另外，像大丽花那样在块根上不形成不定芽的种类，一般在茎基部形成分球，每个块根需要在茎基部着生不定芽。而花毛茛可以形成很多肥大块根，但是如果分球过多容易腐烂，增殖率并不高。

5. 根茎类（rhizome） 根茎是指在地下横向肥大的茎，也称为地下茎。地下茎通过分枝增殖，组织寿命很长，自然条件下不发生分离，只有通过人工切断进行繁殖。地下茎与茎一样具有节间，并且可以着生叶片和根系，如美人蕉、姜花、荷花和鸢尾等。除了普通地下或地表伸长的根茎以外，还有一些特殊的地下茎，如尾状地下茎，是由地下茎先端部的鳞片叶肥大形成，以松伞状或尾状横生于地下；还有念珠状地下茎，由节间肥大而成，节位受挤压状似念珠而得名。

二、球根花卉种球生产技术

（一）子球繁殖技术

1. 自然分球繁殖 球根花卉在普通的栽培过程中大都可以形成子球，因此，通过自然分球就可以实现增殖。对于增殖率较高的种类基本可以得到足够的种球以满足生产的需要，但是对于增殖率较低的种类就需要人工增殖，如朱顶红、风信子、仙客来、球根秋海棠等非更新型球根花卉，大都采用分生繁殖的方法进行种球繁殖，用分球法和鳞片分割法来产生子球。

子球的产生类型：①一年生母球型，母球在生命周期中只开一次花，然后被1个或多个子球所代替，如郁金香属、番红花属、唐菖蒲属植物和黏射干属植物；②多年生母球型，母球可开花和存活多年，子球在母球底盘边缘产生，如风信子属、蓝瓶花属、孤挺花属植物；③茎生子球型，子球从地下茎叶腋处产生；④鳞片子球型，鳞片从母球脱落后产生子球，如百合属植物；⑤匍匐根子球型，子球从匍匐根、根状茎产生，如铃兰属、鸢尾属、部分百合属和郁金香属植物；⑥气生子球型（球芽），子球从地上部的叶腋处产生，如部分百合属、郁金香属植物。

2. 组织培养繁殖　对于球根类花卉无论采用哪种方法繁殖子球，与种子繁殖植物相比，其繁殖率还是很低。如果想短期内获得大量种球，最有效的方法是采取组织培养繁殖法。球根类植物组织培养研究已经非常深入，很多种类已经实现产业化，如百合取茎部组织，经过杀菌处理，在 LS 琼脂培养基上培养，即使不添加任何生长调节类物质也能够形成多芽体。采用液体振动培养，3～4 个月后就可以从愈伤组织分化出植物体。将鳞片经消毒后接种在 MS 固体培养基上，添加适当的植物生长调节物质，不但可以形成多芽体，在 1mg/L IAA 和 1mg/L BA 的作用下，可以促进小鳞茎的形成。特别是鳞茎内部的鳞片基部切片更有利于小鳞茎的形成。药百合、武岛百合、麝香百合等均可以用这样的方法进行培养繁殖。

唐菖蒲也可以利用茎尖和花茎培养，使用 MS 琼脂基本培养基，添加 1mg/L NAA，在 30℃的黑暗条件下进行茎尖培养就可以形成愈伤组织，再从愈伤组织诱导出不定芽，不定芽经过继代培养就可以得到植物体。用 MS 液体培养基，在 25℃的黑暗条件下培养唐菖蒲的花茎组织，可以得到愈伤组织，再在光照条件下进行 2 次继代培养，5～6 周后就可以从愈伤组织诱导出植物体。如果在培养基中添加 10mg/L NAA、0.5mg/L 细胞激动素，可以在试管中诱导出小球茎。

朱顶红组织培养繁殖是将其底盘部或接触底盘部的鳞片叶基部接种在 White 琼脂培养基中，25℃黑暗条件下培养，可以获得子球。风信子植物体的任何部分都可以通过组织培养繁殖，采用 MS 固体培养基，在 20℃黑暗条件下可以得到愈伤组织，再移到 1 500lx 光照下培养，就可以获得小植物体。采用鳞片叶和底盘部培养，即使不添加植物生长调节物质也能够形成器官。如果采用叶片、茎和子房培养，并添加低浓度的 IAA 或 NAA 更有利于器官的形成。添加高浓度的 NAA 可以从愈伤组织诱导出苗芽，再经过切割苗芽培养就可以得到小植物体。不同组织部位或器官的形成率不同，即使面积相同的鳞片外植体，体型短而宽者有利于小鳞茎的形成。

（二）商品种球的生产

从母球或经组织培养产生的子球，周径符合商品等级要求的可直接采收作为商品种球。周径过小不符合商品要求的子球，要重新栽植并经过一定时间的培育才能形成商品大球。小子球种植后要适时施肥灌水，待种球萌发、展叶、抽茎，刚刚露出花蕾时，剪掉花蕾，保证种球发育充实，经过一段时间的养护，子球形成商品种球。不同种类的球根花卉，作为商品种球周径的要求是不同的。下面以百合为例说明球根花卉商品种球的生产。

1. 土壤准备　百合种球适宜于土层深厚，疏松而又排水良好的壤土为宜，最忌连作，对土壤盐分非常敏感，故应选新地种植为好，种前深耕 30cm，东西向做高畦，畦高至少 25cm，畦宽 1m 左右，通路宜宽，取 50～60cm。百合喜有机肥，应施入充分腐熟的堆肥、厩肥等有机肥，为促使子球迅速发根，还可增施骨粉、钙镁磷肥、普钙等磷、钾肥，百合种球发育适宜的氮、磷、钾比例为 5：10：10。

2. 子球处理　东方百合选用周径为 6～9cm 规格的子球，亚洲系百合和麝香百合也可选用 3～6cm 规格的小子球。为促发新根和种球消毒，可采用杀菌剂与激素混合液浸种消毒，具体配比如下：多菌灵或百菌清 600～800 倍液，激素可用赤霉素或生根粉。赤霉素浓度为 20～30mg/kg，生根粉则依说明书要求蘸取，浸种 13～20min，浸种后的种球于潮湿状态下直接播种。

3. 定植　春季 2～4 月均可定植，9～11 月也可进行秋植，但最忌在春末气温升高后移栽种植，否则成活率降低。定植深度一般从种球顶端到地面距离 15cm 左右。百合的种球密度随品种类型和种球大小不同而异，一般来讲，亚洲系和麝香百合 3～6cm 规格子球，667m² 可种植 2 万～2.5 万粒；东方系百合 6～9cm 规格子球，株距一般为 8～10cm，行距为 20～25cm，667m² 可种植 1.5 万～1.8 万粒。

4. 苗期管理 百合的商品子球已充分发根，春季一般在 2 周后开始发叶，种植则经自然低温后于早春开始发叶。浅根性的百合非常依赖水分，苗期尤其要通过浇水或灌水以保持土壤湿润，但千万不可渍水。如遇高温、强光照时，可采用叶面喷水、加盖遮阳网的方式进行降温遮阳。

5. 生长期管理 百合生长期要适时浇水、施肥、除草，同时为保证养分集中供应百合鳞茎发育，需及时摘花处理，摘花需在花蕾明显膨大时摘除，过早过晚均不宜。百合属于长日植物，但在其生长过程中注意防止过强光照。一般在 5 月份后遇强光照时还需进行遮阴。

真菌类病害往往在高温高湿的环境下容易感染百合根部、鳞茎及叶片，影响开花，严重时造成植株死亡。常用 70% 速克灵 1 000 倍液，或 50% 扑海因可湿性粉剂 1 000～1 200 倍液，或 75% 百菌清可湿性粉剂 600 倍液喷雾，每隔 7～10d 喷施 1 次，不同药剂交替使用，效果良好。

（三）种球的采收

种球采收的时间取决于几个因素，首先种球必须具有一定的成熟度，种球达到一定的周径、形成一定的花芽尺寸和叶子数目。如果采收的种球未成熟，就不会对今后生产切花或盆花过程中的诱导开花处理产生反应。百合如果采收处理不当，种球内的养分积累往往会迅速减少，将对种球的质量和开花品质产生重大影响。一些球根花卉，如郁金香、彩色马蹄莲、水仙、球根鸢尾等，种球采收时期必须等地上部叶子完全衰败；而百合收获时间宜在叶片变黄，茎秆未完全枯死时进行。其次环境因素对种球的采收时间也有一定影响，如花叶芋属植物，块茎必须在土壤霜冻前采收。

采前控水，可保证种球后期生长、叶片营养回流、表皮角质化等生理过程的顺利完成，与植物的生长与衰老生理相适应。其主要目的是控制生长期、适时进入休眠，从生理上提高种球的抗病性、耐贮性。

（四）种球晾晒、清洗消毒与分级

球根花卉种球采收后，种球含水量、表皮角质化程度、伤口愈合情况直接关系到种球的抗病性及贮藏时间。因此，生产上通常使用鼓风机、排风扇、短时间曝晒、自然风干等方法，使种球快速晾干，增加表皮保护功能，促进伤口愈合，以期获得健康种球，从而达到安全贮藏的目的。彩色马蹄莲种球采收后需要一定的伤口愈合时间；唐菖蒲种球采收后，应置于 20～30℃ 的温度下摊晒。同时，种球经清洗消毒后也应及时干燥，否则裸露的种球表皮因吸水膨胀极易破损，发生霉变。唐菖蒲种球药剂消毒后需在 20～30℃ 条件下晾晒 7～10d，待球茎表皮开裂、翻卷时即达安全贮存水分，这时种球的含水量 16%～18%。

种球采收后若不经清洗消毒，则由于表面携带较多土壤不易自然干燥，表皮角质化程度低，土壤内携带的厌氧性细菌作用于接触面出现软腐病害，再加上挖掘时受伤，加重了病害发生。因此，种球贮藏前需清洗消毒，提高种球的利用率。郁金香种球采后去泥后，需浸在 1%～2% 的福尔马林稀释液中消毒 40min 左右，再充分晾干。唐菖蒲健全种球用 40% 的福尔马林 800 倍液或 50% 的福美双 600 倍液浸泡 30min 或用 1 000 倍高锰酸钾液消毒，即可获得无病种球。

种球采收后入库前要做好分级工作，这有利于贮藏、种植和销售。荷兰采用不同型号的种球分级机，有的是按周长分级，有的是依据重量分级。参照国际常用分级标准，将唐菖蒲种球分成直径大于 5.0cm、3.8~4.9cm、3.0~3.7cm、2.5~3.1cm、1.9~2.4cm 和小于 1.9cm 6 个等级。其中前 4 个等级为商品球，后 2 个等级为繁殖材料，即需种植一年后成为商品球；在国内，唐菖蒲种球一般可分为周径 8~10cm、10~12cm、12cm 以上 3 个级别。百合一般按鳞茎周径可分 4 个等级：一级周径 16cm 以上，二级周径 14~16cm，三级周径 12~14cm，四级周径 10~12cm，不同级别的种球开花质量差异较大。

（五）种球贮藏

不同的贮藏条件如贮藏时间、贮藏温度、贮藏环境，都可能对种球的品质和下一季的生长发育及开花产生影响，目前一般采用冷库贮藏种球。唐菖蒲种球冷藏时，库内温度要恒定在 5~10℃，空气相对湿度要控制在 60%~70%。其次，冷藏时介质种类、介质含水量、介质消毒方式、贮藏箱摆放方式、种球摆放方式等都对种球贮藏的安全性产生影响。百合种球贮藏处理介质含水量控制应遵循两个原则：①合适的含水量满足种球本身的水分需求，中、高档湿度均可；②合适的湿度调节种球与外界的气体交换。综合比较二者的辩证关系，应选择中档湿度（50%左右）贮藏保鲜百合种球。此外，不同种球、不同品种、不同种植时间、不同供花期对冷处理的温度、时间都不尽相同。但目前我国的冷库技术水平较低，不能保证冷库控温能力在 ±0.5℃范围内及不同位置库温的一致性，再加上冷库建造、运行费用高，一般生产者难以承受。因此，有学者研究应用自然条件贮藏种球的方法。元合玲（2006）研究认为，休眠期沙质壤土土藏，上有马尼拉草坪覆盖的方法，是贮藏郁金香种球合格率最高、最经济、最简单、最值得推广的贮藏方法。

三、郁金香和水仙的繁育技术

（一）郁金香的繁殖技术

郁金香又叫旱荷花，是世界著名球根花卉。花茎刚劲挺拔，花朵高高托出，花形整齐，色泽丰润，美丽端庄。可地栽、盆栽或用作切花，观赏价值极高。

1. 子球繁殖　郁金香每年更新，花后即干枯，其旁生出一个新球及数个子球。子球数量因品种不同而有差异，早花品种子球数量少，晚花品种子球数量多。子球数量还与培育条件有关，北方 9~10 月份栽子球，南方可延至 10 月末至 11 月初。栽前整地做畦，先将畦内土挖出 15cm 厚，铺上腐熟的厩肥及草木灰等作基肥。基肥上面铺一层细土，然后将子球栽植，上层覆土，厚度以高出子球 2 倍为宜。行距 14~16cm，株距 5~15cm。栽后浇水，促发生根。冬季北方需覆盖马粪、草帘等防寒物。早春化冻前撤去防寒物，新芽露出开始生长。早春土壤解冻后，新芽萌动出土，每周喷药 1 次防病防虫，特别是蚜虫。每 2 周追肥 1 次，用硝酸钙或硝酸钾 2%~5% 液肥结合浇水进行灌根，直至休眠前 4 周停止灌水。当植株完全干枯时，将鳞茎起出，按不同规格进行分级，均匀散开自然晾干，不宜先混堆或装箱。晾干水分后，入库贮藏，贮藏期间保持库内空气流畅，温度恒定。

2. 播种繁殖　应在秋季播种，经过冬季低温于春季发芽。温室内、露地播种均可，在 10~11 月份播种。播种的用土以腐殖土为好，经过筛选后装入播种盆中，需离盆口 2~

3cm。然后以 3cm 的间距进行播种，覆土约 1cm，用木板略压平，喷水使土壤充分湿润。之后盖上薄膜或玻璃，以利保湿，防鼠害，注意经常保持盆土的湿润。如露地播种，需搭棚架遮塑料薄膜。种子发芽时日温差以 20℃左右为好。如在温差不大的温室内进行，需在播种前将种子进行低温处理。郁金香种子一般 2～3 月发芽，种子发芽率 80％左右。播种苗当年就能形成小鳞茎，但从种子播种到形成开花商品球，要经过 3～5 年的连续栽培。

3. 组织培养快繁

（1）试材与消毒　将郁金香的鳞片和茎段分离，挑选无病斑的材料，用 10ml/L 洗洁精洗涤并用自来水反复清洗。流水冲洗 2h，用 75％酒精消毒 30min，0.1％升汞溶液中消毒 10min，最后用无菌水冲洗 5～6 次。将消毒好的鳞片横切成上、中、下 3 部分，大小为约 0.8cm×0.8cm 的块，茎段切成长约 1cm 小段，并将 0.8～1mm 茎尖分离出作为外植体备用。

（2）培养　将经消毒准备好的鳞片、幼茎和茎尖外植体分别接种在下列培养基：①丛芽诱导培养基为 MS+BA 0.4～1.0mg/L+NAA 0.4mg/L；②茎尖诱导培养为 MS+BA 2mg/L+NAA 0.1mg/L；③茎段诱导培养为 MS+BA 1.0mg/L+NAA 0.2mg/L。其中培养基的 pH5.6～5.8，琼脂 0.8％～0.9％。培养期间，光照度为 2 000lx，光照时间为 12h/d。培养温度为（24±2）℃。经过 20～30d，外植体上会分化出小芽，再将其继代在丛芽增殖培养基 MS+BA 0.4 mg/L+NAA 0.2 mg/L，将会形成大量芽丛，然后将增殖培养基中已经长至 5cm 以上的丛芽切成单芽后，接种在生根诱导培养基 1/2MS+ KT 0.4mg/L+NAA 0.1～1.0mg/L 中培养，24～30d 即可炼苗移栽。在温室或苗床培养子球。

（二）水仙的繁殖技术

水仙常用以下 3 种繁殖方式。

1. 侧球繁殖　侧球着生在鳞茎球外的两侧，仅基部与母球相连，很容易自行脱离母体，秋季将其与母球分离，单独种植，次年产生新球。

2. 分割鳞茎　一般于 8～10 月份进行，将消毒过的鳞茎纵切成数块，每块均需带有鳞茎盘，切后稍晾干后，与清洁的河沙或蛭石混合。沙与蛭石的含水量为 6％～10％，体积为植物材料的 3 倍左右，将混匀后的材料装入黑色塑料袋中并封口，置于 18～20℃的条件下保存。至 11 月份，每个切块的鳞茎盘处均可形成 2～3 个小的腋芽，并生有根系。此时即可植于苗床，翌春出土形成小的植株，至 6 月下旬地上部逐渐枯黄，将小鳞茎挖起贮藏，每穴一般可得小鳞茎 15～20 个。

3. 播种繁殖　一般于 5 月底至 6 月进行，播于保护地中，翌年 3 月发芽，6 月地上部变黄，地下形成小鳞茎。这种小鳞茎需精心养护 4～5 年的时间，方可开花供观赏。此法多用于培育新品种。

此外水仙也可采用组织培养的方法进行繁殖。

第三节　宿根花卉繁殖技术

宿根花卉是指秋末地上部分枯萎，以其宿存的地面芽或地下芽越冬，翌年早春再度萌发，生长枝叶，开花结果，如此可以连续多年开花的花卉。这类花卉的主要繁殖方式是播种繁殖和种苗生产。

一、宿根花卉的类型

宿根花卉可分为耐寒性宿根花卉和常绿性宿根花卉。前者冬季地上茎、叶全部枯死，地下部分进入休眠状态。其中大多数种类耐寒性强，在我国大部分地区可以露地越冬，春天再萌发，耐寒力强弱因种类不同而有差别。主要原产于温带寒冷地区，如菊花、风铃草、桔梗等。常绿性宿根花卉冬季茎叶仍为绿色，但温度低时停止生长，呈现半休眠状态，温度适宜则休眠不明显，或只是生长稍停顿。耐寒力弱，在北方寒冷地区不能露地过冬。主要原产于热带、亚热带或温暖地带，如麦冬、冷水花、竹芋等。

宿根花卉种类不同，其种子（种苗）生产对环境条件的要求差异很大。①宿根花卉的耐寒力差异很大，对温度的要求各不相同。早春及春天开花的种类大多喜欢冷凉气候，忌炎热，夏秋开花的种类大多喜欢温暖气候，不耐低温。②宿根花卉对光照的要求不一致，大多数种类要求阳光充足，如菊花、宿根福禄考属等花卉；少数种类要求半阴，如紫萼、玉簪、铃兰等；还有一些喜欢微阴，如白芨、桔梗等。③宿根花卉对土壤要求不严格，除沙土和重黏土外，大多数都可以生长，但小苗喜富含腐殖质的疏松土壤。不同的种类对肥力的要求也不同，桔梗、金光菊、荷兰菊等耐瘠薄能力强，而芍药、菊花则喜肥。④宿根花卉根系较一二年生花卉强，抗旱能力较强，但不同种类对水分的要求也不同，如鸢尾、乌头、铃兰等喜欢湿润的土壤，而紫松果菊、萱草等则比较耐干旱。

二、宿根花卉的种子（种苗）繁殖

宿根花卉可以进行播种繁殖，但通常以营养繁殖为主，在营养繁殖中又以分株与扦插繁殖为主，一般压条及嫁接繁殖应用得相对较少。下面以几种主要宿根花卉为例介绍宿根花卉的种子生产及种苗繁殖方法。

（一）宿根福禄考种子生产及种苗繁殖

宿根福禄考为花荵科福禄考属，多年生宿根草本植物，喜光、耐寒，喜温暖湿润气候，不耐酷暑、炎热；喜排水良好、轻松土壤，不耐干旱、忌涝、忌盐碱；株高为 $50\sim70cm$，枝茎丛生而粗壮，有部分基部半木质化，无分枝。叶对生，呈卵状披针形。圆锥花序顶生，花径约为 $2.5cm$，花冠红紫色，花期较长。

1. 种子生产　宿根福禄考的一代杂种种子通常采用人工去雄的方法生产，其要点如下：①确保父本与母本花期相遇，父母本的种植行比以 $1:2$（即1行父本2行母本）较合适，$667m^2$ 可栽植6 000株苗。②去雄，福禄考为两性花，为避免母本自花授粉，在母本柱头未开裂前，将雄蕊全部摘除掉。③授粉，授粉方式有两种：一种是取来父本花，用小镊子将5个花粉粒，分别放到4~5个雌蕊柱上，这样较费人工，但结子率较好，产量较高；另一种授粉方法为筒授法，即在父本散粉的条件下，边去雄边授粉，在柱头开裂前去掉花冠，剩下花的基部全筒状（花筒），将有粉部分露出，用有粉部分接触柱头，进行授粉。这种方法较省人工，结子率高，速度快，但产量较低。④采收，花朵经杂交后4~5周便可采收种子。

2. 种苗繁殖　可分为分株、压条、扦插繁殖，以及组织培养繁殖。

（1）分株繁殖　此法操作简便，成活迅速，但不适合大量繁殖。时间以早春或秋季为宜。利用宿根福禄考根蘖分生能力强、在生长过程中易萌发根蘖的特性,将母株周围的萌蘖株挖出栽植。萌蘖株尽量带完整根系,以提高成活率。

(2)压条繁殖 压条繁殖在春、夏、秋季均可进行。又可分为堆土压条与普通压条。前者是将枝条基部培土成馒头状,使其生根后分离栽植的一种方法;后者是将接近地面的一二年生枝条,使下部弯曲埋入土中,枝条上端露出地面。压条时,预先将埋进土里的部分枝条的树皮划破(可释放养料,利于生根),30d生根后,即可与母株分离栽植。

(3)扦插繁殖 可分为根插、茎插和叶插。根插是在春、秋季进行,结合分株栽植,半部分根截成30cm长的小段,平埋于河沙中,在15~20℃条件下,保持土壤湿润,30d即可生长出新芽。茎插是在春、夏、秋季开花后进行,茎插适用于大批量生产,结合整枝打头,取生长充实的枝条,截取3~5cm长的插条,插入干净无菌河沙中,株行距为2~3cm。保持土壤湿度即可,30d可生根。叶插是在夏季取带有腋芽的叶片(叶片保留1/2),带2cm长茎,插于干净无菌的沙中,注意遮阳,保持土壤湿润,30d可生根。

(4)组织培养繁殖 采用组织培养繁殖宿根福禄考,不但能大幅提高种苗的质量和产量,提高繁殖倍数,打破季节局限,而且可以解决福禄考植株携带顽固的白粉病及叶斑病等问题。郭旭欣(2009)取宿根福禄考带芽茎段为外植体接种在诱芽培养基 MS+6-BA1.0mg/L+NAA 0.1mg/L+蔗糖 30g/L 中,在温度(25±2)℃、光照度2 000~3 000lx、光周期12h/d下培养,经20~30d,将芽继代在增殖培养基 MS+6-BA 1.0mg/L+NAA 0.3mg/L+蔗糖 30g/L 中培养30d后,增殖倍数可达7.5。再转入生根培养基 1/2MS+IBA 0.5 mg/L+蔗糖 15g/L,生根率高且生根快、根粗壮;试管苗移入田间,在珍珠岩、草炭2:1的基质中的移栽成活率可达88.50%以上。

(二)地被菊种子生产及种苗繁殖

地被菊是以地栽为主的菊花,别名千头菊,为菊科菊属多年生草本宿根性植物。地被菊的花(实为头状花序)每株上百朵甚至更多,具有花色鲜艳、株型矮小紧凑、管理粗放且抗逆性强等特点,适宜布置花坛、花境,也可盆栽或做切花,被越来越广泛地应用于园林绿化。地被菊多采用扦插繁殖、分株繁殖及组织培养繁殖,也有部分采用播种繁殖。

1. 杂种生产 地被菊的育种方法有常规杂交育种、辐射育种、自然芽变选种等,其中以杂交育种最为普遍。毛洪玉等(2006)报道地被菊具有自交不亲和性,因此在地被菊一代杂种种子生产中,可以采用不去雄、不去瓣和重复授粉(2~3次)的方法,提高地被菊的杂交结实率。具体做法是在地被菊自然花期9~10月内,选择杂交的父母本株,待父本花粉散出用毛笔扫集备用。母本重瓣性强的,剪去过长的舌状花,露出雌蕊柱头,当母本柱头伸出张开时即可授粉。授粉最好选晴天上午9:00~11:00,用毛笔或者海绵球将父本花粉轻涂于母本柱头上。每隔2~3d授粉1次,重复授粉2~3次,每次授完粉后注意套袋。一般授粉5d后即可观察到柱头褐化,表明已完成授粉受精,此时即可去袋,以利结实。授粉后1~2月种子成熟,此时便可采种。

2. 种苗繁殖

(1)扦插繁殖 地被菊的扦插繁殖可四季进行。①春季扦插可在早春3月进行。把贮藏的地被菊老根掩藏在温室内准备好的沙床上,浇水管理。新芽萌发3~4cm时剪下,扦插在播种箱内。上面铺2~3cm厚经消毒的沙子。扦插后浇透水,温度保持在15~30℃,7~10d出现愈伤组织,生根后1个月移到温床,以后移栽露地。②夏季扦插可取植株上的侧芽和根部萌发新芽，长度 3～4cm，在塑料棚内经消毒的沙床上扦插。扦插后浇透水，盖好塑料棚，保持温度在 20～30℃。要掌握好通风，1 个月左右生根，即可栽植。③秋季扦插可取根部、茎部萌发的新芽，如苗源不足可取现蕾的顶芽，把花蕾摘去。芽长保持 3～4cm，扦插到地热温床上，浇透水，盖好塑料棚，中午盖上遮阳帘（10：00～16：00）。温度保持在 10～30℃。生根后上盆，供室内观赏。④冬季扦插要取入冬前根部萌发的茎、芽，长 3～4cm，扦插到温室沙床、盆内或播种箱内，浇透水，温度保持在 10～30℃。生根后上盆，可供元旦、春节观赏。

（2）分株繁殖　分株繁殖可在夏、秋及入冬前进行，即挖出新萌发的带有根系的茎、芽进行栽植。亦可在春季、冬季进行。方法是入冬前将老根挖回贮藏，可分株盆栽。这种方法繁殖可满足少量花苗的需要。

（3）组织培养快繁　地被菊的茎尖、茎段、侧芽、叶片、花托、花瓣、花蕾等都可作外植体，其中以茎尖和侧芽较好。选用优株的嫩芽，除去叶片，消毒后作为接种材料。接种大小为茎尖小于 0.5mm，嫩茎 2～4mm。培养基用 MS＋6 - BA 1～3mg/L，温度 15～23℃，光照 10～15h，1～2 个月后即可诱导出小芽或愈伤组织。当长出绿芽时，即可转入生根培养基中进行生根培养，生根形成完整植株后即可移入苗床，经 30～40d 后可移入大田栽植。

（4）播种繁殖　地被菊播种育苗分离严重，在苗期就可看出部分分离，一般只用于育种，当生产上需大量用苗又缺少扦插苗时可以采用此法。育苗天数控制在 60d 左右。地被菊种子无休眠期，10 月末种子成熟采种后，可于翌春 1～3 月份播种于温室内，种子发芽后在出现 2～4 片真叶时移栽 1 次，5 月中旬便可移植露地栽培。

第四节　木本观赏植物种苗生产技术

木本观赏植物种苗的生产方法主要有有性繁殖（播种繁殖）和无性繁殖（包括扦插繁殖、压条繁殖、分生繁殖与嫁接繁殖）两种方法，其技术与方法详见第三章有关内容。本节主要介绍几类常见的木本观赏植物大苗的生产方法及苗木出圃标准。

一、落叶乔木大苗培育技术

落叶乔木常见的有玉兰、杨、柳、槐、合欢、椿、白蜡、银杏、落叶松等。对于乔木来说，无论是扦插苗还是播种苗，第 1 年生长的高度一般可达 1.5m 左右。第 2 年以后可采取两种方法。一种是留床保养 1 年，因未移植，苗木没有受到损伤，生长很快，加上肥、水等管理措施，留床保养 1 年的苗木，一般可达 2.5m 左右。第 3 年以 120cm×60cm 行株距移植，第 4 年不动。第 5 年将株距扩大，隔一株移出一株，行距不变，行株距变成120cm×120cm。加强培养管理，快速生长 1 年，第 6 或第 7 年即可长成大苗出圃。另一种做法是将一年生苗移植，行株距为 60cm×60cm，尽量多保留地上部枝干，加强肥水管理，促进根系生长，地上部不修剪，这一年重点是养根，第 3 年于地面平茬剪截，只留一芽，当年可形成 2.5m 以上、具有通直树干的苗木。第 4 年不动，第 5 年隔行去行，隔株去株，变成 120cm×120cm 行株距。第 6 年快速生长 1 年，第 7 年或第 8 年即可长成大苗。移植出的苗木还以120cm×120cm 定植，第 5 年和第 6 年快速生长 2 年，第 7 或第 8 年也可出圃。落叶乔木大苗出圃应有高大通直的主干，干高 2.0～3.5m，胸径 5～10cm，具有完整紧凑、匀称的树冠，具有强大的根系。

在培育期间，树干 2m 以下的萌芽要全部清除，每年都要加强肥水管理和病虫害的防治，否则效果将不理想。上述落叶乔木大苗培育的株行距是众多树种的平均值，具体某一树种最适合的移植株行距，还要根据该树种的生长速度而定，快长树可适当加大，慢长树可适当减小。

二、落叶灌木大苗培育技术

（一）具主干落叶灌木大苗培育技术

具主干落叶灌木主要有碧桃、梅花、樱花、樱桃、紫叶李、海棠等。这些有播种苗，有嫁接苗，也有扦插苗。无论是哪种苗，在第 1 年培育过程中，都可在苗长至 80～100cm 时摘心定干，留 20cm 整形带，促生分枝，增加干粗。整形带中多余的萌芽和整形带以下的萌芽全部清除。第 2 年可按 60cm×50cm 行株距移植，移植后注意去除萌芽和肥水管理。第 3 年快速生长 1 年，第 4 年可隔行去行隔株移出一株，变成 120cm×100cm 行株距。移出的也以同样的行株距定植，再培养 1～2 年即可养成干粗 3～5cm 的大苗。

这类大苗树冠冠形有两种。一种是开心形树冠，定干后只留整形带内向外生长的 3～4 个主枝，交错选留，与主干成 60°～70°开心角。各主枝长至 50cm 时摘心促分枝，即培养成开心形树冠。另一种是疏散分层形树冠，有中央主干，主枝分层分布在中干上，一般一层主枝 3～4 个，二层主枝 2～3 个，三层主枝 1～2 个。层与层之间错落着生，夹角角度相同，层距 80～100cm，这类大苗培育出圃要求具有一定主干，高度 60～80cm，定干部粗（直径）3～5cm，具丰满匀称的冠形和强大的根系。

（二）丛生落叶灌木大苗培育

丛生落叶灌木主要有丁香、紫珠、紫荆、紫薇、迎春、玫瑰、贴梗海棠、木槿、杜鹃、蜡梅、牡丹及竹类等。这些树种大都为播种、分株、扦插苗。一年生苗大小也不均匀，特别是分株繁殖苗差异更大，在定植时注意分级定植。播种和扦插苗，一般第二年应留床保养 1 年，第三年以 60cm×50cm 行株距定植，培养 1～2 年即成大苗。分株苗直接以 60cm×50cm 行株距定植，直至出圃。在培育过程中，应注意每丛所留主枝数量，不可太多，否则容易造成主枝过细，达不到应有粗度。这类大苗出圃要求为每丛分枝 3～7 枝，每枝粗 1.5cm 以上，具有丰满冠丛和须根系。

三、常绿乔木大苗培育技术

常绿乔木大苗出圃要求具有该树种本身的冠形特征，如尖塔形、胖塔形、圆头形等。树高 3～6m，不缺分枝，冠形匀称。

（一）轮生枝明显的常绿乔木大苗培育

树种主要有油松、华山松、红松、黑松、云杉等，这类树种有明显的中心主干，每年向上长一节，分生一轮分枝，幼苗期生长速度很慢，每节只有几厘米、十几厘米，随着苗龄增大，生长速度逐渐加快，每年每节达 40～50cm。培育一株大苗（高 3～5m）需 15～20 年时间，甚至更长。这类树种具有明显的主干，而且一旦遭到破坏，整株苗木将失去培养价值，因此要特别注意在培养过程中保护主干。

一般一年播种苗再留床保养 1 年，第 3 年开始移植，苗高为 15～20cm，行株距为 50cm×50cm，第 4 年、第 5 年、第 6 年迅速生长 3 年不移植，第 6 年时苗高为 50～80cm，第 7 年以 120cm×120cm 的行株距移植，第 8 年、第 9 年、第 10 年又迅速生长 3 年，这时苗木高度为 1.5～2.0m，第 11 年以 5m×4m 的行株距进行第三次移植，第 12 年、第 13 年、第 14 年、第 15 年又迅速生长 4 年不移植，这时苗木高度可达 3.5～4m，注意从第 11 年开始，每年从基部剪除一轮分枝，以促进高生长。

（二）轮生枝不明显的常绿树大苗培育

树种有侧柏、龙柏、杜松、雪松等。这些树种幼苗期的生长速度较轮生枝明显的常绿树稍快，因此在培育大苗时略有不同。一年生播种苗或扦插苗可留床保养 1 年，第 3 年移植时苗高为 20cm 左右，株行距可定 60cm×60cm，第 4、第 5 年迅速生长 2 年，第 5 年时苗高为 1.5～2.0m，第 6 年进行第二次移植，行株距为 150cm×130cm，第 7 年、第 8 年速长 2 年，可达 3.5～4.0m 的大苗。同样在培育过程中要注意剪除与主干竞争的枝梢，或摘去竞争枝的生长点，培育单干苗。

四、常绿灌木大苗培育技术

常绿灌木树种很多，主要有大叶黄杨、小叶黄杨、冬青、女贞、花柏、千头柏等。这类树种大苗出圃规格为株高 1.5m 以下，冠径 50～120cm，具有一定造型、冠形或冠丛。主要用作绿篱、组形、造型等，以扦插和播种繁殖为主。一年生苗高约为 10cm，第 2 年即可移植，行株距为 50cm×30cm，第 3 年、第 4 年速生不移植，这时苗高和冠径可达 25cm 左右。这期间要注意短截促生多分枝，一般每年要修剪 3～5 次，第 5 年以 100cm×100cm 行株距进行第二次移植，第 6 年、第 7 年养冠 2 年或造型。注意生长季剪截冠枝，增加分枝数量。这时株高和冠径可达 60cm 以上。

五、木本观赏植物种苗的出圃标准

种苗是园林绿化建设的物质基础，是城市绿化效果的关键，因此必须把握好出圃苗木的质量关，确保出圃苗木为优质壮苗，在城市绿化中充分发挥其观赏价值和绿化效果。

（一）苗木出圃的质量指标及要求

1. 苗木的质量指标 凡能反映苗木质量优劣的形态指标和生理指标统称为苗木的质量指标，在生产中一般选用便于测量的形态指标，如苗高、苗重、地际直径、根系、根茎比等来鉴别苗木的优劣。

2. 苗木出圃的质量要求

（1）移植次数 在圃繁殖苗必须移植过 2～3 次，外引山苗必须在圃养护 3 年以上。

（2）出圃苗木应是生长健壮，树形、骨架基础良好的苗木 苗木在幼年期就应培育出良好的树体和骨架基础，使之树形优美、长势健壮，符合绿化要求。

（3）根系发育良好，有较多的侧根和须根　主根短而直，起苗时不易受到机械损伤。根系的大小根据苗龄、规格而定。一般由苗木的高度和地际直径来决定，如一般出圃的裸根苗木的根系直径以相当于苗木地际直径的 10～15 倍为宜。带土球出圃的常绿苗木，其土球规格主要由苗高来定，如苗高在 1m 以下时，土球直径、高为 30cm×20cm；苗高为 1～2m 时，土球直径、高为 40cm×30cm；苗高 2m 以上时，土球直径、高为 70cm×60cm。

（4）苗木的茎根比小、高茎比适宜、重量大　茎根比是指苗木地上部分鲜重与根系鲜重的比值。茎根比大的苗木，根系少，根系与地上部分比例失调，苗木质量差；茎根比小的苗木，根系多，质量好。但茎根比过小的苗木，地上部生长小而弱，质量也不好。各树种的茎根比依树种而异，如一年生播种苗的茎根比，落叶松多为 1.4～3.0，柳杉多为 1.5～2.5，二年生油松以不超过 3 为好。

高茎比是苗高与地际直径的比值，它反映了苗木高度与苗粗之间的关系。高茎比适宜的苗木，生长匀称，质量好。高茎比过大或过小，表明苗木过于细高或过于粗矮，都不理想。

苗木的全株重量能比较全面地反映苗木的质量。同一种苗木，在相同的条件下栽培，重量大的苗木一般生长健壮，根系发达，品质优良。

（5）苗木无病虫害和机械损伤　有严重病虫害及机械损伤的苗木应禁止出圃。

评定苗木质量的优劣，要根据苗木的质量指标进行全面分析。

（二）出圃苗木的规格标准

1. 落叶乔木　主枝匀称、树冠丰满、分枝点到位。胸径 5.0cm 以上，快长树胸径 7.0cm 以上，落叶小乔木胸径（地径）3.0cm 以上。用于行道树的落叶乔木分枝点高度不低于 2.8m，园景树及孤植树分枝点高度为 2.5m。

2. 针叶常绿乔木　树冠圆满匀称，具有地表分枝，要求不偏冠、不脱腿，高度在 2.5m 以上。

3. 灌木　灌丛形，灌丛丰满，主枝不少于 5 个，主枝平均高度达 1.0m 以上。匍匐型灌木，应有 3 个以上主枝，主枝达 0.5m 以上。单干圆冠型，主枝分布均匀，地径 2cm，树高 1.2m 以上。

4. 藤木　要求生长旺盛，根系发达，枝蔓发育充实，腋芽饱满，每株苗木分枝数不少于 3 个，主蔓直径在 0.3cm 以上，主蔓长度在 1.0m 以上。

5. 植篱苗　灌丛丰满，分枝均匀，常绿苗不脱腿，苗龄在 3 年以上或 50cm 以上。

6. 嫁接苗　包括花灌木和高接乔化苗木，要求嫁接在 3 年以上，接口愈合牢固，无砧木滋生现象。

7. 竹类　散生竹，2～4 年生苗龄，中型竹苗具竹秆 1～2 个以上，小型竹苗具竹秆 3～5 个以上；丛生竹具竹秆 5 个以上。

苗木规格标准对促进苗木市场发展具有重要意义。表 9-1 列出了不同苗木的规格标准，可供木本苗木生产者、园林设计与绿化施工者参考。

表 9-1　木本苗出圃规格标准一览表

苗木类别	指　标	分　级	级　差
绿篱苗	高度	0.8～1.0m、1.0～1.2m、1.2～1.5m、1.5～1.8m	0.2～0.3m

（续）

苗木类别	指　标	分　级	级　差
常绿大乔木	高度	2～2.5m、2.5～3m、3～3.5m、3.5～4m	0.5m
落叶大乔木	胸径	4～5cm、5～6cm、6～7cm、7～8cm	1cm
小乔木	基径（地径）	2.5～3cm、3.5～4cm、4.5～5cm	0.5cm
单干灌木	基径（地径）	2.5～3cm、3.5～4cm、4.5～5cm	0.5cm
多干灌木	基径、分枝（主枝）数及粗度	有3～5个主干，每个主干粗1.0～1.5cm	分枝点高于30cm的要求地径粗度
丛生灌木	按主枝数，丛高（不同树要求有异）		
小灌木（如月季、迎春、牡丹等）	按几年生为指标	最小2～3年生	
嫁接苗	按嫁接几年为指标，乔木按干径	如龙爪槐按主干胸径指标，还应嫁接3年以上	

六、木本观赏植物种苗的起苗

起苗又叫掘苗，就是把已达到出圃规格或移植扩大株行距的苗木从苗圃地上挖掘起来。这一工作是木本观赏植物育苗的重要生产环节之一，它直接影响苗木的质量和移植成活率、苗圃的经济效益以及城市绿化的效果。因此起苗工作必须认真细致，方法得当，严格掌握技术要求，保证苗木质量。

1. 起苗季节　落叶树种起苗时期原则上应在苗木秋季落叶后或春季萌芽前的休眠期进行，有些树种也可在雨季进行。常绿树种的起苗，北方大都在雨季或春季进行，南方则在秋季天气转凉后的10月或春季转暖后的3～4月及梅雨季进行。

（1）秋季起苗　早春发芽较早的树种，应在秋季起苗。秋季起苗应在苗木地上部分停止生长，叶片基本脱落，土壤封冻前进行。

（2）春季起苗　主要用于不宜冬季假植的常绿树与假植不便的大规格苗木。春季起苗一定要在树液开始流动前进行，最好是随起随栽。

（3）冬季起苗　宜于南方。北方冬季起苗是指大苗破冻土、带土球进行起苗。

（4）雨季起苗　多用于常绿树种，如侧柏、油松等，应随起随栽。

2. 起苗方法　可分为人工起苗和机械起苗2种。

（1）人工起苗　包括裸根起苗、带土球起苗和冻土坨起苗。

①裸根起苗：绝大多数落叶树种和容易成活的针叶树小苗均可裸根起苗。起小苗时，沿苗行方向距苗行20cm左右处挖一条沟，在沟壁下侧挖出斜槽，根据根系要求的深度切断苗根，再于第二行与第一行插入铁锹，切断侧根，把苗木推在沟中即可取苗。大苗裸根起苗时，宜单株挖掘，带根系的幅度应为其根颈粗的5～6倍，在稍大于规定根系的幅度范围外

挖沟，切断侧根。再于一侧向内深挖，切断主根，然后将苗木推倒，再打碎根部的泥土，并尽量保留须根。

②带土球起苗：一般常绿树、名贵树种和较大的花灌木常采用带土起苗。土球的大小，因苗木大小、根系分布情况、树种成活难易、土壤质地等条件而异。一般土球直径为根际直径大小的8～10倍，土球高度约为直径的2/3，应包括大部分根系。

③冻土坨起苗：当苗根层土壤冻结后，一般温度降至−12℃时，开始挖掘土球。冻土坨大小的确定以及挖掘方法基本同带土球起苗。

（2）机械起苗　用机械起苗，可以大大提高工作效率，减轻劳动强度，而且起苗的质量也较好。现在，很多规模大的苗圃都采用机械起苗。

3. 掘苗包装质量要求　掘苗包装有以下要求：①按规范要求掘苗，保证根冠幅长度或土球大小；②裸根苗尽可能多带护心土；③土球打包及箱板苗要求球形规整，包装牢固；④裸根小灌木包装保湿完好；⑤裸根小苗蘸浆均匀、饱满，保护完好。

第五节　草坪草种子生产技术

草坪草种子是城市绿地工程建设的重要物质基础，也是干旱、半干旱地区生态工程建设及水土流失地区水土保持工程建设的必备材料。

一、草坪草的概念及类型

1. 草坪草的概念　草坪草指能形成草皮或草坪并能耐受定期修剪和人、物踏压的草本植物种及品种，它们是建造草坪最重要的基础材料。草坪草大多数为具有扩散生长特性的根茎型或匍匐型禾本科植物，也包括部分符合草坪性状的豆科、莎草科、百合科、玄参科植物，如马蹄金、白三叶等。草坪草与草坪是两个不同的概念，草坪草仅涉及植物种或品种，是指覆盖地面的草本植物；而草坪则是人们用草坪草建成的一定面积的绿地，代表一个较高水平的生态有机体，它不仅包括草坪草，而且还包括草坪草生长的环境。

用于建植草坪的草坪草应具备下列特性：①叶多而小，细长且多直立；②绿色期长；③地上部生长点低，有坚韧叶鞘的多重保护；④适应能力强，分布范围广，抗逆性好；⑤生命力和繁殖力强；⑥无公害。

2. 草坪草的类型　草坪草种类极其丰富，特性各异，据估计有8 000～10 000种。草坪草的分类方法较多。按草坪草生长的适宜气候条件和地域分布范围可将草坪草分为暖季型草坪草和冷季型草坪草。按草坪草所属的科属，可将草坪草分为禾本科草坪草以及禾本科以外的草坪草，禾本科草坪草包括剪股颖属、羊茅属、早熟禾属、黑麦草属、结缕草属等属的草坪草。禾本科以外的草坪草主要有莎草科草坪草，如白颖薹草、细叶薹草、异穗薹草和卵穗薹草等，豆科车轴草属的白三叶和红三叶、多变小冠花等，还有其他一些如匍匐马蹄金、沿阶草、百里香、匍匐委陵菜等也可用做建植园林花坛、造型和观赏性草坪植物。按草坪草叶宽度可分为宽叶型草坪草和细叶型草坪草。按株体高度可分为低矮型草坪草和高型草坪草。按草坪草的用途可分为观赏性草坪草、普通绿地草坪草、固土护坡草坪草、运动场草坪草以及点缀草坪草等。

二、草坪草种子的生产技术

（一）草坪草种子生产的基本程序

草坪草种子生产的基本程序按育种家种子、原原种、原种和良种四级种子生产程序，详见第三章有关内容。对于原种级（包括育种家种子、原原种、原种）种子还必须达到以下标准：①主要特征特性符合原草坪草品种的典型性状，草坪草植株株间长势整齐一致，纯度高；②能保持原草坪草品种的生长势、抗逆性和生产力；③种子质量好，成熟充分，子粒饱满，发芽率高，无杂草及霉烂种子，不带检疫性病虫害等。

（二）草坪草不同授粉方式与其种子生产

由于草坪草的授粉方式不同，其种子生产技术也不尽相同。

1. 自花授粉草坪草　自花授粉植物是指同一朵花内的雌雄配子结合产生种的个体。花为两性花，雌雄同熟，花器保护严密，其他花粉不易进入，开花时间短，雌雄蕊的长度相仿或雄蕊较长，利于自交，多在夜间或清晨开花。这类草坪草主要有波斯三叶草、地下三叶草、天蓝苜蓿等。因为两性细胞来源于同一个体，产生同质结合的合子，群体内个体间表现型相似，自交不衰退或衰退缓慢，异交率一般不超过 4%。因此，自花授粉草坪草的制种，通过人工选择清除异交的分离后代和变异株后，就可获得保纯繁殖的种子。但自花授粉植物随着自交代数的增加，由隐性基因纯合而产生的表型性状中，会出现不利的性状而降低草坪草的经济价值。

自花授粉草坪草因其天然异交率低，群体中个体的基因型基本纯合，在表现型和基因型上相对一致，因此良种繁育不需要采取隔离措施，杂劣株在外观上较易区分，只需对当选的本品种单株进行一次比较，淘汰杂劣株后混合作为原种，易达到提纯的目的。

2. 异花授粉草坪草　异花授粉植物是由来源不同、遗传性各异的两性细胞结合产生的异质结合子所繁殖的后代，不仅同一群体内包含有许多基因型不同的个体，个体间的基因型和表现型均不一致，而且每个个体在遗传上是高度杂合的。绝大多数草坪草都属于异花授粉植物，异交率在 50% 以上，借助风力和昆虫完成授粉，如多年生黑麦草、草地早熟禾、高羊茅、狗牙根、三叶草、百脉根等。异花授粉草坪草制种时，首先要设置隔离区防止串粉。禾本科隔离距离为 300～500m，豆科为 1 000～1 200m。

3. 常异花授粉草坪草　常异花授粉植物以自花授粉为主、异花授粉为辅，其主要性状多处于同质结合状态，异交率在 4%～50% 之间，强迫自交时，大多数不表现明显的自交不亲和现象。常异花授粉草坪草的制种与异花授粉草坪草相似，需要采取隔离措施，防止发生生物学混杂。

（三）草坪草常规品种种子生产技术

1. 对气候条件的要求　种子生产中应根据草坪草生长发育特点和结实特性，选择最佳气候区进行种子生产。对气候条件的一般要求为：适于种或品种营养生产和种子发育所要求的太阳辐射、温度和降水量，诱导开花的适宜光周期及温度，成熟期稳定、干燥、无风的天气。

2. 对土地的要求　用作生产草坪草种子的地块，应选择在地势开旷、通风良好、光照充足、土层深厚、排灌水方便、肥力适中、杂草较少，便于隔离、交通便利的地段上。土地的坡度应小于 $10°$，应配置灌溉和排水系统。为防止同种不同品种或近缘种之间的基因污染，草坪草种子田在种植某一品种之前的一段时间不得种植同种的其他品种或近缘种。间隔时间至少为 1 年，具硬实种子的草坪草要求至少间隔 4 年。

3. 播种和田间管理

（1）播种　在播种之前，应对土地进行深耕、浅耙、轻耱和酌情镇压等环节，为草坪草生长发育创造深厚、疏松、平整、肥沃的耕作层。播前需要对种子处理。通常进行破除休眠与包衣拌种处理，前者是用物理方法（擦破种皮）或化学方法（无机酸、盐、碱溶液浸种）处理种子，改善通透性，利于水汽进入；后者是将根瘤菌、肥料、杀菌剂、灭虫剂等利用黏合剂和干燥剂涂黏在种子表面。

播种可采用条播或撒播的方法，也可进行无保护的单播。单播视草坪草种类不同，播种行距可为 $15\sim60cm$，一般为 $30cm$，生长期内易产生杂草危害时可考虑撒播。播种时间因种而异，一般选择在春季播种。用于种子生产的播种量一般为用于草坪建植播种量的 $1/10\sim1/3$，条播时播种量可酌减。播种深度一般不应大于种子厚度的 $10\sim15$ 倍，禾本科不应大于种子厚度的 $15\sim20$ 倍，多以 $1\sim2cm$ 为宜。

（2）田间管理　田间管理的主要工作有：①根据土壤养分和植物生长状况，在播种期和成苗后施用适量的氮、磷、钾肥，对豆科植物，应注意使用硼、钼等微量元素肥料；②植物生长期应保证植物有充足的水分，土壤含水量一般应维持在田间持水量的 65% 以上，开花后，应逐渐减少灌溉，土壤含水量应降至 40% 以下；③可采取人工或化学方法进行杂草防除，应随时清除检疫性杂草，注意在苗期、开花期和成熟后进行间苗，凡杂劣病株一律拔除；④禾本科草坪草开花期用人工或机具于田间的两侧拉一绳从草丛上部掠过，往返几次，进行人工辅助授粉，豆科草坪草地每 $0.27\sim0.4hm^2$ 可养蜂一箱，借蜜蜂进行授粉，提高种子产量。

（四）草坪草杂种种子生产技术

草坪草基本上都是雌雄同株的植物，在利用杂种优势时必须解决杂交制种时母本的去雄问题。有了合适的母本去雄方法，才可以大规模配制杂交种，所以母本去雄是利用杂种优势的一大难关。至今还有许多草坪草杂种优势未在生产上利用，其主要原因就是没有简单易行的母本去雄方法。目前母本去雄的方法主要有人工去雄法、化学去雄法和利用雄性不育系等。

1. 人工去雄制种　草坪草几乎全是两性花，雌雄同花，花器细小（尤其是禾本科草坪草），人工去雄费时费工，田间操作性差，因此在草坪草种子生产中很少采用。但由于草坪草的无性繁殖和多年生特性，一旦育种中获得杂种优势强的杂种，即可通过无性繁殖的方法扩大群体，直接应用于生产，而且杂种优势可保持多年，无需每年制种，因此，在草坪草种子生产中也有少数利用人工去雄的方法生产杂交种子。

2. 化学去雄制种　选择对雌雄配子具有选择性杀伤作用的化学药剂，在孕穗期雄配子对药剂反应最敏感的时候喷施，以杀死或杀伤雄性配子，使花粉不育或失去对父本健康花粉的竞争力，有的药剂可以有效地阻止散粉而不伤及子叶，也不影响穗粒发育。目前使用的杀雄剂有 30 多种，一般多用于农作物制种，草坪草中应用较少。据报道，美国孟山都公司生产的化学去雄剂 GENESIS 对早熟禾去雄效果显著。目前实际应用中的问题是杀雄剂对雌蕊也有伤害作用，会导致种子产量的降低，制种产量与纯度之间存在较大的矛盾，喷施时间比较严格。另外，不同杂交组合对药剂施用的反应也有差异，进行杂交组合时必须做好预备试验。

3. 利用雄性不育系制种　由细胞质及核基因所控制的可遗传的雄性不育，表现为雄蕊不育、无花粉或花粉败育、功能不育、部位不育等。制种时常利用的是细胞核不育或核质互作不育等可遗传的雄性不育。在雄性不育系繁殖田里间隔种植雄性不育系和保持系，在杂交制种田里间隔种植雄性不育系和恢复系。在雄性不育系繁殖田里从不育系上收的种子除供下年繁殖田用种外，都用作制种田播种雄性不育系，而繁殖田自交的保持系种子继续供下年繁殖田种植保持系用。在杂交制种田里从不育系上收的种子即为杂交制种的杂交种子，下年供生产田应用，而恢复系自交种子则为下年杂交制种田播种恢复系用。

4. 利用自交不亲和系制种　自交不亲和是指雌雄蕊花器在形态、功能及发育上都完全正常，雄蕊也能正常授粉，但同一株系的花粉在本株系的柱头上不结实或结实很少的现象。具有自交不亲和性的系统或品系称为自交不亲和系。在生产杂种种子时，用自交不亲和系作母本，以另一个自交亲和系或不亲和的品种或品系作父本，即可省去人工去雄的麻烦。自交不亲和性在禾本科和豆科草坪草中比较常见，如三叶草、黑麦草、冰草等均存在自交不亲和现象。自交不亲和系亲本的繁殖常采用蕾期人工授粉法。

（五）草坪草原种的加速繁殖

新育成或引进的优良品种以及提纯生产的原原种，种子数量较少，为了使品种迅速推广、尽早发挥作用，必须加快繁殖，提高繁殖系数。采取普通栽培方法时，草坪草的繁殖系数通常比较低，但如果采取一些特殊的技术措施，则可明显提高繁殖系数。具体有以下几种方法。

1. 精量播种，高倍繁殖　精量播种、高倍繁殖是加速草坪草良种生产的重要方法。它是用较少的播种量和繁殖倍数高、质量好的种子，最大限度地提高繁殖系数。为了迅速繁殖少量优良品种的种子，提高单位面积产量，可采用较大的营养面积，进行单粒穴播或宽行稀植，充分促进单株分蘖分枝，以提高繁殖系数，获得大量种子。

2. 异地异季加代繁殖　我国具有幅员辽阔、地势复杂、气候多样的有利条件，进行异地加代繁殖，是加速良种繁育的有效方法。一般将北方当年收获的草坪草种子在我国海南、广东、福建等地进行南繁。还可以将草坪草栽培在温室中，一年繁殖两代。另外，利用草坪草再生性好的特点，在一年内收获多次，也可以加快繁殖速度。

3. 无性繁殖　无论是豆科还是禾本科草坪草，都具有较强的无性繁殖能力。禾本科草坪草可以采用分株繁殖的方法来加速良种繁殖速度。豆科草坪草可以利用枝条进行扦插繁殖，一般在分枝期、现蕾期进行扦插，插条可具1~2个节，长5~7cm。

4. 组织培养或细胞培养繁殖　利用植物细胞的全能性进行组织培养或细胞培养，建立草坪草组培快繁体系，可获得大量的无菌苗，或通过胚状体等制成人工种子，可使繁殖系数迅速提高。

（六）草坪草种子收获和清选

草坪草种子收获时应最大限度地防止混杂，联合收割机或脱粒机在使用之前需进行彻底的清理，防止其他植物种子混入。在种子收获后，运离田间之前应进行品种认定，由种植者在包装袋或运输车上粘贴品种认定标签。

种子清选前应对清选机和其他设备（漏斗、流出槽、升降机等）彻底清理，以除去以前使用时所残留的种子。清理过程中应遵守设备操作规程，保证不引起种子的机械混杂。对接受清选的种子、清选的操作过程及最终清选出的种子作详细的记录。清选后的种子应达到欲生产等级种子的最低质量标准。若低于标准的要求，应降低等级。但允许重新清选，若达到要求的标准，可进行重新评级。

（七）草坪草种子的分级标准

草坪草种子的等级按品种纯度、净度、发芽率、含水量和杂草种子含量5项指标综合评价。按最低定级的原则，5项指标中任何一项不能满足某一等级要求的，做降级处理。种子批质量等级均以某一项目的最低水平而定。种子有休眠现象时，以种子生活率取代发芽率指标。我国几种主要栽培牧草、草坪草种子质量分级国家标准见表9-2。根据此标准，草坪草种子按其质量可分为一级、二级和三级3个质量等级。一级种子的各项指标均较高，接近或超过国外水平，以利于草坪草种子的国际贸易与交流，并促进我国草坪草种子质量的不断提高。二级种子指标一般略低于国外标准，但符合我国中上等草坪草种子的生产水平。三级种子各项指标要求均较低，尽可能照顾到我国草坪草种子生产的一般水平。

（八）贴签与包装

只有通过申请、田间检查、收获和加工监督及室内检验，并达到了一定种子登记标准的草坪草种子才能进行贴签和封缄。检验合格的种子应用新袋或新容器重新包装。每个装种子的容器上以认可的方式贴上或缝入检验机构审定的种子标签。如果种子以散装的形式出售，种子拥有者或仓库管理者应按照种子生产和销售有关规程的要求进行合理的管理，使种子在运输之前保证审定种子的真实性。种植者和种子商应出示控制散装种子能力的证明材料。标签的粘贴和封缄应在种子检验机构的监督下进行。

标签上应注明草坪草种子批号、种子的种类（种名、品种名）、种子等级、生产和检验时间等内容。为方便消费者，种子标签上还可包括种子净度和发芽率等质量内容。种子标签的有效期为12个月。

表9-2　几种主要草坪草种子质量分级标准

草坪草名称	级别	最低净度（％）	最低发芽率（％）	其他种子最高粒数（粒/kg）	最高含水量（％）
冰草	1	80	80	2 000	11
（Agropyron cristatum）	2	75	75	3 000	11
	3	70	70	5 000	11
无芒雀麦	1	90	90	500	11
（Bromus inermis）	2	85	85	1 000	11
	3	75	80	2 000	11
多年生黑麦草	1	95	90	500	12
（Lolium perenne）	2	90	85	1 000	12
	3	85	80	2 000	12
多花黑麦草	1	95	90	500	12
（Lolium multiflorum）	2	90	85	1 000	12
	3	85	80	2 000	12

（续）

草坪草名称	级别	最低净度 （%）	最低发芽率 （%）	其他种子 最高粒数 （粒/kg）	最高含水量 （%）
毛花雀稗 （Passpalum dilatatum）	1	90	60	500	11
	2	85	50	1 000	11
	3	80	40	2 000	11
草地早熟禾 （Poa pratensis）	1	88	80	2 000	11
	2	80	70	3 000	11
	3	75	60	5 000	11
多变小冠花 （Coronilla varia）	1	90	60	400	12
	2	85	50	500	12
	3	80	40	600	12
紫花苜蓿 （Medicago sativa）	1	95	90	1 000	12
	2	90	85	2 000	12
	3	85	80	4 000	12
白三叶 （Trifolium repens）	1	90	80	1 000	12
	2	85	70	2 000	12
	3	80	60	4 000	12

◆ 复习思考题

1. 以一串红为例，简述一二年生花卉的种子繁殖技术。
2. 种子繁殖观赏植物品种混杂退化的原因及防止措施是什么？
3. 什么是球根花卉？有哪些类型？球根花卉如何繁殖？
4. 宿根花卉有哪些特点？其繁殖方法有哪些？
5. 简述木本观赏植物大苗的培育技术。
6. 草坪草的类型有哪些？简述草坪草常规种子生产技术。

◆ 推荐读物

包满珠主编．2004．园林植物育种学．北京：中国农业出版社．
师尚礼主编．2005．草坪技术手册：草坪草种子生产技术．北京：化学工业出版社．
程金水主编．2000．园林植物遗传育种学．北京：中国林业出版社．

第十章　主要果树种苗生产技术

【本章要点】本章应重点掌握苹果、梨砧木实生苗的培育技术及其嫁接繁殖的方法，柑橘类苗木砧木繁育技术与嫁接方法，葡萄、猕猴桃、香蕉、荔枝和龙眼苗的苗木培育技术；了解桃、李、杏、核桃、扁桃、板栗砧木繁育技术与嫁接方法，苹果、梨、桃、李、杏、柑橘类苗木砧木的种类与特性。教学难点是苹果、梨、柑橘类果树种苗繁育技术。

果树繁殖的方法可以分为两大类，即有性繁殖和无性繁殖。有性繁殖又称实生繁殖，指直接用种子播种培育苗木。有性繁殖培育的苗木称为实生苗。有性繁殖方法简便，种子来源多，可大量繁殖，实生苗根系发达、对环境适应性强，是培育果树砧木的主要手段。一些树种，如核桃、番木瓜、椰子、榛子等，也可采用实生繁殖。无性繁殖又称营养繁殖，是以营养器官进行的繁殖。果树无性繁殖常用的方法有扦插、压条、分株、嫁接等。嫁接苗可以利用砧木的矮化、抗逆性、抗病虫害等优良性状。目前绝大部分果树的生产用苗采用嫁接苗。

第一节　仁果类苗木生产技术

一、砧木的类型

仁果类果树，如苹果、梨、山楂、枇杷等苗木的生产以嫁接育苗为主。培育嫁接苗常用的砧木可分为乔化砧木和矮化砧木两大类。

（一）苹果育苗常用砧木

1. 乔化砧　目前我国苹果园 95% 以上为乔化栽培，常用的乔化砧木有以下几种。

（1）山定子（*Malus baccata*）　抗寒力极强，有些类型能抗 −50℃ 的低温。根系发达，耐贫瘠。适于微酸性土壤，在 pH 高于 7.8 的土壤中易患黄叶病，在盐碱地上生长不良，死亡率高。山定子种子需要后熟期较短，在 0~2℃ 条件下，沙藏 25d 即可通过自然休眠（后熟）。山定子苗床播种每平方米约需种子 5g，要播撒均匀，覆土 1.5~2cm，待长出 3~4 片真叶，每平方米留 30~40 株。山定子与苹果品种嫁接亲和力强，嫁接的苹果结果早、产量高。适于东北各地及渤海湾一带，不适于北京、河北中南部地区和黄河故道地下水位高的盐碱地区及西北的碱性土地区。

（2）海棠果（*Malus prunifolia*）　须根发达，对土壤的适应性很强，抗旱、耐涝、耐盐碱，抗寒力仅次于山定子，在盐碱地上，海棠果砧优于山定子砧，且耐暂时的水泡，较抗苹果绵蚜和根头癌肿病。海棠果砧与苹果栽培品种亲和力强，在全国分布和应用范围比较广。烟台沙果、莱芜茶果、崂山奈子、河北冷海棠及河南奈子均属海棠果，烟台沙果、莱芜茶果嫁接苹果树时都有一定程度的矮化作用。

（3）西府海棠（*Malus micromalus*）　幼苗生长快，一年可达到嫁接粗度，与苹果嫁接亲和力强。本种中的八棱海棠主要产地在河北省张家口市，是目前北方地区应用最多的砧木品种。八棱海棠比较抗旱、抗寒、耐涝、耐盐碱，生长快，抗白粉病。据河北农业大学观察，用八棱海棠嫁接的'国光'、'祝光'、'红星'都比较高大，生长势强，'国光'、'红星'结果较晚。本种中的莱芜难咽在山东采用较多，其比较耐盐碱、结果早，有一定的矮化作用。

（4）湖北海棠（*Malus hupehensis*）　根系浅，须根不发达，抗旱性差，但抗涝性强，不易患根腐病、白绢病，抗苹果绵蚜和白粉病。湖北海棠有孤雌生殖的能力，实生苗生长整齐。湖北海棠与苹果嫁接亲和力因类型不同而有差异，如本种中的泰山海棠亲和力差，虽然芽接后能成活，但来年很少萌芽；山东平邑甜茶亲和力强，且抗涝性极强，并有一定的抗盐能力，各地使用后反映良好，在黄河故道地区使用，嫁接成活率高，黄叶病和早期落叶病发病率极低。湖北海棠是我国华中、华东、西南地区常用的苹果砧木。

此外，常用的苹果砧木还有三叶海棠、河南海棠、塞威氏海棠（又名新疆野苹果）、花红等。

2. 矮化砧　表现较好的引进苹果矮化砧木，主要有英国东茂林试验站的 M 系、MM 系，加拿大的'渥太华3号'，波兰的 P 系，美国的 MAC 系和 CG 系等。我国发掘和利用的矮化砧木，如属于苹果属的崂山奈子、陇东海棠、武乡海棠、樱桃叶海棠、海棠，与苹果同科异属的毛叶水栒子、水栒子、牛筋条等。我国也育成了一些矮化砧木。如青岛市农业科学研究院和山东农业大学育成的'青砧1号'、'青砧2号'和'青砧3号'，辽宁省果树科学研究所（2005）培育的'辽砧2号'，山西省农业科学院果树研究所选育而成的 SH 系矮化砧木，中国农业科学院果树研究所育成的'Cx-3'，以及吉林农业大学育成的'63-2-19'，等等。以下介绍几种常用的苹果矮化砧。

（1）M_4　原名霍而斯坦道生，又名黄色道生或荷兰道生，我国列为半矮化砧木。根系分布较浅，根蘖多，压条生根容易。与苹果一般品种嫁接亲和力好，但与'金冠'、'凤凰卵'等品种嫁接不亲和。耐湿、喜较潮湿土壤，抗旱力较差，较耐寒、瘠薄。

（2）M_7　我国列为半矮化砧。根系发达，须根多，分布较深。适应性强，比较抗旱、耐瘠薄，抗寒力较强，不抗绵蚜。与苹果嫁接愈合好，嫁接后结果较早，比较丰产，但根蘖较多，嫁接部位应高一些而且稍栽深一些，以便抑制根蘖的大量发生。与苹果嫁接后有"小脚"现象，适于嫁接生长势较强的品种。压条繁殖容易发根，繁殖系数高。

（3）M_9　原名黄色梅兹乐园，我国列为矮化砧。根脆，易折断，分根较多，分布较浅。不抗寒、不抗旱、不抗涝，固地性较差。与苹果嫁接愈合良好，有"大脚"现象，因木质脆，有折干倒伏现象。M_9 上嫁接的苹果品种成年树树高仅 2～3m，早果性强。压条繁殖生根困难，繁殖系数差。

（4）M_{26}　由 $M_{16} \times M_9$ 杂交育成，我国列为矮化砧。根系较脆，但固地性好。抗花叶病、白粉病、软枝病，不抗绵蚜和颈腐病。抗旱性较差，喜欢排水良好的沙壤土，要求有灌溉条件，不适合黏重积涝土壤，耐贫瘠。与苹果主要品种及其他乔化砧木嫁接愈合力强，有"大脚"现象。嫁接树矮化程度介于 M_9 与 M_7 之间，比 M_7 嫁接树结果早，比 M_9 嫁接树丰产。繁殖容易，压条或硬枝扦插都容易发根，繁殖系数高。

（5）MM$_{106}$　由君袖×M$_1$杂交育成，我国列为半矮化砧木。根系较发达，固地性较好，不生根蘖。抗寒力较强，抗涝，抗绵蚜和病毒病，但易患颈腐病和白粉病。与苹果品种及其他乔化砧嫁接亲和力良好，但与'元帅'嫁接亲和力差。MM$_{106}$嫁接的苹果树大小与M$_7$嫁接树相似，结果也较早。压条或硬枝扦插都容易发根，繁殖系数高。

矮化密植是世界苹果栽培发展的趋势。但在我国，矮化砧木发展缓慢。原因之一是我国苹果栽培多在贫瘠、干旱、寒冷的地方，引进的矮化砧一般根系较浅，对肥水要求比较严格，适应性较差，再加上不同砧木的适应区域不同，因此多作为中间砧。但中间砧成苗时间长，操作过程较复杂，因此许多人仍采用普通的乔化砧育苗技术。我国虽然也选育出许多矮化砧木，但各地均未在生产上大面积推广这些砧木，今后应加强各地适应性强的特色矮化砧木的选育和配套栽培技术的研究。

（二）梨育苗常用砧木

1. 乔化砧　目前，我国梨树生产所用砧木，仍主要为原产我国的梨属野生种。

（1）杜梨（*Pyrus betulaefolia*）　是我国北方应用最广泛的梨树砧木。根系发达，须根多。抗逆性较强，耐旱、耐湿、抗盐碱、抗寒，在沙荒地、山地及低洼盐碱地等恶劣的自然条件下都能够生长。杜梨砧与多数品种梨的亲和力均好，生长旺，结果早而且丰产、寿命长。

（2）山梨（*Pyrus ussuriensis*）　为野生秋子梨，是我国华北、东北、河北东北部梨区广泛应用的砧木。特别耐寒、耐旱，但不耐盐碱，其主根发达，须根少，果实负载量多时树体易死亡，不适宜在河北中南部地区作砧木。与秋子梨、白梨、沙梨系统品种亲和力好，与某些西洋梨嫁接后易得"铁头病"。品种嫁接树树冠大，丰产。

（3）豆梨（*Pyrus calleryana*）　是我国长江流域及其以南地区广泛应用的梨树砧木。根系强大，耐热、耐涝、抗旱，较耐盐碱，抗寒性较差，适于温暖、湿润气候。抗腐烂病能力较强。是沙梨系统品种的优良砧木，与西洋梨品种的嫁接亲和力较强。

（4）沙梨（*Pyrus pyrifolia*）　在长江以南用其作砧木。沙梨实生苗根系发达，苗干发育好，耐湿热，抗寒性差。对腐烂病抗性较强，适于偏酸性土壤。主要用作沙梨系统品种的砧木。

此外，麻梨为西北地区应用最多的耐寒、耐旱的梨树砧木；木梨也是西北地区梨的良好砧木；褐梨野生于华北各省，冀东用其作砧木，适应性强，树势旺，结果稍迟；川梨在云南等省被用作梨的砧木。

2. 矮化砧　欧美各国梨树矮化密植栽培，多半都是采用榅桲作为矮砧的。如法国90%的梨树采用榅桲矮化砧，美国采用榅桲EMA类型和普鲁文斯榅桲砧矮化栽培面积较大。但榅桲与中国梨品种的亲和力不强，一般采用西洋梨作为中间砧木，上部嫁接中国梨品种达到矮化栽培目的。

中国农业科学院果树研究所育成的'中矮1号'作中间砧能使栽培品种树体矮化、早结果、早丰产，矮砧本身具有抗枝干腐烂病、轮纹病、抗寒等特性，与栽培品种嫁接亲和性良好；育成的'中矮2号'抗寒性较强，较抗枝干腐烂病、枝干轮纹病，嫁接树矮化程度高，早结果性强、早期丰产，与基砧及接穗品种亲和性良好，嫁接品种果实大小、肉质、硬度、可溶性固形物含量及品质等方面与对照乔砧没有明显差异，适于在辽宁地区作中间砧，华北、西北、西南、南方梨区可引种种植。

二、砧木苗的繁育

（一）砧木实生苗的培育

仁果类果树砧木的繁育主要采用种子播种培育实生苗。苹果乔化砧木普遍采用播种育苗；梨树砧木生产上主要采用实生播种进行繁育；枇杷的砧木以本砧为主，凡栽培品种的种子播种后所得实生苗都可作砧木，与砧木苗的繁育过程基本相同。

1. 采种 实生播种繁殖的砧木植株变异大，采种时应选择形状近似的结果树作为采种树，且采种树必须纯正、健壮、无病虫害。采种时果实必须充分成熟，如杜梨要种皮呈褐色时方可采收，山定子和海棠果一般9～10月份才能采收。如果购买种子要注意砧木种类和种子质量，避免购进陈子和假劣种子而影响出苗率和嫁接育苗。果树的种子都有其固有的外部形态，如形状、大小、颜色、缝合线等，也可进行解剖，从种脐、子叶、胚、珠孔等内部形态构造，还有种仁气味等来鉴别。优质的种仁种皮不皱缩，有光泽，大小均匀，种仁饱满，子叶和胚为纯白色，不透明，有弹性，用手指按压不破碎。

果实采收后可以马上取种。山定子等难以取种的果实采收后可以堆放在阴凉的地方使果肉软化，种子后熟1周左右。此时需防果实发热，果堆内温度不能超过35℃，否则影响种子发芽，堆积期间要经常翻动。之后用清水将已腐烂的果肉洗净，将种子放在阴凉地方风干，切不可放在直射光下暴晒，否则种子破皮率高，发芽率低。种子阴干后装入袋子，置通风、干燥处保存。

2. 层积处理 苹果、梨、山楂等砧木种子需要经过沙藏层积处理打破休眠才能萌发。一般层积在12月底或翌年1月初开始，经过一冬就可播种出苗。东北地区广泛应用的山楂砧木山里红正常采收后需要两年的层积才能出苗，从第一年秋冬季层积处理至第二年秋季播种，或者第三年春季播种。枇杷的种子没有休眠期，不需要层积处理，可随采随播，也可以处理后干藏到秋季播种。

层积具体做法是：沙藏前，用清水浸泡种子，使种仁充分吸水，并除去漂浮的杂质和瘪种子。将种子和湿沙按一定比例（小粒种子1∶3～5，大粒种子1∶5～10）充分混匀。沙子的含水量为50%～60%。如果种子量少，可放在一定的容器内（容器要有透气性），底层先铺一层湿沙，放在冬季无取暖设备的房屋内或地下室及菜窖内，温度保持2～7℃。种子数量大时，如果冬季不十分寒冷，可进行地面层积。先在地面铺一层湿沙，然后将与湿沙混匀的种子堆放其上，堆放厚度不超过50cm，最后在堆上盖一层干河沙；如果冬季严寒，需挖沟层积。可选择地势干燥、不易积水的背阴处，挖深50～100cm、长宽依据种子数而定的沙藏沟，沟底先铺10cm厚的湿沙，然后把混合湿沙的种子放入至沟沿10cm处，上面再盖一层湿沙，沟内每隔1m左右竖埋一个草把以保证通气。最后在地面盖成丘状土堆，以利排水。种子沙藏期间，应经常检查温度、湿度，并防鼠害。春暖时需翻动1～2次，以防下层种子发芽或霉烂，发现霉烂种子要及时拣出。

生产上还使用一些快速打破休眠的方法。梨砧木种子春季播种前35d左右，将砧木种子去除杂质，按1份种子5份水的比例将种子倒入60℃温水中，边倒边搅拌，当水温降至大约35℃时，加入适量多菌灵或托布津粉剂与高美施（奥普尔）有机肥液的混合物，搅匀，浸泡24h。将浸泡过的种子沥出，先装入消过毒的布口袋中，再装入塑料袋内封口，在温度

1～3℃的冰箱中冷藏 30～35d，待种子刚开始发芽时取出。出苗率可达以上 95％以上，且苗木整齐。据试验，苹果砧木种子用 100～500mg/L 萘乙酸（NAA）或 20～100mg/L 赤霉素或 3％碳酸钠或 0.3％溴化钾浸泡 12h，均有促进种子发芽的作用。

为了保证播种后的出芽率和苗圃的整齐度，播种前最好能进行催芽。冬季地面沙藏层积的，早春气温回升后自然会裂嘴出芽；沟内和窖里层积的，早春取出后，连同湿沙放在温暖处盖上塑料薄膜或粗布进行升温催芽；未经层积的种子，在打破休眠后，同样放于温暖处，盖上粗布或塑料薄膜升温催芽。催芽温度以 15～25℃ 为宜，变温比恒温更有利于种子发芽。催芽程度，以胚根长不超过 0.2cm 为好。30％苹果砧木种子裂嘴时即可播种。

3. 种子生活力和发芽率的测定　砧木种子先用 28～30℃的温水浸泡 1h，使其充分吸水膨胀，再用镊子仔细剥去种皮，注意不要伤及种仁。配制 5％的红墨水溶液，将种子均匀浸入墨水中，溶液量以浸没种子为宜，染色 2～3h。染色后，将种子用自来水冲洗数次，直至冲洗后的水无红颜色为止。观察种子的胚和子叶，不着色即为具有生活力的种子；如果胚和子叶呈红色，即说明该种子丧失了生活力。发芽率通过发芽试验测定。

4. 整地和播种　选择地势平坦，排水良好，灌溉方便的地块作苗圃。山定子育苗一般采用秋整地秋打垄，翻后做到充分碎土，整平起伏不平的地块。为防止受蝼蛄等地下害虫的危害，在打垄前每平方米用 2～3g 辛硫磷，混拌适量细土制成颗粒剂撒在土壤中。在土地翻耙前施入堆肥，深 15～17cm，每公顷 4 500kg；秋打垄时再混入垄表面 10cm 厚度的土层土，每公顷 225 000kg，同时每公顷施入磷酸二铵 135kg。施肥做到施细施匀，层层有肥，以利于苗木正常发育。垄高 15cm，宽 70cm，做好垄后，用木碾子镇压垄面使其平整。

华中、华北南部等地春播时间一般在 3 月中旬至 4 月上中旬。秋冬比较温暖、风沙小的地区可以秋播。播种前灌透底水，播种后用准备的细沙和筛好的地表土加细草炭粉作覆盖种子的材料，厚度以不露种子为准。山定子种子较小，覆盖 1cm 为宜，海棠果为 1.5～2cm，山梨的播种深度以 1.5～2.5cm 为宜。播种覆沙后马上镇压 1 次，使种子和土壤紧密结合，避免土壤及种子风干。常用苹果和梨砧木的播种量见表 10 - 1 与表 10 - 2。

表 10 - 1　苹果砧木相关参数表

树种	每千克粒数（万粒）	果实出种率（％）	播种量（kg/hm²）	嫁接成苗数（万株/hm²）
山定子	14.8～24	3～4	7.5～22.5	22.5～30
海棠果	4.2～6.6	1.0	15～45	18～22.5
西府海棠	4～6	0.7～1	18～30	18～22.5
湖北海棠	8～12	2～5	15～22.5	18～22.5
黄果三叶海棠	12	2	15～22.5	18～22.5
红果三叶海棠	6	2	15～22.5	18～22.5
河南海棠	8～10	2	15～30	18～22.5
丽江山定子	12	2.5～3	15～30	22.5～30
黄海棠	16	1	7.5～22.5	18～22.5
花红	2.8～4.8	2	30	18～22.5
国光	1.8～2.4	0.4	37.5	18～22.5

引自张开春，2004。

表 10 - 2 梨砧木种子相关参数表

砧木种类	每千克粒数（万粒）	果实出种率（%）	播种量（kg/hm²）	嫁接成苗数（万株/hm²）
山梨（秋子梨）	1.4～1.9	0.5～1.0	60～75	15～22.5
杜梨	小粒2.4～3.0	1～2	22.5～30	15～22.5
	大粒6.0～7.2	3～6	15～22.5	15～22.5
沙梨	4	—	22.5～30	15～22.5
豆梨	0.8～0.9	—	15	15～22.5

引自张开春，2004。

5. 苗期管理 播种后的主要管理措施有：①播种后做到适时适量灌水，前期量少但要次数多，每周 2～3 次，7 月份为小苗生长旺季，灌水宜量多次少，每周 1～2 次，8 月份停止灌水，以利苗木木质化；②全年共除草 4～6 次，做到育苗地及时除草、中耕、松土，保持土壤疏松无杂草；③在幼苗长出 3～4 片真叶时进行间苗，再进行定苗，定苗株距约为15cm，移苗前 1～2d，要灌一次透水，可带土移栽，以利成活；④间苗时开始第一次追肥，接着灌水，有利苗木吸收，每隔 7～10d 追一次尿素，移栽后，随着苗木的生长发育追肥浓度逐渐增加，连续追肥 2～3 次，8 月初停止追肥。

露地直播育苗的砧木苗主根较长，侧根不发达；先播种育苗，然后再移栽，移栽过程中主根会被切断，促进幼苗发生大量侧根。据观察，这两种育苗方法培育的苗木，栽植后果树质量差异并不明显。梨树砧木的实生苗，特别是杜梨的实生苗，主根发达，侧根少且弱，直根性很强，移栽后成活慢，缓苗期长。生产实践中，一般在小苗长到两片真叶时切断主根先端以后再移栽，可使实生苗在扎根期长出较好的侧根，而不影响当年的芽接。

（二）砧木的无性繁殖

1. 苹果矮化砧的压条繁殖 矮化砧木的矮化性状本身是一个杂合遗传性状，用种子繁殖会改变其固有的性状，因此生产上多采用压条法来繁育苹果的矮化砧木。压条法分垂直压条法和水平压条法等。两种压条方法详见第三章有关内容。

2. 梨的根蘖繁殖 梨树因为容易产生根蘖，因此有时可利用根蘖作为砧木来育苗。为了提高根蘖苗的质量，可在树冠投影边缘开沟断根，然后填土平沟，促发根蘖，此后要加强肥水管理，有时能获得比播种育苗质量还高的苗木。为了保护母树，每年不能取苗过多；切根部位每年应轮换进行。利用根蘖苗培育梨果苗时，要注意将其基部的分枝剪除，以促使砧木苗粗壮、直立。

3. 山楂砧木的无性繁殖 山楂砧木除种子播种繁殖外，还可用根蘖苗繁殖和根段扦插繁殖等方法。详见第三章根蘖分株法与根插繁殖技术。

三、嫁接方法及嫁接后管理

生产上，仁果类果树嫁接方法主要有芽接法和枝接法。一年中春、夏、秋三季都可以接，比较适宜时期是春季和秋季。春季可以采取带木质芽接、枝接和根接，秋季枝条离皮时可以进行"T"形芽接。

1. 接穗的采集 接穗应来自良种母本园或从优良品种树上采集，以保证品种的纯正和优良。母树必须具备品种纯正、高产稳产、优质的特性，无检疫对象。选作接穗的枝条，必须生长充实，芽体饱满。

　　芽接一般用当年新梢上生长饱满的叶芽。生长季进行芽接时，接穗最好随用随采，以提高成活率。采后立即将枝条上的叶片剪去，以减少水分蒸发。春季如果用带木质芽接进行补接，也可用贮存的一年生枝上的芽。枝接一般用一年生枝条，枝条可结合冬季修剪来采集。生长季嫁接时，如果不能随采随用，则必须将接穗打成捆，挂上标签，放在阴凉处，接穗下端用湿沙培好，并喷水保湿。接穗由外地运来或需要外运时，应附上品种标签，注意用塑料薄膜或其他保湿材料包好，再装入麻袋中以保持水分。春季枝接的接穗，冬季可埋入地窖、山洞或沟内的湿沙内。

　　2. 嫁接方法　嫁接方法主要有芽接和枝接，芽接常用"T"形芽接和嵌芽接；枝接常用劈接和切接，具体方法参照第三章有关内容。

　　3. 嫁接后管理　嫁接后主要有下列管理工作：

　　（1）检查成活和补接　嫁接 2～3 周后即可检查嫁接成活情况。凡接芽新鲜、叶柄一触即落者为已成活，接芽如果没成活的要马上补接。

　　（2）培土防寒　在冬季寒冷干旱的地区，为防止接芽受冻，在封冻前应培土防寒，培土高度以超过接芽 6～10cm 为宜。春季解冻后，及时撤除防寒土，以免影响接芽的萌发。

　　（3）剪砧和春季补接　一次剪砧法是于嫁接后第二年萌芽前在接芽上部 1.0cm 左右处剪去砧木。剪砧时刀刃背向接芽，剪成斜剪口，以利于剪口的包合。越冬后未成活的，可用枝接法补接，于萌芽后及早进行。

　　（4）除萌蘖　剪砧后，容易从砧木基部和接芽上部活砧上发出大量萌蘖，必须及时除去，避免与接芽争夺水分与养分。

　　（5）施肥和病虫害防治　嫁接后要加强肥水管理，剪砧后追肥一次，结合喷药每次加 0.3% 尿素促其旺盛生长，每次追肥的同时注意灌水。适时进行中耕除草，并加强苗期的病虫害防治。如苹果苗期要注意防治蚜虫、卷叶虫、红蜘蛛、金龟子、早期落叶病等病虫害。

四、苗木出圃

　　1. 挖苗时期　挖苗时间，可以在春季随定植起苗，或在春季提前将苗挖出，短期假植，以备随时出售或定植。挖苗前要浇水，减少须根损伤。也可在初冬起苗，经冬季假植贮藏，翌年春季定植。一般于 11 月中旬至土壤封冻前这一段时间，在温度不低于 0℃ 的情况下应尽量晚些。此时起苗有利于营养充分回归于根部。如果苗木长势较旺，入冬时叶片尚未脱落，可将叶片人工打落后起苗。秋天起苗可避免果苗冬季在田间受冻而损伤，春天起苗可减少假植程序。

　　2. 挖苗方法　起苗时，如果土壤干燥，应在起苗前 1 周左右对苗地浇 1 次透水，待土壤松散后再起苗。防止用手拔苗以免拔断侧根等，影响成活率。起苗时，应从苗旁 20cm 处深铲，苗木主侧根的长度至少保持 20cm，防止劈断根系或根系过短，力求多带侧根、细根，同时要特别防止损伤苗木皮层及芽。起苗时还应防止抖土，抖掉宿土延长了苗木对新土壤的适应时间，从而影响其成活率，因此起苗时应尽量多带宿土，较大树苗最好用塑料纸把根部土球包好。

　　3. 出圃苗分级　出圃的苗木，同品种的按其高度、粗度、根系好坏及有无机械损伤和病虫害等情况分级。由于各地气候条件不同，对苗木的规格要求也不完全一样，但总的原则是一致的，必须品种纯正，砧木类型一致，地上部分枝条充实，芽体饱满，具有一定的高度和粗度，根系发达，须根多，劈折很少，无严重病虫害及机械损伤，嫁接部位愈合好等。

4. 假植 苗木出圃后如不马上定植或外运，应进行假植。短期假植的可将已分级的苗木蘸泥浆后就地开浅沟，成捆立于沟中，用湿土埋好根系即可。长期假植苗木即越冬性假植时，应选择地势平坦、背风阴凉、排水良好的地方，挖宽 100cm、深 50～60cm、东西走向的假植沟，沟长以苗木多少而定。将苗木密集排列于沟中，最好不要成捆，苗木向北倾斜，摆一层苗木填一层土，要求填疏松、湿润的细土。填土时，要边填边摇动苗木，使土充分充满苗木根系间隙，以利于根系与土密切接触，随即浇透水，一般培土达到苗木高度的 1/2 以上。严寒或干燥多风区苗木易抽条，假植时苗木埋土要与苗干同高，较弱小的苗木可全部埋入土中。假植的苗木怕干、怕积水，应定时检查。

第二节　核果类苗木的生产技术

核果类果树，包括桃、李、杏等，主要采用嫁接育苗，少量用种子实生繁殖及其他无性繁殖方法。

一、砧木的类型与选择

（一）桃常用砧木与选择

（1）山桃（*Prunus davidiana*）　我国东北、华北、西北的野生种。小乔木，树干表皮光滑，枝细长。果实小，不能食用。抗寒、抗旱性强，较耐盐碱。我国北部桃区常用做砧木，与桃栽培品种嫁接亲和力好，但较易感染根癌病和颈腐病。山桃也是李和杏的良好砧木，与中国李嫁接亲和力强，与欧洲李嫁接亲和力弱。

（2）毛桃（*Prunus persica*）　栽培桃的野生种。小乔木，果实小，品质差，不能食用。适应性强，生长迅速，健壮，根系发达，耐旱、耐瘠薄土壤，与山桃相比耐湿性好。我国南方各省及华北、西北、东北广泛使用作桃的砧木，与桃的栽培品种嫁接亲和力强，苗木生长旺、结果早、果实大、品质好，但树体寿命较短。毛桃中有很多类型，一般当地的毛桃在当地种植会表现抗性较强。毛桃也可用作中国李和杏的砧木。

（3）毛樱桃（*Prunus tomentosa*）　灌木，原产于我国西北、华北北部及东北地区。抗寒力很强，抗旱力和对土壤的适应能力也较强。毛樱桃用作桃的砧木有明显的矮化效果，与桃品种嫁接亲和力好，但易产生萌蘖。

可用作桃的砧木的还有寿星桃、扁桃、陕甘山桃、山杏等，现生产中还广泛应用新疆毛桃，种子价格便宜，出苗率高，但对白粉病的抗性差。朱更瑞等（1997）连续 7 年对 12 种桃砧木类型进行比较试验，结果表明，毛桃的嫁接亲和力最强，砧穗接合部位相近一致，愈合良好，生长旺盛，但与其他砧木比，早期产量低；山桃、陕甘山桃，产量高，早期丰产性好，品质优，但"大脚"现象明显，易染根癌病；'甘肃桃 1 号'对南方根结线虫免疫，抗旱能力强，适合丘陵薄地、沙质土地栽植；光核桃类型多，亲和力种内表现不一，其中以'光核桃王'、'光核桃 3 号'表现较好，但表皮粗糙易受天牛为害；毛樱桃矮化效果明显，树冠只有毛桃的 2/3～1/2，可进行密植栽培，但株间亲和性分离广泛，须经纯化或采用优株营养系，才能应用于生产。

（二）李常用砧木与选择

我国北方多用毛桃、山桃或李本砧。毛桃砧嫁接李的嫁接苗生长迅速、结果早、丰产，适于沙质土壤上栽培，缺点是寿命短，对低洼黏重的土壤适应性差，根头癌肿病及白纹羽病较重。山桃较毛桃耐寒力强，缺点与毛桃砧相同。用李作本砧时，嫁接苗对低洼黏重土壤的适应性较强，根头癌肿病较轻，但抗旱力较弱，易生根蘖。东北中北部常用杏作李树的砧木，杏砧与中国李和欧洲李嫁接均易成活，杏砧抗寒力极强，耐旱，根蘖少，易用种子繁殖，缺点是抗涝性差，与李的某些品种嫁接亲和力差。南方习惯用毛桃或梅作李的砧木，用梅嫁接的李树生长较慢，结果迟，但寿命较长。

毛樱桃在北方广泛用做李的砧木，被认为是中国李系统李树优良的矮化砧木，可使李树早结果、早丰产、稳产，能够促进李树花束状果枝的形成。以榆叶梅做李的砧木，也可使李矮化，嫁接成活率较高，抗寒、耐盐碱、早果。

对李树砧木应用的研究，主要集中在适宜的种类和矮化砧木的选择上。冯军仁等（1997）在甘肃张掖以榆叶梅、山桃、山杏、毛桃为砧木，嫁接'绥李3号'、'奎丰'和'奎冠李'。结果榆叶梅砧表现矮化性状，且果实品质显著提高；山桃砧次之；毛桃做砧木嫁接品种营养生长过旺且不宜用于抗寒性差的品种；山杏砧虽可成活，但有风折现象，且嫁接后果实品质下降。周怀军等（2003）以毛桃、毛樱桃、山杏为砧，嫁接'大石早生'和'盖县大李'，认为毛樱桃作李砧具有明显的矮化作用，山杏次之；毛桃作李砧时树体生长量大，砧木的 IAA 氧化酶活性与树的生长及其矮化性呈负相关。

（三）杏常用砧木与选择

杏树的育苗可采用本砧（共砧），也可采用异砧。本砧有山杏、辽杏、西伯利亚杏、蒙古杏及普通杏等。许多杏产区用普通杏作为杏的砧木，具有适应性强，种仁饱满，发芽率高的优点。北方普遍使用的砧木是山杏和东北杏，山杏抗旱、抗寒，能耐 −35℃ 低温；东北杏抗旱、抗寒性均很强。异砧有山桃、毛桃、普通桃实生苗、小黄李等。南方湿热地区可用梅作砧木。目前还无杏的优良矮化砧木。

二、砧木苗的繁育

桃砧木种子的采集一般在 7～8 月进行，由于山桃和毛桃均有不同类型，成熟早晚不一，采集砧木种子时应注意其成熟期，要采集成熟期偏晚的种子，其种仁发育充实，发芽率高。采后及时除去果肉再阴干，放置在阴凉、干燥处。播种时间可根据具体条件确定，分秋播（土壤封冻前）和春播 2 种。秋播的种子不需要层积处理，可园地直播或苗圃培育出苗木后定植。春播育苗的种子需经一定时间的层积处理，毛桃需 100～120d，层积步骤与仁果类果树相同。

桃苗的生长一般以沙质壤土和轻黏壤土为好。桃苗圃切忌连作，育过桃苗的地，一般需隔几年才能用来育桃苗，以保证桃苗质量。春播在土壤解冻后进行。大粒种子如山桃、毛桃采用点播，山桃种子每千克 250～600 粒，每公顷播种量 300～750kg；毛桃每千克 200～400粒，每公顷播种量 450～750kg。小粒种子毛樱桃可采用条播的方式，每公顷播种量在 75kg

左右。毛桃、山桃的覆土深度为 4~5cm，毛樱桃为 2~3cm。

种子播种后要加强管理。幼苗出土后应及时浇水、松土和除草。当苗高达 5cm 左右时，要进行间苗，同时除去细弱苗、病苗等。当苗高 10cm 左右时，要定苗。在砧木苗的生长发育期间要满足肥水供应，生长前期以施氮肥为主，生长后期（8~10 月）追施速效磷、钾肥。当苗长到 30cm 左右时，进行摘心并除去苗干基部 10cm 以下分枝。这样，苗木生长粗壮，嫁接部位光滑，可有效地增加当年嫁接的砧木株率。

杏树砧木种子的播种以春播为主。为缩短杏树育苗的周期和育苗年限，可采用夏播方法。当年采收的新鲜杏核（中早熟品种），立即破壳，播种于露地或 30℃ 恒温箱内，上盖细沙，可当年出苗。6 月中旬至 7 月上旬播种，当年苗高可达 50cm，茎粗 0.42cm，达到嫁接要求。种子剥去种皮后再播种，出苗率可达 30%~100%。

东北以李作砧木进行苗木繁育时，常遇到的问题是出苗率低或出苗不一致。可在 9 月份取完全成熟果实采种后，立即用草炭贮藏，并置于室温中进行高温处理，白天温度保持在 18~20℃，夜间 12~13℃，40d 后移于低温 1~3℃ 的窖中，至翌年 4 月中旬，当种子有 70% 左右裂口时播种，出苗率可达 79%。

三、嫁接及嫁接后管理

核果类果树秋季生长停止较苹果和梨为早，砧木生长速度也快，芽接时期早于苹果和梨，长江流域一般多在 7~8 月间进行。如能提前至 6 月中旬以前芽接，成活后并采用折砧或二次剪砧的方法，可在当年成苗出圃。这在生长期较长的地区，苗木较易达到规定的标准。嫁接方法，多用嵌芽接法。嵌芽接法在砧穗不易离皮或较细的情况下仍能嫁接，嫁接时期长，成活率高是其优点，值得推广。夏秋来不及芽接或芽接未活的砧木苗，可用枝接法补接。枝接一般采用切接法。长江流域在秋季 9~10 月份及次春萌芽前均可进行，淮北地区宜掌握在春季桃芽萌发之前。注意保持好接口和接穗剪口的湿度，是提高成活率的关键。

嫁接后管理同仁果类果树嫁接后管理。

四、快速育苗与苗木出圃

快速育苗技术又称培育"三当苗"（当年播种，当年嫁接，当年出圃），是利用一年时间培育出嫁接成品苗，比常规育苗缩短一年时间。快速育苗技术要点如下。

1. 苗圃地的选择 快速培育嫁接成品苗，一定要选择土质为轻壤或中壤、排灌方便并且肥沃的地块为苗圃地。因在一年内培育成嫁接成品苗，必须选择良好的立地条件，这是快速育苗成功的基础。圃址选择后要平整土地，每公顷施优质腐熟有机肥 75~90m³，深翻后做畦。

2. 砧木种子的处理 砧木种子选择当年的新种子，在播种前要进行浸种，一般用冷水浸泡 3~5d，每天换水 1 次，有条件的加入少量马尿或人尿效果较好。

3. 播种时间 常规育苗培育砧木通常将砧木种子于 12 月底层积处理，第二年春季 3 月底至 4 月初将种子取出进行播种，这种方法出苗较晚且苗势较弱。而快速育苗应在每年秋季土壤冻结前播种。播种采用双行带状，即大行距 50cm，小行距 30cm。山桃每公顷播种量为

600kg，毛桃900kg，覆土厚度为种子直径的3～4倍。

4. 快速培养砧木苗，尽快达到嫁接粗度　春季苗木出土后，要及时灌水、除草、防治虫害。4～6月，每月灌水2次；5～6月，每月追施尿素1次，每次每公顷225kg左右。要利用药剂控制金龟子危害幼苗。加强管理，使砧木苗在6月底以前达到嫁接粗度。

5. 嫁接时间　常规育苗通常在每年7～9月进行嫁接，当年接芽不萌发。而快速育苗接芽当年萌发成苗，就要提前嫁接，一般在6月底至7月初进行芽接。接穗选择生长良好的长梢，接芽发育良好。

6. 解绑、折砧和抹芽　嫁接2～3周后，解绑，并在接芽以上1cm处将砧木折伤后压平，向上生长的副梢剪除，主梢摘心。这种措施是使接芽处于优势部位，迫使接芽萌发。折砧后接芽及砧木上原有芽均可萌发，要将砧木上萌发芽及时抹除，促使接芽迅速萌发生长。当接芽长到15～20cm时剪砧。

7. 加强土肥水管理，促使接芽快速生长　接芽萌发后，要及时中耕除草、追肥灌水，使苗圃地无杂草危害，接芽成活后每隔10～15d追施1次尿素，每次每公顷施150kg左右，并且结合施肥灌水。为使苗木成熟度提高，每隔15d左右结合防治虫害喷施0.3%的磷酸二氢钾。当年秋季，一般嫁接苗木高度在70～80cm时，达到定干高度。10月底将苗木挖出，除净叶片后沙藏假植。

8. 定植　快速育成的苗木，由于发育时间短、苗木组织成熟度低，易失水，所以春季建园定植时间要晚，在苗木将要发芽时栽植为宜。北方春季气候普遍低温干燥，栽植快速育苗苗木成活率低，要进行套袋栽植。具体方法是将塑料布做成长筒状袋（宽10cm，长60cm），苗木栽植定干后立即将袋套在苗干上，上下封好，待苗木展叶后除袋。套袋栽植是快速育苗栽植成功的关键措施。

苗木出圃同仁果类果树。

第三节　浆果类苗木生产技术

一、葡萄苗木培育技术

葡萄育苗的方法很多，其中硬枝扦插一直是葡萄繁殖的主要方法，葡萄枝蔓容易生根，扦插繁殖简便易行、成活率高、成苗快、苗木结果早。生产还采用嫁接育苗，葡萄嫁接育苗主要解决抗根瘤蚜、抗寒、抗线虫等抗性问题，我国东北地区多用贝达或山葡萄作砧木，以提高葡萄的抗寒性，南方地区用野生葡萄作砧木来提高葡萄的抗涝性。近年来，我国葡萄生产发展迅速，生产上还采用绿枝扦插等方法加快优良品种苗木的繁殖。

（一）硬枝扦插育苗

1. 插条准备　结合冬季修剪，从生长健壮的植株上剪取直径大于0.5cm粗壮的一年生枝条作插条，枝条应间节长短均匀、节间短、芽眼饱满、无病虫危害。细弱或徒长的枝条成活率低，苗木生长不良，不宜选用。如果繁殖材料缺乏时，也可选用成熟良好的二次枝作插条。插条一般剪成6～8节，长40～50cm。每50～100条捆成一捆，并标明品种及采集地点。采集后，北部寒冷地区用土窖，西北、华北和南部地区用地沟贮藏过冬。为了防止插条在贮藏期间发霉变质，丧失发芽力，入窖前要用5%的硫酸亚铁或密度1.021～1.036kg/L

石硫合剂浸泡 2～3min，并应控制贮藏期的温度和湿度。温度以 1℃左右最理想，一般不应高于 5℃或低于－5℃。用沙贮藏时，沙的湿度为 5％左右；用土贮藏时，则湿度为 10％～12％。贮藏场所应选择地势稍高的阴凉处开沟，地沟深 50～60cm，长度依贮藏枝条数量而定。贮藏时，插条平放或立放均可，但应一层条，一层沙，最好在插条间也填些沙子，以降低呼吸热。最后，在贮藏沟的上部再覆 20～30cm 的土。贮藏期间，每隔 1 个月左右检查 1 次，特别是在早春，随着气温升高，枝条易发生霉烂、失水或芽眼萌发等情况。若发生霉烂时，用 1％的硫酸铜或 1.021～1.036kg/L 的石硫合剂液消毒；若有失水情况，则需喷水，以提高枝条的含水量。

2. 催根处理 春季露地扦插时，常因气温变化大，白昼气温高于地温，插条先发芽，后生根，萌发的嫩芽常因水分、营养供应不上而枯萎，降低扦插成活率。人工加温催根的目的就是创造条件，使葡萄枝蔓根原细胞旺盛活跃起来。大量试验证明，温度在 25～30℃时，插条生根快，故生产中常用人工方法降低插条上部芽眼处的温度，提高插条下部生根处的温度，以控制过早发芽，促进早生根，提高葡萄扦插成活率。

（1）电热温床催根 这种方法工效高，已被广泛应用于葡萄育苗生产中。电热温床可设置在常温室内或塑料大棚中。为了保持温度，地面上先铺一层 4～5cm 厚的稻草、麦秸或锯末等，其上铺 10cm 厚沙，沙上铺地热线。温床两边安放拉地热线用的木条，木条上钉约 3cm 长的铁钉，电加温线由钉子间隔来回相间排列，一条长 100m、功率为 800W 的地热线，按 5cm 线距，可布近 5m² 的床面。再在地热线上平铺 5～6cm 厚的湿沙。催根前插条竖于 10cm 深的清水中 24h，促进细胞吸水膨大，贮藏养分水解和内源激素活化。然后将插条一排排立放于温床上，放好一排后培一层湿木屑或湿沙，使芽露出沙表。插好后用喷壶或淋浴喷头喷水，使沙层湿润。通过控温仪控制根际沙温，开始 4～5d 在 20℃左右，以后保持在 25℃左右。如无控温仪，当温度超过 30℃时，切断电源降温，使之保持 25～28℃。10～15d 绝大部分插条产生愈伤组织，少数生根，降温锻炼 2～4d 即可扦插。

（2）植物生长调节剂催根 生长调节剂处理插条能促进不定根的形成，提高扦插成活率。常用的有萘乙酸（NAA）、ABT 生根粉、吲哚丁酸（IBA）等。萘乙酸使用浓度为 100mg/L，将插条直立于溶液中，基部浸入溶液 3～4cm，浸泡 8～12h。

3. 苗圃地准备 苗圃地应选择交通方便、无污染源、地势平坦、向阳背风、便于排灌的地方。在南方，由于雨水多，应选排水良好的向阳缓坡地或平原高燥地，坡地的坡度 2°～5°，平原的地下水位宜在 1m 以下，低洼地不宜建圃。苗圃地要求土层深厚，土质疏松肥沃，pH 以 6.5～7.5 为宜，酸性土和碱性土需经改良后才能利用。

苗圃地可根据繁殖苗木任务，按地形、面积和不同育苗方法等具体情况，划分若干小区。各小区间设人行小道，小区道路应与排灌系统结合。秋季，苗圃地深翻 30～50cm，结合深翻每公顷施有机肥75 000kg、过磷酸钙1 500～2 250kg，并进行灌溉。来年春天，应及时耙地保墒。

4. 扦插 经过催根处理的插条，由于部分已经发芽，为避免晚霜危害，扦插时期比未催根处理的要晚一些，地温应达到 15℃左右。为提高苗床温度，北方扦插前可覆盖黑色地膜或架设塑料小拱棚，覆膜前 1～2d 用 150 倍丁草胺液喷洒畦面，以消灭杂草。

春季扦插时，将插条从贮藏或催根处取出，选皮色鲜艳、芽眼完好的枝条，剪成 2～3 芽一根的插条。插条上的所有芽眼，特别是上端的 1～2 个芽眼要充实饱满。3 芽枝扦插后，如第一芽眼受损害，第二芽眼容易萌发出土，有利于提高扦插成活率。上端距芽眼 1.5cm 处平剪（剪口离芽口太近，则上芽易干枯），下端在距芽眼 0.5cm 处（芽的对面）斜剪呈马耳形，以利于扦插和防止倒插。扦插前，将剪好的插条以 50 根为 1 捆，放置于清水中浸 12h，使插条充分吸水。扦插时，将畦面整平、耙细后，用锄头扒扦插沟，深 10cm，行距 30cm，按 15cm 左右的株距，顺次在扦插沟内插入插条，扦插斜度以 30°为宜，深度以上部芽露出 2cm 为宜。然后培土踏实。扦插时要注意：①插条芽眼向上，防止倒插；②顶芽要微露出地面，芽向阳面；③插后要浇 1 次透水；④如品种较多，挂上品种标记并画好分布图，以免混杂。

葡萄扦插有垄插和平畦扦插，垄插比平畦扦插土温高，通气性好，生根快，成活率高。春季土温 10～15℃进行扦插时，也可采取营养袋育苗。将鸡粪、锯木屑、河沙、菜园土等按配比混合作培养土，装入底部有小孔的小塑料袋，使培养土高 15cm 左右，而后将 3 芽一段的葡萄枝条用清水浸泡 1 夜，轻轻插入培养土中，上端留 1 芽在塑料袋外面。将塑料袋埋入土中，浇足水后，上面加盖薄膜，至成苗为止。与露天扦插育苗相比，此法的好处是：①成苗早，较露天扦插提早将近 1 个月；②成活率高，达 95％以上，而露天扦插一般仅为 80％左右；③节省浇水的劳力；④占地少。

5. 扦插后的管理　插后及时浇水。土温保持 25～27℃，需 20～30d 生根。江南地区插后一般春雨连绵，要注意排水。但如遇春旱应适当浇水，以保持插条基部湿润，有利于发根。5 月上旬已成活的插条即有幼根出现，应勤浇薄施速效肥，做到肥水充分，促使幼苗旺长。对于直接扦插建园的幼苗，要抓紧对地上部分的管理，及时绑缚于铁丝或竹竿上，发出的副梢留 2 片叶摘心，至 9 月份对主梢头摘心，使它加粗生长。

此外，还应注意防治病虫害。5～6 月防治黑痘病，梅雨季节防治霜霉病。6 月以后可每隔 15d 喷洒 1：1：240 的波尔多液，以防治各种病害。8～9 月注意防治霜霉病。

（二）绿枝扦插育苗

绿枝扦插比硬枝扦插和根插方便、经济，成活率高（90％以上），且成活后苗木生长快，生长整齐，是一种很有发展前途的葡萄繁殖方法。

1. 整地　葡萄对土壤的适应性很强，在各种类型的土壤上都能栽培，应在扦插前 5～6d 深翻整地，筑成 0.8～1.2m 宽的小畦，四边开好排水沟。

2. 插条准备　插条准备可结合夏季剪梢（一般在 5～7 月份）采集。选用具有 3～5 个节的生长健壮的当年新梢作插条，长为 15cm，在插条上端距第一个芽上方 2cm 处平剪；下端紧靠节下呈 40°斜剪，因为节的部位具有横隔膜，贮藏营养物质较多，有利于发根；并取掉插条下部叶片，只留顶端一片叶，将该叶片剪去一半，以减少水分散失。此外，可将插条基部一节的节间刻划 2 道纵伤，刻伤深达韧皮部，以利于生根。插条随剪随插，或立即将基部浸入清水中遮阴待用。

3. 药剂处理　为确保插条成活，最好用植物生长调节剂对插条稍做处理后再用。可用 1 000mg/L 萘乙酸蘸插条 5s，并用清水冲洗。

4. 扦插时间和方法　扦插时间为当地气温 25℃左右时。最好在清晨将插条插入土壤，此时枝条含水量最多，而且空气湿度较大。扦插时，将插条与地面呈 45°交角斜插入土壤，外面只留 1 个顶芽。插后将插条周围土面用脚踩实。

5. 扦插后管理　插后应立即灌水，以防止插条失水萎蔫，待水下渗后及时覆土保墒。

为促进早日生根成活,还要辅助遮阴。晴天中午应进行适当喷水,以增加棚内空气湿度。巨峰葡萄经上述处理后,25~30d 插条基部就可生出数条白嫩的小根。此时可除去覆盖物,使其充分接受阳光的照射。70d 后即可移苗定植。

(三) 嫁接育苗

葡萄常用的嫁接方法有硬枝嫁接和嫩枝嫁接两种。

1. 硬枝嫁接 利用葡萄优良品种冬季剪下来的成熟休眠枝为接穗,接在抗性砧木硬枝段上称为硬枝嫁接,所得的苗木为硬枝嫁接苗。砧木宜选择适合本地区的品种。如为提高抗寒性,可用山葡萄、贝达、山欧(如玫瑰香的后代'公酿 2 号、1 号'、'北醇'等)、山河、山贝等抗寒品种的休眠硬枝为砧木进行嫁接。抗寒的山葡萄由于生根困难,多采用种子繁殖。利用前一年秋季田间的砧木苗,于翌年早春在伤流期过后进行接穗劈接,称为就地硬枝嫁接。

(1) 砧木及接穗的采集、冬贮 葡萄嫁接用的接穗及砧木,应选择生长健壮、无病虫害和成熟充实的枝条。冬季砧木和接穗休眠条的贮藏方法与扦插插条相同。

(2) 砧木及接穗枝条的剪截 多采用劈接方法。接穗选与砧木粗度相近的枝条,用清水浸泡 24h 充分吸水后剪截。一般在接穗饱满芽的上方 1~2cm 处剪截,在芽的下方 4~5cm 处平剪。砧木枝条在顶芽的上方 4~5cm 处平剪,下端在砧木节附近 1cm 左右处剪截,剪成长 15~20cm 的砧段。然后用切接刀在砧木中心垂直向下劈开,深 3~4cm,并将砧木上芽眼抠掉。再用切接刀在接穗芽下 0.5~1cm 处的两侧向下削成楔形。要求斜面光滑、平直。

(3) 嫁接 将削好的接穗至少一边形成层与砧木形成层对齐插入砧木的切口内。接穗削面在砧木劈口上露出 1~2mm,称为露白,有利形成愈伤组织。然后用宽 1cm、长 20cm 左右的塑料条,从砧木切口的下方向上螺旋式缠绕,将接口缠紧封严。

(4) 愈合处理 为使嫁接后的接口尽快形成愈伤组织,促进接口愈合,使砧穗长成一体,需要将硬枝嫁接好的接条进行愈合处理。愈合适宜温度为 15~28℃,空气相对湿度为80% 左右,经 15~20d 即可愈合。

田间嫁接时保湿是嫁接成败的关键。嫁接后立即用湿润细土在嫁接部位培一土堆,土堆要高出接穗顶芽 3~4cm,然后在土堆上覆盖一层薄膜,四周埋入土中压实。这样可起到保湿保温的作用,利于成活。嫁接后 1 个月左右,接芽萌发后可自行破土,此时需协助萌芽破膜而出。

2. 嫩枝嫁接 生长季在二年生砧木苗或当年生砧木苗的半木质化新梢上,嫁接半木质化接穗的方法称为嫩枝嫁接,又称绿枝嫁接。砧木苗在嫁接前 1 周要灌水,如果新梢细嫩可摘心,以促进新梢加粗生长。

嫩枝嫁接多用劈接方法。选取粗度适中,生长健壮的新梢或副梢作接穗,去掉叶片,保留 1cm 左右的叶柄,也可不保留叶柄,但在嫁接后要将叶柄痕包扎严实。嫁接后立即灌水,保持土壤湿润,促进接口愈合和生长。及时除去砧木上的萌蘖,避免营养浪费。嫁接 2 周左右,接口已基本愈合,在接穗迅速生长前,及时将嫁接口处的包扎物去掉。

二、猕猴桃苗木培育技术

猕猴桃育苗技术包括实生苗培育,扦插培育,嫁接培育、压条、分蘖苗培育和组织培养育苗等繁殖技术。种子培育的实生苗变异大，在生产上只能作为砧木苗；压条技术又分为地下压条和空中压条。其中扦插育苗和嫁接育苗是生产上的主要苗木培育方式。

（一）硬枝扦插

所用材料多为一年生休眠期枝蔓。

1. 插床准备　苗床的基质多选用疏松肥沃壤土和通气透水、肥力良好的草炭土，加上 $1/5\sim1/4$ 的蛭石或珍珠岩。蛭石和珍珠岩作基质时，要再加上 $1/5$ 左右腐熟的有机肥，并充分拌匀。基质最好消毒，其消毒方法有：①物理消毒法，即用高压锅在 $1.215\,9\times10^5$ Pa 下灭菌 1h；②化学消毒法，常用 $1\%\sim2\%$ 的福尔马林溶液均匀喷洒基质，覆盖塑料膜，熏蒸 1 周，然后打开膜，通风 1 周即可用，或者直接加入无公害的高效低毒杀虫剂和杀菌剂，杀灭土壤中的有害病菌和虫卵，确保苗木正常生长。

2. 插条准备　选择枝蔓粗壮、组织充实、芽眼饱满的一年生枝蔓，剪成 20cm 左右长的小段，一般上切口涂蜡，如不立即扦插，上下一致捆成小把，两端封蜡，需层积保存。方法是：插条表面喷 1 次甲基托布津，然后 1 层湿沙、1 层插穗地埋好插穗，使之为三明治状。沙子湿度为手握成团，松开即散。长期保存时，注意每 $1\sim2$ 周翻查湿度是否合适，有无霉烂情况。有霉烂情况时，要进行 1 次药剂处理。

3. 扦插　硬质蔓扦插多在冬季到次年 2 月末之间进行。取出插穗，剪去下端封蜡口，以斜 $45°$ 剪最好，蘸上生根粉或生长素液，生长素浓度 $80\sim500$mg/L，处理时间 $1\sim60$min，一般处理时间短，浓度需要大一些，浓度低则需时间长一些。另外，中华猕猴桃和美味猕猴桃生根，需用高浓度，一般为 $2\,500\sim5\,000$mg/L 处理 $1\sim2$min；而毛花猕猴桃、狗枣猕猴桃、葛枣猕猴桃、软枣猕猴桃、对萼猕猴桃、小叶猕猴桃等易生根，仅用 $80\sim500$mg/L 处理 $6\sim60$min。扦插时将插穗的 $1/2\sim2/3$ 插入床土，留 1 个芽在外，直插、斜插均可，可用木棍或竹棍引路，以防插伤表皮。扦插间距为 10cm×5cm，插后盖上锯末或草帘，或搭拱棚遮阴。

（二）绿枝扦插

1. 插床准备　嫩枝蔓扦插的插床，基本同于硬枝插床，只有两点不同：一是要有充足的光照条件；二是要有弥雾保湿设备。光照为插穗的叶片提供光能量，弥雾保湿可以减少叶片的蒸腾作用。为了减少插穗的水分散失，可将叶片剪去 $1/2\sim2/3$。

2. 插穗准备　选用生长健壮、组织较充实、叶色浓绿厚实、无病虫害的木质化或半木质化新梢蔓。绿枝蔓插穗不贮藏，随用随取材。为了促进早生根，可用生长素处理下部剪口。常用药剂及处理浓度为：IBA，使用浓度为 $20\sim500$mg/L；也可采用 NAA，使用浓度为 $20\sim500$mg/L；还可以使用 ABT 生根粉蘸下剪口等。

3. 扦插　绿枝扦插方法同上述硬枝扦插。扦插时，注意保湿，特别是在插后的前 $2\sim3$ 周内，保持高湿度决定着扦插的成败。弥雾的次数及时间间隔，以苗床表土不干为度，弥雾的量以叶面湿而不溢流即可。过干，会因根系尚未形成，吸不上水而枯死；过湿，会导致细菌和真菌病害的发生和蔓延。绿枝扦插的喷药次数较多，大约1周1次。要多种杀菌剂交替使用，确保嫩枝正常生长。插后3~4周，根系形成。此后，可逐步减少喷水次数，降低空气湿度。

绿枝扦插生根后 $1\sim2$ 周，即可移栽。移栽应选无风的阴天或晴天的早晚进行。在环境温度为 $15\sim25℃$、空气湿度接近饱和情况下，移栽成活率高。移栽后要立即灌透水，不要积水。在 1 个月内要注意保湿和遮阴，此后在保湿方面可进行常规管理。

（三）根插

猕猴桃的根插成功率比枝蔓插高，这是因为其产生不定芽和不定根的能力均较强。根插穗的粗度也可细至 0.2cm，插时不用蘸生根粉或生长素。根插的方法基本同于枝蔓插，有直插、斜插和平插 3 种扦插方式，但插穗头外露仅 0.1～0.2cm，其余相同。根插可一年四季进行，以冬末春初插效果最好。初春根插后 1 个月即可生根发芽，50d 左右抽生新梢。新梢比较多，选 1 条健壮者留之，其余抹掉。

（四）根与嫩梢结合插

根插后，将插穗上萌发的多余的黄色嫩梢从基部掰下，蘸或不蘸生根粉，再将其带叶扦插。因为根和黄色嫩梢都含有较高水平的生长素，其对生根有利，成功率很高。

（五）嫁接育苗

1. 嫁接时期和部位　除了伤流期和最热的季节，嫁接成活率都比较好，每年的 5～6月、8月下旬至翌年 2 月上旬均可嫁接。苗木嫁接部位多在苗干离地面 5～6cm 的光滑处，高接时选枝蔓长势较好、局部光滑的一二年生枝蔓，根接的部位在粗度 0.4cm 以上、光滑无分结节处。

2. 嫁接方法　与其他果树相比，猕猴桃嫁接的成活率较低。常用的嫁接方法有嵌芽接与单芽枝腹接等。

（1）嵌芽接　要求接穗发育充实、髓小、腋芽饱满。其具体做法如下：①选择砧木离地面 5～10cm 光滑处，先在下部切 1 个长度 0.3～0.4cm、深度为砧木直径的 1/4～1/5、斜度约为 45°的切口，再从其正上方约 2cm 处下刀，向下斜切至第一刀的深度，去掉切块。②在接穗饱满芽上、下方各 1cm 处切出带木质芽块，其大小尽量与砧木上的切口一致。将削好的芽块插入砧木切口，至少使一边形成层对齐。用弹性塑料条将伤面包严绑紧，接芽可露在外面，在秋季嫁接则要包住接芽，以防冬前萌发。

（2）单芽枝腹接　单芽枝腹接综合了芽接、枝接、芽片腹接等技术的优点，嫁接成活率可达 90％以上，春、夏、秋季均可进行，是目前较常用的嫁接方法。要求接穗充实，髓部较小。具体操作方法是：由接穗上剪下带 1 个芽的枝段，从芽的背面或侧面选择一个平直面，削 3～4cm 长、深度以刚露木质部为宜的削面，在其对面距芽下端 1.5cm 处下刀削 50°左右的短斜面，使 2 个削面相交成楔形，芽上 1.5～2cm 处平剪。在砧木距地面 10～15cm处，选较平滑的一面，从上向下削切，以刚露出木质部为宜，削面长度略长于接穗削面，将削离的外皮切去 2/3。插入接穗，用塑料条包扎，注意只留接芽在外。

3. 嫁接后的管理　一般嫁接后 10～30d，伤口即可愈合。夏季嫁接愈合速度快，冬季愈合需要时间长一些。愈合后即可解绑，解绑时，在接口上 2～3cm 处剪砧。剪砧后要及时抹去砧木上的萌芽，促进接穗芽生长。接穗芽长至 15～40cm 时，要进行摘心、立柱、拉丝、绑茎干、锄草、浇水和施肥等。

第四节　坚果类苗木种苗生产技术

一、砧木的类型

坚果类果树，包括核桃、扁桃、板栗、阿月浑子等，主要采用嫁接育苗，少量采用种子实生繁殖方法和无他无性繁殖方法。

（一）核桃嫁接常用的砧木

核桃砧木种类主要有核桃、铁核桃、核桃楸、野核桃、麻核桃、吉宝核桃和心形核桃 7 种。目前应用较多的是前 4 种。此外，枫杨虽不是核桃属，也可作核桃的砧木。

（1）核桃（*Juglans regia*）　以核桃作砧木，在我国的北方普遍采用，主要具有嫁接亲和力强，成活率高，嫁接树生长和结果良好，抗黑斑病等特点。选作砧木的种子来源要尽可能一致，以免后代个体差异太大，影响嫁接品种的生长和结果。

（2）铁核桃（*Juglans sigllata*）　铁核桃的野生类型，亦称夹核桃、坚核桃和硬壳核桃等。主要分布在我国西南各省。具有坚果壳厚而硬，果小，出仁率低，为 20%～30%，商品价值也低。我国的云南、贵州等地应用较多，应用历史也很久。

（3）核桃楸（*Juglans mandshurica*）　核桃楸又称楸子、山核桃等。主要分布在我国东北和华北各地。耐寒、耐旱、耐瘠薄，是核桃属中最耐旱的一个种。适于北方各省栽植。但核桃楸在生产上用做砧木还存在一些问题，如实生苗作砧时，其嫁接成活率和保存率均不如核桃本砧高；大树高接部位高时易出现"小脚"现象等。

（4）野核桃（*Juglans cathayensis*）　野核桃主要分布于江苏、湖北、云南、四川和甘肃等省，被当地用作核桃砧木。适于山地和丘陵地区生长。

（5）枫杨（*Pterocarya stenoptera*）　枫杨在我国分布很广，多生于湿润的沟谷及河滩地，根系发达，适应性较强。山东省在 200 多年前就用枫杨嫁接核桃，但枫杨嫁接核桃后的保存率很低，不宜在生产上大力推广。

（二）扁桃嫁接常用砧木

目前，国内外繁殖扁桃苗木大多以实生扁桃作砧木，也有以桃、山桃、李、樱桃、杏等作砧木。

（1）实生扁桃　嫁接扁桃亲和力强，成活率高，愈合良好，苗健壮。嫁接后第 2、3 年开始结果，产量高，寿命长。能抵抗风、寒。缺点是生长较慢。

（2）实生桃　亲和力强，成活率高，生长快而健壮，适应性强，越冬良好，结果早，树体半矮化。缺点是植株寿命较短。

（3）实生山桃　适应性强，耐旱、耐寒、耐盐碱，亲和力较强，生长快，结果早。但寿命短，不耐涝，地下水位高的地区易患黄叶病、根癌病和茎腐病。

（4）实生李　生长情况与寿命长短介于扁桃和桃砧木之间。根系浅，较耐湿，不耐旱，嫁接后苗木生长缓慢。

（5）实生杏　嫁接成活率不高，也能开花结果，但愈合不牢固，嫁接口处易发生上粗下细的现象，遇大风时容易从嫁接口处折断，且寿命短、耐旱力弱。

另外，野生扁桃（如长柄扁桃、蒙古扁桃、矮扁桃、西康扁桃、榆叶扁桃）也是繁殖扁桃苗木很有前途且适应性较强的砧木。所以在选择砧木的时候，要根据不同地区的情况选择合适的砧木。

（三）板栗嫁接常用砧木

板栗嫁接繁殖对砧木种类要求严格，必须本砧嫁接。

二、砧木的繁育（实生苗的繁育）

（一）核桃砧木的繁育

核桃砧木种子的采集应选用生长健壮、无病虫害、种仁饱满的壮龄树为采种母树。当果实形态成熟，即青皮由绿色变黄并裂开时即可采收。一般采用捡拾法和打落法，前者是随着果实自然落地，定期捡拾；后者是当树上果实青皮有 1/3 以上开裂时打落。核桃种子无后熟期，秋播的种子在采收后 1 个月即可播种，稍带青皮播种，春播的种子贮藏时间较长，一般采用室内干藏法和室外湿沙贮藏法。多数地区以春播为主，贮藏时应注意保持低温（5℃）、低湿（空气相对湿度为 50%～60%）和适当通气，以保证种子经贮藏后仍有生命力。秋播的种子不需要任何处理，可直接播种，但是春播的种子必须在 11 月份经过层积处理，才能发芽。

核桃苗的生长一般以黏质壤土、壤土或沙质壤土为宜，土壤的 pH 要求为 6.0～7.5。由于核桃幼苗根系很深，深耕有利于幼苗根系的生长。翻耕深度要因地制宜，秋耕宜深（20～30cm），春耕宜浅（15～20cm）；干旱地区宜深，多雨地区宜浅；土层厚的地区宜深，河滩地宜浅。北方宜在秋季深耕，并结合施肥及灌冻水。

核桃直播砧木苗往往主根很长，一般在 1m 左右，而侧根很少，为了控制主根伸长生长，在夏末对实生苗进行断根处理。具体做法为：在行间距离苗木基部 20cm 处，用断根铲呈 45°角斜插入地面，将主根切断。断根后应加强肥水管理，以促进伤口愈合及侧根发育。

（二）扁桃砧木的繁育

扁桃种子采收后有一定的后熟过程，必须经过层积过程才能萌发。具体方法为：将清洗过的种子在水中浸泡 1～2d 后，用种子量 3～4 倍的河沙，混合或分层装入木箱等容器中。在容器底部先垫 5cm 左右的湿沙，然后装入混合好的种子和沙子，装到距容器上沿 10cm 左右时，再铺盖湿沙，然后放在 0～7℃ 的背阴处。若是种量大时，可采用开沟沙藏的方式。不同种子种类，层积的时间要求有所不同，扁桃、桃、山桃需 60～80d，杏 45～100d。未经过沙藏的种子，可以去掉硬壳，用 100mg/L 赤霉素液浸种 24h，对促进种子萌发效果良好。

扁桃种子播种一般分为春播和秋播两个时期，秋播一般在 10 月下旬至土壤封冻以前，种子不用层积，只需播前在水中浸泡 3～5d 即可，春播一般在 3 月下旬至 4 月中、下旬，必须经过层积。由于扁桃砧木苗一般生长都很旺盛，分枝特别多，需要在嫁接前 20d 左右，去掉嫁接部位上下的分枝，俗称"抹裤腿"。

（三）板栗砧木的繁育（实生繁殖）

板栗传统上多采用实生繁殖。由于板栗是异花授粉植物，采种时最好能兼顾父母本的遗传特性。板栗种子贮藏要求严格，要求一定的温度和湿度，采集到种子后应立即沙藏，贮藏期内温度应保持在 0～5℃。有冷库贮藏条件的，可置于 1～4℃ 温度中贮藏。

板栗喜欢偏酸性土壤，在碱性土壤（pH>7.5）中苗木会生长不良导致死亡。播种时期有春播和秋播，秋播时不必贮藏种子。板栗造林时，常采用直播方法，即不经育苗也不移栽直接播种在林地上，一般在山地常用这种方法建立实生板栗园或作为就地嫁接的砧木。生产中主要采用集中育苗的方法。苗圃多用平畦开沟点播，播种时要注意将种子平放或侧放，种尖不能朝上或朝下，否则幼根幼芽生长困难。萌发后，适当剪断幼根根尖，刺激侧根发育，形成强大的侧根系。

三、嫁接及嫁接后管理

（一）嫁接方法

坚果类果树嫁接主要采用芽接和枝接。核桃的嫁接时期因地区和气候条件不同而异。核桃芽接主要采用方块芽接。核桃室外枝接适宜时期一般从砧木发芽至展叶期，北方一般在 4 月至 5 月上旬，南方 3～4 月。夏季芽接时间为 5 月上旬至 8 月，带木质部嵌芽接最佳时间为 4 月 30 日至 5 月 15 日。

扁桃嫁接最常用的方法为芽接，在春、夏、秋季（生长期）均可进行。在生长期较长的地区，适当早播，并覆盖地膜，加速前期苗木生长，可以在 6 月上中旬嫁接，嫁接部位以下需保留 5～6 片大叶片，并加强管理，当年即可达到出圃标准。在生长期较短的地区，嫁接时间在 8 月下旬，当年可出圃芽苗，第二年春季剪砧，秋季出圃成品。扁桃枝接有劈接、插接、舌接等方法，主要用于高接换种。

板栗木质化程度高，硬度大，板栗枝条木质部有 4～5 条明显棱沟，呈齿轮状，用一般的芽接不易成活，所以，板栗仍以春季枝接为主。河北、北京地区春季以插皮接为主，另外还可用劈接、切接和舌接等方法，山东、江苏省多用插皮舌接。

（二）嫁接后管理

1. 放风　接后 20～30d，接穗开始发芽，抽枝展叶，这时每隔 2～3d 观察 1 次，对展叶的可将塑料袋或纸袋上端开开 1 个小口，让新梢尖端伸出，不要一次性打开。

2. 除萌、剪砧　剪砧后，容易从砧木基部和接芽上部活砧上发出大量萌蘖，必须及时除去，避免与接芽争夺水分与养分。

3. 防风、解绑　在风大地区，在新梢长达 30～40cm 时，应及时在苗旁立支柱引绑新梢。枝接 2～3 个月，要将接口绑缚材料放松 1 次，但不能将绑缚材料去掉；芽接当接芽长到 5cm 以上时，要及时去掉塑料条，以免绑缚过紧影响新梢生长。

4. 肥水及病虫害管理　嫁接后视土壤墒情加强肥水管理，当新梢长到 10cm 以上时，应及时追肥、浇水，也可将追肥、灌水与松土除草结合进行，秋季应适当增加磷、钾肥，以防苗徒长。在新梢生长期，应避免遭受食叶害虫危害，要及时检查，注意防治。

第五节　柑橘类苗木生产技术

柑橘生产上主要采用嫁接方法育苗。种子实生繁殖主要用于砧木苗的培育以及品种的更新复壮。

一、砧木的类型与选择

我国柑橘砧木品种已基本区域化，各产区都有相适宜的砧木供生产发展需要，在此基础上各地又因其具体原因，选用部分抗性砧木，如抗病、抗盐碱、抗冻害等。常用的砧木有枳、红橘、酸橘、枸头橙等，其中枳是我国柑橘的主导砧木。

（一）砧木的类型

（1）枳（*Poncirus trifoliata*） 枳砧的类型很多，有大叶大花枳、大叶小花枳、小叶小花枳等，目前以大叶大花枳的应用最多，小叶小花枳较矮化，生长势较差，目前应用不多。枳适于作宽皮橘类、橙类和金柑的砧木，我国大多数柑橘产区均能适应，是应用十分普遍的优良砧木之一。据观察枳砧在坡地上半矮化，树形紧凑、抗旱、抗涝、耐寒力强、抗病虫性能良好，但耐盐碱能力弱，早结果，丰产，品质优良，对柑橘亲和性良好，果实贮藏性良好。枳砧根系主侧根区别不明显，都是比较均匀的根系，须根多，因此吸收能力强。

（2）酸橙（*Citrus aurantium*） 有枸头橙和朱栾2个品种。枸头橙主产于浙江黄岩。树体强健、高大，根系发达、骨干根特粗长，数量少而分布均匀，耐旱、耐湿、耐盐碱，对土壤适应性强、寿命长。品种嫁接后生长强健，树冠大、寿命长、产量稳定，进入结果期比枳略晚，结果初期果味偏淡，是海涂种植柑橘的最好砧木。朱栾与枸头橙特点相似，苗木前期生长快，根系发达、分布密集、须根较多，对土壤适应性广，耐盐碱能力较强，是海涂柑橘有希望的砧木品种，常用作温州蜜柑等的砧木。

（3）香橙（*Citrus junos*） 香橙主产于四川、湖北、江苏、安徽等省。主根深，粗根多，细根较少，耐旱，耐寒，耐瘠薄，耐盐碱，但耐湿性较差，抗脚腐病和衰退病。生长旺、达结果年龄稍晚，可作甜橙、温州蜜柑和柠檬的砧木。广西桂林柑橘研究所用其作伏令夏橙的砧木，树冠矮化、产量高、品质好。

（4）橘类（*Citrus reticulata*） 主要有红橘和酸橘。红橘又名川橘、福橘。根系发达、分布浅、细根多，既是鲜食品种又可作砧木，耐寒性较强，抗脚腐病、裂皮病，较耐盐碱，耐涝、耐瘠薄。嫁接后树冠直立性较强，一般比枳砧晚结果2～3年，但进入结果盛期丰产。适于中亚热带、北亚热带柑橘产区作砧木，常用作甜橙类、宽皮柑橘类和柠檬类的砧木。在福建用作椪柑的砧木时，表现寿命长，抗旱力比雪柑砧强，树冠大，生长好，产量高，品质优良，适于山地栽培。酸橘主产于广东、广西，根系发达，对土壤适应性强，耐涝、抗风，吸肥力强，抗脚腐病。酸橘是广东的主要砧木品种，对偏北的柑橘产区不适应，一般用作甜橙类及蕉柑、椪柑等的砧木，嫁接后表现丰产、稳产，果实皮薄而光滑。

（5）柚（*Citrus grandis*） 柚主要作为柚类的砧木，即本砧。嫁接成活率高，根深，大根多，须根少，树势高大，适宜在深厚肥沃、排水良好的土壤中栽培。柚砧在稍带盐分的黏壤土中生长良好。酸柚主产于四川、广东、广西，乔化砧，粗根多，须根少，生长迅速，耐旱，嫁接后树冠高大，是柚类的良好砧木，但不耐涝、易感流胶病。

（6）其他砧木 我国近年来引进了 Troyer 枳橙、Carrizo 枳橙、Swingle 枳柚、飞龙枳、Rangpur 株檬等，在这些砧木资源上嫁接甜橙和温州蜜柑表现良好。

（二）砧木的选择

土壤的酸碱度、含盐量和黏性是选用砧木种类时应考虑的主要因素。海涂 pH、含盐量较高的橘园选用枳为砧木，易引起铁的吸收性下降，叶片黄化，树势衰弱；如果选用枸头橙、高橙、土柚、本地早等为砧木，耐盐性强，则树体生长结果正常。土柚作柚的共砧，土壤含盐量降至0.3%以下时，生长基本正常。枳、枸头橙、代代、土柑、红橘抗性中等，汕头酸橙、甜橙抗性弱。6 种柑橘砧木苗对土壤 pH 适应性的研究表明，耐碱（pH8.0）顺序从强到弱为：软枝香橙、枳橙、红橘、枸头橙、红柠檬、枳；耐酸（pH4.0）顺序为红柠檬、枳、香橙、红橘、枸头橙。

砧木根据对嫁接树生长势的影响，可分为弱势砧木和强势砧木，枳为弱势砧木，枸头橙、高橙等为强势砧木。通常认为弱势品种应配强势砧木，强势品种应配弱势砧木。如作为弱势品种的伊予柑，需要配以强势砧木。伊予柑在生产上因结果性能良好，易致挂果过多，若栽培管理不当会引发树势衰退，枝、叶、果变小，产量锐减。因此，我国目前引种的伊予柑不论是'宫内'、'大谷'，还是'胜山'品系，都应选用强势砧木，高接时尤应如此。又如强势品种普通温州蜜柑配以强势砧木枸头橙，往往枝梢生长过旺，落花落果严重。

柑橘碎叶病、裂皮病、树脂病等的发病与砧穗组合有关，同一接穗品种采用不同的砧木，则发病状况可能差异很大。伊予柑是对柑橘茎陷点病比较敏感的品种，调查表明砧木影响到该病的发生程度，强势砧木可通过维护较强的树势而起到延缓与减轻柑橘茎陷点病发生的作用。据对脚腐病抗性的研究，宜昌橙、南京大叶大花枳、枣阳小叶小花枳、枳橙、江津酸橙对柑橘脚腐病的抗性强（先宗良等，1990）。

二、砧木苗的培育

1. 采种　选择品种品系纯正的砧木母本树，采摘已经充分成熟的果实。砧木品种要单一，不能混杂。采集的果实要及时取种，种子要清洗干净，除去种子外皮胶质。冲洗后的鲜湿种子，阴干或在弱光下晾至种皮发白，互相不黏着为度，切忌过度干燥，晾晒过程要经常翻动。柑橘种子没有休眠期，在无霜冻的地区可以随采随播。如果需要贮藏，一般用沙藏法。

2. 播种

（1）播种时期　播种时期根据各地气候而定。华南无霜地区以 12 月份播种为宜，长江流域以及闽北、粤北、桂北等地，一般在 2～3 月播种。

（2）播种量　播种量按种子粒数计，为所需砧木数的 1～2 倍，播种不宜过密，以免影响幼苗生长。

（3）种子处理　采用温汤淋种，即先用 35～40℃温水浸种 1h，再浸冷水半天，取出种子放于垫草的箩筐中，上面再用草盖上，每天用 35～40℃温水均匀淋浇 3～4 次，翻动 1 次，经 5～9d 后，种子微露白，即可播种。为减少苗期病害，还可用含 1.5％硫酸镁的 35～40℃温水浸种 2h；或用 0.4％高锰酸钾溶液浸种 2h；或用 54～56℃温水浸种 50min 后，再用 0.1％高锰酸钾浸 10min。为减少白苗的发生，可用浓人尿或 5％尿素或 5％硫酸铵加 3％过磷酸钙浸种 24h，然后播种。

（4）播种方法　苗圃地宜选阳光充足、土壤肥沃、土层深厚、结构疏松、排灌水方便、离果园远的地方，不宜选沙地、重黏土地和菜园地以及果园内或病果园附近育苗。苗圃地前作不宜带有与柑橘共生的病虫害。苗圃地还要注意轮作。播种地要精耕细作，充分犁耙碎土。一般要求三犁三耙，深耕 20～25cm，晒白后充分犁耙或用碾石碎土，下足底层基肥后进行起畦，地下水位较高的起畦要高一点，约 20cm，四周的沟应较深，以利排灌。基肥最好分 3 层施下，底层施混合肥，在最后一次耙地前撒施，施后耙匀。中层肥在起畦前施于畦面，施后起畦。表层肥施后晒白，锄松耙平即可播种。

播种方法有撒播和条播两种。撒播是在面层肥施下经耙平后，均匀撒播种子。然后用木板略为压实，盖上 0.8cm 厚的火烧土。如果土壤较黏，最好用干净的细河沙覆盖并盖草，以利发芽。条播是按一定行距开浅沟，种子均匀播于行沟内，然后覆土并盖草。这种方法播种量比撒播少 30%，土地利用率较低，单位面积出苗数少。

3. 播种苗的管理 播后如遇天旱，每 4～6d 要淋水 1 次，保持畦面土壤湿润，但不能太湿，以免种子霉烂。幼苗出土后，分 2～3 次逐步揭去盖草，防止幼苗弯曲；齐苗后，选阴天将草全部揭除。以后雨天防止积水，旱天防止干旱。苗出齐后分 2～3 次疏苗，拔除过密、主干弯曲等劣苗。同时应防治苗立枯病发生。施肥原则上是勤施薄施。如果肥足，幼苗 3～4 片真叶时才开始施薄肥，初期以 10%～15% 人尿为宜，每月 3～4 次，浓度逐渐提高。5～10 月是苗木生长最快时期，应加强施肥，次数可少，浓度可增加。施肥后如土太干应灌水。不要在土壤太湿和气温太高时施肥，以免伤根。在 7～8 月以后可通过修剪控制苗木向上生长，在苗高 30cm 左右处剪顶（摘心），增粗主干，促发分枝，增加叶数。主干上 10～17cm 以下的枝叶要及时剪除，以保持嫁接部位的平直光滑。苗期注意防治潜叶蛾、红蜘蛛、蚜虫、溃疡病等病虫害。

4. 砧木苗移植和管理

（1）移植　移植期分新栽苗和老栽苗两种。新栽苗是上年冬末播的或当年春初播的，于当年 6 月前后移植，冬春嫁接，整个育苗时间 2 年至 2 年半。这种育苗方法要求加强播种种苗的肥水管理，使砧木生长迅速，以利提高苗木质量。老栽苗冬播于第 2 年秋冬或第 3 年春移植，春播的于当年秋冬或第 2 年 4～5 月春梢老熟后移植，移植生长 9～15 个月后进行冬春嫁接，整个育苗时间 3 年。

移苗时应选阴天进行，不要在雨天、土太湿或太阳猛烈时移植，以免影响成活。移植新栽苗，在起苗前应充分灌水，使土壤湿透，挑选具有真叶 15 片以上的用手轻轻拔起，剪去过长的主根和一部分枝叶，并蘸稀薄泥浆。移植老栽苗，则要逐畦将苗用锄挖起，按大、中、小分级移植。移植的株行距，柑、橘的新栽苗可密些，每公顷 18 万～22.5 万株；柚、橙生长快，叶片大，可用宽窄行距，宽行距 60～70cm，窄行距 15～20cm，株距 12～15cm，每公顷约 12 万株。种植时要种得稳，压得实，种植深浅与原来苗圃的深度相同。移后淋足定根水，以后经常淋水，使苗木恢复生势。也可移植在营养袋内，经培育长大后嫁接。采用营养袋或营养筒移植砧木苗时，可采用幼苗移植，避免曲根而影响出苗后的树势，即橘苗有 10 片叶片老熟、茎干已木质化时，进行移植。

（2）管理　移植后 5～7d 查苗，发现死株及时补植。大雨后晴天，及时将歪倒苗木扶正。一般移植后 20d 恢复生机，可以浅中耕并淋薄水肥，以后勤施薄施，每月 2 次，并逐渐适当增加浓度。秋季要施一次重肥，以促进茎部粗大，根群发达。还要随时抹除基部的萌芽，保持主干 10cm 以下光滑，以利嫁接。此外，不论砧木播种苗还是移植苗，嫩梢期都要做好病虫害的防治工作，特别是溃疡病、潜叶蛾的防治工作。

三、嫁接方法与嫁接后管理

1. 接穗的采集和贮藏 由于柑橘类果树易发生芽变，要严格选取采穗母树及枝条。大量育苗时，应建立采穗母本园。母本树最好从同一单株繁殖出来，无检疫性病虫害，已经结果，而且经过鉴定。接穗应是树冠外围中上部长度中等、生长充实健壮、芽眼饱满、梢面光滑的优良结果母枝或营养枝。采集接穗的时期，以枝条充分成熟、新芽未萌发前为宜；采接穗的时间，一般为清晨或傍晚枝条内含水比较充足时。久雨之后，应待天气转晴 2～3d 再采。接穗随采随用，嫁接成活率高。如果需要贮藏一段时间或者需要寄送异地利用，应注意防止贮藏期间发生干枯或霉烂，要在低温（4～13℃）、高湿（约 90%）、透气的条件下保存。如需寄送异地，可以使用吸湿性强的草纸保湿，草纸浸湿后挤去多余水分，包裹枝条，再用塑料膜包裹，膜两端要留有孔隙，以便通气和排除多余的水分。

2. 嫁接时期　南方温暖的地方，几乎周年都可以嫁接，但以雨水至清明之间最为适宜。广东、广西、福建等地，在大寒后就可开始嫁接柚和橙类。

3. 嫁接方法　适用于柑橘育苗的嫁接方法种类繁多，生产上主要采用切接、腹接和芽接等方法。南方以单芽切接为主。下面主要介绍单芽切接方法。

（1）砧木的准备　在土壤水分偏多情况下，砧木应于嫁接前 1～2d 在距地面 10～15cm 处剪断，使砧木多余的水分蒸发，以防嫁接后接口水分过多影响成活。一般情况下可现剪砧现嫁接。

（2）削接穗　削芽时，左手拿接穗，右手持嫁接刀，接穗基部向外，平整一面向下，紧贴左手食指，削去基部 1～2 个不饱满的芽，然后从饱满的芽开始，在芽眼下方 1～1.5cm 向前斜削 1 刀，呈 60°斜面，然后翻转枝条，平整一面向上，在芽眼下方 0.2～0.4cm 处下刀，向前削去皮层，要求削面要平、不起毛、不带木质部，恰到形成层，平面呈白绿色。最后将接穗倒转，芽向上，在芽眼上方 0.2cm 处直削 1 刀，将其削断，放在清水盆中保湿备用。但接芽浸泡在水中的时间不宜超过 2h，过久会影响成活率。

（3）削砧木　在砧木离地面 10cm 左右处斜切 1 刀，使斜面成 45°。然后在斜面下方沿皮层与木质部交界处，向下纵切，切口以切至形成层为宜，切面长度视接穗长短而定，但应比接穗稍短 0.2～0.3cm，使芽放入后，接穗削面能略高于砧木切面。

（4）嫁接　插入接穗时，接穗应与砧木切口底部接触，砧、穗两边的形成层相互对准，如果大小不一，要紧靠一边，使一侧的形成层密合，接口才能愈合，形成新的输导组织。芽放入后，立即捆扎包严。捆扎可用宽 1cm、长 20cm 的塑料薄膜带。捆扎时，用条带一头先捆绑 1～2 圈后，将条带绕过砧顶遮盖住砧桩断面，只留接穗芽眼小孔，将砧木断面、切口、接穗全包在薄膜内，最后打活结抽紧（图 10-1）。温暖、无风的阴天，温度高、湿度大，嫁接容易成活。雨天、风天不宜嫁接。

4. 嫁接苗的管理　柑橘嫁接苗的管理，主要包括检查成活、补接、解除薄膜、剪砧（腹接）、除萌、摘心、整形、除草施肥及病虫害防治等项工作。

（1）成活检查及补接　嫁接后 10～15d 左右检查成活率，成活的接穗新鲜，芽眼饱满，接穗与砧木已互相愈合，叶柄变黄，发霉甚至发黑；未活接穗发黄、干枯或霉烂，应及时进行补

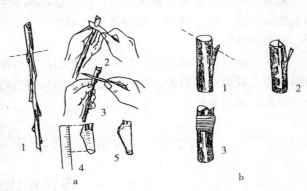

图 10-1　单芽切接

a. 削接穗（1. 准备接穗　2. 切芽第一刀
3. 切芽第二刀　4. 取出芽片　5. 去掉木质的芽片）
b. 削砧木（1. 截砧木　2. 插入芽片　3. 包扎）

接。春季一般采用露芽嫁接，秋季嫁接则需在第 2 年春季接芽萌动时露芽嫁接。

（2）剪砧和解膜　秋接的应到翌春萌发前解带、剪砧。剪砧在接芽成活后，于接口上方 0.3cm 左右处剪去上部砧木，剪口必须光滑。

（3）除萌及摘心整形　保留 1 个健壮的接穗萌芽为主干，多余的萌芽及砧木上萌芽一律抹去。砧木上抽生的萌蘖应每 7～10d 削除 1 次，忌用手扳，及时除萌利于接芽生长。当嫁接苗长至 40～50cm 时应摘心、整形，促使其在 30～40cm 处抽生分枝。摘心时间一般在 7 月上中旬，摘心高度因品种不同而有差异，摘心前应施足肥水，促抽发枝。分枝抽生后除留 3～5 个方向分布均匀的侧枝外，其余剪除，作密植栽培用的苗木，摘心高度可略降低。

（4）除草、肥水管理　整个生长期中注意中耕除草，应及时除去杂草。肥水管理应以勤施、薄施腐熟人畜粪肥为主，辅以化肥，以满足苗木生长需要的养分条件。施肥应掌握"薄肥勤施，少量多次"的原则，从春季萌芽前至 8 月底，每月应施肥 1 次，最后 1 次肥一般不超过 8 月底，以免冬梢抽生受冻。

（5）病虫害防治　苗期应注意防治炭疽病、红蜘蛛、黄蜘蛛、潜叶蛾等苗木常见病虫害。

四、苗木出圃

苗木必须符合下列要求才能出圃：①无检疫性病虫害，如黄龙病、溃疡病、疮痂病等；②苗龄 1～2 年的青苗，主干上叶片保留完整；③枝干表皮花纹清晰，呈绿白色，节间短，粗直；④苗高 50cm 以上，有 3～5 个长 20cm 左右的主枝，分布均匀，叶色浓绿，无病虫；⑤根系发达，有骨干根，又有粗细均匀的须根，根色鲜黄；⑥接合部位愈合良好。

起苗的时期一般根据定植时期而定，秋后至次春发芽前均可进行，也可在苗木休眠期起苗，假植备用。起苗方法可分为带土及裸根两种，就地定植或短途运输可带土，裸根法一般在远途运送时采用。起苗前要全面防治病虫害。起苗前苗圃要充分淋水或灌水，晾晒 1～2d 后土壤干湿适宜时起苗，土壤过湿时挖苗不易带土，过干则容易断根。雨天挖苗，苗木叶片水分过多，在运输过程中易落叶。需要长途运输的苗木根部要蘸泥浆，根上面有一层薄浆即可，泥浆太浓容易闷根。蘸泥浆后，用浸湿的稻草把根部包裹，再用草绳扎紧，缚上标签。苗木在运输途中保持通风，发现包扎的稻草干了，可淋些水，保持根部湿润，但不能淋湿叶子，以免落叶。

苗木出圃后，定植之前，最好先就地假植。假植苗的肥水管理、病虫害防治等与嫁接苗相同。苗木假植后，剔去病苗、劣质苗，出苗时宜带大土球，然后按大小分级成片栽植，使果园整齐，成活率高。

第六节　热带亚热带果树苗木生产技术

一、香蕉苗木培育

香蕉为多年生无性繁殖的草本植物，是我国南方的重要果树，华南香蕉产区主要采用吸芽分株法、球茎切块法、吸芽快速繁殖法和组织培养等方法进行苗木繁殖。近年来，大规模香蕉种植的苗木主要来源于组培苗。

（一）吸芽分株繁殖

吸芽分株法是传统的种苗繁育方法，方法简单，不需要特殊设备，可获得健壮种苗。采用这种方法需要调节好母株与种苗的关系，不能因为育苗而严重影响母株的生长结果，因而，育苗速度慢，种苗整齐度较差。

1. 吸芽的种类和生长特性　香蕉的吸芽是着生在地下球茎上的一种营养体。按外形和营养状况的不同，吸芽分为剑芽和大叶芽2种。剑芽茎部粗大，上部尖细，叶小如剑，一般用做母株或分株成种苗，又可分为笋芽、褛芽、隔山飞等；大叶芽是指接近地面的芽眼长出的吸芽，可以是从生长的母株发出，也可以是在母株收获后从隔年的球茎上萌发。大叶芽芽身较纤细，地下部小，初抽出的叶即为大叶，种植后生长慢、产量低，一般不选用做继续结果的母株，也极少用作分株育苗。

（1）笋芽　是立春后抽生的吸芽，叶鞘红色，形似红笋，又称红笋芽。春季由于气温高于土温，大气湿度大，地上部生长快，其头部小，根少，通常很少鳞片，移植作种苗，一般需在苗高40cm以上。定植后，先出叶，后长根，需肥较多，产量高。

（2）褛芽　是秋后、立冬前萌发的吸芽，披鳞剑叶，过冬后部分鳞片枯死如褛衣，故称褛芽。由于其生长期间地温高于气温，芽的地下部生长较多，头大，根多，养分贮存多。定植后，先长根，后出叶，生长快，结果早而稳定，是优良蕉苗之一。

（3）隔山飞　又称水芽，是收获后较久的旧蕉头抽生的吸芽。假茎青绿色，头小，生长势弱，种后生长缓慢，需肥较多。优点是挖取时不伤挂果母株。已收获的母株当年抽生的吸芽又称角笋。

吸芽抽生的时期、数量、大小都和母株的生长状况以及肥水条件等因素密切相关，因此，在育苗过程中，母株的选择和管理至关重要。

2. 母本园的选择和管理　吸芽繁殖母本园的选择标准是：①园内品种要求优良、纯一；②园内植株生长势好、健壮，生长整齐，一般不超过第三造蕉；③园内要求没有发生危险性病虫害，香蕉束顶病、花叶心腐病等病毒病发生率低于3%，对有病症或重大嫌疑的植株，以及发现有蚜虫聚生的，一律不取苗，并要求在远离这些植株的地段取苗；④育苗园远离旧蕉园，本园及四周园地不能种植或间种葫芦科、茄科、十字花科及玉米、桃等植物。

加强育苗母本园田间管理，育苗蕉园比不育苗园要增施2～3次肥料，及时做好留芽、除芽工作，做好喷药、挖病株、除草、清残株的综合性病虫防治工作，为培养无病、健壮吸芽打下良好基础。

3. 种芽选择和起芽方法　母株种植后1个多月，植株球茎已经长大，开始抽生吸芽，第1次抽生的吸芽一般不留作预备株，也不宜作种苗。待母株再次抽生吸芽时，才保留用做种苗。一般2～4月春植，多采用上1年植株留下过冬的褛芽或当年早春抽生的红笋芽；5～10月夏秋植，多采用去年或当年成长的角笋，其次是健壮的隔山飞，一般不采用大叶芽。褛芽繁殖，一般苗高40cm时即可分株；红笋繁殖，要苗高80cm以上才定植；隔山飞移植时，宜附着一部分蕉头一起移植，成活率高。

因吸芽大，从母株上割离时易伤及母株，需特别小心。有经验的果农为避免损伤母株及吸芽的地下茎，在起挖吸芽时，先将吸芽外边的土壤掘成凹陷状半圆形，然后以脚或手在靠近母株一边，用力向凹陷处推开，吸芽则从母株头部分离出来，再用手将吸芽头部带土拔起，供繁殖。

4. 起芽后处理 吸芽取出后，剪去过大的叶片及过长或损伤的根，切口最好涂上草木灰或喷 0.1%甲基托布津，以防腐烂。吸芽最好随取随种，如果运输距离在 1d 以上的，吸芽上的叶片要从叶柄基部割去，只留下未张开的叶，以减少吸芽在运输中水分的蒸发。

同一时期，不宜在母株上选取过多的吸芽，以免影响母株生长。吸芽起出后，要加强母株的肥水管理，1 年内每株母株可陆续起吸芽 10 株以上。但是，这种以繁殖种苗为主的蕉园，由于起苗频繁，母株根系受伤面积大，一般会减产 30%～50%。

（二）球茎切块繁殖

香蕉的球茎上有很多休眠芽。地下球茎切块繁殖法是将香蕉地下球茎切成若干块，每块留 1 粗壮芽眼，在苗圃地内培育成植株的方法。该法能在短期内培育出大量芽苗，其生长和产量与用楼芽等吸芽分株繁殖相差不多。球茎切块法能提高良种苗的繁殖速度，简单易行，成本低，又可防止危险病毒病的传播，但是这种方法要求肥水条件高，育出的苗偏弱。

地下球茎应选择还未开花结果的植株球茎，其发芽率可达 60%～70%；如为已结果植株的地下球茎，其发芽率极低，仅有 15%。切块时间最好在 11 月至翌年 1 月，这样芽眼易于萌发，发芽率高，同时至同年 5～6 月苗高可达 40～50cm，并能栽植于大田，可与吸芽栽植同期开花结果。其方法是：将球茎挖起，按球茎大小切分成若干小块，每块至少重 120～200g 并带有芽眼，切口涂上草木灰或喷 0.1%甲基托布津防腐，然后按 15～20cm 的株行距将切块平放于畦上，芽眼要朝上，再覆土盖草。苗地要加强水肥管理，当切块芽眼萌发和生根时，可追施 2～3 次稀薄腐熟的水肥（尿、水比例为 1：10），并经常拔、锄杂草。此外，还要注意加强病虫害的防治。

（三）组织培养育苗

组织培养育苗是在无菌的条件下，将香蕉营养体部分组织器官进行离体培育，使其再生，形成完整植株的方法。组织培养法育苗也叫离体快繁、工厂化育苗，所培育出来的芽苗称为试管苗或组培苗。与传统的吸芽繁殖相比，组培育苗具有如下优势：①芽苗种性单一，能保持母株的优良特性，个体间差异较小；②种植于大田的芽苗成活率可达 95%；③生育期相同，易于控制肥水；④抽蕾、开花整齐，采收期一致，仅需 1.5～2 个月；⑤芽苗不带任何检疫性病虫害，特别是危险性极大的病毒病；⑥组织培养育苗繁殖速度快、芽苗繁殖系数大，适于香蕉新品种的选育及大规模集约性香蕉栽培。但香蕉组培育苗投资较大，假植苗抗性较差，定植时对肥、水、气温等条件要求较高。此外，在快繁过程中容易产生体细胞变异，国外大规模生产的变异率控制在 3%以下，我国限制在 5%以下。

1. 种源的选择及外植体的灭菌 选择优良种源是香蕉组织培养的关键。种源最好应在有可靠隔离条件的香蕉种质资源圃、母本园、栽培条件优越的生产性蕉园选择。筛选单株时，不仅要对母株的园艺性状和健康状况进行鉴别，而且要在挂果期对其经济性状进行鉴别。选出来的植株应无任何检疫性病虫害、生长健壮、高产、质优、吸芽饱满。同时，可采用 ELISA（酶联免疫吸附试验）、PCR（聚合酶链式反应）等技术，检测鉴定母株是否携带香蕉束顶病、香蕉花叶心腐病等病毒。通过检测的母株才能取材。小心将吸芽挖离母体，带回实验室备用。

外植体常用吸芽的顶芽（茎尖）或侧芽（腋芽）。先将吸芽假茎上的部分叶鞘剥除，然后将吸芽的茎尖部切下 2～3cm 长，并对其消毒。一般先用 75%的酒精洗涤 15s，目的是杀死茎尖表面的病菌，然后再用 0.1％的升汞消毒 15～20min 或 1.5％次氯酸钠溶液消毒 15min，接着用无菌水冲洗几遍。随后将冲洗后的茎尖在超净工作台上逐叶剥除剩余的叶鞘，直至露出钟形的分生组织为止。将分生组织连同 1～3 个圆锥形叶原基一齐切下接种，长度约为 0.2cm。如果同时取用侧芽，消毒时可用吸芽顶部 5～10cm 具顶芽和侧芽的小干茎，灭菌后切成小块接种，每块上带有 1～2 个芽原基。如果是进行脱毒苗的培养，不定芽诱导后，借助显微镜，在超净工作台上，剥取茎尖 1mm 左右的生长点进行增殖培养。

2. 外植体的培养与增殖　将无菌外植体接种于培养基上培养，诱导不定芽的发生。培养基一般以 MS 为基本培养基，附加 6-苄基氨基嘌呤（6-BA）和萘乙酸（NAA）。外植体培养 20～30d 后，不定芽长出，将带芽茎段切下转入增殖培养基上诱导丛生芽。在增殖过程中应避免产生愈伤组织，因为愈伤组织再生的芽苗容易发生变异。其次，增殖继代次数不超过 8 代，当增殖超过 8 代时，芽苗的变异率会大大增加。

当增殖芽达到一定数量时，需将其转入生根培养基中诱导生根，长成具有完整根、茎、叶的试管苗。组培苗假茎高 3cm 以上、粗 0.25cm 以上、有 2 片以上正常叶片时，即可移栽。

3. 组培苗的假植　组培苗培育出来后要进行炼苗，使其逐渐适应新的环境条件，炼苗后进行移栽。这种由试管苗到移入大田前的炼苗、移栽过程，称为香蕉组培苗的假植。假植管理技术的好坏，关系到育苗成活率的高低和苗木的质量。

（1）假植大棚的建造　育苗大棚必须建在避风，利于排水，远离蕉园、菜园的地方，育苗大棚地面要平整、清除杂草，或在棚内铺上河沙，以防草、滤水，可采用钢架或竹木结构，8～12 丝厚的塑料薄膜保温保湿，通常长 30m、宽 6m 的大棚可育苗 2.5 万株左右，同时大棚要用遮光率为 55％～75％的黑色遮光网，防止太阳直晒。大棚内的场地要喷洒药液毒杀病虫及消毒病虫滋生地。

（2）炼苗和假植移栽　移栽前将组培瓶装生根苗打开瓶盖，置于散射光下炼苗 1 周左右（一般放在走廊、荫棚下炼苗）。假植使用营养袋，按一定的比例合理调配移栽基质，可选择肥泥、火烧土和河沙各 1/3 充分混合，也可按塘泥 7 份、细煤渣 3 份或者椰糠 2 份、肥泥 8 份的比例混合，装袋。装袋的营养土可占八成左右，留下的空位再加上 2cm 厚左右的河沙。栽苗前 1d 必须把营养袋浇透水。假植前，用清水将瓶苗根部的培养基洗净。移栽时，苗要正，不能歪斜，深度以假茎基部上 1～2cm 埋土、并稍压实，最好在下午移栽。移栽完后，浇透定根水，封严大棚即可。

组培苗在大棚内可一年四季假植，但因香蕉大田种植期多为春植和秋植，组培苗也应依大田种植季节假植。如供春植（3～4 月），组培苗应在 11 月至翌年 2 月上旬入袋；如配合秋植，组培苗应在 6～7 月入袋种植。此外，还可根据大田种植所需苗的大小而决定组培苗入袋时间。如需大苗，一般应提早入袋种植，以便增加袋苗培育时间。

（3）假植苗管理　组培苗比常规繁育的吸芽娇嫩，因此在管理上应比培育吸芽精细得多。培育假植苗重点在肥水的管理、温度的控制及病虫害的防治上。

组培苗对水分的要求十分严格，过湿、过干均易引起假植苗的死亡。一般在种植后应及时淋足定根水，以后经常喷水，基质水分含量要求保持在 60％～70％；新叶长出后，可 1～2d 淋水 1 次。植后棚内应保持 95％左右的湿度，多使用喷雾洒水的方法维持，如在高温干旱的季节更应注意。小苗出圃前，则应逐渐减少水分的供应。棚内的温度控制在 28～30℃，低于 8℃ 或高于 35℃ 均会造成危害。如遇低温，可在棚内搭小拱棚覆盖薄膜保温，也人工加温，但不能使用易产生一氧化碳的熏烟材料加温；如遇高温，除喷雾降温外，也可在白天将围膜适当卷起，靠自然风降温。施肥期多掌握在出新根或抽新叶之后，不能施重肥，以稀薄肥料为主，可淋施 0.1%～0.3% 的复合肥，促使幼苗健康生长。

大棚组培苗易受真菌、细菌等病菌危害。特别是锈红斑点常易在小苗叶面上发生，随后形成褐斑的叶斑病。此外急性叶枯病等在小苗期也很易感染，应注意检查和防治。

（4）假植苗出圃　组培苗经一段时间假植后，可出圃定植于大田。一般在出圃前 1 周，先揭起棚周薄膜，让假植苗继续锻炼，以提高小苗在大田中的适应性，然后才选择优质的小苗出圃。在假植过程中，应注意剔除变异苗。优质假植苗的出圃标准是：小苗假茎高 10～20cm，新生叶片 5～7 片，叶色青绿，无病虫害，无徒长，无变异，根系发达。

二、荔枝和龙眼苗木培育

荔枝和龙眼有实生、高压和嫁接等繁殖方法。实生苗具有童期，且后代变异大，一般用来繁殖嫁接砧木。嫁接苗根系生长良好，抗逆性强，使用良种枝条较少，与压条相比可以大大提高繁殖系数，是目前荔枝和龙眼生产上主要采用的育苗技术。

（一）嫁接繁殖

1. 砧木的培育

（1）苗圃地的选择和准备　苗圃地选择运输方便，排灌容易，不易积水，避风向阳，土质疏松、肥沃，沙黏适度的土地。苗床土壤黏结性要适合砧木生长及起苗固土需要，对较为肥沃、黏性不强的土壤，并不适宜起苗器带泥团起苗等作业，需对苗床地进行不同土质的搭配；苗床地是水田的要控水、翻犁、晒垡，深耕熟化，有利于提高地温和土壤含量氧，同时杀死土壤病菌和虫卵，疏松土壤；苗床地土质瘦弱的要培肥，根据肥力程度增施腐熟羊粪、复合肥、石灰等，与土壤充分混合均匀。

（2）砧木的选择和种子采集　荔枝和龙眼嫁接主要用本砧。荔枝嫁接要选用与接穗品种亲和力强的砧木品种，可根据各地区具体情况，选用已在本地区适宜的砧穗组合。种子越大越饱满，发芽率越高。龙眼砧木要求用种子大而饱满的品种作砧木，如福建的福眼、乌龙岭，广东、广西的乌圆、广眼等，都是培育健壮砧木苗的良种。要选择树皮粗糙程度、长势、木质部疏松程度相近的龙眼品种互为砧穗，最好以本品种的种子培育砧木苗。

从充分成熟的果实中采种，萌发率高。大量育苗时，可以从罐头厂采购种子。将种子在清水中搓洗，去掉残肉，淘汰小粒种子及不饱满的种子。荔枝和龙眼种子不耐干燥，取出后不能在阳光下暴晒，也不耐贮藏，最好随采随播。如果需要运寄他处，应注意保湿。

（3）种子催芽　播种前需进行催芽处理。一般用沙藏法催芽，即将种子与 2～3 份湿河沙混匀堆积催芽，沙子湿度以手捏成团不散为宜，催芽过程中的沙子应保持湿润，但不能太湿。催芽 4d 左右，种子露出胚根 1cm 左右时，即可取出播种。催芽后要及时播种，如果胚根过长，胚芽已长出，播种时胚芽容易折断，影响芽率。

（4）播种和播种后管理　多用条播，播种时，先按一定行距开播种沟，按一定株距将种子平放于沟中，淋水后覆土。覆土厚度以 1～2cm 为宜，太浅种子容易干死，太深幼苗出土困难。覆土后，宜在畦面覆盖干草或搭荫棚遮阴。

出土前后一定要保持畦土湿润。幼苗开始出土时，选阴天或傍晚揭开盖草。在幼苗第 1 次梢的叶片老熟时开始，施入稀薄水肥，每隔 1 个月施 1 次，浓度逐渐提高。冬季注意防冻防霜，及时喷药防虫。

2. 嫁接　荔枝和龙眼主要采用切接方法进行嫁接，与柑橘类果树切接相同。在温度 20～30℃时，形成层细胞活动最旺盛，有利于嫁接苗成活；低于 16℃或高于 36℃时，细胞活动基本处于停滞状态，嫁接苗成活率低。所以，一年中除了气温低于 16℃或高于 36℃的时期外，均可嫁接。一般以春季及早秋嫁接较好，接后愈合快，成活率高，嫁接苗生长快。春接不宜在早、晚低温时进行，秋季嫁接应避开中午烈日高温。此外，雨后土壤过湿或低温阴雨天气时，也不宜嫁接。

（二）压条繁殖

荔枝和龙眼主要采用高压繁殖。龙眼高压繁殖操作与荔枝基本相同。以荔枝高压繁殖方法为例简要介绍其繁殖方法。

1. 压条时间　以 2～4 月较好，"随花驳，随果落"，此时气温逐渐回升，雨水渐多，荔枝渐入旺盛生长活动期，剥皮操作容易，发根、成苗均快，可在盛暑前落树假植，成活率较高。

2. 枝条选择　选自壮年结果树，枝龄 2～3 年，环状剥皮部径粗 1.5～3cm，枝身较平直，生长健壮，皮光滑无损伤，无寄生物附着，能接受到阳光的斜生枝或水平枝。

3. 操作方法

（1）环状剥皮　在入选枝条上距离下方分枝 7～8cm 且适宜包泥团的部位，环割两刀，深达木质部，两道割口相距约 3cm，在其间纵切一刀，将两割口之间的皮剥除。为促进枝条早发根、多发根，可在上圈口及其附近涂上 500～1 000mg/L 的吲哚乙酸或萘乙酸。

（2）包裹生根基质　凡能通气、保湿的材料都可用做生根基质。常用的有稻草泥条、椰糠、木糠、苔藓等混合肥泥，也可用疏松园土加入牛粪或磷钾肥等。如果用稻草泥条为生根基质，包裹时以上部割口为中心，拉紧泥条缠绕，使泥条紧贴枝条不松动，最后绕成一个椭圆形泥团，使环状剥皮部上圈口生根部位位于泥团近中部或上方 1/3 处，抹平泥团表面。包好泥团后，最好让泥团风干一段时间，等到下雨以后，趁泥团湿润时，在泥团外裹上薄膜保湿。若用椰糠等疏松材料泥土作生根基质，则先将圈口下薄膜一端扎紧成喇叭状，然后填入生根基质，边添边压实，最好把薄膜包成筒形，扎紧上端即成。

（3）剪离母树（落树、落苗）　薄膜包裹生根基质 60～80d 后，细根已经密布，可在泥团下方，把枝条连同泥团剪下。没用薄膜包裹时，通常要 100d 后或更长时间才能落苗。落树后，剪去大部分枝叶，只留数条主枝及少量叶片。解开薄膜，将泥团蘸上泥浆，直立排放在树荫下，再用湿稻草遮盖泥团，保湿催发新根。经 7～10d 长出大量新根时，及时假植或定植。

◈ 复习思考题

1. 果树种苗生产有哪些技术？目前常用的有哪些？

2. 果树嫁接繁殖一般有哪些步骤？

◈ 推荐读物

张开春主编 . 2004. 果树育苗手册 . 北京：中国农业出版社 .

附 表

附表 1　同一实验室内同一送检样品净度分析的容许误差

两次分析结果平均		不同测定之间的容许误差			
		半试样		试　样	
50%以下	50%以上	无稃壳种子	有稃壳种子	无稃壳种子	有稃壳种子
99.95~100.00	0.00~0.04	0.20	0.23	0.1	0.2
99.90~99.94	0.05~0.09	0.33	0.34	0.2	0.2
99.85~99.89	0.10~0.14	0.40	0.42	0.3	0.3
99.80~99.84	0.15~0.19	0.47	0.49	0.3	0.4
99.75~99.79	0.20~0.24	0.51	0.55	0.4	0.4
99.70~99.74	0.25~0.29	0.55	0.59	0.4	0.4
99.65~99.69	0.30~0.34	0.61	0.65	0.4	0.5
99.60~99.64	0.35~0.39	0.65	0.69	0.5	0.5
99.55~99.59	0.40~0.44	0.68	0.74	0.5	0.5
99.50~99.54	0.45~0.49	0.72	0.76	0.5	0.5
99.40~99.49	0.50~0.59	0.76	0.80	0.5	0.6
99.30~99.39	0.60~0.69	0.83	0.89	0.6	0.6
99.20~99.29	0.70~0.79	0.89	0.95	0.6	0.7
99.10~99.19	0.80~0.89	0.95	1.00	0.7	0.7
99.00~99.09	0.90~0.99	1.00	1.06	0.7	0.8
98.75~98.99	1.00~1.24	1.07	1.15	0.7	0.8
98.50~98.74	1.25~1.49	1.19	1.26	0.8	0.9
98.25~98.49	1.50~1.74	1.29	1.37	0.9	1.0
98.00~98.24	1.75~1.99	1.37	1.47	1.0	1.0
97.75~97.99	2.00~2.24	1.44	1.54	1.0	1.1
97.50~97.74	2.25~2.49	1.53	1.63	1.1	1.2
97.25~97.49	2.50~2.74	1.60	1.70	1.1	1.2
97.00~97.24	2.75~2.99	1.67	1.78	1.2	1.3
96.50~96.99	3.00~3.49	1.77	1.88	1.3	1.3
96.00~96.49	3.50~3.99	1.88	1.99	1.3	1.4
95.50~95.99	4.00~4.49	1.99	2.12	1.4	1.5
95.00~95.49	4.50~4.99	2.09	2.22	1.5	1.6
94.00~94.99	5.00~5.99	2.25	2.38	1.6	1.7
93.00~93.99	6.00~6.99	2.43	2.56	1.7	1.8
92.00~92.99	7.00~7.99	2.59	2.73	1.8	1.9

（续）

两次分析结果平均		不同测定之间的容许误差			
		半试样		试　样	
50%以下	50%以上	无稃壳种子	有稃壳种子	无稃壳种子	有稃壳种子
91.00～91.99	8.00～8.99	2.74	2.90	1.9	2.1
90.00～90.99	9.00～9.99	2.88	3.04	2.0	2.2
88.00～89.99	10.00～11.99	3.08	3.25	2.2	2.3
86.00～87.99	12.00～13.99	3.31	3.49	2.3	2.5
84.00～85.99	14.00～15.99	3.52	3.71	2.5	2.6
82.00～83.99	16.00～17.99	3.69	3.90	2.6	2.8
80.00～81.99	18.00～19.99	3.86	4.07	2.7	2.9
78.00～79.99	20.00～21.99	4.00	4.23	2.8	3.0
76.00～77.99	22.00～23.99	4.14	4.37	2.9	3.1
74.00～75.99	24.00～25.99	4.26	4.50	3.0	3.2
72.00～73.99	26.00～27.99	4.37	4.61	3.1	3.3
70.00～71.99	28.00～29.99	4.47	4.71	3.2	3.3
65.00～69.99	30.00～34.99	4.61	4.86	3.3	3.4
60.00～64.99	35.00～39.99	4.77	5.02	3.4	3.6
50.00～59.99	40.00～49.99	4.89	5.16	3.5	3.7

引自颜启传，2001。5%显著水平的两尾测定。

附表 2　蔬菜植物种子发芽试验技术规定

植物名称	发芽床	发芽温度（℃）	初次计数天数（d）	末次计数天数（d）	备　注
洋葱	TP, BP, S	20, 15	6	12	预先冷冻
大葱	TP, BP, S	20, 15	6	12	预先冷冻
韭葱	TP, BP, S	20, 15	6	14	
细香葱	TP, BP, S	20, 15	6	14	
韭菜	TP, BP	20～30, 20	6	14	预先冷冻
苋菜	TP	20～30, 20	4～5	14	预先冷冻，KNO₃
芹菜	TP	10～25, 20, 15	10	21	预先冷冻，KNO₃
根芹菜	TP	10～25, 20, 15	10	21	预先冷冻，KNO₃
胡萝卜	TP, BP	20～30, 20	7	14	
茴香	TP, BP, TS	20～30, 20	7	14	
美国防风	TP, BP	10～25, 20, 15	10	28	预先冷冻，KNO₃
香芹	TP, BP	20～30	10	28	
芫荽	TP, BP	20～30, 20	7	21	
莴苣	TP, BP	20	4	7	预先冷冻
牛蒡	TP, BP	20～30, 20	14	35	预先洗涤，四唑染色
茼蒿	TP, BP	20～30, 15	4～7	21	预先加温（40℃，4～6h），预先冷冻，光照
落葵	TP, BP	30	10	28	预先洗涤，机械去皮
石刁柏	TP, BP, S	20～30, 25	10	28	
菠菜	TP, BP	15, 10	7	21	预先冷冻
叶甜菜	TP, BP, S	20～30, 15～25, 20	4	14	
根甜菜	TP, BP, S	20～30, 15～25, 20	4	14	
不结球白菜	TP	15～25, 20	5	7	预先冷冻

（续）

植物名称	发芽床	发芽温度（℃）	初次计数天数（d）	末次计数天数（d）	备　注
根用芥菜	TP	15～25，20	5	14	预先冷冻，GA$_3$
叶用芥菜	TP	15～25，20	5	7	预先冷冻，GA$_3$，KNO$_3$
茎用芥菜	TP	15～25，20	5	7	预先冷冻，GA$_3$，KNO$_3$
芥蓝	TP	15～25，20	5	10	预先冷冻，KNO$_3$
结球甘蓝	TP	15～25，20	5	10	预先冷冻，KNO$_3$
球茎甘蓝	TP	15～25，20	5	10	预先冷冻，KNO$_3$
花椰菜	TP	15～25，20	5	10	预先冷冻，KNO$_3$
青花菜	TP	15～25，20	5	10	预先冷冻，KNO$_3$
抱子甘蓝	TP	15～25，20	5	10	预先冷冻，KNO$_3$
结球白菜	TP	15～25，20	5	7	预先冷冻
芜菁	TP	15～25，20	5	7	预先冷冻
芜菁甘蓝	TP	15～25，20	5	7	预先冷冻，KNO$_3$
萝卜	TP，BP，S	20～30，20	4	10	预先冷冻
豆瓣菜	TP，BP	20～30	4	14	
辣椒	TP，BP，S	20～30，30	7	14	KNO$_3$
甜椒	TP，BP，S	20～30，30	7	14	KNO$_3$
冬瓜	TP，BP	20～30，30	7	14	
节瓜	TP，BP	20～30，30	7	14	
西瓜	BP，S	20～30，25	5	14	
甜瓜	BP，S	20～30，25	4	8	
越瓜	BP，S	20～30，25	4	8	
菜瓜	BP，S	20～30，25	4	8	
黄瓜	TP，BP，S	20～30，25	4	8	
印度南瓜	BP，S	20～30，25	4	8	
中国南瓜	BP，S	20～30，25	4	8	
美洲南瓜	BP，S	20～30，25	4	8	
瓠瓜	BP，S	20～30	4	14	
棱角丝瓜	BP，S	30	4	14	
普通丝瓜	BP，S	20～30，30	4	14	
佛手瓜	BP，S	20～30，20	5	10	
苦瓜	BP，S	20～30，30	4	14	
多花菜豆	BP，S	20～30，20	5	9	
莱豆	BP，S	20～30，25，20	5	9	
扁豆	BP，S	20～30，25	4	10	
菜豆	BP，S	20～30，25，20	5	9	
豌豆	BP，S	20	5	8	
长豇豆	BP，S	20～30，25	5	8	
矮豇豆	BP，S	20～30，25	5	8	
蚕豆	BP，S	20	4	14	
绿豆	BP，S	20～30，25	5	7	
藜豆	BP，S	20～30，25	5	7	
豆薯	BP，S	20～30，30	7	14	
金花菜	TP，BP	20	4	14	
番茄	TP，BP，S	20～30，25	5	14	KNO$_3$
茄子	TP，BP，S	20～30，30	7	14	
番杏	BP，S	20～30，20	7	35	除去果肉，预先洗涤
食用大黄	TP	20～30	7	21	

（续）

植物名称	发芽床	发芽温度（℃）	初次计数天数（d）	末次计数天数（d）	备　注
黄秋葵	TP，BP，S	20～30	4	21	
蕹菜	BP，S	30	4	10	

引自颜启传，2001。表中符号 TP 为纸上，BP 为纸间，S 为沙，TS 为沙上。

附表 3　同一发芽试验四次重复间的最大容许差距

平均发芽率（%）		最大容许差距
50%以上	50%以下	
99	2	5
98	3	6
97	4	7
96	5	8
95	6	9
93～94	7～8	10
91～92	9～10	11
89～90	11～12	12
87～88	13～14	13
84～86	15～17	14
81～83	18～20	15
78～80	21～23	16
73～77	24～28	17
67～72	29～34	18
56～66	35～45	19
51～55	46～50	20

引自颜启传，2001。2.5%显著水平的两尾测定。

附表 4　同一或不同实验室来自相同或不同送验样品间发芽一致性的容许差距

平均发芽率（%）		最大容许差距
50%以上	50%以下	
98～99	2～3	2
95～97	4～6	3
91～94	7～10	4
85～90	11～16	5
77～84	17～24	6
60～76	25～41	7
51～59	42～50	8

引自颜启传，2001。2.5%显著水平的两尾测定。

附表 5　品种纯度的容许差距

标准规定值		样本株数、苗数或种子粒数							
50%以上	50%以下	50	75	100	150	200	400	600	1 000
100	0	0	0	0	0	0	0	0	0
99	1	2.3	1.9	1.6	1.3	1.2	0.8	0.7	0.5

（续）

标准规定值		样本株数、苗数或种子粒数							
50%以上	50%以下	50	75	100	150	200	400	600	1 000
98	2	3.3	2.7	2.3	1.9	1.6	1.2	0.9	0.7
97	3	4.0	3.3	2.8	2.3	2.0	1.4	1.2	0.9
96	4	4.6	3.7	3.2	2.6	2.3	1.6	1.3	1.0
95	5	5.1	4.2	3.6	2.9	2.5	1.8	1.5	1.1
94	6	5.5	4.5	3.9	3.2	2.8	2.0	1.6	1.2
93	7	6.0	4.9	4.2	3.4	3.0	2.1	1.7	1.3
92	8	6.3	5.2	4.5	3.7	3.2	2.2	1.8	1.4
91	9	6.7	5.5	4.7	3.9	3.3	2.4	1.9	1.5
90	10	7.0	5.7	5.0	4.0	3.5	2.5	2.0	1.6
89	11	7.3	6.0	5.2	4.2	3.7	2.6	2.1	1.6
88	12	7.6	6.2	5.4	4.4	3.8	2.7	2.2	1.7
87	13	7.9	6.4	5.5	4.5	3.9	2.8	2.3	1.8
86	14	8.1	6.6	5.7	4.7	4.0	2.9	2.3	1.8
85	15	8.3	6.8	5.9	4.8	4.2	3.0	2.4	1.9
84	16	8.6	7.0	6.1	4.9	4.3	3.0	2.5	1.9
83	17	8.8	7.2	6.2	5.1	4.4	3.1	2.5	2.0
82	18	9.0	7.3	6.3	5.2	4.5	3.2	2.6	2.0
81	19	9.2	7.5	6.5	5.3	4.6	3.2	2.6	2.1
80	20	9.3	7.6	6.6	5.4	4.7	3.3	2.7	2.1
79	21	9.5	7.8	6.7	5.5	4.8	3.4	2.7	2.1
78	22	9.7	7.9	6.8	5.6	4.8	3.4	2.8	2.2
77	23	9.8	8.0	7.0	5.7	4.9	3.5	2.8	2.2
76	24	10.0	8.1	7.1	5.8	5.0	3.5	2.9	2.2
75	25	10.1	8.3	7.1	5.8	5.1	3.6	2.9	2.3
74	26	10.2	8.4	7.2	5.9	5.1	3.6	3.0	2.3
73	27	10.4	8.5	7.3	6.0	5.2	3.7	3.0	2.3
72	28	10.5	8.6	7.4	6.1	5.2	3.7	3.0	2.3
71	29	10.6	8.7	7.5	6.1	5.3	3.8	3.1	2.4
70	30	10.7	8.7	7.6	6.2	5.4	3.8	3.1	2.4
69	31	10.8	8.8	7.6	6.2	5.4	3.8	3.1	2.4
68	32	10.9	8.9	7.7	6.3	5.5	3.8	3.2	2.4
67	33	11.0	9.0	7.8	6.3	5.5	3.9	3.2	2.5
66	34	11.1	9.0	7.8	6.4	5.5	3.9	3.2	2.5
65	35	11.1	9.1	7.9	6.4	5.6	3.9	3.2	2.5
64	36	11.2	9.1	7.9	6.5	5.6	4.0	3.2	2.5
63	37	11.3	9.2	8.0	6.5	5.6	4.0	3.3	2.5
62	38	11.3	9.2	8.0	6.5	5.7	4.0	3.3	2.5
61	39	11.4	9.3	8.1	6.6	5.7	4.0	3.3	2.5
60	40	11.4	9.3	8.1	6.6	5.7	4.0	3.3	2.6
59	41	11.5	9.4	8.1	6.6	5.7	4.1	3.3	2.6
58	42	11.5	9.4	8.2	6.7	5.8	4.1	3.3	2.6
57	43	11.6	9.4	8.2	6.7	5.8	4.1	3.3	2.6
56	44	11.6	9.5	8.2	6.7	5.8	4.1	3.3	2.6

（续）

标准规定值		样本株数、苗数或种子粒数							
50%以上	50%以下	50	75	100	150	200	400	600	1 000
55	45	11.6	9.5	8.2	6.7	5.8	4.1	3.4	2.6
54	46	11.6	9.5	8.2	6.7	5.8	4.1	3.4	2.6
53	47	11.6	9.5	8.2	6.7	5.8	4.1	3.4	2.6
52	48	11.7	9.5	8.3	6.7	5.8	4.1	3.4	2.6
51	49	11.7	9.5	8.3	6.7	5.8	4.1	3.4	2.6
50	50	11.7	9.5	8.3	6.7	5.8	4.1	3.4	2.6

引自颜启传，2001。5%显著水平的两尾测定。

附表 6　园艺植物种子批的最大重量和样品最小重量

种（变种）名	学　　名	种子批的最大重量（kg）	样品最小重量（g）		
			送验样品	净度分析试样	其他植物种子计数试样
洋葱	*Allium cepa*	10 000	80	8	80
葱	*Allium fistulosum*	10 000	50	5	50
韭葱	*Allium porrum*	10 000	70	7	70
细香葱	*Allium schoenoprasum*	10 000	30	3	30
韭菜	*Allium tuberosum*	10 000	100	10	100
苋菜	*Amaranthus tricolor*	5 000	10	2	10
芹菜	*Apium graveolens*	10 000	25	1	10
根芹菜	*Apium graveolens* var. *rupaceum*	10 000	25	1	10
胡萝卜	*Daucus carota*	10 000	30	3	30
茴香	*Foeniculum vulgare*	10 000	180	18	180
美洲防风	*Pastinaca sativa*	10 000	100	10	100
香芹	*Petroselinum crispum*	10 000	40	4	40
芫荽	*Coriandrum sativum*	10 000	400	40	400
莴苣	*Lactuca sativa*	10 000	30	3	30
牛蒡	*Arctium lappa*	10 000	50	5	50
茼蒿	*Chrysanthemum coronarium* var. *spatisum*	5 000	30	8	30
落葵	*Basella* spp	10 000	200	60	200
石刁柏	*Asparagus officinalis*	20 000	1 000	100	1 000
菠菜	*Spinacia oleracea*	10 000	250	25	250
叶甜菜	*Beta vulgaris* var. *cicla*	20 000	500	50	500
根甜菜	*Beta vulgaris* var. *rapacea*	20 000	500	50	500
不结球白菜	*Brassica campestris*	1 000	100	10	100
根用芥菜	*Brassica juncea* var. *megarrhiza*	10 000	100	10	100
叶用芥菜	*Brassica juncea* var. *foliosa*	10 000	40	4	40
茎用芥菜	*Brassica juncea* var. *tsatsai*	10 000	40	4	40
芥蓝	*Brassica oleracea* var. *alboglabra*	10 000	100	10	100
结球甘蓝	*Brassica oleracea* var. *capitata*	10 000	100	10	100
球茎甘蓝	*Brassica oleracea* var. *caulorapa*	10 000	100	10	100
花椰菜	*Brassica oleracea* var. *botrytis*	10 000	100	10	100
青花菜	*Brassica oleracea* var. *italica*	10 000	100	10	100
抱子甘蓝	*Brassica oleracea* var. *gemmifera*	10 000	100	10	100
结球白菜	*Brassica campestris* ssp. *pekinensis*	10 000	100	4	40
芜菁	*Brassica rapa*	10 000	70	7	70

（续）

种（变种）名	学　名	种子批的最大重量（kg）	样品最小重量（g）		
			送验样品	净度分析试样	其他植物种子计数试样
芜菁甘蓝	*Brassica napobrassica*	10 000	70	7	70
萝卜	*Raphanus sativus*	10 000	300	30	300
豆瓣菜	*Nasturtium officinale*	10 000	25	0.5	5
辣椒	*Capsicum frutescens*	10 000	150	15	150
甜椒	*Capsicum frutescens* var. *grossum*	10 000	150	15	150
冬瓜	*Benincasa hispida*	10 000	200	100	200
节瓜	*Benincasa hispida* var. *chieh-qua*	10 000	200	100	200
西瓜	*Citrullus lanatus*	20 000	1 000	250	1 000
甜瓜	*Cucumis melo*	10 000	150	70	150
越瓜	*Cucumis melo* var. *conomon*	10 000	150	70	150
菜瓜	*Cucumis melo* var. *flexuosus*	10 000	150	70	150
黄瓜	*Cucumis sativus*	10 000	150	70	150
印度南瓜	*Cucurbita maxima*	20 000	1 000	700	1 000
中国南瓜	*Cucurbita moschata*	10 000	350	180	350
美洲南瓜	*Cucurbita pepo*	20 000	1 000	700	1 000
瓠瓜	*Lagenaria siceraria*	20 000	1 000	500	1 000
棱角丝瓜	*Luffa acutangula*	20 000	1 000	400	1 000
普通丝瓜	*Luffa cylindrica*	20 000	1 000	250	1 000
佛手瓜	*Sechium edule*	20 000	1 000	1 000	1 000
苦瓜	*Momordica charantia*	20 000	1 000	450	1 000
多花菜豆	*Phaseolus multiflorus*	20 000	1 000	1 000	1 000
莱豆	*Phaseolus lunatus*	20 000	1 000	1 000	1 000
菜豆	*Phaseolus vulgaris*	25 000	1 000	700	1 000
豌豆	*Pisum sativum*	25 000	1 000	900	1 000
长豇豆	*Vigna unguiculata* ssp. *sesquipedalis*	20 000	1 000	400	1 000
矮豇豆	*Vigna unguiculata* ssp. *unguiculata*	20 000	1 000	400	1 000
蚕豆	*Vicia faba*	25 000	1 000	1 000	1 000
绿豆	*Vigna radiata*	20 000	1 000	120	1 000
藜豆	*Stizolobium* ssp.	20 000	1 000	250	1 000
豆薯	*Pachyrhizus erosus*	20 000	1 000	250	1 000
金花菜	*Medicago polymorpha*	10 000	70	7	70
番茄	*Lycopersicon lycopersicum*	10 000	15	7	15
茄子	*Solanum melongena*	10 000	150	15	150
番杏	*Tetragonia tetragonioides*	20 000	1 000	200	1 000
食用大黄	*Rheum rhaponticum*	10 000	450	45	450
黄秋葵	*Hibiscus esculentus*	20 000	140		1 000
蕹菜	*Ipomoea aquatica*	20 000	1 000	100	1 000

引自颜启传，2001。

附表 7　蔬菜种子质量标准（GB 8079—1987）

名称	品种纯度不小于（%）				种子净度不小于（%）				种子发芽率不小于（%）				种子含水量不大于（%）
	原种	一级	二级	三级	原种	一级	二级	三级	原种	一级	二级	三级	
白菜	98	95	90	85	99	99	98	97	98	98	96	94	8
大白菜	99	96	93	85	99	99	98	97	98	98	96	94	8

（续）

名称	品种纯度不小于（%）				种子净度不小于（%）				种子发芽率不小于（%）				种子含水量不大于（%）
	原种	一级	二级	三级	原种	一级	二级	三级	原种	一级	二级	三级	
甘蓝	99	96	93	87	99	99	98	97	95	95	90	85	8
花椰菜	99	96	93	87	99	99	98	97	95	95	90	85	8
叶用芥菜	98	95	90	85	99	98	96	94	97	97	95	93	8
根用芥菜	98	95	90	85	99	98	97	95	97	97	95	93	8
萝卜	98	95	90	85	99	98	97	95	98	98	96	94	8
胡萝卜	98	97	92	85	90	90	85	80	85	85	80	75	10
大葱	99	97	92	85	99	99	97	95	93	93	85	75	10
韭菜	99	97	92	85	99	99	97	95	87	87	85	80	10
洋葱	99	98	95	90	99	99	97	95	85	85	80	70	10
菠菜	99	95	90	85	99	97	95	90	80	80	75	70	11
芹菜	99	97	95	90	99	97	94	90	80	80	75	75	9
莴苣	99	97	95	90	99	97	95	93	95	95	90	85	8
茼蒿	99	97	95	90	99	97	95	93	75	75	70	60	10
芫荽	99	97	95	90	99	99	98	97	85	85	80	70	9
苋菜	98	95	90	85	99	99	95	93	80	80	75	70	12
蕹菜	98	95	93	90	99	97	95	93	80	80	75	70	13
茴香	99	97	95	90	99	98	94	90	85	85	80	75	10
番茄	99	98	97	95	99	99	98	97	99	97	95	90	8
茄子	99	98	97	95	99	99	98	97	90	90	85	80	9
辣椒	99	97	95	90	99	99	98	97	90	88	85	80	8
甜椒	99	97	95	90	99	99	98	97	88	85	80	75	8
黄瓜	99	97	95	93	99	99	98	97	99	98	95	90	8
南瓜	98	95	90	85	99	99	98	97	90	90	85	80	9
长豇豆	99	98	97	95	99	99	98	97	95	95	90	85	12
豌豆	99	98	97	95	99	99	98	97	95	95	93	90	12
菜豆	99	98	97	95	99	99	98	97	97	97	95	90	12

附表 8　瓜类种子质量标准（GB 16715.1—1996）

名　称	纯度不小于（%）		净度不小于（%）	发芽率不小于（%）	水分不小于（%）
	原种或一级	二级或三级			
西瓜亲本	99.7	99.0	99.0	90	8.0
西瓜杂交种	98.0	95.0	99.0	90	8.0
冬瓜	98.0	96.0	99.0	70/60	8.0

附表 9　白菜类、茄果类、甘蓝类杂交种子质量标准（GB 16715.4—1999）

名　称	纯度不小于（%）		净度不小于（%）	发芽率不小于（%）	水分不小于（%）
	原种或一级	良种或二级			
结球白菜（大白菜）亲本	99.9	99.0	98.0	75	7.0
结球白菜（大白菜）杂交种	98.0	96.0	98.0	85	7.0

（续）

名　称	纯度不小于（%）		净度 不小于（%）	发芽率 不小于（%）	水分 不小于（%）
	原种或一级	良种或二级			
茄子亲本	99.9	99.0	98.0	75	8.0
茄子杂交种	98.0	95.0	98.0	85	8.0
辣椒亲本	99.9	96.0	98.0	75	7.0
辣椒杂交种	95.0	90.0	98.0	80	7.0
番茄亲本	99.9	99.0	98.0	85	7.0
番茄杂交种	98.0	95.0	98.0	85	7.0

主 要 参 考 文 献

丁琪，胡云.1999.豇豆制种技术.云南农业（4）：9.

卜连生，方明奎，周春和.2001.质量是种子产业发展的生命.种子科技（6）：313-314.

万蜀渊主编.1997.园艺植物繁殖学.北京：中国农业出版社.

王立，周明德，曾勤.1999.茶籽贮藏特性的研究.茶叶科学，19（1）：25-28.

王绪，邓俭英，方锋学，等.2007.苦瓜 ISSR-PCR 反应体系的建立.种子，26（1）：15-18.

王毅.2003.对现代种业发展途径的思考.种子科技，21（3）：149-150.

王久兴，轩兴栓，等.2003.落叶果树新优品种苗木繁育技术.北京：金盾出版社.

王云福，王明辉.2004.种子市场管理的现状问题和对策.种子科技（4）：195-196.

王长春，王怀宝.1997.种子加工原理与技术.北京：科学出版社.

王文国，王胜华，陈放.2006.植物人工种子包被与储藏技术研究进展.种子，25（2）：52-57.

王玉江，田茂春，李娜，等.2007.甘蓝小株制种技术研究.种子，26（4）：105-106.

王玉寿，师延菊，申青岭.2007.对于强化基地建设、全面提高种子质量的几点思考.农业科技通讯（10）：16.

王仕保，刘相武，王世国.2007.我国花卉苗木产业发展现状及对策.河北农业科学，11（3）：52-54.

王永杰.2008.四级种子生产程序及其应用.中国种业（2）：17-18.

王成连，曹勤虎，古泽平.2004.解决制种基地存在问题的对策.种子科技（1）：15-16.

王秀丽，杨煜，徐平丽，等.2005.植物组织培养的应用及进展.山东农业科学（3）：78-80.

王英君主编.2008.种子储备知识手册.北京：中国农业科学技术出版社.

王建华，张春庆.2006.种子生产学.北京：高等教育出版社.

王树清.2002.强化种子生产的质量意识.种子世界（5）：14.

王贵余，于凤泉，陈银.2004.园艺作物品种退化的原因与对策.北方园艺（4）：10-11.

王秋萍，李玉虎，朱娟娟.2006.种子经营呼唤诚信.种子科技（4）：21-22.

王晓晖，梁艺馨.2007.盆景苗木的繁殖方法.杭州农业科技，4：38-39.

方兆伟，陈庭木，樊继伟，等.2007.作物常规种子原种生产技术体系改良研究.现代农业科技（21）：153-154.

玉璐.2004.植物人工种子技术及应用前景.衡水师专学报（2）：35-37.

艾雪.2008.生产控制在种子企业目标实现中的问题及解决办法.种子世界（7）：18-20.

左慧忠.2005.加强生产基地管理推进种子产业化.种子科技（5）：251-252.

石跃宗.2005.浅谈种子质量的全面管理.种子科技（6）：327-328.

北京林业大学园林系花卉教研组.1988.花卉学.北京：中国林业出版社.

四川省种子协会.1990.作物良种繁育学.成都：四川科学技术出版社.

申书兴主编.2001.蔬菜制种可学可做.北京：中国农业出版社.

田凤勇，贾冬生.2003.葡萄硬枝、嫩枝嫁接技术.山西果树（2）：49.

付忠，余青兰，李钧.2006.作物种子生产与基地建设.中国种业（8）：44-45.

白金贵，刘伟，赵可刚，等.2005.西瓜制种应注意的几个关键技术.中国种业（5）：57.

冯得胜，潘刚，靖飞.2008.种子公司与制种农户利益联结机制调查与分析.江苏农村经济（5）：61-62.

巩振辉.2005.花卉脱毒与快繁新技术.北京：金盾出版社.

巩振辉 . 2008. 植物育种学 . 北京：中国农业出版社 .

巩振辉，申书兴主编 . 2007. 植物组织培养 . 北京：化学工业出版社 .

巩振辉 . 2009. 园艺植物生物技术 . 北京：科学出版社 .

巩振辉，张菊平 . 2005. 茄果类蔬菜制种技术 . 北京：金盾出版社 .

毕辛华，戴心维 . 1993. 种子学 . 北京：中国农业出版社 .

曲永祯 . 2002. 种子加工技术及设备 . 北京：中国农业出版社 .

乔爱民，刘佩瑛，雷建军，等 . 1998. 利用 RAPD 标记鉴定芥菜（Brassica juncea Coss.）品种 . 中山大学学报（自然科学版），37（2）：73‐76.

乔德华 . 2006. 种子企业实施标准化的途径 . 中国标准化（10）：15‐17.

刘燕主编 . 2006. 园林花卉学 . 北京：中国林业出版社 .

刘文生 . 2007. 酒泉市生菜良种繁育技术 . 甘肃农业科技（2）：20.

刘发万，钟利，张丽琴，等 . 2008. 昆明大棚辣椒制种技术初探 . 辣椒杂志（4）：33‐35.

刘汝敏，钱富华 . 2007. 种业管理存在的问题及对策 . 种子世界（1）：8.

刘志良 . 2005. 花卉的扦插繁殖技术 . 江西园艺，2：38‐39.

刘利峰，马俊刚 . 2008. 种子企业在种子生产基地建设工作中的"硬件"与"软件"问题 . 种子世界（7）：20‐21.

刘美娜，冯俊才，邵彦宾 . 2009. 农作物种子包衣技术及其应用 . 现代化农业（4）：10‐11.

刘富中，刘万勃，宋明，等 . 2002. 利用 RAPD 快速鉴定甜瓜杂交种的遗传纯度 . 中国蔬菜（5）：7‐9.

刘德先主编 . 1996. 果树林木育苗大全 . 北京：中国农业出版社 .

刘德兵 . 2006. 南方果树育苗及高接换种技术 . 北京：中国农业科学技术出版社 .

江南 . 2008. 解放思想采取措施加快种子事业发展 . 种子科技（5）：27‐29.

江覃德 . 2005. 世界种业发展趋势与我国种业发展对策 . 种子科技，3：125‐127.

孙群，胡晋，孙庆泉 . 2008. 种子加工与贮藏 . 北京：高等教育出版社 .

孙守钧主编 . 2007. 种子市场营销学 . 北京：中国农业出版社 .

孙宝启 . 1997. 试论常规品种的种子生产程序和种子类别 . 北京：中国农业出版社 .

孙敬三，朱至清 . 2006. 植物细胞工程实验技术 . 北京：化学工业出版社 .

孙新政主编 . 2005. 园艺植物种子生产 . 北京：中国农业出版社 .

运广荣 . 2008. 我国蔬菜种业的沿革、现状与发展趋势 . 中国瓜菜（6）：59‐60.

严玉行 . 2009. 高寒地区胡萝卜制种技术 . 长江蔬菜（2）：22‐23.

杜鸣銮 . 1998. 种子生产原理和方法 . 北京：中国农业出版社 .

杜新海 . 2007. 种子生产基地应抓好的几个环节 . 种子科技 .（2）：25‐26.

李江，宋青峰，龚瑞平，等 . 2003. 新形势下如何搞好种子基地建设 . 种子科技（6）：322.

李巧玲，郝喜龙，齐秀丽，等 . 2001 宿根花卉的栽培管理及在园林中的应用 . 内蒙古农业科技（增刊）：136‐137.

李可夫 . 2007. 主要蔬菜制种技术 . 西安：陕西科学技术出版社 .

李立平，王红，任琳琳 . 2008. 新形势下如何搞好种子基地建设 . 种业导刊（10）：17‐18.

李修庆主编 . 1990. 植物人工种子概论 . 北京：北京大学出版社 .

李素慧，谢玉常 . 2007. 花卉的几种繁殖技术 . 河北林业科技（1）：66.

李桂芬，李明福，张永江 . 2007. 植物类病毒检测技术概述 . 河南农业科学（3）：18‐21.

杨丽，孙浩元，张俊环，等 . 2006. 我国李树砧木研究现状 . 落叶果树（3）：62.

杨若林，孔俊，吴鑫，等 . 2005. ISSR 标记在辣椒资源遗传多样性分析中的初步应用 . 上海大学学报（自然科学版），11（4）：423‐426.

杨直民 . 2001. 我国种子科技发展历程述略 . 古今农业，1：50‐55.

吴珏 . 2008. 种子质量问题及提高种子质量的方法 . 民营科技（7）：112.

吴志行 . 1993. 蔬菜种子大全 . 南京：江苏科学技术出版社 .

吴建国，徐平，李怀方．2000．植物病毒电免疫检测方法研究．天津轻工业学院学报（2）：22-25．

吴淑芸，曹辰星．1995．蔬菜良种繁育原理与技术．北京：中国农业出版社．

何启伟，吴春燕，宋廷宇．2007．大白菜良种繁育技术．长江蔬菜（6）：31-33．

何经海，李晓红．2007．厚皮甜瓜秋大棚制种技术．北方园艺（5）：83-84．

何海福．2001．加强种子生产基地建设的措施．种子工程（3）：56-57．

佟屏亚．2009．简述1949年以来中国种子产业发展历程．古今农业，1：41-50．

谷茂主编．2002．作物种子生产与管理．北京：中国农业出版社．

谷铁城，马继光．2001．种子加工原理与技术．北京：中国农业大学出版社．

邸宏，金黎平，陈伊里．2004．马铃薯新型栽培种资源遗传多样性的RAPD分析．园艺学报，31（3）：384-386．

邹学校．2007．第三讲我国蔬菜种子的生产管理．长江蔬菜（3）：61-63．

沈火林，乔志霞．2004．瓜类蔬菜制种技术．北京：金盾出版社．

沈火林，李昌伟．2004．根菜类蔬菜制种技术．北京：金盾出版社．

宋松泉，程红焱，姜孝成，等．2008．种子生物学．北京：科学出版社．

宋顺华，郑晓鹰．2005．AFLP分子标记鉴别大白菜品种．分子植物育种，3（3）：381-387．

迟长久．1997．菠菜采种技术．种子科技（1）：42．

张伟，张联合，王春平，等．2007．试论中国现代农作物种子生产技术的改革．种子，26（7）：68-71．

张繁，张海清．2007．种子包衣技术研究现状及展望．作物研究（5）：531-535．

张大栋，吉晓佳，杨永华．2004．植物脱毒技术及其在现代农业中的应用．科技与经济（4）：62-64．

张万松，王春平，陈翠云，等．2002．试论中国迈向21世纪的农作物种子生产程序和种子类别．种子，21（2）：1-4．

张小明，鲍根良，叶胜海．2002．作物人工种子的研究进展．种子，121（2）：41-43．

张开春主编．2004．果树育苗手册．北京：中国农业出版社．

张文海，李伯寿，黄红弟，等．1999．不同贮藏条件对苦瓜种子发芽率和水分含量的影响．广东农业科学（4）：22-23．

张功礼，岳秀荣，王运智，等．2004．关于做大做强中国种业的思考．种子科技，22（5）：249-251．

张永强，秦智伟．2008．我国蔬菜种子产业面临的机遇和挑战及对策．东北农业大学学报（社会科学版），6（3）：5-8．

张存信．2006．种子现代化研究文选．北京：中国农业出版社．

张志军．2001．植物人工种子．种子科技（6）：341-342．

张国祥，丁汉卿，陈焰．2003．黑油小白菜制种技术．新疆农垦科技（3）：32-33．

张明科，张鲁刚，张敏杰．2002．蔬菜作物人工种子研究进展．西北农业学报，11（4）：121-126．

张春庆，王建华主编．2005．种子检验学．北京：高等教育出版社．

张施君，陈润政，李卓杰，等．1997．苦瓜和菜豆种子的超干燥贮藏研究．种子（6）：3-5．

张辅达，孙宪昀．2004．马铃薯茎尖培养脱毒研究进展．中国马铃薯，18（1）：35-38．

张鲁刚．2004．白菜甘蓝类蔬菜制种技术．北京：金盾出版社．

陈凤龙．2003．我国种子发展工作概述．种子世界（8）：4-6．

陈正武，王艳飞，张霞，等．2005．中国黄瓜杂交种子生产研究进展．中国农业通报，21（3）：245-248．

陈世儒主编．1993．蔬菜种子生产原理与实践．北京：农业出版社．

陈志兴，杜迅雷，柳国华．2003．美国种业现状及我国种业发展的启示．种子科技，21（6）：324-325．

陈志兴，戚行江，郑锡良．2004．种子产业发展创新国际趋势及我国对策．种子（5）：65-66．

陈俊松，陈润政，傅家瑞．1998．枇杷种子保湿贮藏的研究．中山大学学报论丛（4）：11-14．

陈瑞修，王洪晶主编．2008．园林花卉栽培技术．北京：北京大学出版社．

邵碧英．2002．植物病毒分子检测方法概述．植物检疫（6）：773-775．

范小兵，黄丹华，颜爱民．2007．我国种子行业竞争格局及发展趋势．湖南农业科学（5）：145-147．

国际种子检验协会.1999.1996 国际种子检验规程.北京：中国农业出版社.

金文林主编.2003.种子产业化教程.北京：中国农业出版社.

金青娥，王立林.2009.浅析花卉品种退化原因及对策.现代园艺，1：38-39.

周开兵，夏学仁.2005.中国柑橘砧木选择研究进展与展望.中国农学通报，21（1）：213-218.

周常勇，赵学源.2004.柑橘良种无病毒苗木繁育体系建设.广西园艺，15（4）：11-17.

庞淑民，蒙美莲，等.2007.怎样提高马铃薯种植效益.北京：金盾出版社.

郑光华.1980.控制柑橘种子生命力的研究.中国农业科学（2）：37-43.

郑光华，史忠礼，赵同芳，等.1990.实用种子生理学.北京：中国农业出版社.

赵安泽，彭锁堂主编.1998.作物种子生产技术与管理.北京：中国农业科技出版社.

赵利民.2008.大白菜腋芽扦插采种技术.长江蔬菜（11）：18-19.

郝建平，时侠清主编.2004.种子生产与经营管理.北京：中国农业出版社.

胡晋.2001.种子贮藏加工.北京：中国农业大学出版社.

胡伟民，段宪明，阮松林.2002.超干水分长期贮藏对玉米、西瓜种子生活力和活力的影响.浙江大学学报（农业与生命科学版），28（1）：37-41.

钟红清，王爱文.2008.河西沿山冷凉灌区菠菜杂交制种技术.长江蔬菜（9）：30-31.

侯玉香.2007.早熟番茄人工杂交制种技术.种子科技（5）：58-60.

姜金富.2005.规范种子市场的政策选择.种子世界（6）：6-7.

洪真光，黄汉得，黄锦潮.2004.香蕉组培苗大棚育苗技术的改进.中国南方果树，33（5）：63-64.

祝军，王涛，赵玉军，等.2000.应用 AFLP 分子标记鉴定苹果品种.园艺学报，27（2）：102-106.

秦柏树，王成谦.2007.山丁子育苗丰产技术.农村实用科技信息（5）：12.

袁小环，李青.2001.血清学方法和分子生物学方法.热带农业科学（6）：45-49.

袁海峰，张兴，陈淼，等.2008.植物人工种子及在观赏植物中的应用.国土与自然资源研究（2）：82-83.

袁群英，阮关海.2006.依靠农业科研优势促进种子产业发展.中国种业（8）：5-7.

贾丽慧，张金枝，石强.2007.茼蒿制种技术.农村科技（9）：57.

倪向江，李雪峰.2004.湘研辣椒种子的规模贮藏和室内检验.辣椒杂志（1）：29-31.

徐本美译.1993.ISTA 种苗评定与种子活力测定手册.北京：北京农业大学出版社.

徐跃进，胡春根主编.2008.园艺植物育种学.北京：高等教育出版社.

栾雨时，安利佳，黄百渠，等.1999.SSR 探针进行番茄品种的 DNA 指纹分析.园艺学报，26（1）：51-53.

高荣岐，张春庆主编.2002.种子生物学.北京：中国科学技术出版社.

高荣魁.2000.稳固建设种子生产基地的措施.种子科技（6）：335-336.

郭治，魏开军，陈福平.2007.甜（辣）椒杂交制种技术.中国农技推广（5）：17-18.

郭钟琛，桂耀林.1990.植物体细胞发生与人工种子.北京：科学技术出版社.

郭保林，朱立英.2008.基层种子管理体制改革的探索与实践.北京农业（11）：53-54.

谈太明，徐长城，谈杰，等.2007.茄子新品种推广应用现状及良种繁育技术.长江蔬菜（9）：37-40.

黄勇，李江波，王一兵.2007.光电色选机介绍.现代农业装备.（10）：60-61.

黄上志，宋松泉.2004 种子科学研究回顾与展望.广州：广东科技出版社.

黄如葵.2006.国外种子采后加工工艺及质量检验技术.中国蔬菜（8）：33-36.

盛国成，卢学慧.2007.种子加工机械化技术与种子加工机械.现代农业装备（1）：71-72.

崔凯荣，戴若兰.2000.植物体细胞发生的分子生物学.北京：科学技术出版社.

麻浩，孙庆泉.2007.种子加工与贮藏.北京：中国农业出版社.

商明清，魏梅生.2004.植物病毒检测新技术研究进展.植物检疫（4）：632-635.

葛胜娟.2005.植物组织培养中的快繁与脱毒技术及其应用.农业生物技术科学，21（5）：104-107.

葛晨辉，王全华，黄代峰，等.2003.大白菜杂交种春播小株采种技术研究.北方园艺，（2）：50-51.

韩耀民.2002. 种子产业化的内涵及其理论基础. 种子科技，20（1）：1-3.

景士西主编.2008. 园艺植物育种总论第二版. 北京：中国农业出版社.

赖正锋，李华东.2007. 番杏的生物学特征及其栽培新技术. 福建热作科技，32（3）：22-46.

裴智能.2004. 植物脱毒苗组织培养技术研究. 南京：中南林学院.

蔡克亮，孙淑珍，丛霞.2003. 我国种业面临的形势与对策. 种子科技，21（2）：67-68.

廖苏梅，金笛.2001. 植物人工种子的概况. 生物学通报，36（8）：4-6.

颜启传，成灿土.2001. 种子加工原理和技术. 浙江：浙江大学出版社.

颜启传主编. 种子学.2001. 北京：中国农业出版社.

颜启传主编.1992. 种子四唑测定手册. 上海：上海科技出版社.

薛建平，张爱民，葛红林，等.2004. 半夏的人工种子技术. 中国中药杂志，29（5）：402-405.

戴雄泽，倪向江，刘荣云.2001. 辣椒杂交种子室温干燥贮藏效果及技术研究. 种子（6）：24-25.

Adriani, M., Piccioni, E., Standardi, A.. 2000. Effect of different treatments on the conversion of Hayward kiwifruit synthetic seeds tow hole plants following encapsulation of in vitro-derived buds. New Zealand J Crop Hortic Sci, 8（1）：59-67.

Ara, H., Jaiswal, U., Jaiswal, V. S.. 2000. Synthetic seed：Prospects and limitations. Curr Sci India, 78（12）：1438-1444.

Bredemeije, G. M. M., Cooke, R. J., Ganal, M. W., et al.. 2002. Construction and testing of a microsatellite database containing more than 500 tomato varieties. Theoretical and Applied Genetics，105（6～7）：1019-1026.

Che, K. P., Xu, Y., Liang, C. Y., et al.. 2003. AFLP fingerprint and SCAR marker of watermelon core collection. Acta Bot Sin, 45（6）：731-735.

Doijode, S. D.. 2001. Seed storage of horticultural crops. New York：Food Products Press.

Hulya, L.. 2003. RAPD markers assisted varietal identification and genetic purity test in pepper *Capsicum annum*. Sci Horticul, 97（3）：211-218.

Justice, O. L., Bass L. N.. 1978. Principals and practice of seed storage. Washington：U. S. Government Printing Office.

Kuznetsova, O. I., Ash O. A., Hartina, G. A., et al.. 2005. RAPD and ISSR analyses of regenerated pea（*Pisum sativum* L.）plants. Russ J Gen, 41（1）：60-65.

McQuilken, M. P., Halmer, P., Rhodes D. J.. 1998. Application of microorganisms to seeds. In：Burges H D, ed. formulation of microbial biopesticides, beneficial microorganisms and nematodes. Dordrecht，The Netherlands：Kluwer Academic Publishers：255-285.

Payne, R. C.. 1995. ISTA handback of rapid chemical identification techniques Zurich：ISTA.

Rom, M., Bar, M., Rom, A., et al.. 1995. Purity control of F1 hybrid tomato cultivars by RAPD markers. Plant Breeding，114（2）：188-190.

图书在版编目（CIP）数据

园艺植物种子学/巩振辉主编．—北京：中国农业出版社，2010.3（2014.8重印）
全国高等农林院校"十一五"规划教材
ISBN 978-7-109-14374-6

Ⅰ．园… Ⅱ．巩… Ⅲ．园艺作物—种子—高等学校—教材 Ⅳ．S604

中国版本图书馆 CIP 数据核字（2010）第 025380 号

中国农业出版社出版
（北京市朝阳区农展馆北路 2 号）
（邮政编码 100125）
策划编辑　戴碧霞
文字编辑　郭　科

北京通州皇家印刷厂印刷　　新华书店北京发行所发行
2010 年 5 月第 1 版　　2014 年 8 月北京第 2 次印刷

开本：787mm×1092mm 1/16　　印张：19.25
字数：452 千字
定价：34.50 元
（凡本版图书出现印刷、装订错误，请向出版社发行部调换）